"十四五"时期国家重点图书出版专项规划项目

凤凰之巢 匠心智造

北京大兴国际机场航站楼（核心区）工程
综合建造技术（工程技术卷）

§

北京城建集团有限责任公司　组织编写

李建华　主编

中国建筑工业出版社

图书在版编目（CIP）数据

凤凰之巢　匠心智造：北京大兴国际机场航站楼（核心区）工程综合建造技术. 工程技术卷/北京城建集团有限责任公司组织编写；李建华主编. —北京：中国建筑工业出版社，2021.9

ISBN 978-7-112-26857-3

Ⅰ.①凤… Ⅱ.①北… ②李… Ⅲ.①民用机场—航站楼—建筑施工—中国 Ⅳ.①TU248.6

中国版本图书馆CIP数据核字（2021）第249340号

　　雄冀大地，燕京之南，短短40个月，一座崭新的超级航空城拔地而起，银翼腾飞，见证着新时代民航强国的重大谋划，凤凰展翅，凝结着北京城建人的智慧匠心。从荒草之地到璀璨之城的华美巨变，日日夜夜分分秒秒发生在我们眼前。

　　本书详细总结了北京大兴国际机场航站楼（核心区）工程建设中所采用的施工技术，包括：施工综述、超大平面工程施工组织设计、超大平面建筑测量控制、超大复杂基础工程高效精细化施工技术、超大平面混凝土结构施工关键技术、超大平面层间隔震综合技术、超大平面复杂空间曲面钢网格结构屋盖施工技术、超大平面自由双曲节能型金属屋面施工技术、超大平面航站楼装饰装修工程施工关键技术、超大型多功能航站楼机电工程综合安装技术、超大平面航站楼智慧建造技术、超大平面航站楼绿色施工技术等。希望本书的出版能为未来国内外大型公共设施、基础设施建设提供科学的借鉴。

总　策　划：沈元勤
责任编辑：张　磊　范业庶　朱晓瑜
书籍设计：锋尚设计
责任校对：王　烨

凤凰之巢　匠心智造
北京大兴国际机场航站楼（核心区）工程
综合建造技术（工程技术卷）
北京城建集团有限责任公司　组织编写
李建华　主编

*

中国建筑工业出版社出版、发行（北京海淀三里河路9号）
各地新华书店、建筑书店经销
北京锋尚制版有限公司制版
临西县阅读时光印刷有限公司印刷

*

开本：880毫米×1230毫米　1/16　印张：30½　字数：698千字
2022年1月第一版　　2022年1月第一次印刷
定价：**298.00元**
ISBN 978-7-112-26857-3
（38163）

本书编委会

序一

北京大兴国际机场是举世瞩目的世纪工程，是习近平总书记亲自决策、亲自推动、亲自宣布投运的国家重点项目，体现了党中央、国务院对北京大兴国际机场的高度重视。从2014年12月开工建设到2019年9月正式建成投运仅用时4年9个月，航站楼工程仅用时3年6个月，创造了世界工程建设史上的一大奇迹。

2019年9月25日，习近平总书记亲自出席投运仪式，宣布北京大兴国际机场正式投入运营。习近平总书记对北京大兴国际机场的规划设计、建筑品质给予了充分肯定，赞扬北京大兴国际机场体现了中国人民的雄心壮志和世界眼光、战略眼光，体现了民族精神和现代化水平的大国工匠风范，向党和人民交上了一份满意的答卷。北京大兴国际机场建设充分展现了中国工程建筑的雄厚实力，充分体现了中国精神和中国力量，充分体现了中国共产党领导和我国社会主义制度能够集中力量办大事的政治优势。

北京大兴国际机场航站楼采用世界先进设计理念和施工工艺，打造了高铁、地铁、城铁等多种交通方式于一体，大容量公共交通与航站楼无缝衔接，换乘效率和旅客体验世界一流的现代化航站楼。作为北京大兴国际机场航站楼核心区工程的承建单位，北京城建集团始终严格遵循总书记的指示精神，坚持民航局提出的"引领世界机场建设，打造全球空港标杆"的高标准定位，通过科学的项目管理策划，践行企业"创新、激情、诚信、担当、感恩"核心价值观，推动理念创新、管理创新、技术创新、装备创新和数字建造，圆满实现了打造"精品工程、样板工程、平安工程、廉洁工程"的目标。

本书分工程技术卷和施工管理卷，详细总结了北京大兴国际机场航站楼核心区主体工程建设历程。项目团队运用先进的管理理论、管理方法、管理工具，对建设全过程进行最有效的管理和控制，体现在科学的施工组织安排、精准的进度综合管控，以高标准严要求对质量环保安全的控制，实现全要素、全场景、全流程的数字建造和信息化管理，通过管理系统化、组织专业化、方法定量化、手段智能化，推动我国机场建设运营从规模速度型向质量效率型转变、从要素投入驱动向创新驱动转变，工程建设彰显了团队严谨科学的专业精神、敬业奉献的职业操守、能打硬仗善打硬仗的优良作风，谱写了奋斗新时代的华美乐章。项目实施全面应用世界先进建造技术、先进技术装备。一方面，北京大兴国际机场以其独特的造型设计、精湛的施工工艺、便捷的交通组织、先进的技术应用，创造了许多世界之最，代表了我国民航等基础设施的最高水平。另一方面，建设过程开发应用了多项新专利、新技术、新工艺、新工法、新标准，现代化程度大幅度提升，承载能力、系统性和效率显著进步，充分体现了中华民族的凝聚力和创造力。

北京大兴国际机场的建成投运，是人民力量、国家力量和行业力量的充分展现，向世人昭示"中国人民一定能，中国一定行"，激励着全体中国人民为中华民族伟大复兴拼搏奋斗。

首都机场集团有限公司总经理

序二

北京大兴国际机场是国家发展一个新的动力源。建设北京大兴国际机场是党中央着眼新时代国家发展战略做出的重大决策，是新时代民航强国建设的重大谋划，对于落实北京国际航空双枢纽的重大布局，提高国家枢纽机场建设水平有着重要意义。

北京大兴国际机场航站楼工程是机场建设的核心，无论是工程的规模体量，还是技术的复杂程度，均为国际类似工程之最。它是目前世界最大的单体航站楼工程，世界最大的单体减隔震建筑，世界首座实现高铁下穿的机场航站楼，世界首座三层出发双层到达、实现便捷"三进两出"的航站楼。由北京城建集团承建的航站楼核心区是这项超级工程中结构最复杂、功能最强大、施工难度最大的部位。

在北京大兴国际机场建设中，面对史无前例的建造难题，北京城建集团致力于技术创新和管理创新，为解决机场建设的世界级难题交上了完美的"中国方案"。解决了：超大平面混凝土结构施工关键技术、超大平面层间隔震综合技术、超大平面复杂空间曲面钢网格结构屋盖施工技术、超大平面不规则曲面双层节能型金属屋面施工技术、超大平面航站楼装饰装修工程施工关键技术、超大型多功能航站楼机电工程综合安装技术等技术难题。项目管理成果丰硕，施工技术已处于世界领先水平。

建造过程中项目团队以高度的使命感、责任感，通过科学组织、管理创新，通过高标准的项目管理策划和超强的执行力，取得了令世人瞩目的施工成果，谱写了建筑史上的新篇章。

北京大兴国际机场建设在我国建筑行业发展中具有里程碑意义，其建设成就值得载入史册。《凤凰之巢 匠心智造》分管理卷、技术卷，再现了艰辛建造历程。与同行业从业者分享建设经验和管理成果，也希望能够给予启发和借鉴。

聂建国

清华大学土木工程系教授

序三

　　北京大兴国际机场是新中国成立以来首个由中央政治局常委会审议、国家最高领导人亲自决策的国家重大工程项目。

　　2017年2月23日，在北京新机场建设的关键时期，习近平总书记视察了建设中的北京新机场，亲切看望一线员工并做出重要指示。强调北京新机场是首都的重大标志性工程，是国家发展一个新的动力源，指示一定要建成精品工程、样板工程、平安工程、廉洁工程，特别是要建成安全工程。同时称赞道：这么大的一个工程，这么复杂的工程，现场管理井井有条，而且迄今为止是零事故。希望大家再接再厉，精益求精，善始善终，创造一种世界先进水平，既展示了国际水准，同时又为我们国家的基础建设继续创造一个样板。

　　北京大兴国际机场工程的巨大体量、超大空间、超大平面在刷新世界纪录的同时给项目的安全管理带来大量前所未有的难题，参建方和人员规模庞大、交叉作业密集、危大工程众多等现实问题对人员安全素质、安全管理体系、安全防护措施等提出极高要求。北京城建集团从安全管理的前期策划到工程建设过程控制，严格贯彻习总书记的指示精神，始终坚持"生命至上、以人为本"的安全理念，以先进的安全理论为指导，将"人"作为安全管理的核心，不仅要保护人的生命，更要依靠人的智慧，以此带动管理与技术的创新和协同，形成系统安全保障。以HSE管理体系为基础，以LCB安全理论为指导，打造了科学的安全领导体系和高水平的安全文化，大幅提升了全员行为安全水平；有效控制了施工、消防、环保等重点工程的重大风险；在管理方面多样化创新了安全监测与预控技术手段，形成了"全员、全系统、全天候、全过程"的安全管控平台。这些成果与经验，有力支撑了项目"安全零死亡零重伤、消防零火灾、环保零投诉"总体目标的实现。被授予"全国建设工程项目安全生产标准化建设工地""中国工程建设安全质量标准化先进单位"等多项奖项，得到了国家建设主管部门和社会各界的高度好评。

　　本工程创新了管理理念，树立了行业的样板，打造了新的标杆，取得了很好的效果，为未来国内外大型公共设施、基础设施建设提供科学的借鉴。

清华大学土木水利学院院长

前言

在中国经济地理版图上，一个个重大工程铺展宏图，展现时代风范，支撑伟大复兴的光明前景。

北京大兴国际机场，无疑是这宏图上的浓墨重彩。作为国家发展一个新的动力源，北京大兴国际机场是北京"四个中心"建设的重要支撑，是服务京津冀协同发展的重大举措，也是新时代民航强国建设的重大谋划。它的建设举世瞩目。

2017年2月23日下午，习近平考察了北京新机场建设。他强调，新机场是首都的重大标志性工程，是国家发展一个新的动力源，必须全力打造精品工程、样板工程、平安工程、廉洁工程。每个项目、每个工程都要实行最严格的施工管理，确保高标准、高质量。要努力集成世界上最先进的管理技术和经验。[①]

航站楼工程是机场建设的关键环节。作为北京大兴国际机场航站楼核心区工程的承建单位，北京城建集团始终牢记习近平总书记的嘱托，坚决贯彻"四个工程"的高标准要求，以创新、激情、诚信、担当、感恩的国匠虔心和科学的项目管理策划，奋力建成这座世界上设计理念最先进、新技术应用最广泛、综合交通集成度最高、用户体验最便捷的航站楼，圆满实现了各项目标。本书就是对这个过程的全面回顾和系统总结。全书分为工程技术卷和施工管理卷，重点呈现了项目在理念创新、管理创新、技术创新和智慧建造等方面的探索和实践。

以理念创新为指引，全力打造"四个工程"。打造"四个工程"是北京大兴国际机场建设的基本要求和总体目标，项目以高度的使命感、荣誉感和责任感，通过高标准策划和超强执行力，把北京大兴国际机场建设成为代表新时代的标志性工程，成为引领机场建设的风向标。精品工程突出品质，本着对国家、人民、历史高度负责的态度，始终坚持"国际一流、国内领先"的高标准，以精益求精、一丝不苟的工匠精神推进精细化管理、精心施工，打造经得起历史、人民和实践检验，集外在品位与内在品质于一体的新时代精品力作。样板工程在工程组织管理、技术创新、安全环保、质量管理、智慧建造、进度控制等方面打造行业样板。平安工程始终牢固坚持生命至上、以人为本的理念，坚持"零伤亡、零事故、零扬尘、零冒烟"的管理目标，强化安全领导力、安全文化和安全行为，统筹各参建单位层层落实安全责任，确保万无一失。廉洁工程突出防控，对招标投标结算支付、工程物资与设备、隐蔽工程等关键控制点进行重点控制，有效防范化解风险，营造"干干净净做工程，认认真真树丰碑"的廉洁文化氛围。

[①] 习近平在北京考察：抓好城市规划建设 筹办好冬奥会-新华网 http://www.xinhuanet.com/politics/2017-02/24/c_129495572.htm.

以管理创新为抓手，创造工程建设新奇迹。项目在国内首创主体结构和机电安装工程"总包统筹、区域管理"的模式，大大减少管理层级、减小管理幅度、提高管理效力。提出施工组织专业化、资源组织集约化、安全管理人本化、管理手段智慧化、现场管理标准化、日常管理精细化的"六化"管理举措，实现3年零6个月完成航站楼综合体建设，创造了全新的世界纪录和工程建设的奇迹和样板。

以技术创新为关键，实现机场核心建造技术新突破。项目4项成果达到国际领先水平，开发应用45项新专利、新技术以及11项新工艺、新工法，在EI、核心期刊发表论文44篇。项目成果支撑航站楼工程获评省部级科技示范工程4项、省部级科技进步奖3项、省部级质量奖3项、建设行业信息化成果奖4项。项目荣获国家绿色建筑最高标准"三星级"和节能建筑"3A级"双认证，成为我国首个节能建筑3A级项目。项目研发了超大复杂基础工程高效精细化施工技术、超大平面混凝土结构施工关键技术、超大平面层间隔震综合技术、超大平面复杂空间曲面钢网格结构屋盖施工技术，高效解决北京大兴国际机场航站楼施工过程各项关键技术难题，形成具有自主知识产权的超大平面航站楼工程建造关键技术体系。项目成果的成功应用为我国大型机场航站楼建造提供样板和范例，推动我国大型机场航站楼建造向更加精益、绿色、集约化方向发展。

以智慧建造为支撑，打造智慧机场新样板。桩基工程、混凝土结构、劲性结构、钢结构屋架、机电工程、屋面幕墙精装修等工程全过程应用BIM5D、物联网、信息化等数字建造技术。钢结构、机电机房、装修工程实现预制化模块化，节约了空间，安装质量更高，安全也更有保障。设计建造总长度1100m的两座钢栈桥作为水平运输通道，自主研发了无线遥控大吨位运输车，有效解决了超大平面结构施工材料运输难题。建立温度场监控、位移场监控等自动监测系统，为国内最大单块混凝土楼板结构施工提供依据。

以中国制造为依托，迈出国产化新步伐。国内首创的屋面采光顶夹胶中空铝网玻璃不仅满足采光要求，还能有效减小热辐射；"如意祥云"的吊顶板表面涂层材料漫反射率达到95%以上，有效节约了电能……建设过程中，北京大兴国际机场应用了全国最先进的施工设备，整体材料设备的国产化率高达98%，它的身上可以说凝结着过去数十年中国机场施工建设、材料研发、工程装备等的各项成果，是一次中国建造实力的集中展示。而诸多民族品牌也正依托北京大兴国际机场，代表"中国制造"走出国门。

随着北京大兴国际机场的建成投运，以它为代表的中国建造，已经成为向世界展示中国的亮丽名片。而这背后，是中国建设者攻坚克难的非凡奋斗，是中国强大综合国力的日益凸显。总结是为了更好地出发。迈向全面建设社会主义现代化国家的新征程，建设者使命在肩、机遇无限，定将以更大的作为推动中国建造更好地走向世界、走向未来，为实现第二个百年奋斗目标和中华民族伟大复兴的中国梦贡献卓越力量。

Contents
目录

第1章 施工综述

第2章 超大平面工程施工组织设计

第3章 | 超大平面建筑测量控制

第5章｜超大平面混凝土结构施工关键技术

114

第6章｜超大平面层间隔震综合技术

144

第7章 | 超大平面复杂空间曲面钢网格结构屋盖施工技术

第8章 | 超大平面自由双曲节能型金属屋面施工技术

第**9**章 | 超大平面航站楼装饰装修工程施工关键技术

第**10**章 | 超大型多功能航站楼机电工程综合安装技术

第11章 | 超大平面航站楼智慧建造技术

第12章 | 超大平面航站楼绿色施工技术

第1章

§

施工综述

北京大兴国际机场航站楼采用了全新的功能布局和流程设计，高铁、城际铁路和城市轨道交通穿越航站楼；航站楼采用集中式构型规划组织旅客人流，从安检到最远端的登机口旅客行走距离不超过650m，有效缩短旅客行走距离，同时实现旅客便捷高效地进行交通换乘。由此，建筑设计上采用了超大平面布置（首层混凝土板最大尺寸565m×437m，近似于方形，首层楼板投影面积约16万m²）、高铁等轨道交通穿越航站楼、中心区首层16万m²整体楼板下设置隔震支座等新的工程设计理念。与之对应，北京大兴国际机场航站楼的工程建造面临：超大平面混凝土结构裂缝控制、航站楼轨道层与上部功能区柱网结构转换、列车高速穿越航站楼振动控制、超大平面结构大直径隔震支座设计及安装、超大平面大跨度异形钢网架安装及控制等工程建造难题。为解决上述问题，项目研发形成大型机场航站楼建造的成套关键技术，指导了北京大兴国际机场航站楼的优质、高效建造，同时为我国后续大型机场航站楼建造提供样板和范例，推动我国大型机场航站楼建造向着更加精益、绿色、集约化方向发展。

1.1 分部分项概况

1.1.1 基础工程概况

北京大兴国际机场航站楼核心区工程场区属永定河冲击扇扇缘地带，地层复杂，主要为砂质粉土、粉细砂和泥炭质土层。深槽区（轨道区）开挖深度达20m，且开挖深度范围有2层地下水，包括上层滞水和层间潜水，如图1-1所示。工程基础采用混凝土灌注桩基础，桩长主要为40m。航站楼核心区基坑开挖范围南北最大距离约490m，东西最大距离约570m，开挖面积超过16万m²、基坑周长约1800m，土方量约300万m³，护坡桩1300多根，预应力锚杆约74000延米，降水井300多眼，基础桩10000多根，混凝土约22万m³。

1.1.2 混凝土结构工程概况

北京大兴国际机场航站楼主体结构为现浇钢筋混凝土框架结构，局部为型钢混凝土结构，B2轨道区结构层高达11.55m；B1层为结构转换层，框架梁轴线跨度为18m；混凝土基本柱网为9m×9m、9m×18m和18m×18m以及不同心圆的圆弧轴网、三角形轴网等。F1层混凝土结构超长超宽，东西向最长为565m，南北向最宽为437m，面积达16万m²，如图1-2所示。受地上钢结构柱脚水平推力影响，无法设置结构缝，超大平面混凝土结构裂缝控制难度大。

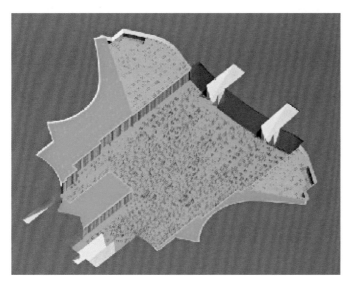

图1-1 基坑模型示意图

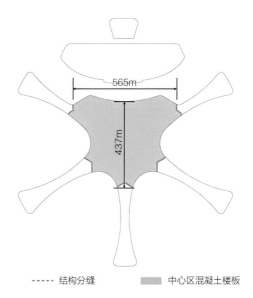

----- 结构分缝　　▨ 中心区混凝土楼板

图1-2 混凝土结构平面图

核心区劲性结构主要位于支撑钢屋盖C形柱、支承筒结构下部、幕墙柱下部、F4层钢连桥两端、B2层转换梁等位置，劲性结构位于B2层~F4层之间，劲性结构用钢量约1.1万t。

本工程劲性结构主要有劲性柱、劲性梁两类。劲性柱类型有H型钢、钢管两种，最大规格分别为H1000×600×40×60、双H900×500×40×40、ϕ1700×60。劲性梁有H型钢、双H型钢，最大规格分别为H2500×1000×40×60、双H1800×900×40×80。

混凝土结构开工日期为2016年3月15日，于2017年1月19日全部完成，比计划提前12天，历时310天。共使用混凝土105万m³，钢筋22万t。

1.1.3　隔震工程概况

受机场净空高度的限制，采用常规的抗震设计，需加大梁截面和梁柱节点配筋量，不仅施工难度和工程成本显著提升，且难以满足航站楼功能区使用净高的要求。

为解决高铁高速通过引起的振动和超大平面混凝土裂缝控制的技术难题，同时满足隔震层上部结构的水平地震作用及抗震措施降低一度（即七度）的设计预期，创新性地采用独特的层间隔震技术，在地下一层柱顶设置1152套超大直径隔震支座和144个阻尼器，成为全球最大的单体隔震建筑，如图1-3所示，有效解决了上述技术难题，同时减小了隔震层以上楼层梁截面尺寸，减少了地震构造配筋，节约了工程造价。

隔震支座分三种类型：天然橡胶支座、铅芯橡胶支座和弹性滑板支座。最大直径达1.5m，单个支座最大重量5.6t。隔震支座可在-40~60℃范围内正常工作，与结构为法兰连接，使用过程中可更换。

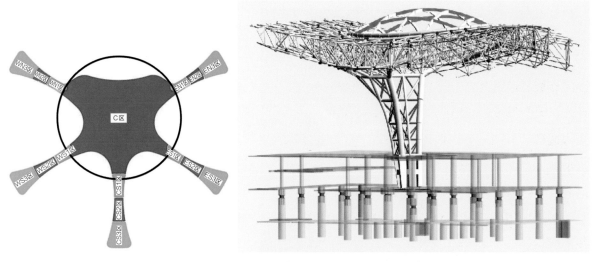

图1-3 隔震层布置范围及结构剖面图

1.1.4 钢结构工程概况

北京大兴国际机场航站楼核心区钢结构由支撑系统钢结构和屋盖钢结构组成,用钢量共计6万余吨。

支撑结构由8组C形柱、12组支撑筒、6组钢管柱、外侧幕墙柱等组成,各类支撑结构共计26处,中央区形成180m直径的无柱空间,如图1-4所示。

屋盖为不规则自由曲面空间网格钢结构,如图1-5所示,横向宽568m,纵向长455m,顶点标高约50m,最大起伏高差约30m,最大悬挑47m,球节点最大间距达12m,屋盖结构厚度2～8m不等,投影面积达18万m²,屋盖钢结构共计球节点12300个,圆钢管63450根。

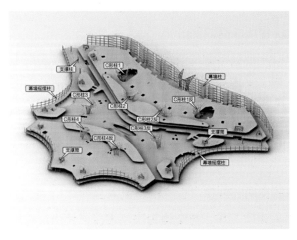

图1-4 支撑结构示意图

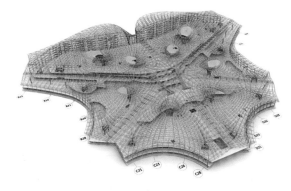

图1-5 钢屋盖钢结构示意图

1.1.5 屋面工程概况

北京大兴国际机场航站楼核心区金属屋面面积约18万m²，为双曲面造型，屋面板不仅在长度方向有坡度，在横向也有坡度，如图1-6所示。金属屋面有直立锁边系统、融雪系统、雨水虹吸系统、天沟系统、气动开启窗系统、防坠落系统、挡雪系统。金属屋面是直立锁边系统，分为12个构造层，如图1-7所示，具有防水、保温、隔声等作用，包含支撑层、岩棉保温层、TPO柔性防水层、直立锁边板层等。航站楼屋面特点是在直立锁边板外侧，还有一层金属装饰板，展现最终的外观效果。

核心区屋面采光顶平面面积约3万m²，分为一个中央采光顶、六个条形天窗和八个C形柱顶的气泡窗，其中中心采光顶是航站楼的最高点，高度为48.5m。八个气泡窗中六个相同，长轴36m，短轴27m。另外两个长轴52m，短轴27m。八个气泡窗全部为铝结构，工程量总共约200t。

图1-6 核心区金属屋面效果图

图1-7 屋面系统标准构造

1.1.6 装饰装修工程概况

大兴国际机场的航站楼装修主要分为公共区和非公共区。航站楼公共区是所有公众旅客能够到达的公共区域，包括值机大厅、联检厅、行李提取厅、中转厅、到达欢迎厅、商业区域公共部分、公共卫生间等。公共区装修面积约26万m²，其中屋盖吊顶约11.7万m²。其余的公共区装修包括公共区的墙、地、顶装饰及栏板、电扶梯、无障碍设施等。公共区地面装饰材料主要为G623的拼花花岗石和现浇水磨石；墙面装饰材料主要为古铜色蜂窝铝板、白色陶瓷漆GRG、铝单板、搪瓷钢板、防火玻璃等。层间吊顶装饰材料主要为白色密拼的穿孔铝单板和部分微孔蜂窝铝板。公共卫生间顶棚为纸面石膏板，墙面是古铜色蜂窝铝板、白色亚克力板。玻璃栏板装饰材料为双层夹胶安全玻璃（图1-8）。

图1-8 公共区装修效果图

　　航站楼屋盖下大吊顶是旅客进入航站楼后最吸引眼球的建筑造型，是航站楼艺术造型的点睛之笔，如图1-9所示。超大空间大吊顶为复杂自由曲面，曲面变化流转，曲率多变，无固定曲线方程。吊顶板采用新型漫反射蜂窝铝板。屋盖吊顶分为主屋盖吊顶、中央天窗吊顶、C形柱内外侧装饰板和双曲门牙柱装饰板。屋盖吊顶以C形柱为中心，沿主体钢结构方向留出主要划分缝，板缝宽度75～700mm；从C形柱底部到屋盖顶面端部沿网架结构连续变化，通过板缝可以看到钢结构球节点和连接杆件的变化脉络，展露结构肌理。中央天窗吊顶主要为包覆天窗的曲线三角桁架结构，吊顶造型由多条断面为三角形的曲带交汇形成"中国结"。C形柱和门牙柱的装饰板将从混凝土楼板上生根的钢结构空间网架包覆起来，垂直方向的曲面转为水平走向的曲面，与屋盖大吊顶融为一体。

　　吊顶采用的蜂窝铝板板厚15mm，其中面层漫反射涂层厚度约99μm，漫反射率要求大于95%（常规铝板涂层的漫反射率仅为60%）。设计对吊顶板材料的漫反射率要求高，施工工艺选

图1-9 大吊顶效果图

择需充分考虑施工全过程的漫反射涂层保护。

　　非公共区是航站楼内部办公区、员工卫生间、行李处理区和各类通用机房等；包含除预留区域、轨道站厅区域外的所有二次结构工程。非公共区装修面积约25万m²。装修做法包括非公共区的地面、墙面、顶棚、门窗等（图1-10）。非公共区地面装饰材料主要为地砖、水泥自流平、环氧自流平；墙面装饰材料主要为涂料、矿棉吸声板；顶棚主要装饰材料为纸面石膏板、矿棉板等；门主要有木质防火门和普通木门。

图1-10　非公共区装修效果图

1.1.7　机电工程概况

　　北京大兴国际机场机电安装工程包括通风空调系统、采暖系统、给水排水系统、电气系统、智能建筑系统、电梯系统、民航信息系统等，共计108个系统。各类设备24.7万台套，各类机房541间，各类电线电缆约1800km，其中信息主机房（PCR）、航站楼运营管理中心（TOC）、消防泵房、给水泵房、行李开闭站、行李机房及系统等重要设备机房均位于航站楼核心区。图1-11为航站楼核心区地下一层机电管线综合效果图。

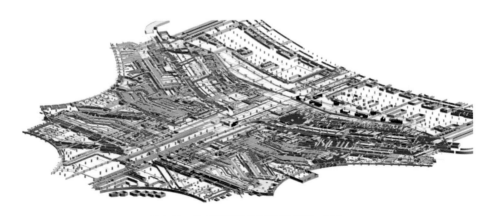

图1-11　机电管线综合效果图（地下一层）

1.2 施工特点、难点

1.2.1 基础工程

北京大兴国际机场核心区基坑开挖深度大，开挖深度较大的轨道区与航站楼功能区需要采用分级支护的方式，支护锚杆与工程桩交叉；地勘报告显示在基坑开挖范围内存在层间潜水，轨道区施工需要进行施工降水，降水效果需要与土方开挖进度匹配；同时航站楼核心区工程工期紧凑，复杂的地质条件、超大的工程规模，对工程的施工组织提出了很高的要求，需要采取针对性的措施，保证工程的安全、质量和总体施工进度。

1.2.2 混凝土工程

混凝土结构超长超宽，东西最大跨度565m，南北最大跨度437m，面临超大平面混凝土裂缝控制、材料运输的难题。且由于隔震层的存在，C形支撑、筒柱、幕墙柱不能直接生根于基础上，在生根层楼板内大量采用劲性结构转换梁，劲性结构节点复杂，单元构件最大达38t，与结构周边场距离远，安装难度大。

1.2.3 隔震工程

本工程使用直径1200mm、1300mm、1500mm的大直径高性能隔震支座以及VFD100黏滞阻尼器，总数量为1296套，共8种规格，数量多、规格多、直径大、隔震支座安装精度要求高、与上下支墩的连接节点复杂，隔震层单层建筑面积16万m²，如此超大面积超大规模使用超大直径的隔震橡胶支座、弹性滑板支座和超大行程的黏滞阻尼器在国内尚属首次。

1.2.4 钢结构工程

屋盖为不规则自由曲面空间网格钢结构，整体受力体系复杂，位形控制精度高，不同部位构件刚度差异大，整体结构纵、横向刚度不对称，安装过程中焊接收缩变形及应力大、温度效应明显，给结构整体测量与安装精度控制增加难度，施工方案的选择需要结合精度控制、临时支撑投入、卸载合拢顺序等多方面因素来确定。

1.2.5 屋面工程

屋面为双曲面造型，板块单元形状不规则，深化设计、加工下料难度大，空间曲线、曲面施工控制难度大。金属屋面在构造设计上，上部的荷载传递到主檩条上，主檩条通过主檩支托与屋面钢结构连接，尽管金属屋面的承重结构也为钢结构，但由于构件截面特性的差异、金属屋面上下面层温度差异等原因，金属屋面与屋面钢结构的温度变形并非协调一致，且航站楼核心区的屋面为自由曲面设计，这样金属屋面的主檩条在温度作用下就会在支座位置产生一定的弯矩，影响钢结构的计算受力状态。为减小温度作用下金属屋面对屋面钢结构受力状态的影响，需要在主檩条的连接方式上采取一定的措施，消除弯矩作用。

C形采光顶幕墙采用椭圆形铝结构空间网壳的形式，面积达7977m²，采光顶铝杆件最长为2567mm，单根最重约为30.8kg，玻璃均为异形玻璃，且尺寸各不相同。采用铝合金网壳结构，由"工"字铝型材与板式节点铆接的支撑体系组成结构体系。铝型材作为C形采光顶的受力体系和框架系统，其加工精度将影响采光天窗的施工质量。

1.2.6 装饰装修工程

核心区屋盖吊顶为连续流畅的不规则双曲面吊顶，屋盖吊顶通过8处C形柱及12处落地柱下卷，与地面相接，形成如意祥云整体意向的同时也给装饰施工带来了很大挑战。屋盖吊顶由众多曲面自由组合而成，传统图形设计方法是使用立方体拟合曲面，不连续且坐标不准确，无法表达如此复杂的曲面。吊顶的构造模型与面板曲面模型的空间位置均贴合于屋盖钢结构模型，并需留出吊顶安装的操作空间。曲面模型由多个自由曲面方程组成，整体性强，现有铝板加工工艺决定需有规律地切分曲面成板块，才能实现现场安装，对曲面最优化地切割是本工程的难点。屋盖吊顶板造型从C形柱侧面底部到屋盖顶面端部连续延伸，至指廊端头最远处达600多米。为保证蜂窝铝板可加工性，吊顶板的基本单元纵向切割成约0.4m×3m的板块。吊顶板块达12万多块、2万块吊顶单元，且尺寸各异。采用常规的单块板的施工方法时间长、定位不准确、高空作业难度大。

公共区域层间吊顶：层间吊顶以弧形密拼穿孔铝板为主，吊顶与灯槽及设备带衔接工艺较为复杂，所有吊顶板及灯槽边线全部为弧形线，导致所有收边灯槽板全部为弧形板，如何定位、施工、误差控制为本工程的难点之一。

冷辐射吊顶：层间冷辐射吊顶需要在深化设计阶段与机电设备高度协同，保证吊顶区域的穿孔率，防止冷辐射设备在通水使用状态下的下挠，以及冷辐射板与非冷辐射板之间的色差。

公共区墙面：由于整个航站楼建筑公共区墙面为弧形，被轴网和网格切分之后形成的每一块墙板都是不同规格的板，如何对不同规格的蜂窝铝板快速定位、测量、下单、安装，及完成与其他系统的接口是本工程的难点。

公共区地面：本工程地面施工工艺衔接复杂，涉及不同材料衔接及相同材料的现浇及预制施工工艺，正确的施工流程方能保证整体效果的呈现。具体衔接为：现浇大面水磨石与预制波打线水磨石；导向石材条块与水磨石；导向石材条块与大面积石材。地面开裂控制，与墙板及石材对缝，大面积平整度，水磨石的工艺控制，石材及栏板交界处平整度及打磨等均为本工程的难点。

1.2.7　机电工程

本工程机电系统复杂，功能先进，多达108个系统。系统要实现世界先进的航站楼人流、物流、信息流、飞机流功能；要实现高品质的室内环境；实现国内首座绿色三星认证、节能3A认证，节能率超过70%的能源方案。系统间关联性强，交互点多，空间限制严格，技术、采购、安装难度超大。机房位置相对集中，机房空间狭小，且受到建筑轮廓造型的影响。三层出发双层到达的设计增加了行李空间，行李系统遍布B1到F4层，行李系统与机电管线统筹协调难度大。由于B1层隔震层的设计，需要机电管线具备大位移的变形能力，最大位移补偿量需达到600mm。国家暂无管线的大位移补偿方面的相关规范和标准，且无设计先例和施工先例。

第 2 章
§
超大平面工程施工
组织设计

2.1 项目管理重点、难点分析及对策

2.1.1 组织管理的重点分析及对策

组织管理的重点及采取的相应对策见表2-1。

组织管理的重点分析及对策 表2-1

序号	重点分析	对策
1	工程规模庞大，超大空间、超大平面 本工程建筑面积约60万m^2，最大单层建筑面积约16万m^2，屋面投影面积约18万m^2	（1）优选有航站楼工程管理经验的人员组成管理团队，主要岗位"一岗双配"。结构和机电工程实行"总包统筹、区域管理"的模式。 （2）实行施工组织专业化、资源组织集约化、安全管理人本化、管理手段智慧化、现场管理标准化、日常管理精细化。 （3）进行科学合理的施工整体部署，制定切实可行的水平运输和垂直运输措施、超大空间的施工措施
2	参建单位众多，物资种类数量大 混凝土用量约105万m^3，钢筋用量约22万t，钢结构用量约10万t，机电设备约24.7万台（套），电缆电线约5000km	（1）成立招采部、招标领导小组和工作小组。制定招采计划，严格风险管控、优质材料设备货比多家，招标工作全系统参与、阳光采购。重点材料分散供应，重点材料设备安排专人驻厂监造。 （2）设备材料的详细参数要与参建各方及时沟通确认，组织厂家尽早完成图纸深化，尽早完成设备选型。 （3）根据合同，提高付款比例，提高分包和材料设备厂家积极性，降低资金成本
3	涉及专业众多，工序组织是关键 除民航专业工程外，其他专业均为总承包合同范围，专业多，工序多，工序前后衔接是工程组织管理的难点和重点	（1）工程建设不同阶段，设立不同的管理机构和部门：工程部、机电部、钢结构部、协调部。各项工作做到超前准备、超前插入、样板引领。 （2）地下混凝土结构施工以保障劲性钢结构安装为主线进行施工组织。地上混凝土结构施工以保障屋盖钢结构安装为主线进行施工组织，混凝土结构合拢进度保障钢结构安装工作面顺利提交。 （3）混凝土结构完成后及时插入屋盖钢结构施工。钢结构屋盖采取"分区施工，分区卸载，总体合拢"的施工方案，完成后及时插入屋面、幕墙施工和楼前高架桥施工。 （4）混凝土结构验收后，及时插入砌体结构和机电管线安装施工。机电工程和土建工程的配合至关重要：机电工程及时完成设备的选型订货，给土建提供设备基础、机房洞口等深化设计图纸。土建工程优先保证设备机房区域的二次砌筑、设备基础施工及临时封闭，按机电需求进行机房移交及提供工作面，并保障设备安装交通需求。 （5）外围护结构实现功能性封闭后，及时展开装饰装修工程和机电设备安装工程施工
4	工程技术先进，功能强大，标准要求高 民航局提出要"引领世界机场建设，打造全球空港标杆"。习近平总书记视察北京新机场时指示一定要创造一种世界先进水平，既展示了国际水准，同时又为我们国家的基础建设继续创造一个样板，要建成精品工程、样板工程、平安工程、廉洁工程	（1）高标准策划，高标准建设，高标准调试验收。不忘初心、牢记使命、坚韧不拔、锲而不舍，奋力谱写壮丽篇章。 （2）优选国内一流专业单位、优秀的施工队伍、专业厂家参与工程建设；集成和创新应用国内和国际上最先进的施工技术。 （3）采取世界上最先进的数字建造技术、智慧管理平台。 （4）注重安全领导力和安全文化提升，真正做到"以人为本、生命至上"的零伤害管理目标。以精益求精、一丝不苟的工匠精神铸造伟大的建筑作品。 （5）集成世界上最先进的管理手段和经验，在职业健康安全、环保、质量、进度等各方面做到"最高标准、最严要求"

2.1.2　工程技术管理的重点、难点分析及对策

工程技术管理的重点、难点及采取的相应对策见表2-2。

工程技术管理的重点、难点分析及对策　　　　　　　表2-2

序号	重难点分析	对策
1	结构设计复杂，施工技术难度大 深区地下二层为轨道交通层，其柱网与其上部结构柱网不一致，因此设计有大量转换劲性结构，另外，大量采用三角、弧形柱网，由于结构平面超长超宽，以及柱网的变化给测量控制带来极大挑战。 地下一层柱顶设置隔震支座，竖向结构刚度不连续，结构变形控制难度是无先例新课题	（1）劲性结构施工之前，尽早展开深化设计，深化劲性结构中钢筋与钢结构的连接方式，钢结构加工之前完成所有深化设计图纸的原设计单位确认工作。 （2）集成并开发最先进的测量技术进行测量控制，包括：建立"基于网络RTK技术的CORS系统"、建立并应用高标网、应用数字测量设备。 （3）通过BIM技术对隔震支座近20道工序进行施工模拟，增强技术交底的可视性和准确性，提高现场施工人员对施工节点的理解程度，缩短工序交底的时间。 （4）结构施工之前通过数字仿真模拟温度场，研究季节性温度变化对结构的影响，指导结构后浇带封闭时间、顺序
2	专业工程多，深化设计量巨大 航站楼设计新颖、功能先进，涉及专业多，屋盖钢结构、屋面、幕墙、机电系统和装修均需要进行施工图深化设计，大量深化设计图纸的编制、审核、审批，是技术工作的重点之一	（1）成立深化设计领导小组，负责深化设计管理工作。 （2）制定招标、采购计划，各专业招标文件明确深化设计进度、设计手段要求，各分包中标后严格落实。 （3）建立深化设计例会制度，由建设单位、设计单位参加，保障深化设计进度及质量。 （4）采用BIM技术，明确各专业建模标准进行合模，消除碰撞，满足功能，布排美观，使用及检修空间合理
3	钢结构安装量大，方案选择至关重要 8颗C形柱分四组关于南北向中心轴空间对称，为空间结构，形式复杂，安装技术难度大。 屋盖钢网架面积超大，安装工况多，安装精度、位型控制难度大。楼前高架桥国内首次采用双层钢桥，重量大、构件多，施工场地受限，施工进度事关全局	（1）和设计院及时沟通，高效完成深化设计。 （2）多方案对比选定施工方案，并根据方案工况模拟计算，模拟预拼装。 （3）C形柱采用原位吊装安装方案，屋盖钢结构采用"分区安装，分区卸载，位形控制，变形协调，总体合拢"施工方案，楼前高架桥采用提升施工方案。 （4）采用测量机器人、焊接机器人等先进技术助力现场施工
4	高大空间范围广，混凝土框架梁截面大、荷载重，支设拆除难度大，模板及支撑设计是技术控制的重点 地下二层层高11.55m，面积为9.9万m²，核心区南区首层至三层跃层区域12.5m，面积为1.7万m²，上述区域框架梁截面大，支撑体系体量巨大，搭设拆除方案与施工进度密切相关	（1）施工前编制专项方案，并完成方案论证。 （2）选用先进的盘扣式脚手架作为支撑体系，施工安全、高效，设置通道更灵活；模板龙骨体系选用可周转的钢方通和钢木复合龙骨。 （3）首层、地下一层、地下二层设置拆除通道，通往高大空间模架区，并就模架体系运出通道进行专门设计，保障材料运输。 （4）利用4m宽结构后浇带作为垂直运输通道，设计专门的提升设备

序号	重难点分析	对策
5	作为国内最大的隔震建筑，施工技术要求高	（1）尽早确定材料设备标准及验收标准，明确生产设备和原材料的要求，制定厂家考察方案，通过严格考察、筛选，选择国内一流设备厂家。 （2）针对穿越隔震层的机电管线，组织设计、专家、专业厂家对施工技术进行分析研究，进行技术攻关和科学计算，完成机电软连接深化设计及管道布排。组织厂家定制生产，施工前编制详实的安装方案和技术交底，在样板验收后大面积展开
	地下一层柱顶设计隔震系统，大直径隔震支座共计1152个，阻尼器160个，水平结构、竖向结构墙体留设变形缝，各种机电管线、设备管道等均采取抗震节点设计，材料要求高，技术标准高	
6	建筑造型新颖，自由双曲面造型建造难度大	（1）使用全过程数字建造技术，集成运用并发展全球领先的自由曲面数字设计技术。 （2）相关专业深化设计同步进行，界面处统一合图。 （3）从深化设计、材料下单、工厂加工到现场安装，采用最先进的物联网技术辅助生产
	屋盖钢结构、金属屋面、采光顶、室内屋顶大吊顶均设计自由双曲面造型，深化设计、空间位型控制难度大	

2.1.3 工程质量管理的重点、难点分析及对策

工程质量管理的重点、难点及采取的相应对策见表2-3。

工程质量管理的重点、难点分析及对策　　　　　　　　　　　　　　表2-3

序号	重难点分析	对策
1	材料用量巨大，如何保证材料的质量既是重点也是难点	（1）混凝土采用商品混凝土，选择7家混凝土搅拌站，同一部位统一原材料和配合比，严格控制原材料的品种、出厂坍落度，随时抽查站内生产情况，做好试块的留置、现场养护。 （2）选择招标文件中的材料品牌，钢筋和钢材选择国内知名钢厂的产品，按照相关规范及时抽检。 （3）加强进场检验，对于一些外埠的大宗材料，为避免出现质量问题后退场影响工期，安排专人进厂验收
2	钢结构用量大，品种多，施工周期跨越冬季和夏季，焊接质量是重点	（1）钢结构约10万t，采用Q345、Q460GJC、Q235材质，板厚最大80mm，还有部分铸钢件，做好焊接前的工艺评定。 （2）持证上岗，做好焊工考核、培训。 （3）做好杆件翻样图、编号，做好杆件的相贯线、焊接坡口、焊缝打磨、除锈、油漆工序施工，做好焊接探伤检测以及返修工作，防止二次返修。 （4）做好施工准备，如：防风、预热保温、施工操作平台等的工作；做好施工专项方案，大量采用地面楼面拼装，减少高空拼装，减少立焊、仰焊位，采用平焊位，保证焊接质量。 （5）选择合拢时间，保证合拢温度
3	机电设备管线安装、末端器具安装的质量要求高	（1）加强与设计沟通及图纸会审，明确设计意图后完成深化设计，将各专业综合布置在一起，其中精装修面板上的末端定位安装需细化固定、连接节点，做好样板，一次成活一次成优。 （2）运用BIM技术，对管道布排、机房设备布置、精装修定位进行虚拟建造，提前解决技术问题，并按照创优的要求，对机电细部节点进行创优策划。 （3）统一要求分包的施工质量标准，审核施工样板

序号	重难点分析	对策
4	新材料、新工艺、新技术的应用对验收标准提出了更高的要求	（1）由设计明确验收标准。 （2）组织专家论证会或各方参加的图纸会审专题会，并进行图纸会审记录

2.1.4 工程安全、绿色施工管理的重点、难点分析及对策

工程安全、绿色施工管理的重点、难点及采取的相应对策见表2-4。

工程安全、绿色施工管理的重点、难点分析及对策　　　　　表2-4

序号	重难点分析	对策
1	群塔作业，钢结构吊装量大	（1）编制群塔作业专项方案，报请监理审批后实施。群塔方案要同时考虑到相邻标段的塔吊布置和安全。 （2）塔吊按照施工分区布置，每个区的塔吊由各个区进行管理。 （3）每个施工区的塔吊喂料区分别布置，避免交叉跨越吊运。 （4）制定不同类型钢结构的吊装方案，吊装重量和吊点加固措施经计算分析和专人检查确定
2	设备机具投入量大，电焊点多面广，消防压力大	（1）大型设备进场验收，备案管理，定期检查。 （2）电焊机实名制管理，焊接前申请动火证，作业时设专人看火。 （3）油漆、防水材料、包装等易燃材料及时清理，用电线缆保护到位，防止短路造成火灾。 （4）加强用电管理，潮湿环境、夜间施工漏电保险灵敏有效
3	安全保卫防盗任务重	（1）施工场区设置严格的门卫管理，出入需有证件，材料进出须有项目部安保部及相关部门开具的证明。 （2）大门口设置门禁系统。 （3）成立场区护卫队，24h不间断巡逻。 （4）项目部安保部与当地的公安保卫部门取得联系，建立联防联控体系
4	交叉作业多	（1）合理安排工序，尽量避开竖向交叉作业。 （2）安全网、操作平台等防护到位。 （3）高平台作业，支撑、防护措施到位，移动时按照操作规程严格执行。 （4）上下交叉作业没有防护措施隔开时，必须划出隔离区，下部严禁施工
5	安全绿色施工标准高，责任重	（1）编制专项的绿色安全施工方案，项目部设置主管副经理和主管部门及人员，将安全绿色施工始终作为项目管理的重点。 （2）严格执行"四节一环保"措施，定期检查评比。 （3）密切关注雾霾红色预警、空气重污染红色预警预报，坚决执行上级要求，制定相应应急预案。 （4）进场后即制定确保通过"住房和城乡建设部绿色施工科技示范工程"验收的目标

2.1.5 工程内部交叉施工管理的重点分析及对策

工程内部交叉施工管理的重点及采取的相应对策见表2-5。

序号	重难点分析	对策
1	劲性钢结构与钢筋混凝土交叉施工管理 劲性结构点多面广，与混凝土交叉范围大，安装运输路线长，是管理的重点	（1）应用BIM技术，统一深化设计。 （2）预埋钢结构提前加工，提前进场。 （3）编制专项安装方案，部署运输路线、吊装设备，施工过程密切配合。 （4）重点协调劲性结构节点部位焊接、绑扎、预应力、机电预留预埋管线的施工次序
2	钢筋混凝土与钢结构交叉施工管理 钢结构安装难度大，时间紧，混凝土施工提前为钢结构提供工作面为重点	（1）成立钢结构部，专门负责管理、协调。 （2）协调管理大型吊机及塔式起重机的施工时间和范围。 （3）协调场地、道路、吊机行走路线。 （4）楼板超载的验算及提前加固。 （5）运输路线上的混凝土结构楼板提前部署。 （6）协调用电负荷及接驳位置
3	钢结构（含高架桥）与屋面及幕墙交叉施工管理 封顶封围是工期里程碑节点，钢结构施工紧紧围绕屋面、幕墙的施工安排，尽可能为其创造条件，是管理的重点	（1）屋盖钢结构、屋面、幕墙施工界面，在分包招标时详细明确，避免盲区。 （2）屋面、幕墙尽早完成招标工作，实现各专业同时深化，同时审图。 （3）相同工种施工人员共享，减少人员重复进出场管理。 （4）钢结构部负责协调屋盖钢结构、屋面、幕墙、施工场地、材料存放规划等具体事宜。 （5）交叉部位统一制定施工工序并严格执行，以便做好成品保护
4	土建与装修及机电安装交叉施工管理 施工质量目标鲁班奖，装修面板上机电末端点位数量大，交叉施工工序繁琐，是管理的重要工作之一	（1）装修工程与机电工程专业深化设计集中办公，统一合图，协调末端点位。 （2）高架桥安排在装修及机电大面积施工前完成，作为3层以上的材料运输通道。 （3）楼内提升架的布置统一考虑，为土建、装修及机电工程全面服务。 （4）装修及机电工程共同排定交叉位置施工工序并严格执行，装修面板安装时各专业负责人现场共同协调，推进现场安装

2.1.6 工程外部协调施工管理的重点分析及对策

工程外部协调施工管理的重点、难点及采取的相应对策见表2-6。

工程外部协调施工管理的重点分析及对策 表2-6

序号	重难点分析	对策
1	与周围站坪、指廊、停车楼标段同时施工，影响因素多，施工协调难度大	（1）工程部设专人负责对外协调，对接建设单位对应管理相应标段的相关部门或人员，了解核心区周边场地的施工安排，提前部署，减少交叉影响。 （2）与相关标段的工程部建立定期的沟通机制，做好沟通，保障正常施工
2	与航站楼内部施工的外部单位的协调，如：高铁、城铁施工单位；建设单位独立招标的分包单位，如商业餐饮单位	（1）与外部单位签订管理协议，将各分包单位的场地管理纳入承包人统一管理范围，要求各单位参加由承包人组织的生产协调会。 （2）在建设单位协调下，解决施工界面对接及深化设计协调等问题。 （3）及时与这些单位办理工作面移交，签订安全、用水、用电、测量、后勤、证件管理、交通运输等各种管理协议。 （4）统一协调施工场地的占用及运输线路时间

2.2 施工总体部署

2.2.1 总体思路

结合工程设计特点和工期要求，确定施工部署总体思路：分区施工、上下对应；土建先行、钢构跟进；及时封围、机电穿插；机电主线、装饰引领；标段协调、综合调试；目标兑现、试运保驾。

2.2.1.1 混凝土结构施工

混凝土结构施工采用"总包统筹、区域管理"的新型管理模式，施工资源总包集采，分区负责使用管理。区域划分首先考虑塔式起重机的布置及栈桥位置，并充分结合劳务分包施工组织能力，并以有利于分区高效施工组织为原则进行区域划分。

混凝土结构施工组织遵循"先深区、后浅区"，地下二层深区施工时，"浅区"暂缓施工为其提供施工场地保障。地下混凝土结构以劲性钢结构安装为主线组织施工，地上混凝土结构以保障屋盖钢结构安装条件为主线组织施工。

2.2.1.2 钢结构施工

屋盖钢结构施工超前研究、超前策划、超前准备，采用"分区安装，分区卸载，位形控制，变形协调，总体合拢"的施工方案。

屋盖钢结构施工分两个标段、六个施工区，从场外拼装、现场安装、分区卸载到插入屋面檩条施工，各分区选择最优安装方案同步施工，各分区主要采用"原位安装、分块吊装、分块提升"等安装技术。

室内钢桥、入口钢连桥、钢浮岛等零星钢结构施工，在屋面施工完成后插入。

2.2.1.3 屋面幕墙施工

屋面、幕墙尽早完成招标，并与屋盖钢结构同步深化，避免专业界面间盲区。屋面采光顶归幕墙专业，金属屋面、屋顶采光顶与立面幕墙同步组织施工，确保同时完工，实现封围封顶。金属屋面分六个施工区同步施工，屋面板采用楼外就近加工，大吨位汽车吊吊运上楼，人工分散安装；其他材料倒运到室内外屋盖钢结构正下方，汽车吊穿过屋盖结构网格吊运至工作面。

2.2.1.4 装饰装修施工

本工程装饰装修分为非公共区装修和公共区装修。非公共区装修施工按照层、区分步实施，尽快完成湿作业后，以样板间带动面层饰面的施工，按照先机电用房后办公用房的顺序实施，每个房间内按照墙面、吊顶、地面三个部位，土建和机电、弱电的工序先后协调实施，保证机电末端与土建分格对位准确，避免相互损坏成品。公共区装修与机电专业密切配合，统一深化、统一建模、统一协调，精装修专业牵头为机电末端精确定位。精装修与机电工程施工按照统筹部署、排定工序，互创条件，严格遵守。

2.2.1.5 机电安装施工

机电系统是机场功能实现的关键所在，结合机场所特有的机电系统，确定以开闭站所辖区域为施工分区、变配电站所辖区域为大流水、配电小间所辖区域为小流水的分区、分层的施工组织，优先提供行李、民航信息、弱电系统的供电和供冷，保障2018年雨季排水的总体部署思路。按照总体部署思想，给水排水、暖通、装修等专业围绕供电干线及所辖区域有序组织、穿插施工，在具备供电条件时，所辖区域给水排水、暖通等系统可以进行调试和联动。

2.2.1.6 楼前高架桥施工

楼前高架桥处在航站楼与综合服务楼及停车楼之间，为双层宽39m和52m的钢箱梁桥，桥型为弧线。作业空间仅为80m，由于航站楼和综合服务楼、停车楼先期主体结构和屋盖钢结构施工需要，高架桥将安排在邻近的主体结构和屋盖钢结构完成后施工。高架桥施工的同时进行航站楼前的幕墙和屋面板施工，作业空间交叉多，由于场地十分有限，受相邻三个标段影响大。据此，经过反复论证研究改变原方案，架设大型门式起重机吊装，分两个流水段由两端向中间原位拼装、原位提升。

2.2.1.7 调试验收

遵循总体策划到位、组织到位、分工到位，分区实施，同步完成的工作思路。

成立调试验收领导小组，明确各系统调试验收负责人、配合专业负责人，明确调试工作流程、标准、要求和调试人员责任。按照既定时间完成通电、通水、通暖，展开单机、单系统调试，最后进行消防、楼控、信息弱电的联动调试。

验收按照分部工程验收、竣工预验收、工程质量竣工验收、政府相关验收、工程竣工验收及民航专业验收的先后顺序进行。

2.2.2 总体施工组织

2.2.2.1 分阶段组织施工

根据工程特点和施工部署原则，把工程分为6个施工阶段组织施工，阶段划分详见表2-7。

施工阶段划分 表2-7

	施工阶段	主要施工内容
1	地下结构施工阶段	从开工至-0.2m楼板结构完成，包括：余土清底、垫层、防水及其保护层、基础底板及地下一二层结构、隔震支座；高架桥区域地下二层结构完成
2	主体结构施工阶段	-0.2m标高结构板以上，至+17.3m或+18.8m标高结构板完成
3	钢结构网架施工阶段	钢结构竖向钢柱至屋面网架完成
4	屋面、幕墙及高架桥施工阶段	屋面龙骨安装、幕墙龙骨安装至屋面主板面及天窗玻璃完成，二层以上幕墙玻璃完成，高架桥施工完成

施工阶段		主要施工内容
5	装饰及机电安装调试阶段	装饰工程基层及机电布线至装饰面层完成、机电设备调试完成。各层按照房间功能、机电系统进行统一部署，分层分区域安排施工
6	调试验收阶段	在完工的基础上，进行第三方检测、专项验收及工程竣工验收备案工作

2.2.2.2　分区组织平行施工

综合考虑混凝土结构特点及屋盖钢结构分区相对独立的特点，根据工程量大小等因素将本工程分为若干施工区，各区并行施工。其中混凝土结构施工阶段分为8个施工区，屋盖钢结构分为7个施工区，幕墙分为5个区，装修及机电安装分为4个施工区。各个施工区根据工程量、施工条件等因素分别配备施工机械、劳动力等资源，并行施工，以加快总体施工进展。各阶段分区情况如图2-1所示。

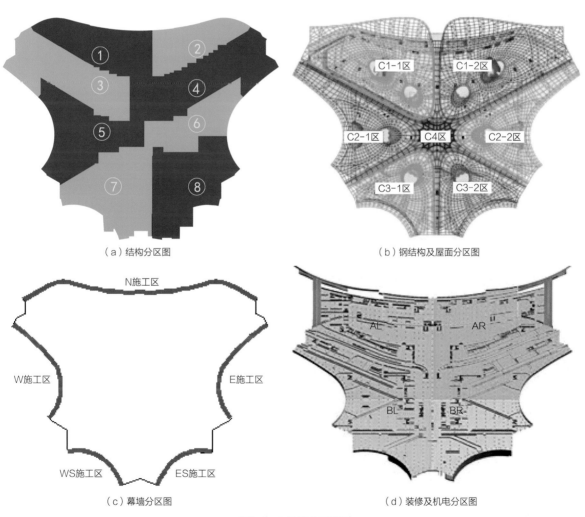

（a）结构分区图　　　　　　　　　（b）钢结构及屋面分区图

（c）幕墙分区图　　　　　　　　　（d）装修及机电分区图

图2-1　各阶段分区情况

2.2.2.3 分区内组织分段流水施工

按照用满时间、占满空间的原则，每个施工区分成若干个施工段；区内各工序间采取流水施工，达到充分利用所有工作面、缩短工期的目的。

2.2.2.4 合理安排施工流程

合理安排工程施工顺序及各专业、各分部（项）工程的前后衔接，特别是想方设法地创造有利条件，优先安排和保障对总工期影响大的关键工作的施工。

以混凝土结构和屋盖钢结构施工阶段的施工组织为例，以深区结构施工为关键工作，为给深区结构施工创造条件，邻近深区的浅区暂缓施工，前期作为深区结构施工用材料堆放场地和施工道路；邻近深区的浅区部分分期展开施工。具体施工顺序如图2-2所示。

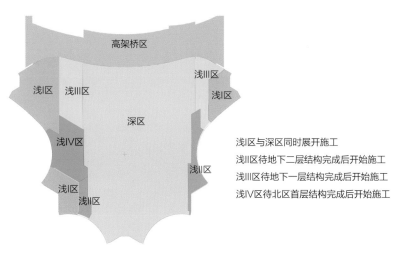

图2-2　结构施工顺序图

东峡谷区首层结构及南区四层结构完成后，开始插入东峡谷区C2-2、南区C3-1、C3-2屋盖及其支撑结构施工；北区四层结构完成后开始插入布设C1区屋盖拼装场地；北区五层结构完成后，C1区屋盖具备全面展开施工条件。

高架桥区进场后，立即展开土方开挖、基础桩等施工。其地下结构随核心区地下结构同时展开施工，地下结构完成后，先后可作为核心区地上结构施工用场地、屋盖钢结构滑移拼装场地。屋盖及幕墙结构完成后，展开高架桥钢箱梁的安装；高架桥后期具备作为施工道路的条件。

2.2.2.5 各施工阶段关键工作的确定

（1）地下混凝土结构施工阶段：深区地下两层，且劲性结构等转换结构位于该部位，结构复杂、体量大，该区域的混凝土结构施工为关键线路，深槽两侧区域为非关键线路。

（2）地上混凝土结构施工阶段：地上结构施工中，北区楼层多，单层面积大，且劲性结构多，施工周期最长，故北区地上结构施工处于关键线路上。混凝土结构分阶段验收，及时插入二次结构砌筑，尽早为机电安装工程施工创造条件。

（3）屋盖钢结构施工阶段：主体完工后，屋面钢结构的施工为主要工作，直接影响紧后工作、幕墙工程、屋面工程的施工，进而影响工程结束时间，北区屋盖钢结构体量大，且悬挑段施工工期长，C1区屋盖钢结构的施工为关键施工工作。屋盖钢结构分区卸载后，及时插入金属屋面和幕墙施工。

（4）金属屋面及幕墙施工阶段：主楼钢结构施工完成后，金属屋面工程、幕墙工程是否完成，将制约部分精装修工程的施工，C1区金属屋面及北侧幕墙施工为施工进度关键工作。实现金属屋面封顶、幕墙封围后，为机电设备安装及精装修大面积展开施工创造有利条件。

（5）精装修及机电安装施工阶段：幕墙工程完成后，完成整体性封闭封围，所有区域均可进行精装修施工，且精装修施工作业，尤其是大厅等公共区域的精装修施工、机房设备安装及机电设备末端施工处于整个工程施工的最后阶段，为竣工验收的前序工作，故其为施工进度的关键工作。

（6）竣工调试、验收及备案工作阶段：竣工验收由十多项专项验收组成，各单项均在其相应施工内容、调试内容全部完成后进行，为施工进度的关键工作。

施工关键线路流程如图2-3所示。

图2-3　关键线路流程图

2.3 施工管理措施

2.3.1 质量保证措施

2.3.1.1 坚持质量管理责任制

坚持质量管理责任制，做到目标清、任务清，实行班组对个人，施工队对班组，项目部对施工队的逐级考核，实行质量否决权。实行挂牌上岗，对施工队采取按工种定人、定岗、定责的三定措施，并针对工程实际情况进行工前培训，把质量责任落实到每个具体施工人员，使工程质量始终处于受控状态。

2.3.1.2 加强工序质量控制

工序质量控制主要包括工序施工前施工准备、施工过程中工序质量控制、工序完成后的验收把关。工序施工准备主要包括"人、机、料、法、环"五个方面的因素。人的因素主要是根据工程量及进度，确保工序施工所需的劳动力数量，使用熟练工种确保操作工人素质，特殊工种施工严格持证上岗；施工机械方面需确保工序施工所投入机械设备的数量和性能，例如混凝土浇筑前需对混凝土输送设备、振捣设备的准备情况进行检查；施工材料严格执行进场检验制度，经验收合格后再使用，杜绝不合格材料应用于工程中；施工方法上要做好班前交底，让操作工人了解技术要求和质量标准；施工环境方面主要包括正常施工的操作环境，比如高处作业的操作架和操作平台等，以及合理安排施工顺序，避免工序倒置影响施工质量等。

工序施工过程质量控制：工序过程质量控制首先要严格落实工序样板引路制，通过样板的验收、分析和点评，使操作人员和质检人员对工序质量要求有明确、直观的实物标准；其次，要做好现场质量巡查工作，通过巡查，对施工过程中出现的质量问题做到早发现、早纠正，对混凝土浇筑、梁柱节点隐蔽等关键工序安排质检人员全过程旁站。

工序验收控制：工序验收严格执行"三检制"，班组自检需做好过程检查原始记录，为保证班组自检落到实处，将检验批一次验收通过率作为质量奖罚的指标之一。工序质量验收采取实测检查和外观检查结合，明确"谁验收、谁负责"的制度，强化质检人员的质量责任意识，确保工序质量不合格不放行。

2.3.1.3 实施全面质量管理

（1）全过程、全方位原则：对影响工程质量的各个环节，从体系上、制度上和运行过程监控上进行保证，覆盖工程建设的全部过程、全部施工项目中，在时间和空间上不出现死角。

（2）以人为本原则：调动质量控制各个环节人员的积极性和创造性，增强全体员工的质量意识，避免人为失误，以人的工作质量保证工序质量和工程质量。

（3）质量预控原则：在工程建设全过程坚持质量预控、事前控制的原则，预测工程中影响质量各要素的可能因素，并制定对策，保证工程质量。

（4）用数据说话原则：全面质量管理的直接依据就是能够反映实际情况的数据和资料，在质量控制过程中，建立一套质量检测数据的收集体系，应用科学的方法进行数据分析，对质量形成过程量化管理。

（5）全面质量管理的过程：全面质量管理分为计划（P）、实施（D）、检查（C）、处理（A）四个过程阶段，通过PDCA过程，对存在的问题进行改进和处理，对过程中效果良好的方法、措施加以固定，形成标准，在类似过程中加以推广，错误的做法要引以为戒，在后续过程中尽量避免。

2.3.1.4 组织质量管理交流活动

项目部将分阶段、分专业组织质量交流活动，提高项目质量管理水平，促进项目质量创优工作。同时，在项目各参施单位之间、各班组之间定期开展质量综合检查评比活动，每次检查评选出优胜单位、优胜班组，通过检查评比，充分调动各参施单位和班组的积极性，形成相互学习、相互赶超的局面。

2.3.1.5 样板管理措施

样板制是提高工程质量的有效手段，本工程各工序施工严格执行样板引路制，要求各工序开始施工前均先做施工工序标准样板。

（1）样板计划：施工工序标准样板的计划由项目部技术部制定，包括样板的部位、施工工艺、技术要求、质量标准。样板必须选择有代表性的部位，必要时一道工序可选择多个部位做样板，以体现该工序在整个工程施工中的实际情况和难度。

（2）样板的实施：样板施工过程安排技术、质量管理人员旁站，及时纠正施工过程中出现的问题并做好记录，样板完成后组织监理单位共同验收，验收过程组织各参施单位班组长以上相关人员参加，并由技术、质量管理人员结合样板施工过程中暴露的问题，讲解施工过程中的注意事项和该工序的质量控制点。样板验收通过后，做好样板验收记录并留存影像资料，工序展开施工必须按样板标准进行控制，工序质量验收控制标准不得低于样板标准。

（3）各班组施工样板：每道施工工序除施工工序标准样板外，各班组也需做本班组的工序样板，经验收合格后再大面积展开施工。

2.3.1.6 加强过程检验和试验管理

（1）各种检验和试验工作由质量部、测量试验部负责，由各专业工程师组织各专业的施工员、质检员实施。

（2）每道工序完成后（特别是关键工序），必须进行标识，并报监理验收合格后，方可进行下一道工序的施工。

（3）项目质量部门制订月检查计划、周检查计划，组织并实施对施工质量的检查，并核对工程技术资料是否真实、齐全并且与工程同步。

（4）施工过程中如因施工紧急等原因未进行检验和试验就转入下一过程（必须是可以挽回的工序），由分承包单位或劳务分包单位填写《例外转序审批表》，说明转序原因和可靠的追回程序（措施），并标明工程部位和工序，报项目部总工程师和生产负责人批准后才允许放行。

（5）物资材料到货时间应该按照材料试验的周期提前组织进场，进场后，采购单位材料员及时以书面形式通知试验室，试验室按照行业和地方有关规定的数量、要求取样送检，试验结果及时交技术部门和物资部门保存，专业分包工程的复试结果应向项目部报验。

（6）状态标识、可追溯性控制

在工序施工中，要对施工部位和材料状态进行挂牌标识，以识别其工艺标准、质量标准、操作及质量负责人员、检验和试验状态，并将标识进行记录和保存，以使工序最终质量状态具有可追溯性。

（7）最终检验和试验：本工程的分项工程检验评定工作由质量部组织专业施工员、质检员进行。分部工程的评定工作由项目部质量部门负责完成。本工程消防系统的测试调整由机电部门编制详细的调试计划及调试方案，经监理批准后实施。

（8）对专业分包方的质量管理

专业分包方除按照本章节其他部分的要求严格执行外，还需做好以下工作：

1）承包人对发包人和监理负责，专业分包对承包人负责，按照承包人的各项管理制度组织施工。

2）专业分包与承包人签订合同时对质量标准要详细说明和限定，明确双方的责任、义务。质量部门应参与合同的会签工作。

3）分包单位进场前应向承包人提供能够满足实现本项目质量目标的管理人员和作业人员名册。分包单位应按照承包人的要求建立自己的质量保证体系，编制质量计划报承包人审批。

4）分包单位在与其他分包或承包人进行中间交接检时，质量必须符合承包人统一制定的质量标准，填写交接意见并签字确认形成记录，并由监理工程师进行见证。

5）专业分包在自检合格后，将原材料、自检资料准备齐全后向承包人报验，承包人复验合格并签字确认后向监理工程师报验。未经承包人和监理工程师复验，专业分包不得进行下道工序。

6）合同段衔接处的测量在承包人和监理公司的统一协调下由相邻合同段的承包人共同进行，测量结果统一协调在允许的误差范围内。

2.3.2 进度保障措施

2.3.2.1 管理措施

（1）推行目标管理：根据建设单位和监理单位审核批准确定的进度控制目标，总包编制总进度计划，并在此基础上进一步细化，将总计划目标分解为分阶段目标，分层次、分项目编制年度、季度、月度计划。并对责任目标编制实施计划，进一步分解到季、月、周、日。形成以日保周、以周保月、以月保季、以季保年的计划目标管理体系，保证工程施工进度满足总进度要求。并由总进度计划派生出进场计划、技术保障计划、商务保障计划、物资供应计划、设备招标供货计划、质量检验与控制计划、安全防护计划及后勤保障等一系列计划，使进度计划管理形成层次分明、深入全面、贯彻始终的特色。

（2）建立和完善各项进度控制工作制度：建立和完善各项进度控制管理制度，对管理制度进行细化、量化，使整个施工过程处于各项管理制度的控制之下。制度内容包括：进度计划执行情况的检查时间、检查方法；进度协调会议制度等。建立生产例会制度，在总进度计划控制下，安排周、日作业计划，在例会上对进度控制点进行检查，并确认是否落实。

（3）开展工期竞赛：拿出一定资金作为工期竞赛奖励基金，引入经济奖励机制，在施工期间，组织进行全方位的劳动竞赛，比工期、比质量、比安全、比文明施工，根据竞赛结果奖优罚劣，互相促进。

（4）加强协调管理：强化项目部内部管理人员效率与协调，加强对作业队的控制和与各专业分包单位的协作，并明确各方及个人的职责分工，将围绕本工程建设的各方面人员充分调动起来，共同完成工期总目标。创造和保持施工现场各作业队之间的良好的人际关系，使现场各方认清其间的相互依赖和相互制约的关系。加强建设单位、监理、设计方的协调。

（5）强化总平面管理：设专人对施工总平面进行动态管理及维护。加强总平面管理，实现施工现场秩序化。现场平面布置图和物资采购、资源配备等辅助计划相配合，对现场进行宏观调控，保持现场秩序井然，保证施工进度计划的有序实施。

2.3.2.2 技术措施

（1）新技术应用对工期的保证：先进的施工工艺、材料和技术是进度计划成功的保证。项目部将针对工程特点和难点，广泛采用新技术、新材料、新工艺、新机具，提高施工速度，缩短施工工期，从科技含量上争取缩短工期。

（2）提前完善各主要分部分项工程和重点、难点的施工方案

通过分析本工程多项在施工中需控制的重点和难点，编制较可行的方案。这些重点和难点均对整个施工进度有重大影响，在施工组织设计中进行了深入细致的探讨。

（3）钢结构施工中采用累积滑移技术、分区累积外扩液压提升技术，缩短工程工期；结构施工中十字盘扣等新型模架体系及新型铝模板的使用，有效提高工效，缩短结构施工工期。

（4）采用BIM技术及项目信息管理系统：在采用"北京大兴国际机场航站楼工程项目管理信息系统"（BJJCPMS）基础上，结合自主知识产权的项目信息管理系统及BIM技术应用，对本项目的计划管理、深化设计、生产统计、劳动力、工程质量、技术资料及文档等进行管理。在施工过程监测方面，应用信息化实时监测技术手段；在进度控制方面，利用BIM与GIS结合技术，以四维形式展示现场施工进度；现场施工监督管理方面，安装监控摄像头和大屏中心，实时监控现场施工情况。

2.3.2.3 资源保障措施

1. 劳动力保障措施

依据计划，本工程高峰期劳动力的需求预计约6500人，如此庞大的劳动力需求必然需要强有力的保障措施作保证，具体保障措施详见表2-8。

劳动力保障措施 表2-8

类别	措施内容
数量保障	（1）按照"足够且略有盈余"的原则，选择多家劳务分包商并略作数量储备以应对施工中的诸多不确定因素。 （2）劳务分包合同中明确约定：不因节假日及季节性影响导致人员流失，确保现场作业人员的长期固定性。 （3）根据工程的总体及分阶段进度计划、劳动力供应计划等，编制各工种劳动力平衡计划，分解细化各阶段的劳动力投入量。 （4）充分发挥经济杠杆作用，定期开展工期竞赛，进行工期考核，奖优罚劣，激发各劳务分包商保证劳动力投入的自觉性
素质保障	（1）严格执行企业ISO 9001认证体系运行文件要求，在企业的合格分包商名录中择优选择劳务分包队伍。 （2）劳务分包合同中明确约定：进场人员必须持有各类"岗位资格证书"。 （3）劳务分包商进场后，及时组织工期、技术、施工质量标准交底，进行安全教育培训等。 （4）施工中，定期组织工人素质考核、再教育

类别	措施内容
劳动力紧急调配	本工程做好出现劳动力紧急调配的预案，一旦出现用工紧急调配情况，我们将采取以下措施： （1）一旦本工程出现赶工需急调劳动人员，将发挥大企业的指挥协调能力，进行劳动力调配，责任到人，支援人员当天即可到工地。 （2）项目制定紧急调配人员预案，对工人来源、管理人员来源以及人员的后勤保障、资金需投入量预先编制措施

2. 机械设备保障措施

本工程需投入旋挖钻机、挖掘机、塔式起重机、履带式及汽车式起重机等主要机械，具体机械设备投入的保障措施详见表2-9。

机械设备保障措施　　　　　　　　　　　　　　　　　　　　　　　表2-9

类别	措施内容
数量保障	（1）设备计划中，充分考虑储备和富余量，对地泵、旋挖钻机、挖土机等主要大型设备，均配备一定数量备用设备，防止因设备维修等因素影响工程进展。 （2）公司具有完善的机械设备供应商服务网络，拥有大批重合同、守信用的合格供应商。我们将发挥企业在经营布局方面的雄厚综合实力优势，迅速调集能满足施工需要的各类机械设备及器具
性能维护	（1）设备进场验收：现场设置四个设备待检区，设备进场组装后，结合工程实际情况进行性能检测验收，进场设备经检验合格，且检验合格证、机械保险及操作手上岗证等证书齐全后，方可投入使用。对不符合要求的设备及时采取维修或清退更换处理。 （2）建立健全的设备管理制度：设备管理制度包括岗位职责、岗位考核办法、机械设备维修保养规程、机械设备安全技术操作规程、辅助设备安全技术操作规程、机械设备状态评估及奖惩办法等。设备管理制度的制定和实施，使得设备管理有目标，考核有依据，奖惩有标准。 （3）机械设备的维修保养措施：设备的维修保养推行日检和周检制度及强制保养制度。施工设备是工程施工的主要生产力，是实现进度目标和质量目标的重要物质基础。只有搞好设备的维护保养工作，才能提高设备完好率、利用率和劳动生产率，才能提高设备管理的经济效益和投资效益。 （4）施工中维护：根据"专业、专人、专机"的"三专"原则，安排专业维修人员对机械实施全天候跟班维护作业，确保其始终处在最佳性能状态。 （5）检定：对测量器具等精密仪器，按国家或企业相关规定，定期送检。 （6）挑选责任心强、素质高、具有专业水平的人员，人员数量能够保证24h轮流倒班

3. 物资材料保障措施

施工物资准备：项目部统一组织协调好各个部门工作，从材料计划、货源选择（招标）、材料送批、订货、运输、验收检验做到三级审核，保证材料、设备的规格、型号、性能等技术指标明确、数量齐备。

物资采购计划：认真核实施工图纸、设计说明及设计变更洽商文件，及时准确地编制施工预算，列出明细表。根据施工进度计划的要求进行施工预算材料分析，编制建筑物资需用量计划及进场时间，为制定物资采购计划、施工备料、确定仓库和堆场面积，以及组织运输提供依据。

物资的选择：根据物资计划，请建设单位、设计单位、监理单位共同考察供货厂家，实行采购招标，做到货比三家，确保所选拔的生产厂家信誉好，能保证资源充足、供货及时、质量好、价格合理。

物资的验收及存放：材料进场时经专人验收，对某些特殊部位的材料会同监理、建设单位共同进行严格验收，对各种材料按规范和规定要求进行检验；对进入现场的材料要严格按照现场平面图要求的地点存放并按公司相关标准程序进行标识和放置铺垫。材料部门负责各种材料及料场标识，避免混乱，且建立台账，完善进出库手续。

2.3.3 安全施工管理措施

项目部坚持"安全第一、预防为主、综合治理"的安全管理方针，并结合重点施工工序及危险性较大的分部分项工程进行风险分析，制定相应的安全管控措施，建立、健全各项安全管理制度，拟制定的主要安全管理制度见表2-10。

主要安全管理制度 表2-10

序号	名称	主要内容
1	安全生产责任制度	明确项目部各岗位人员安全责任，各级职能部门、人员对各自工作范围内的施工安全负责，做到安全生产责任落实到人
2	安全责任目标考核制度	对工程的安全管理目标进行分解，对项目部各岗位管理人员进行安全责任目标每月考核，各岗位人员须严格履行安全岗位职责。项目经理安全责任考核由公司负责，项目部其他人员安全责任考核由项目经理负责
3	安全费用保障制度	按照规定计提安全费用，并将安全费用用于现场的安全技术措施以及工程建设，安全设备、设施的更新和维护，安全生产宣传，教育和培训，劳动防护用品配备，其他保障安全的事项
4	安全操作规程管理制度	施工作业前，由技术部、机电部和安保部根据施工作业内容及工种的配置情况，编制安全操作技术规程。安全作业技术规程经总工程师和安全总监核后，对进场人员按工种进行安全操作规程交底。安全操作规程交底签字后交安保部备案
5	施工组织设计及专项方案审批制度	施工组织设计由项目部负责编制，项目经理审核，公司总工程师审批并加盖公章；安全专项方案由专业工程师编制，项目总工程师审核，公司总工程师审批，并加盖公章；施工组织设计、安全专项施工方案报送监理审核通过后，项目部组织全体管理人员进行方案交底
6	安全技术交底制度	（1）各专项施工方案审批后，分项工程施工作业前，编制有针对性的安全技术交底，交底以书面形式向全体工作人员进行，安全技术交底的交底人、接受交底人、审核人签字齐全，签字完备的交底在项目安保部备案。 （2）作业前由专业技术工程师、工长、安全员共同对施工班组进行安全技术交底，使施工作业人员明确施工作业范围、内容，了解施工作业的风险，并根据要求设置安全防护设施、佩戴安全防护用品。所有作业人员均在安全技术交底上签字，签字后的交底在项目安保部备案
7	安全生产检查及隐患整改制度	（1）项目部每天由安全总监带队进行现场安全巡查，安保部各工程师、各专业队安全员参加，检查安全防护设施完好情况、安全措施落实情况等。 （2）对现场发现的问题进行记录，并限时整改。对需要整改的问题，指定专人进行落实检查、核实
8	安全生产例会制度	每周组织项目全体管理人员和施工队长参加安全生产例会，安全生产例会由项目经理主持，总结上周安全管理情况，根据工程进度安排布置本周安全生产工作

序号	名称	主要内容
9	安全教育和培训制度	（1）对管理人员和作业人员每年至少进行一次安全生产教育培训，记入个人工作档案。安全生产教育培训考核不合格的人员，不得上岗。 （2）工人入场必须进行公司、项目和班组三级安全培训、教育，通过安全培训、教育，考核合格的施工人员方可进场施工。 （3）每周一组织全体工人进行安全教育，对上一周安全方面存在的问题进行总结，对本周的安全重点和注意事项进行交底，使作业人员充分认识安全的重要性。 （4）每月对全体工人进行一次安全生产及法制教育活动。 （5）安全培训内容：主要包括安全检查标准、安全常识、现场安全管理、特种作业人员岗前培训、用电安全知识以及现场安全应急救援等
10	特种作业人员持证上岗制度	（1）特殊工种必须持证上岗，确保操作证在有效期内，严禁无证操作。 （2）施工过程中跟踪检查特种作业人员作业行为与应具备的作业能力相辅程度，为确保安全生产，必要时可取消不符合要求的执证作业人员的上岗资格
11	危险源识别及管理制度	建筑施工的危险源可分为：高处坠落、物体打击、触电、坍塌、机械伤害、起重伤害、中毒和窒息、火灾和爆炸、车辆伤害、粉尘、噪声、灼烫等。主要从以下作业活动进行危险源辨识：施工准备、施工阶段、关键工序、平面布局、所使用的机械设备装置、有害作业部位、各项制度、生活设施和应急、外出工作人员和外来工作人员。对以上风险进行分析，为安全管理提供参考依据
12	易燃、易爆品管理制度	易燃易爆等危险品的进场、存储、领用、运输和管理应遵循严格的管理流程，存放危险品的仓库应有相应的消防安全措施
13	明火作业管理制度	工程现场实施明火作业审批制度。施工作业前要进行明火作业动火审批，保证动火设备完好、作业人员持证上岗、作业面附近无可燃物、无交叉作业，配备看火人及灭火设施等
14	安全旁站管理制度	对于危险性大、特殊工序的生产过程，必须有安全管理人员现场指挥监督，保证安全防护、用电、通风、吊装等各项安全措施落实，保证安全作业
15	安全防护用品配备和管理制度	（1）对进入施工区域人员、施工作业各工种人员必须佩戴的安全防护用品进行规定。 （2）各种安全防护用品必须为验收合格产品。 （3）各种安全防护用品应正确佩戴、保存、使用
16	安全活动制度	每天作业前，由班组长对作业班组进行班前安全讲话，学习作业安全交底的内容、措施。了解将进行作业环境的危险度、熟悉操作规程、检查劳保用品是否完好并正确使用
17	安全标志管理制度	明确现场安全标志的种类、规格、数量及安装要求，实现安全标志的标准化管理
18	安全防护管理制度	（1）各项安全防护设施应在施工作业前安装、验收完毕。 （2）对各项安全防护设施进行日常巡查，发现损坏及时修复。 （3）未经批准任何作业不得拆除原有的安全防护设施
19	机械设备管理制度	主要对机械设备的进场验收、安装、拆除、保养、使用记录等进行规范化要求，实施标准化管理
20	安全用电管理制度	现场实施三级配电系统，采用TN-S接零保护系统及逐级漏电保护系统。防雷接地符合要求，配电室、配电箱、开关箱、配电线、用电设备及照明等均应符合施工现场用电管理要求
21	消防、治安保卫制度	明确消防方案编制、审批流程，确定消防设施配置标准，定期检查消防器材，对易发生火灾的地方进行重点检查，并做好记录。设置门卫，建立安全巡逻队，设置视频监控及IC卡门禁系统，对现场进行24h监控，保证现场安全、可控

序号	名称	主要内容
22	门卫值班制度	（1）门卫实施24h不间断值班制度，值班人员分三班。 （2）记录日常值班情况。 （3）对来访人员及进出场机械设备、材料进行登记
23	安全生产奖励和惩罚制度	项目部根据安全检查情况，对每次检查中的优秀单位、个人给予奖励，对安全工作落实不力、现场违章情况进行处罚
24	危急情况停工制度	一旦出现危急情况，威胁人身安全、可能造成财产损失时，要立即停工，待查明情况、排除隐患后方可复工
25	安全疏散及照明管理制度	对现场平面进行规划，将现场进行分区管理，分别设置疏散通道、紧急集合区，遇到危急情况沿疏散通道疏散人员或向紧急集合区避险。对安全疏散通道、紧急集合区等提供24h照明，包括应急照明
26	应急救援管理制度	针对施工现场可能发生的各类安全事故、事件、危险情况编制相应的应急救援、处理预案
27	生产安全事故报告和处理制度	现场任何人员发现安全事故必须立即报告，应将事故情况通知项目经理，项目经理及时启动应急预案，组织现场救援。安全事故处理按"四不放过"原则进行处理
28	劳务分包单位安全管理制度	（1）劳务分包单位应按要求配备专职安全管理人员。 （2）劳务分包单位必须与项目部签订安全协议书，交纳安全风险保证金。 （3）劳务分包单位应通过例会、安全巡查等方式进行安全管理
29	安全文档管理制度	安保部设置兼职资料员，负责安全文档的管理，各项安全教育培训、检查、验收、活动、演练等均形成记录，以及按照安全资料管理规程形成的资料、专项方案、交底等管理。要求形成总目录及单项目录

2.3.4 绿色施工管理措施

项目部针对航站楼核心区工程因"大"而引起的各种绿色施工难题，结合北京大兴国际机场的工程特点，采取了各种有效措施，同时也运用了许多当今先进的科学手段，做到了真正的"四节一环保"。建立一系列的健全的管理制度、高效的管理手段，满足了绿色施工要求。主要绿色施工管理制度见表2-11。

绿色施工管理主要制度　　　　　　　　　　　　　　　　　表2-11

序号	制度名称	主要内容
1	绿色施工目标管理制度	（1）按岗位、部门分解绿色施工管理目标。 （2）将绿色施工目标分解到各阶段施工中。 （3）将"四节一环保"指标进行量化，并落实到各工序工作中。 （4）在分包合同中明确绿色施工的目标
2	施工组织设计及绿色专项方案审批制度	（1）施工组织设计包含的绿色施工章节由项目部负责编制，项目经理审核，公司总工程师审批并加盖公章。 （2）绿色施工专项方案由专业工程师编制，项目总工程师审核，公司总工程师审批，并加盖公章。 （3）施工组织设计和绿色施工专项方案经审核通过后实施

序号	制度名称	主要内容
3	绿色施工技术交底制度	（1）项目部组织对全体管理人员进行绿色施工方案交底。 （2）项目部各部门负责人组织对分包单位交底。 （3）分项工程施工作业前，项目部专业工程师负责对各工种进行针对性的技术交底。 （4）交底以书面形式进行，绿色施工技术交底的交底人、接受交底人、审核人签字齐全，签字完备的交底在项目部备案
4	绿色施工教育培训制度	（1）每月编制绿色施工培训计划，内容包括施工组织设计中绿色施工的章节、绿色施工专项方案和有关绿色施工的法律法规或新技术等，并按计划实施教育培训，形成记录。 （2）各作业队施工人员入场前必须接受入场绿色施工知识教育，上岗前要进行岗前绿色施工教育。定期进行专题绿色施工教育，提升作业人员绿色施工的"四节一环保"意识。 （3）对绿色施工指标相关密切的人员和岗位不定期进行绿色施工知识考核，并要认真评卷、打分。 （4）利用板报和宣传栏等形式宣传有关绿色施工信息、政策等
5	"四新"应用制度	（1）从"建设事业推广应用和限制禁止使用技术公告"中的推广应用技术、"全国建设行业科技成果推广项目"或地方住房和城乡建设行政主管部门发布的推广项目等先进适用技术以及"建筑业10项新技术"，选取适合的"四新"在本工程中进行推广。 （2）开展技术创新，不断形成具有自主知识产权的新技术、新工艺、工法，并由此替代传统工艺，提高绿色施工的各项指标
6	绿色施工措施评价制度	（1）每月定期自检，并对落实的措施或技术提出整改方案。 （2）每月定期对项目部上报的检查结果和整改措施进行核查
7	资源消耗统计制度	（1）加强施工现场用能管理，采取技术上可行、经济上合理的措施降低能源消耗，减少、制止能源浪费，有效、合理地利用能源。 （2）实行能源消费计量管理，对水、电等能源消耗实行分类、分项计量，并实时监测，及时发现、纠正用能浪费现象。 （3）编制施工和生活区用水用电计划、用款计划、建设进度计划。 （4）施工现场、办公区、生活区用水、用电分别计量统计。 （5）大型机械设备、电气设备用电分别计量统计，并建立台账。 （6）项目部由专人负责能源消费统计，按生产、生活做好用水用电指标的分解，如实记录能源消费计量原始数据，建立统计台账。 （7）定期核对水、电等能源消耗计量记录和财务账单，评估总能耗、单位建筑面积能耗，分析现场能耗节约或超标的原因，并及时向项目部主管领导进行反映，对现场能源使用进行调整、改进，确保施工能源消耗在可控范围之内
8	绿色施工奖惩制度	（1）绿色施工奖励：各施工作业队要尽职尽责管理好各自辖区内的绿色施工设施，切实做好绿色施工管理工作，成绩突出的，根据项目部的相关规定，给予奖励。绿色施工检查中三次被评为前两名的单位，奖励单位500~1000元，奖励个人200元。 （2）绿色施工处罚：对于玩忽职守、绿色施工管理工作不到位造成环境污染、破坏或被政府有关部门、新闻媒体曝光或通报批评的施工作业队，项目部将视情节轻重，给予相应的经济处罚、停工整顿直至清出施工现场

2.3.5 消防安全管理措施

2.3.5.1 消防安全检查

本工程现场消防安全检查主要内容见表2-12。

序号	项目	主要内容
1	防火巡查	（1）明确专人应当进行每日防火巡查，并确定巡查的人员、内容、部位和频次。巡查的内容包括： 1）用火、用电有无违章情况； 2）安全出口、疏散通道是否畅通，安全疏散指示标志、应急照明是否完好； 3）消防设施、器材和消防安全标志是否在位、完整； 4）消防安全重点部位的人员在岗情况。 （2）防火巡查人员应当及时纠正违章行为，妥善处置火灾危险，无法当场处置的，应当立即报告。发现初起火灾应当立即报警并及时扑救。 （3）防火巡查应当填写巡查记录，巡查人员及其主管人员应当在巡查记录上签名
2	防火检查	检查的内容应当包括： （1）火灾隐患的整改以及防范措施的落实情况。 （2）安全疏散通道、疏散指示标志、应急照明和安全出口情况。 （3）消防车道、消防水源情况。 （4）灭火器材配置及有效情况。 （5）用火、用电有无违章情况。 （6）消防管理有关人员以及其他员工消防知识的掌握情况。 （7）消防安全重点部位的管理情况。 （8）易燃易爆危险物品和场所防火防爆措施的落实情况以及其他重要物资的防火安全情况。 （9）消防值班情况和设施运行、记录情况。 （10）防火巡查情况。 （11）消防安全标志的设置情况和完好、有效情况。 （12）其他需要检查的内容。 （13）防火检查应填写检查记录。检查人员和被检查单位（部门）负责人应在检查记录上签名

2.3.5.2 落实消防安全培训、演练

（1）消防安全教育

1）设置消防安全体验区，施工前应对施工人员进行消防安全教育；

2）在醒目位置、施工人员集中住宿场所设置消防安全宣传栏，悬挂消防安全挂图和消防安全警示标识；对新上岗和进入新岗位的职工（施工人员）进行上岗前消防安全培训；

3）对在岗的管理人员、作业人员每季度进行一次消防安全培训；

4）至少每半年组织一次灭火和应急疏散演练；

5）对明火作业人员进行经常性的消防安全教育。

（2）组织分包单位管理人员、保安、成品保护人员以及施工人员等进行全员消防安全教育培训，教育培训有关消防法规、消防安全制度和保障消防安全的操作规程、本岗位的火灾危险性和防火措施、有关消防设施的性能、灭火器材的使用方法和报火警、扑救初起火灾以及自救逃生的知识和技能。

（3）落实电焊、气焊、电工等特殊工种作业人员持证上岗制度，电焊、气焊等危险作业前，对作业人员进行消防安全教育，强化消防安全意识，落实危险作业施工安全措施。

（4）通过消防宣传进企业，所有参建员工要做到"三知三会"，即知道本岗位的火灾危险性、知道消防安全措施、知道灭火方法；会正确报火警、会扑救初期火灾和会组织疏散人员。

（5）依据灭火及应急疏散预案，定期开展灭火及应急疏散的演练。

2.3.6 紧急情况应急措施、应急预案

2.3.6.1 紧急情况救援工作制度

为确保紧急救援制度落在实处，拟在项目部执行表2-13中所列的制度。

紧急情况救援工作制度　　　　　　　　　　　　　　　　　　表2-13

序号	名称	主要内容
1	紧急救援例会制度	每月由紧急救援领导小组对工作情况进行小结，组织召开一次小组成员会议，针对存在的隐患，积极采取有效措施加以改进
2	紧急救援值班制度	值班人员要坚守岗位，认真做好值班记录，如有问题立即通知生产安全事故应急救援工作领导小组成员，及时进行处理
3	紧急救援培训和交底制度	进场后即对现场施工人员进行生产安全事故应急救援培训和交底，模拟应急事件的处理过程，保证一旦发生事故，现场人员能及时应变，指挥机构能正确指挥
4	紧急救援检查制度	每月组织一次应急救援工作检查，及时调整应急救援工作内容，以适应施工生产的实际情况，发现问题及时纠正，限时整改
5	紧急救援器材、设备维修保养制度	各项应急救援器材（如灭火器、消火栓）、设备（如：车辆、梯子、临时包扎所需药品等）必须齐全有效，并进行经常性维修、保养，保证应急救援时正常运转

2.3.6.2 应急救援预案

1. 对主要的紧急情况和突发事件的识别

本工程各施工阶段可能出现的主要紧急情况和突发事件见表2-14。

主要紧急情况和突发事件的识别　　　　　　　　　　　　　　表2-14

序号	施工阶段	可能出现的安全生产事故
1	土方、桩基施工阶段	高空坠落事故、物体打击事故、触电事故、机械伤害事故和窒息
2	结构施工阶段	坍塌事故、倾覆事故、物体打击事故、机械伤害事故、触电事故、环境污染事件、坠落事故、火灾事故、食物中毒和传染疾病事故
3	二次结构施工阶段	倾覆事故、物体打击事故、机械伤害事故、触电事故、环境污染事件、坠落事故、火灾事故、食物中毒和传染疾病事故
4	装饰工程施工阶段	倾覆事故、物体打击事故、机械伤害事故、触电事故、环境污染事件、高空坠落事故、火灾事故、食物中毒和传染疾病事故
5	保修阶段	触电事故、机械伤害事故和高空坠落事故

2. 应急预案演习

工程开工后制定详细的应急预案演习计划表，分阶段进行应急预案演习，对突发事故期间通信系统能否运作、人员能否安全撤离、应急服务机构能否及时参加事故抢救以及是否能有效控制事故进一步扩大等环节进行检查，不断修订和完善应急措施，以提高项目部的应急反应能力。

2.3.6.3 常见事故的应急预案

如发生以下常见事故采取如表2-15所示的应急预案进行处理。

常见事故的应急预案 表2-15

事故类型	应急预案
基坑渗水	（1）观察基坑外观测井内的水位变化，对出现观测井内水位变化较大的区域的边坡作为重点注意对象，在开挖时加大巡视力度。 （2）土方开挖施工时，派专人观察开挖土面状况，如发现渗水现象，立即停止开挖，并立即对已挖深区域进行土方回填。项目部相关人员根据现场情况判断渗水类型，必要时将组织专家现场进行勘察，确定处理方案，采取相应的措施。 （3）如边坡坡面出现渗、漏水现象，则立即停止渗、漏水区域的土方开挖施工，对坡面进行处理。具体处理方法为： 1）增加泄水管，将边坡内的水流通过泄水管导入基坑内； 2）潜水泵迎土侧采用无纺布或者密目网封堵，确保泄水管流水但不流砂
周边道路及基坑变形	（1）降水期间重点观测基坑外侧的水位变化及周边道路、地面的沉降情况，若出现水位变化较大、沉降过快并有继续发展的趋势时，立即停止降水工作，并将现场情况汇报土护降的设计单位，组织设计、勘察单位及相关专业的专家进行专家会审。根据现场情况及专家会审的处理意见进行相应的处理措施。 （2）对因基坑变形出现的险情，应首先停止险情范围内作业，控制变形；同时在险情周围尽快拉好警戒线，保护作业及相关人员安全；然后根据变形情况及时采取坡顶卸载、基坑回填或增加锚杆等措施
坍塌事故	（1）发现事故发生，首先通知现场安全员和应急救援小组，有人员遇险时立即拨打抢救电话"120"，并说明事故发生地点、人员受伤情况，同时通知项目经理组织应急救援工作小组进行现场抢救。 （2）土建工长组织有关人员清理土方或杂物，如有人员被埋，应首先按部位进行人员抢救，同时采取有效措施，防止事故发展扩大，造成事故再次发生。 （3）在向有关部门通知抢救时，在现场对轻伤人员采取可行的应急抢救，如现场包扎止血等措施，防止受伤人员流血过多造成死亡事故的发生，重伤人员由急救人员送外抢救工作，避免操作不当，造成重伤人员死亡。 （4）派人出门迎接来救护的车辆，最大限度地减少人员和财产损失
倾覆事故	（1）工长等人员协助生产负责人进行现场清理、抬运物品，及时抢救被砸人员或被压人员，最大限度地减少重伤程度，如有轻伤人员可采取简易现场救护工作，如采用包扎、止血等措施，以免造成重大伤亡事故。 （2）如有模板或脚手架倾覆事故发生，按小组预先分工，各负其责，但是架子工长应组织所有架子工，立即拆除相关脚手架，外施队人员应协助清理有关材料，保证现场道路畅通，方便救护车辆出入，以最快的速度抢救伤员，将伤亡事故降到最低。 （3）如果发生脚手架坍塌事故，按预先分工进行抢救，组织所有架子工进行倒塌架子的拆除和拉牢其他架子，防止其他架子再次倒塌。现场清理由生产经理组织有关职工协助进行，如有人员被砸，应首先清理被砸人员身上的材料，集中人力先抢救受伤人员，最大限度地减少事故损失

事故类型	应急预案
物体打击事故、机械伤害事故和高空坠落事故	（1）发现事故人员，首先高声呼喊，通知现场安全员和应急救援小组，由项目经理负责现场总指挥，由安全员打事故抢救电话"120"，向上级有关部门或医院打电话抢救，同时通知生产负责人组织紧急应变小组进行可行的应急抢救，如现场包扎、止血等。防止受伤人员流血过多造成死亡事故发生。 （2）预先成立的应急小组人员，各负其责，重伤人员由指定的、经过培训的人员协助送外抢救。 （3）门卫在大门口迎接来救护的车辆，有程序地处理事故、事件，最大限度减少人员和财产损失
触电事故	（1）切断电源，对触电人员抢救：当发生人身触电事故时，首先切断电源，使触电者脱离电源，迅速急救，关键是"快"。 （2）低压触电事故、高压触电事故，采用相应的方法使触电者脱离电源，切断电源。 （3）触电者如果在高空作业时触电，断开电源时，要防止触电者摔下来造成二次伤害。 （4）触电者停止呼吸后，应采取人工呼吸的方法进行急救。 （5）触电者心脏停止跳动后，采取胸外心脏挤压法进行施救
环境污染事件	（1）负责人接到报告后，立即指挥对污染源及其行为进行控制，以防事态进一步蔓延，项目经理部安全员封锁事件现场。同时，通报公司应急副组长及公司值班人员。 （2）公司应急小组副组长到达事件现场后，立即责令项目经理部停止生产，组织事件调查，并将事件的初步调查通报公司应急小组组长。 （3）公司应急小组组长接到事件通报后，上报主管部门，等候调查处理
火灾事故	（1）发生火情，第一发现人高声呼喊，使附近人员能够听到或协助扑救，同时通知项目部安保部或其他相关部门，安全员负责拨打火警电话"119"。电话描述如下内容：单位名称、所在区域、周围显著标志性建筑物、主要路线、火源、着火部位、火势情况及程度。随后到路口引导消防车辆。 （2）发生火情后，电工工长负责断电，水暖工长负责水源，生产负责人组织各部门人员用灭火器材等进行灭火。如果是由于电路起火，必须先切断电源，严禁使用水或液体灭火器灭火以防触电事故发生。 （3）火灾发生时，为防止有人被困，发生窒息伤害，由水暖工长准备部分毛巾，湿润后蒙在口鼻上，抢救被困人员时，为其准备同样毛巾，以备应急时使用，防止有毒有害气体吸入肺中，造成窒息伤害。被烧人员救出后应采取简单的救护方法急救，如用净水冲洗一下被烧部位，将污物冲净。再用干净纱布简单包扎，同时联系急救车抢救。 （4）火灾事故后，保护现场，组织抢救人员和财产，防止事故扩大，必须以最快的方式逐级上报，如实汇报，不得隐瞒
中毒	（1）应急小组人员接到报告后第一时间赶至事发现场，防止事态扩大。 （2）立即组织医疗救护组进行现场救护，若事态严重，则将受害人员立即送至预定医院。在急救过程中，如遇到威胁人身安全时，则先撤离到安全区域，再进行急救，避免出现二次伤害。 （3）伤员移至安全区域后，将伤员平躺，解开领口，保持呼吸畅通，采用胸压式换气，情况严重时，采用人工呼吸。经抢救后，伤员无好转或中毒较重时，立即送至预定医院。 （4）对现场道路进行疏通，确保第一时间将伤员送至预定医院
传染疾病事故	（1）一旦发现施工现场出现传染性疾病疑似人员立即进行重点观察，并采取相应的消毒预防措施，加强施工班组的管理，杜绝交叉感染和切断传播途径。 （2）对传染性疾病疑似人员进行隔离观察，对施工现场及施工现场外的工人生活区进行封闭管理，切断施工现场与外界的直接接触。 （3）对工人生活区进行开窗通风、消毒处理，对参施人员加强卫生教育，提高工人的个人卫生素质。 （4）加强对食堂、卫生间、淋浴间等处的卫生清洁管理，6点至22点期间每4h进行一次消毒，确保无细菌、无病毒。对食堂统一管理，确保操作人员均持有健康证，采购食品均为合格食品，采购渠道均为合格经销商。 （5）在疫情期间注意关注施工人员心理压力，适当组织一些如电影、电视、书籍等轻松的文体活动，缓解施工人员心理压力

2.4 施工现场总平面布置

施工现场总平面布置根据航站楼核心区工程的场区特点、工程施工内容，分为施工交通组织和施工场区内平面布置，施工场区内的平面布置按照施工内容分为基础施工阶段、主体结构施工阶段、钢结构施工阶段、幕墙屋面施工阶段、装饰及机电安装施工阶段。

2.4.1 施工交通组织

2.4.1.1 施工现场周边道路现况

航站楼核心区工程场区上原分布有村庄，场区北侧有田间小路，东、西、南侧分布有社会道路。

（1）现场东侧：距离航站楼核心区约850m为9m宽南北走向的南中轴路延长线，南端连接武榆路，道路为沥青路面，路况良好，将作为现场施工进出场的主要通道。

（2）现场南侧：距离航站楼核心区约1100m为东西向6m宽的榆南路和武榆路，榆南路西端连接京广线，东端连接武榆路，武榆路向东可达廊坊，路面为沥青路面，路况较为完好。

（3）现场西侧：距离航站楼核心区约900m为6m宽的魏石路，魏石路南端连接榆南路，路面为沥青路面，路况基本完好。

2.4.1.2 施工道路布置

航站楼工程体量大，工程材料、构配件、设备的用量大，工程施工现场与外部的联络道路的布置上充分考虑上述特点，在东、西、南三个方面均设置联络道路与场区周边的现有临时道路连接，保证工程施工运输需求。场区道路按照级别和用途进行修建、管理，形成满足施工要求的路网。具体规划为一级路（现场环场路）、二级路（核心区施工主干道）、三级路（核心区施工次干道）以及需要在建筑物内设置的施工临时路。

（1）现场与社会道路之间的道路规划及交通组织

考虑到工程体量庞大，航站楼核心区工程施工场区在东、西、南3个方向上均修建与周边社会道路的联络路，行车道双向单车道，宽度7m。

（2）现场环场道路布置及交通组织。航站区工程包括航站楼核心区、指廊、停车楼及制冷站三个标段，航站区工程的空侧为飞行区，航站楼的路侧为配套区，航站区是一个相对独立的区域，且为最先启动的区域，保证整个航站区的工程施工运输，航站区工程外围设置环场路。环场路行车道双向单车道，宽度7m。航站区外侧的环场路为各标段的公共道路。

（3）航站楼核心区各施工区道路。航站楼核心区的施工场地被指廊分为5个部分，各部分施工场区均单独修建和环场路连接的联络道路，形成进场通道。

（4）施工场区内道路。航站楼各施工场地内设置的施工道路为施工次干道，供进场内的机械、车辆通行。

2.4.2 施工场区内分阶段平面布置

航站楼核心区工程的场区平面布置根据工程施工的内容分为不同的施工阶段,各施工阶段的工作重点不同,现场平面布置需要进行多次的转换,以满足工程施工需求。

2.4.2.1 基础施工阶段

基础施工阶段,主要工作为土方开挖、基坑支护、降水及基础桩施工,现场平面布置主要为道路布置、钢筋笼加工场,并配合做好主体结构施工的准备工作。

(1)工程定位。工程进场后首先进行航站楼核心区工程的定位,布设控制网,钉桩并进行桩点保护。

(2)大型机械设备。结构施工期间的材料垂直、水平运输主要依靠塔式起重机完成,基础施工阶段完成塔式起重机布置及塔式起重机基础施工。航站楼核心区工程共布置27台各型号塔式起重机,塔式起重机基础为桩基础,在基础施工阶段完成基础施工及塔式起重机安装。

(3)场内道路。环航站楼核心区基坑设场内施工道路,基坑轨道层深区南北各设置2条坡道,坡度1:7,宽度满足双向通行。

(4)封闭围挡。现场按照用地红线范围设置2.5m封闭围挡,各施工区均设置大门及门禁系统。

(5)加工场。基础施工阶段,现场主要设置钢筋加工场,制作基础桩钢筋笼。钢筋加工场按照施工分区每个区在基坑外设置1个钢筋加工场;在轨道区两侧的浅区、深区局部基础桩施工完毕后,在浅区及深区局部设置钢筋笼加工场,减少钢筋笼吊运,提高工作效率。

(6)临时办公区、生活区。北京大兴国际机场建设指挥部规划了航站区工程的临时办公区、生活区的专用场地,临时办公区、生活区不在施工现场内,单独建设,施工现场内按照施工分区设置部分集成箱式房作为分区的现场会议室等。

(7)弃土场地。北京大兴国际机场场区在设计方案上进行了场区土方平衡设计,航站楼核心区基坑土方运至几个指定的堆土场,不在现场存放。

(8)安全教育培训及展示区。现场集中设施一处可容纳700人的安全教育培训教室,以及体验式安全培训教育基地、质量样板展示区。

(9)其他辅助设施。现场集中设置2个试验室,各施工分区分别设置垃圾站、库房、厕所、休息区等附属设施。

2.4.2.2 主体结构施工阶段

主体结构施工阶段主要为钢筋混凝土结构施工,现场分为2个高架桥结构施工区和8个航站楼核心区结构施工区,现场平面布置的重点是保证钢筋、模板、架体、混凝土等材料的加工、运输、浇筑。

（1）地下结构施工通道。航站楼核心区轨道区基础底板厚度2.5m，轨道层结构层高11.55m，钢筋、混凝土、模架材料用量巨大，在基础底板施工阶段，在轨道区南北向留置一条通道，将各种材料通道基坑坡道直接运抵作业面附近，提高工作效率。

（2）浅区局部暂缓施工作为周转料场。深区轨道层宽度约280m，中间区域的塔式起重机按结构轮廓无喂料口，但可覆盖浅区边缘，轨道层施工期间，将两侧的浅区邻近轨道区部分作为材料周转料场、混凝土泵停放场地，暂缓施工，提高材料倒运及混凝土结构施工效率。

（3）地下型钢结构施工通道。轨道层上方设有型钢转换结构，型钢柱、型钢梁截面大，分段后的构件仍达近40t，构件重量大，在施工方案上选择按照型钢构件安装位置优先施工底板，形成安装通道，将100t汽车吊开至底板上进行钢构件吊装。

（4）施工栈桥。航站楼核心区工程超长超宽，楼层面积16万m²（565m×437m），混凝土结构施工期间设置了27台塔式起重机进行物料垂直运输，但中心区塔式起重机无喂料口，接力倒运功效低，现场利用结构后浇带空间设置两座东西向栈桥作为材料输运通道，栈桥铺设双向钢轨，布置16台轨道式无线遥控大吨位运输车，以满足主体结构施工期间的材料运输需求。

（5）钢筋加工场。主体结构施工期间，各区布置钢筋加工场，加工场布置首先考虑塔式起重机可直接覆盖半成品堆放区，中心区无喂料口区域倒运的钢筋单独设置加工场，使用汽车吊进行吊装装车倒运至钢栈桥小车上。

（6）混凝土泵及通道。结构施工期间，每天均有混凝土浇筑，各施工区均设置固定的混凝土浇筑泵泵送区，泵送区周边不能堆放材料，混凝土浇筑现场做好路线规划，保证混凝土罐车通行和混凝土浇筑。

（7）周转材料场。主体结构施工期间架体、模板的用量大，现场设置周转料场，保证材料周转存放需求。

（8）机电材料加工场。主体结构施工期间，机电专业现场工作主要为预留预埋，按照专业单位设置材料加工场。

2.4.2.3 钢结构施工阶段

钢结构施工阶段现场的钢筋加工场等全部拆除，现场平面布置主要为钢构件的存放、拼装单元安装场地，并保证钢构件及拼装单元的运输畅通。

（1）构件存放、单元拼装场地。航站楼核心区屋面钢结构钢件64500根，球节点12300个，需要大面积的材料场地，同时需要进行单元拼装，在航站楼的东、西两侧设置专门的钢构件的拼装、存放场地。

（2）构件运输坡道。钢结构采用分区施工、分段提升的方案，拼装单元需要运抵混凝土结构面，现场东西两侧各设置了1座自地面至混凝土结构2层楼面的钢结构通道。

（3）结构面通道。钢结构提升单元的拼装是在结构面上，通过结构复核计算并经设计院确认，汽车吊可在楼层结构面上进行吊装作业，在结构面上规划专门的通道，保证钢构件运输。

（4）外用电梯。钢结构施工阶段楼内无竖向交叉的部分在混凝土结构验收后插入二次结构及机电管线安装，在楼内利用电梯井道布置外用电梯，用于垂直运输。

2.4.2.4 幕墙、屋面施工阶段

幕墙、屋面工程施工阶段的工作主要是外围护施工，进行航站楼的封闭，实现楼内断水。现场平面布置上主要保证施工通道、材料临时堆场及立面幕墙的施工作业场地等工作。

（1）施工通道。立面幕墙施工阶段，航站楼周边作为幕墙安装作业场地，保证畅通；屋面施工钢结构屋盖上方，施工作业面为独立施工区，材料运输通过钢结构坡道运抵混凝土结构层后，使用汽车吊吊装至作业面。

（2）材料堆场。幕墙工程的材料堆场布置在靠近楼边的部分，便于安装运输，减少二次搬运；屋面工程的材料堆场布置在幕墙材料堆场外侧，对现场二次倒运的影响可忽略不计。

（3）加工场。幕墙、屋面工程施工阶段的构件加工主要在场外的专业工厂内完成，现场除屋面直立锁边板现场压型外不设置加工场。

2.4.2.5 装饰及机电安装施工阶段

装饰及安装阶段施工作业主要为室内，及航站楼东、西、南侧楼外场地均移交飞行区进行场道施工，服务车道范围先施工地下管线工程，再施工路面。

（1）施工通道。装饰、机电安装阶段进入楼内的道路主要是北侧的楼前道路、高架桥及进入地下室的坡道。

（2）材料、构配件堆场及加工场。装饰安装阶段，楼外基本没有材料堆场，运抵现场的材料直接运输或二次倒运至施工作业面附近，临时存放、物料运输需要进行专项的组织，保证施工需求的同时，避免材料积压。

（3）疏散通道。在二次结构砌筑后，在装饰阶段因楼层建筑面积大，平面布置不规则，现场规划楼内的疏散通道，并做显著标识，在紧急情况下保证人员及时疏散至安全区域。

2.4.3 临电布置

2.4.3.1 施工阶段划分

依照工程总体部署和施工总进度安排，本工程施工阶段划分为五个大的施工阶段，分别为：基础施工阶段、主体结构施工阶段、钢结构施工阶段、幕墙屋面施工阶段、装修机电施工阶段。经估算，在主体结构施工阶段，需要采用27台塔式起重机，并与钢筋加工区、降水、夜间照明、机电预留预埋施工作业面等用电设备的使用高度重叠，为用电量最大的施工阶段。因此，选用此阶段为临电设计的主要对象，基本可以满足整体施工用电的需求。因其余阶段用电量比主体结构施工时用电量小，可以在容量计算时忽略，但具体施工时现场用电如发生变化，应随时调整或补充相应方案设计。一级配电柜、二级配电箱按照主体结构阶段施工需求进行合理布置，后期随着用电负荷及施工现场的变化而调整，以满足不同施工阶段的用电需求。

2.4.3.2 总体规划

根据施工现场实际情况及施工部署,在现场设置6台箱式变压器,编号分别为1号、2号、3号、4号、5号、6号。针对施工期间出现临时停电等的特殊情况,现场采用柴油发电机作为应急备用电源,箱变内设柴油发电机与箱变电源转换的互投装置。本工程主体结构施工阶段分为8个作业区同步施工,并配置有独立的钢筋加工区,结合27台塔式起重机的分散布置,临电布置划分为8个相对独立的供电区域,根据各供电区域用电负荷的实际情况,合理确定各作业区分界处用电设备电源引出点,如图2-4所示。

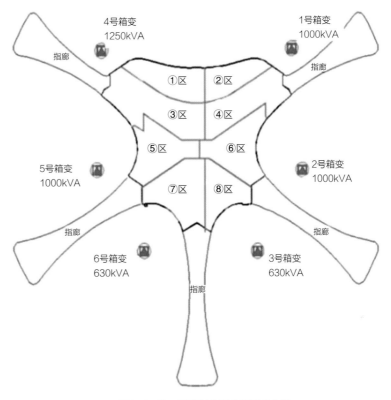

图2-4 施工区域划分及变压器分布图

2.4.3.3 供电方式

本工程供电采用TN-S系统,以放射式与树干式相结合的方式,对于单台容量较大的负荷或重要负荷采用放射式配电,对于一般负荷采用放射式与树干式相结合的方式配电。施工现场临时用电采用三级配电逐级漏电保护系统。选用放射方式配电,以箱变为核心,馈出电缆至基坑外侧的一级配电柜,一级配电柜位于邻近基坑外侧,馈出回路至钢筋加工区、施工作业面、塔式起重机等场区内的二级配电箱。为满足供电的稳定和灵活,结构外的一级配电柜上口的电缆沿场区临时道路外侧埋地敷设,为每个施工区内的塔式起重机、钢筋加工区、木工加工棚、机电加工棚、消防泵房、降水水井、夜间照明等供电。开关箱采用户外防雨型。

2.4.3.4 电缆截面选择

干线导体截面积的选择,按照三条基本原则确定各干线的电缆截面积。

(1)按机械强度选择,线路能承受各种外力和自身重量负荷,才能保证线路安全运行。

(2)按允许电流量选择,即能在导线中连续通过最大负荷电流时,导线发热也不会超过允许的温度。

(3)按允许电压损失,此线路电压损失不能超过允许的范围,电压损失不得超过±5%。

2.4.4 临水布置

2.4.4.1 临时排水方案

1. 基坑降水排水

本阶段处于结构施工期间，为施工用水高峰期。结合现场实际排水量，布置如下：

（1）根据降水井数量及排水量情况［按照 $28m^3/$（井·d）计算］，降水井使用期限为结构封顶后28d，利用基坑南北两侧原有沟渠改造后进行降水外排，原有沟渠随停车楼和停机坪施工逐步废除，待航站楼外围排水系统形成后，基坑降水首先排入基坑周围地面排水系统，然后进入外围排水明渠，排至远期规划的调蓄池。

（2）基坑周边场区排水管网采用沿联络通道设置雨水收集井加暗埋管的方式布设，排水路由沿线每隔20m设置一个600×600的排水口，铸铁箅子覆盖；场区硬化区域总体排水路径由基坑近端侧排至基坑远端侧，再排至明渠，硬化地面均向排水口找坡排水。

（3）基坑周边排水管线应对地上建筑物、构筑物进行避让，管道埋深以起点处覆土厚度不小于500mm，顺排水方向找坡，采用阶梯式找坡排水，整体排水坡度为0.1%~0.2%。

2. 场区整体外排措施

（1）2016年3月~2017年4月

本阶段跨越2016年整个雨季，场区排水主要采用排、渗结合方式。

1）沿核心区周边设置挡水台，场区硬化由内往外放坡，防止雨水回灌。尽量减少场区硬化面积，以充分发挥地面渗透功能。

2）场区南侧原有外排沟渠保留至2017年4月，跨越2016年整个雨季，作为2016年场区南侧降水及雨水外排的主要通道，此沟渠向南约1800m与新天堂河对接，由于天堂河河床较高，需通过提升水泵将排水提升至天堂河内。

3）场区北侧原有沟渠在2016年6月底根据停车楼施工进度逐步废除，中心区降水及雨季排水通过位于核心区周边地面的雨水排放系统排至场区外围明沟，以保证核心区基坑内结构的正常安全施工。

（2）2017年5月~2018年4月

本阶段跨越2017年雨季，上述整体外排措施沿用，根据市政管网施工进度，将环场路管沟引至环场路外侧大市政管网。

（3）2018年5月~2019年7月

本阶段场区内小市政及站坪展开施工，场区排水管网逐步废除，随楼内正式排水管网以及市政施工进度，临时排水逐步替换至正式排水管网。

3. 场内施工用水排水

（1）基坑施工阶段，在核心区基坑内4m宽结构后浇带与护坡桩交界处设置集水坑（尺寸为1m×1m×0.8m）作为雨水收集点，基坑深区共设置8处集水坑，采用固定式排水泵和镀锌钢管+

水龙带的形式强排水，排至场区排水管网。

（2）结构施工期间，现场施工用水排放采用挡水台和临时雨水斗导流方式汇集到场内正式集水坑和后浇带，通过抽排方式排至场区排水管网。

（3）钢结构、装修、幕墙及机电安装期间，现场施工排水需进行有效控制，引流排放至正式集水坑抽排至场区排水管网。同时场区排水管网根据场坪施工进度逐步取消，场区排水引至站坪排水管网。

（4）机电调试至竣工期间，市政管网基本形成，通过正式排水系统排水。

4. 场内雨季排水

施工现场雨水排放采用有组织排放的方式，按照洪峰期雨水流量［t=10min，q=355L/（s·hm^2）］考虑计算。雨水通过引流收集汇入排水沟，通过场区排水系统排至环场路排水沟。

（1）2016年雨季为结构施工阶段，本阶段为了防止雨水泡槽，影响结构施工，除降水井外，在核心区地下一层、二层基坑周边低点共设置13处强排水点。基坑内积水利用后浇带收集后，集中于后浇带端头处预留的集水坑附近，并安装强排水泵外排至场区排水系统。场内局部低洼区域积水（主要包括集水坑、电梯底坑、管道电缆井等）利用由水泵、管线、钢制外框组成的移动式抽水平台抽排至沿深基坑外围设置的雨水外排管线。管线底端加装DN65消火栓接口，以利雨季迅速连接排水。

（2）2017年雨季，结构处于封顶期间。此阶段，楼内结构已经完成部分，对洞口进行加盖封堵，结构顶板上大的洞口周边进行砌筑，砌筑高度100mm。楼边肥槽随结构进度进行回填，强排水点为地下二层4m宽后浇带端头（设置临时强排泵坑）以及具备条件的楼内排水坑。

（3）2018年雨季，核心区已经封顶封围，考虑楼内排水设施已经可以基本投入使用，周边飞行区和路侧雨水市政设施基本就位，具备排水条件，使用正式系统进行楼内雨水排水系统保障，并测试雨水系统稳定性。此阶段在楼内重要核心机房和地点配备潜水泵、沙袋、水泥等防汛设备物资，作为雨季雨水抢险应急使用。

2.4.4.2 临时给水方案

由于市政水源未提供到位，施工及消防用水采用潜水泵加水井直供形式。利用临水管网系统向楼内供水。

1. 基坑施工阶段临水布置

（1）室外临水系统沿道路一侧埋地敷设（主要用于堆场和材料加工厂）；由于基坑施工阶段已避开冬施，场内临水系统主管沿护坡桩顶部及底部分别敷设，顶部主管用于覆盖基坑浅区加工场及材料堆场，满足浅区施工消防用水需求，底部主管用于覆盖基坑深区施工作业面，用于防水及底板施工期间的施工和消防用水。基坑内部供水管网主要采取明装的敷设方式，沟槽连接，便于后期拆移。

（2）室外消火栓采用地下消防井形式，设置间距不大于120m。邻近消火栓位置设置DN32临水取水点，根据施工需要用软管接至用水点。

（3）基坑内东西方向设置消防和临水连通管，连通管根据消防和临水需求开设取水点，以满足现场消防和施工用水需求。

（4）室外埋地临水管道采用镀锌钢管焊接连接，焊缝做好防腐处理；场内明装管道采用镀锌钢管沟槽连接，便于后期拆移及重复利用。

2. 主体结构施工阶段临水布置

（1）室外临水系统沿用基坑施工阶段临水布置。

（2）地下结构施工期间，场内临水系统根据施工及消防需要从DN150连通管自行取水，连通管道根据施工进度逐层上移，确保施工及消防用水需求，当地下二层顶板施工完毕后，在顶板下设置消防环网，每处消火栓位置设置立管，随结构施工逐层延伸，每层立管附近设置室内消火栓。

（3）地下一层结构拆模后，利用结构夹层空间，将临水管道在核心区外围浅基坑位置设置闭合环路。根据结构施工进度，结合施工及消防用水要求，逐层向上安装立管。

（4）场内临水系统采用镀锌钢管焊接连接，管径小于DN65采用焊接或丝扣连接。管道采用电伴热，60mm厚带铝箔玻璃棉保温，外缠阻燃防水布。

（5）场内消火栓间距不小于50m布置，场内施工用水根据需求划片区定点供水，最大限度减少跑冒滴漏现象。

3. 钢结构和幕墙施工阶段临水布置

此阶段同主体结构施工阶段临水布置。

4. 机电及装修施工阶段临水布置

（1）根据场坪施工进度室外消火栓停用。

（2）正式消防系统调试完毕后切换现场临水系统，临水系统拆除为装修提供工作面。

（3）施工用水实行按需定点供水方式。

第 **3** 章
§

超大平面建筑测量控制

3.1 测量特点和难点

作为世界第一机场，北京大兴国际机场航站楼结构有5大特点：

（1）结构超长超宽超大，航站楼是全球最大单体平面建筑。

本项目结构长度、宽度均大于规范现值，其中航站楼核心区结构超长超宽（约565m×437m），面积约16万m²，相当于25个标准足球场。整个航站楼可以装下3个位列世界十大钢结构之首的"鸟巢"和5个平躺的世界第二高楼上海中心大厦。结构空间大，造型复杂，分部分项工程内容多，各阶段体量巨大，多个区段平行施工，工序衔接紧密，工期安排非常紧凑。因此，施工需要解决裂缝控制、温度作用、结构扭转等问题。

由此带来测量工作难度成倍增加，需要解决以下测量问题：①超大范围施工控制网的合理布设；②工程所处沉陷区控制网的稳定性检查；③各控制点之间通视情况；④众多测量队伍（56家）之间控制点混用；⑤恶劣施工环境下控制点压占和破坏；⑥交叉作业抗干扰测量问题；⑦超大规模工程的海量测量快速放样；⑧前后众多施工工序衔接测量等。

（2）钢结构造型复杂，航站楼为全球最大不规则自由曲面钢结构。

北京大兴国际机场是世界顶级设计大师扎哈·哈迪德留下的天堂之礼，众多流动的抛物线曲面形成全球最大的不规则自由曲面钢结构，用钢量是全球十大钢结构之首的"鸟巢"的3倍，相当于2.5艘航空母舰"辽宁舰"用钢量。

航站楼核心区屋盖支承结构采用内圈8组C形柱、中部12组支撑筒、外侧幕墙柱等支撑钢结构，生根的部位和标高不同，如图3-1所示。主体支撑钢结构根据屋面造型设计为超大平面不规则自由曲面钢网架，由12300多个空心球节点和63450根钢管组成，厚度从2~8m变化不等，使得包括原位散装、分块吊装、提升在内的每一种钢结构施工方法都无法单独完成。航站楼屋面高低起伏富于变化，从中心到外围将近30m落差，双曲率变化、曲率大小不一，造型非常复杂。需要解决结构纵向、横向刚度不对称的问题。

超大平面复杂空间曲面钢结构需要解决的测量问题有：①12300多个节点球的快速精准定

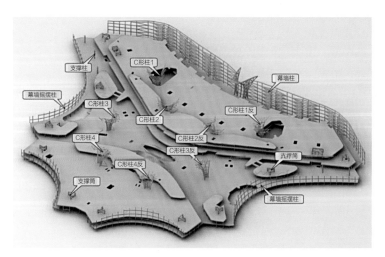

图3-1 屋面钢结构支撑柱布置图

位测量；②8根撑起25个足球场大的屋盖的"C形柱"预拼装测量和现场精准安装测量技术；③众多施工分区钢网架提升测量；④超大异型钢结构安装状态检验测量；⑤大规模自由曲面钢结构卸载监测；⑥海量监测数据结构分析；⑦全球最大平面钢结构合拢误差。

（3）是全球首次高铁下穿航站楼，且共计有6条轨道交通下穿航站楼。

航站楼核心区下部设有京霸高铁、新机场线等地铁车站，届时北京大兴国际机场航站楼距离高铁的垂直距离仅为11m，当高铁以350km/h的速度通过510m长的"高铁隧道"时，将会产生较强的振动和较大的风压，如图3-2所示。因此需要解决结构振动、基础沉降控制等问题，以及前后衔接测量问题和控制网稳定性问题。

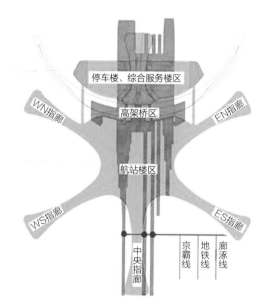

图3-2 高铁与航站楼关系图

（4）机场特殊的功能需求导致大量的结构转换。

由于高铁和地铁车站结构柱的位置与航站楼结构柱的位置不同，因此，航站楼的结构柱需要进行结构转换。此外，由于建筑使用功能的要求，部分竖向构件上下错位，需要进行结构转换，尤其是巨型C形钢柱部分，如图3-1、图3-3所示。由此带来测量的控制网通视问题、恶劣施工环境下控制点压占和破坏问题、交叉作业抗干扰测量问题、衔接测量等难题。

（5）采用隔震技术，航站楼是目前全球最大的单体隔震建筑。

图3-3 劲性转换结构示意图

由于航站楼核心区结构超长、超大，钢结构复杂，在航站楼的正下方，聚集着高铁、地铁和地铁站，地下有6条轨道进入或穿越整个机场。为了机场安全，采用全球规模最大的层间隔震技术。层间隔震技术就是在航站楼首层板下，设置隔震支座，将航站楼首层和地下一层完全隔开，既隔震又不影响地下层的使用，如图3-4所示。由此产生的层间隔震微动结构将导致建筑内施工控制网漂移问题（不同施工阶段的控制点变动最大，为12.6cm）、衔接测量等测量难题。

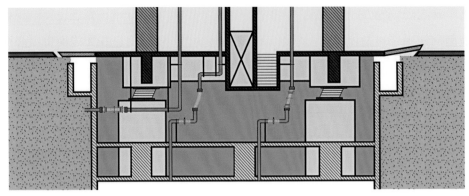

图3-4 减隔震示意图

3.2 控制设计思路

3.2.1 研究内容

（1）确立大面积场区、施工周期长条件下的场区首级控制网和建筑物各施工阶段控制网。

（2）确立场地变化大、控制点易受破坏扰动及隔震层不稳定情况下的测量控制方法和体系。

（3）建立施工单层面积大、曲线多、标高变化大、没有标准层、结构形式复杂条件下异形模型的建筑物控制方法。

（4）选择高效、快速、准确的异形曲线曲面模型数据计算、处理方法和检验校核方法。

（5）研究空间几何形状复杂、跨度大、面积大、标高变化大等情况下的钢结构实体控制放样和变形监测。

（6）确立在场地土质松软条件下，测量桩点埋设及修正方法，以及在施工现场复杂、通视条件差情况下，如何提高控制点的利用率和覆盖率。

（7）根据测量技术的发展，选择满足精度要求、满足工期要求的高效测量仪器和现场放样方法。

3.2.2 解决途径

（1）基于多基站网络RTK技术的CORS系统流动站，实现大量基础桩位、结构及预埋件细部特征点的快速放样和校核。

（2）首次在超大平面结构工程中使用独创的高标塔，结合静态GNSS技术组建高标控制网。

组建覆盖整个施工区域的无固定测站边角网。

（3）地面三维激光扫描仪、BIM全站仪，模拟预拼装，钢结构提升智能测量、合拢测量，实现超大面积不规则自由曲面钢网架空间形态检查。

（4）将物联网数据、高精度定位信息和业务管理等多元信息集成形成智慧工地大数据平台，提高现场管理水平。

3.3 测量控制关键技术及创新点应用

3.3.1 关键技术

3.3.1.1 基于高标塔、高标网的天地一化体高精度三维控制基准

1. 高标塔的研制及其特点、优点

（1）高标塔的研制及结构组成

针对超大平面结构工程实际需要，为解决常规控制点遇到的种种难题，专门研究、设计、制造了适合超大平面结构工程施工用的高标塔，它由基础、含爬梯的架体、操作平台、含基座的三脚架四部分组成，如图3-5所示。

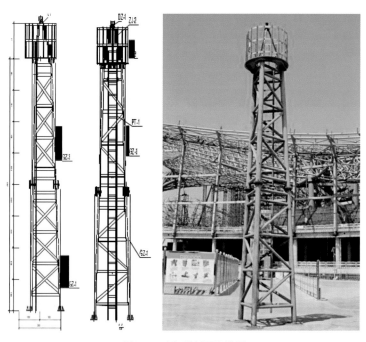

图3-5 高标塔剖面构造图

（2）高标塔的特点、优点

1）稳定性强，抗多种干扰。由于采用了坚固深埋现浇钢筋混凝土基础、三角锥形架体、特制强制对中盘等措施，高标塔建成后点位振动微小，抵抗机械设备振动影响和季节变换土壤冻融影响能力较强，且可有效改变机场航站楼周边地面回填将控制点掩埋的可能性。

2）通视性好，作用范围大。高标塔安装后距地面有效高度超过8m，将平面可通视范围增加到300m左右，立面可通视范围基本涵盖地上0～5层。基本满足地上混凝土结构施工放样需要。

3）强制对中，架设效率高。强制对中盘安装时进行了水平调整，安置全站仪、GNSS接收机后只需微量调整即可整平，安置棱镜后无须调整水平。

4）多种用途、多作业方式可选。可分别独立安置全站仪、GNSS接收机、含专用连接杆的棱镜，如图3-6所示。

图3-6　高标塔云台安装图

2. 三维控制基准网的建立

（1）控制网布设形式

在混凝土结构施工阶段，根据北京大兴国际机场核心区主体结构分布形状和施工场地布置状况，布设高标塔6个。所有高标塔均布置在主体结构周边距结构50m左右的位置，相邻点最小边长218m，最大边长556m，平均边长约300m，如图3-7所示。

（2）二级加密三维控制网建网方法

由高标塔组建成的高标网，可采用GNSS静态测量法、全站仪观测导线网三角形网、新型边

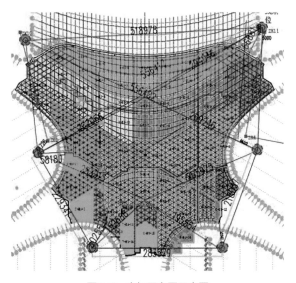

图3-7　高标网布置示意图

角网法（无固定测站边角控制网）进行观测。

（3）二级加密三维控制网的用途

高标网主要应用于以下几方面：①设测站，直接进行测量放样或检测。②在高标点上安置棱镜，使用全站仪自由设站后方交会方式，进行测量放样或检测。③作为进一步加密控制网布设的依据。

高标网的观测：

1）采用静态GNSS卫星定位网；

2）采用导线网或三角形网；

3）采用新型控制网形式；

4）联测地面首级平面、高程控制网点并以其起算。

3. 高标网的创新点

（1）采取了全新的控制点形式，破解了常规地面外控点间难以通视、内控点难以实施的难题。

（2）可按多种控制网形式进行观测或复测。可以分别采用卫星定位控制网、导线网、新型边角控制网等形式观测、复测。可充分发挥GNSS静态测量控制网、CORS系统及全站仪各自的优势。

（3）可作为进一步布设分部分项工程加密网的稳定基准，以消除隔震层以上、投影面积16万m^2以上超大平面混凝土结构的少量变形所造成的不利影响。

3.3.1.2 建立适应复杂多变环境的新型加密网——无固定测站边角观测控制网

1. 无固定测站边角观测控制网的建立

为了克服使用常规三角形网或导线网占用设备多、劳动强度大、作业时间长、成果精度低、通视难保证、可用范围小、使用效果差等缺点，满足大区域、多楼层、多流水段超大面积混凝土结构24h不间断施工需要，研究建立了"无固定测站边角观测平面控制网"。该类型控制网是一种自由设站边角交会控制网。

（1）技术要点：

1）控制点位置设置在施工区域周边，包围整个施工区域。

2）埋点形式为安装有大棱镜的强制对中杆，大棱镜能左右、上下自由旋转而不改变棱镜中心位置。

3）控制点上不设测站，所有的测站设置在控制点之外，测站数量、位置不固定。

4）要求联测至少两个具有已知坐标的起算控制点。

5）使用带自动照准功能（ATR）的高精度全站仪（如TCA2003、TCRA1201、TS30、TS60等），利用机载多测回测角程序（Sets of Angles）进行自动观测、记录和数据预处理。

6）研发针对性平面控制网平差软件进行严密平差。

7）以后方交会（Resection）或自由设站（Free Station）方式使用控制网。

（2）优点：

1）建网观测时设站灵活，适应多变环境，总测站数比常规网减少约一半。

2）建网观测、记录和数据预处理自动化程度高，用时短，总耗时约占同规模导线网的1/4～1/3。

3）平差结果合理可靠、精度高，比同规模卫星定位控制网、三角形网或导线网精度提高2～3倍。

4）控制网使用时劳动强度低、可控范围大、设站灵活，可满足多小组长时间同时作业需要。

5）可直接用于同期或先后施工的不同楼层间平面放线，避免了轴线竖向投递环节。

6）可快速检查控制点之间的相对稳定性，及时发现和掌握变动情况。

2. 实际应用

（1）北京大兴国际机场航站楼核心区工程地下混凝土结构施工平面控制网

该阶段布设由12个未知点和4个首级平面控制点作为已知点组成的无固定测站边角观测平面控制网。未知点设置为带大棱镜的强制杆，全部安置在基坑护坡桩冠梁顶部，已知点是常规地面控制点，网形如图3-8所示。

图3-8 地下混凝土结构施工阶段平面网布置图

控制网施测前，在各控制点上同时安置了12个棱镜，观测时配备仪器设备包括TCA2003全站仪1台、脚架1支、对讲机3台，安排观测员1人、旋转棱镜人员2人。观测过程设无固定测站5站，使用多测回测角程序自动观测、记录，平均每站观测时间20min，外业观测加迁站时间合计4h。

该控制网最大边长364.0m，最小边长67.0m，平均边长208.5m，覆盖施工区域面积约12.3万m²。内业采用NASEW3.0进行严密平差，平差后最大点位中误差1.8mm，最大点间相对中误差1.5mm。平面网平差略图如图3-9所示。

控制网使用过程中，控制点上的棱镜24h安装在强制杆上长达3～4个月，实现了多区域、多流水段多台全站仪同时放样，且放样时携带设备较少，作业效率显著提高，满足地下结构三班倒不停工施工需要。地下混凝土结构施工仅用6个月时间就完成了封顶。施工期间控制点间相对关系稳定。

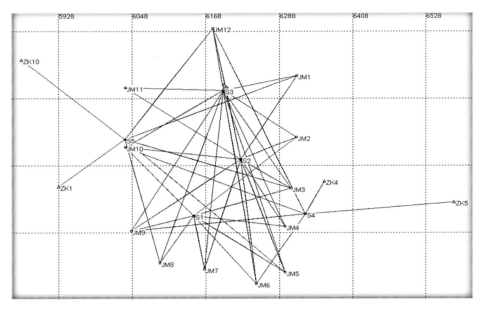

图3-9　地下混凝土结构施工阶段平面网平差略图

（2）北京大兴国际机场航站楼核心区工程地上混凝土结构施工平面控制网

该阶段在主体结构四周布设5个高标点。此时相邻高标点之间大多已无法通视，无法采用常规的导线网或三角形网进行观测，只能采用新型无固定测站边角观测控制网施测。施测时，由于地上混凝土结构大部分区域已施工到地上二层以上，可架设测站的混凝土楼板位置非常有限，即使采用不固定的测站通视条件也较差，因此不仅设站较少，测站的空间分布也不够均匀。控制网布设情况如图3-10所示，其中部分测站敷设了一段导线形式，其余测站均为不固定测站。

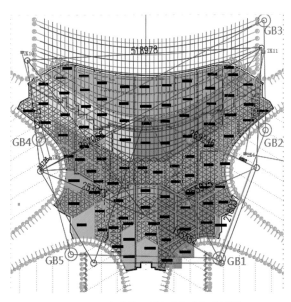

图3-10　混凝土施工阶段高标实际布设图

控制网观测时安排仪器观测员1名，转棱镜人员2名，使用TCA2003全站仪1台，对讲机3台，使用机载多测回测角程序自动观测，观测加迁站共用时8h。

该控制网最大边长392.9m，最小边长46.4m，平均边长199.0m，覆盖施工区域面积约16万m²。控制网仍采用NASEW3.0进行严密平差，平差后最大点位中误差5.0mm，最大点间相对中误差4.9mm。控制网精度较地下混凝土结构施工阶段新型控制网有所降低，但与采用常规控制网形式施测相比，精度仍有所提高。控制网略图如图3-11所示，保证了地上混凝土结构顺利准确地施工就位。

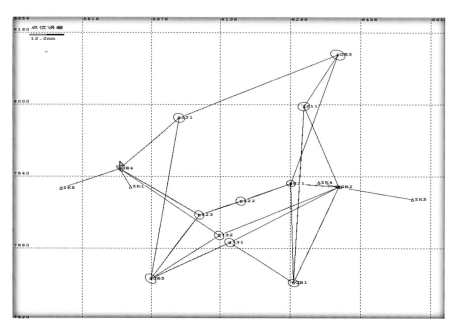

图3-11 地上混凝土结构施工阶段高标控制网略图

3. 无固定测站边角观测控制网的优点

（1）比传统边角网、导线网降低劳动强度30%以上。

（2）作业时间减少50%。

（3）控制网平差精度提高到原来的2~3倍。

（4）控制网使用灵活、方便，作用范围大，适应复杂多变的施工环境。

4. 无固定测站边角观测控制网的创新点

作为一套利用全站仪观测实现大型面状结构工程控制网快速、精密建网的新方法，无固定测站边角观测控制网具有如下创新点：

（1）设置了适合现场施工环境、与观测方法相适应的由强制对中杆和可旋转棱镜组成的不设测站的新型控制点形式。

（2）设置了一种新型平面控制网形式，适应复杂多变的现场施工环境，可根据需要灵活、变化设置测站，即无固定测站。

（3）充分利用智能全站仪自动驱动、自动目标照准、自动观测和记录、自动数据预处理功能，灵活、高效、准确地实现控制网外业观测。

（4）研发针对性平差软件，实现了无固定测站边角观测控制网严密平差。

3.3.1.3 建立基于多基站网络RTK技术的连续运行参考站CORS系统

1. 项目内容

（1）基准站网建设

在满足系统技术要求的条件下，以较少的、分布合理的基准站，实现最大范围的覆盖。拟在北京大兴国际机场新建3个基准站，覆盖航站楼全区。具体内容包括：建站地点实地踏勘选址、参考站基座土建工程（应考虑沉降）、观测室土建、基准站设备安装测试等。

CORS系统建设内容包括：CORS网、通信网络、管理中心和服务中心建设等。CORS网的主要技术要求如表3-1所示。

CORS网主要技术要求			表3-1
平均边长（km）	固定误差a（mm）	比例误差b（mm/km）	最弱边相对中误差
40	≤5	≤1	1/200000

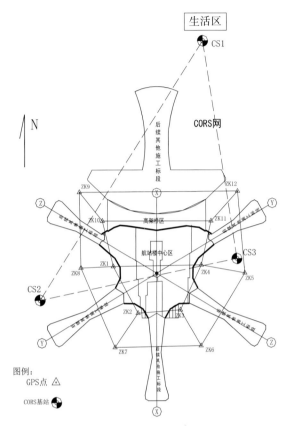

图3-12　CORS基准网平面布置图

应定期对CORS网进行坐标解算，解算周期不应超过一年。CORS站坐标的变化量应符合下列规定：①平面位置变化不应超过1cm。②高程变化不应超过2cm。③当CORS站坐标的变化量不符合规定时，应分析原因，并应及时更新CORS站坐标或另选新站。对于地面沉降严重的区域，可另行制定高程变化的变化量限值。根据北京大兴国际机场航站楼形状分布，基准站分别设置在核心区北侧、东侧和西侧距结构外边线100～800m不等。如图3-12所示，基站名称及代码如表3-2所示。

	北京大兴国际机场CORS基准站名称、代码及位置				表3-2
序号	基准站	代码	所在地	墩标高度（m）	基站类型
1	CS1基站1	STA1	北京大兴国际机场北侧	2	地面
2	CS2基站2	STA2	北京大兴国际机场西侧偏南	2	地面
3	CS3基站3	STA3	北京大兴国际机场东侧	2	地面

GNSS接收机、扼流圈天线、基准站观测墩如图3-13所示。

（2）数据处理与控制中心建设

地点选在北京大兴国际机场旅客航站楼项目总承包部测量站办公室；建立北京大兴国际机场CORS管理和数据库平台，管理各参考站的运行，并实现数据入库和分流。

（3）数据通信网络建设

建立起数据通信网络，实现参考站与数据中心、数据中心与用户间实时数据的传输、数据产

（a）SC200 GNSS 接收机正面   （b）SC200 GNSS 接收机背面

（c）扼流圈天线   （d）基站观测墩装置

图3-13　GNSS基准站各部分构件图示

品的分发等任务。具体包括网络设备安装调试、通信线缆敷设，以及数据通信实时性、稳定性和可靠性测试等。

（4）数据处理与坐标联测

数据处理及坐标联测工作主要包括了外业数据采集、内业数据处理工作，旨在构建起统一的坐标框架系统。其中，主要内容包括：①基准站网与北京大兴国际机场独立坐标系的联测。②基准站网与北京地方高程系的联测。

本项工作分为两个部分：与现有平面坐标系的融合。为适应北京大兴国际机场施工需要，系统必须提供与北京大兴国际机场地方坐标系间的基准转换参数，实现与北京大兴国际机场现有平面坐标系的融合，与城市现有高程系统的整合。为满足用户对高程信息方面的需求，在系统首期建设中，进行高程联测，为对用户提供GPS拟合高程做准备。数据处理采用目前国际公认的高精度解算软件 Gamit/Bernese。

（5）系统运行测试

使用RTK流动站进行测试，具体包括系统性能测试、定位精度测试、空间可用性测试、时间可用性测试、定位服务的时效性测试以及接收机的兼容性测试等工作。

2. 功能实现

（1）数据处理

该功能主要是对各基准站采集并传输过来的数据的质量进行分析和评价，并利用这些数据建立综合改正误差模型，形成以标准Rinex、RTCM或CMR统一格式的差分修正数据。另外，对各基准站数据按照文件/目录方式存储，并提供网络数据下载服务。目前，系统控制中心可输出的数据有：

RTCM V2.3 伪距差分修正信息：服务于米级定位导航的用户。

RTCM V2.3/RTCM V3.0/RTCM V3.X/CMR 相位差分修正信息：服务于厘米级、分米级定位的用户。

RINEX V2.0/2.1 原始观测数据：服务于事后毫米级定位的用户。

RAIM 系统完备性监测信息：服务于全体用户，提供系统完备性指标。

（2）系统监控

该功能主要是对各基准站设备状态、正常性进行监测管理，同样主要依靠软件实现，由 Ntrip Caster、Power Suite、Terminal Service、WIFI、Web 软件完成。目前，在系统控制中心内可实现对系统整个GNSS基准网子系统的实时、动态管理，而且大部分监测功能是自动实现的，无须人员干预，完成的功能如下：

对基准站的设备进行远程管理。

对基准站进行设备完好性监测。

网络安全管理，禁止各种未授权的访问。

网络故障的诊断与恢复。

（3）信息服务

该功能用于建立网络RTK和DGNSS服务平台，向北京大兴国际机场各镇区提供实时定位服务；利用Internet，向全用户提供参考站原始观测数据下载服务，实现事后精密相对定位；利用GSM或GPRS、CDMA等，向部分地区的用户提供实时厘米级定位服务；利用GPRS或CDMA等，建立全市动态的连续参考框架，结合北京大兴国际机场GNSS框架网、基本控制网以及规划区似大地水准面精化成果，向测绘及相关应用提供高精度的、连续的、动态的、三维的空间坐标参考框架。

（4）网络管理

整个数据中心系统由局域网（LAN）、广域网（WAN）和因特网（Internet）连接形成，作为网络中心。主要部分性能有：

FTP服务器：支持匿名和使用密码两种方式登录。

WWW服务器：网络多媒体数据信息服务器。主页是北京大兴国际机场CORS系统，向全市内用户发播各种信息。

网络管理专用计算机：对网络进行监视、运行及管理（包括计费）。

（5）用户管理

系统控制中心对所服务的各类用户进行管理，主要通过SQL数据库和Ntrip Caster Server软件完成。主要包括以下内容：

用户收费管理：系统管理员将根据用户使用的时间、时段、次数和通信方式生成表格，以方便管理部门按照一定的制度进行收费。

用户登记、注册、撤销、查询权限管理：系统管理员可方便地增减用户，根据用户的不同精度需求提供相应的精度权限，查询统计某用户的使用情况。

（6）其他功能

系统控制中心还具备以下功能，通过不同的软件实现。具备一定的自动控制能力，减少工作量。对系统的完备性进行监测，并提供最佳的计算方案。有足够的扩充能力，可适应基准站数量的增加。

3. 与单基站RTK相比的优越性

由于北京大兴国际机场旅客航站楼核心区总建筑面积为60万m^2，建设场地面积大，且还有其他配套设施，使用虚拟参考站系统明显优于使用单基站RTK。详述如下：

（1）使用单基站RTK的缺点：基站单一，故障发生后影响整个工程；服务精度不统一，距离基站越远，误差越大；不能根据移动站RTK所在地方进行自动服务切换。

（2）使用虚拟参考站的优势：

1）基站3个以上，冗余度高，系统服务稳定可靠；

2）服务精度高，整个建设工程精度在1cm内，比单基站精度要高；

3）能够根据移动站作业区域进行自动服务切换；

4）能为场区其他等级的GNSS设备提供各种服务；

5）能为监测调度提供服务。

4. CORS系统在超大平面结构工程中的应用

CORS系统主要应用在北京大兴国际机场结构工程施工建设过程中的控制网复测、控制网加密、细部放样、细部放样检查等领域。具体用于：

（1）地面首级平面控制网、加密网复测。

北京大兴国际机场首级平面控制网由北京市测绘院施测，按1次/年频率复测，复测周期不能满足施工需要。因此，需使用GNSS静态测量控制网技术，按1次/3月的频次加密复测；平时的不定期复测主要靠CORS系统，可随时掌握首级控制点稳定性状况。复测场景如图3-14所示。

（2）用于混凝土结构主控轴线、细部边线检查，如图3-15所示。

（3）用于劲性钢结构、钢埋件、隔震支座埋件等部件的检查，如图3-16所示。

5. CORS系统的创新点

针对北京大兴国际机场工程建立的专用CORS系统具有如下创新：

（1）将CORS系统首次应用在单体建筑施工测量领域，拓展了CORS系统在工程测量方面的应用范围，在利用CORS系统进行

图3-14　控制点复测场景图

图3-15　放线检查验收	图3-16　安装预留预埋验收

加密网控制方面，也做了有益尝试和探索。

（2）将北斗卫星导航系统应用到国家重点工程建设中，加深了对北斗卫星导航系统的了解，增强了对国产卫星导航系统的自信心。

（3）充分发挥了GNSS的对天通视、抵抗地面视线阻挡的优势，实现GNSS卫星定位测量技术和全站仪测量技术的优势互补。

3.3.1.4 钢结构安装三维控制网的建立

1. 钢结构安装三维控制网技术要点

北京大兴国际机场屋盖钢网架投影面积达18万m²，分多区域同时、独立开展安装施工，因此必须在安装之前建立覆盖全区的钢结构安装精密三维控制网，作为钢结构屋盖网架安装的总体控制框架。根据就近控制、方便施工的原则，决定将该控制网设置在混凝土结构顶层楼板上。技术要点如下：

总体形状设计为空间导线网。控制网平面设计为导线网形式，受错层结构设计限制，控制网点在二层~五层结构底板上均匀分布，立面高差变化较大。

控制网需联测安装在周边地面的"高标塔"，并将其作为起算点进行数据处理。

受工期紧限制，控制网布设时机选择在混凝土结构全部封顶、后浇带浇筑初期进行。

控制点设置位置综合考虑以下因素确定：尽量布设在稳定的结构上、保持相邻点间通视、便于钢结构安装测量使用、邻边保持基本相等的距离、观测时具有较短通行路线、充分利用既有十字轴线点等。

使用高精度全站仪（TCA2003、TCRA1201、TS30等）及机载多测回测角软件（Sets of Angles）结合莱卡测量办公室（LGO）进行控制网自动观测、记录和数据预处理。由于控制网自动观测、记录的是控制网水平角、天顶距及斜距等三维信息，外业观测时，对测站仪器高和照准点觇标高同时进行人工量取和记录，外业观测完成后统一进行高程网人工内业预处理。

使用常规平差软件NASEW分别进行平面、高程严密平差，最终获得高精度控制网三维坐标成果。

以"高标塔"为固定起算点，定期对控制网进行复测、局部检查和稳定性分析，必要时进行数据更新，以削弱巨大不稳定结构变形对控制点坐标的影响。

2. 控制网数据处理及成果精度

控制网观测数据经预处理、闭合差计算、平面严密平差、高程严密平差，获得最终平面、高程成果。本控制网由10个已知点、26个未知点组成，覆盖面积16万m²。共设测站20个，观测方向71个，边长51条，最大边长431.5m，最小边长8.5m，平均边长106.4m。控制网最大方位角闭合差19.2″，最大点位闭合差25.6mm，最大相对点位闭合差1/32792。控制网平差后最大点位中误差6.8mm，最大点间相对中误差6.0mm，最大高程中误差3.0mm。平面控制网平差略图如图3-17所示。

3. 控制网复测情况

钢结构安装过程中，按每半个月一次的频率对钢结构安装三维控制网进行复测检查，确保控制点成果稳定后再使用，在提升前需要同高标网进行连测，用正确的连测结果指导后续施工。

3.3.1.5 网架安装精密测量

1. 安装测量难点

北京大兴国际机场钢结构屋面网架主要以提升法进行钢结构施工安装，提升分块按照提升安装工艺的不同可分为三类：第一类为竖直提升分块；第二类为转角提升分块；第三类为累积竖直提升分块。对应三类分块的三种提升方法略有不同，但都面临着相同的测量难点：

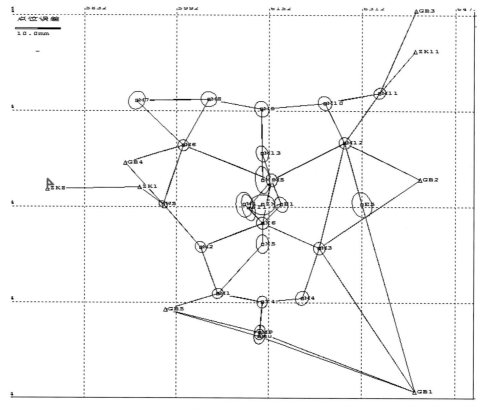

图3-17 钢结构安装平面控制网平差略图

（1）不规则空间立体网格状造型，上、下弦杆组成面均为曲面，无明确的定位特征点、特征球。

（2）设计给定的唯一定位元素为结点球球心三维坐标，而球心无法标定或直接量测，即使在球面粘贴定位标志，也难以确定标志与球心的确切几何关系。

（3）网架提升过程中吊点相对较少，网架内部将产生复杂的受力转换，不可避免地产生自身相对变形，给安装就位带来巨大挑战。

（4）提升安装过程中，必须找到相对简单、快捷、可实时定位的测量方法，便于测定网架偏差和进行调整就位。

2. 竖直提升法分块网架安装测量定位

分块网架按地面拼装方式可分为原位拼装和非原位拼装两类。所谓原位拼装是指拼装胎架位于设计位置的正下方，网架在胎架上拼装后，除与设计高度相差一个固定数值外，平面位置、倾角、方向等空间姿态均相同。对应的拼装胎架暂简称为原位拼装胎架，与此相对，不在原位拼装的胎架称作非原位拼装胎架。两种拼装方式的分块网架如图3-18所示。

经反复研究，采用如下方法和步骤实现分块网架竖直提升安装测量定位，如图3-19所示：

（1）依据钢结构安装控制网，在设计位置对应的地面比设计低一定高度测设原位胎架，在原位胎架上拼装或安放分块网架。

（2）在分块网架地面拼装过程中，穿插进行临时支撑塔架平面定位测量、垂直度测量及提升油缸中心定位测量。

（3）分块网架在原位胎架上就位、焊接完成后，在其节点球或重要杆件上粘贴反射片，如图3-20所示。作为提升过程的测量定位点，以钢结构安装控制网为依据，测量反射片中心初始三维坐标。反射片测点的位置按以下原则确定：①为兼顾网架变形监测，主要受力点如吊点位置对应的下弦球必须设置测点；②边界处或转角处必须设置；③边界测点尽量靠近拢端口；④测点的位置和朝向需同时满足在胎架上及提升就位后均可被少量地面测站全部观测到，测站设置最多不能超过3个。

（a）场内原位拼装分块网架   （b）场外非原位拼装分块网架

图3-18 分块单元网架组拼形式

（a）原位胎架测量和网架拼装检查

（b）粘贴定位反射片并测量初始值

（c）悬停测量定位点变形和液压提升

（d）网架就位测量和调整

图3-19　分块网架竖直提升过程和测量定位

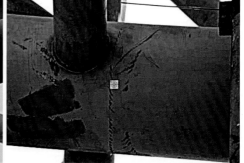

图3-20　反射片测点位置实例

（4）网架脱胎提升20cm悬停静置1~2h，观测反射片三维坐标，分析网架在悬吊状态下的变形情况（此变形具有不可控性）。确认吊点、吊绳及油缸正常稳定之后，进行网架液压提升。

（5）网架提升到距设计高度0.5~1m时，开始监控反射片，"以初始坐标控制位置，以设计高程（定位点初始高程加网架设计高程与原位胎架的高差）控制高程"，调整就位。受自身重力及吊点作用影响，网架在提升过程中必然产生扭曲变形，造成各定位点相对空间位置产生变化，因此在就位过程中，各个定位点一般很难同时精确就位。一种可行的办法是先把吊点位置调整就位，然后微调网架四周定位点，使各边界定位点偏差处于一个较小的误差之内，实践表明这个误差一般为10~20mm。

分块网架竖直提升法安装具有原理直观、提升操作简单的优点，但对于场地外的非原位胎架拼装的分块网架增加了原位胎架设置、安放的工作量。因此，该安装方法一般只针对原位拼装的分块网架。

3. 转角提升法分块网架安装测量定位

C2-2分区的分块网架如果在地面设置原位胎架进行拼装，面临着倾角过大、胎架高差大、设置困难、拼装不便等困难，为此，安装单位设计了先将网架模型沿一个水平轴旋转一定角度，再向下平移一定高度设置地面拼装胎架的方式进行地面拼装，采用先脱胎，再空中转角，再竖直提升的安装方法，简称"转角提升法"。对应该安装方法的网架测量定位，除增加了对网架模型的旋转变换、对反射片定位点就位坐标的旋转变换两个步骤外，其余步骤与竖直提升法相同。

（1）依据旋转一定角度的网架模型，设置胎架和进行分块网架地面拼装。钢网架地面拼装测量，利用钢结构安装三维控制网进行测定。

（2）穿插进行提升系统安装。包括支撑塔架安装，液压油缸安装，电力系统、自动控制系统安装，以及吊点吊绳安装等。测量内容包括支撑塔架平面放样，垂直度调整，油缸中心放样和测定，吊绳垂直度检查等。

（3）网架定位点设置及三维坐标初值测量，将实测坐标输入旋转后的网架模型，连同网架模型再次逆旋转至设计角度，计算定位点理论初值三维坐标和旋转后三维坐标。

（4）网架脱胎、悬停1~2h，测量定位点三维坐标，分析网架变形情况，检查提升系统的稳定性后操控提升系统实现分块网架的空中转角。转角完成后立即进行网架竖直提升，直到距设计高度0.5~1m。

（5）使用2~3台全站仪对定位点进行三维坐标实时测量，将偏差信息及时传递给液压提升控制中心，由控制中心进行网架就位精细调整，直到网架就位。整个调整过程约10~20min即可完成。

实践表明，转角提升法解决了大倾角屋面网架的地面拼装问题，但比竖直提升法明显增大了网架变形控制的难度。

4. 累积提升法分块网架测量定位

C2-1分区钢网架与C2-2分区呈东西轴对称形式，同样面临空中倾角大的难题。该分区网架施工安装为了避免空中转角造成的不利后果，计划按原位拼装形式设置胎架。这样四个相邻分块的胎架设置与设计安装位置的高差必然产生较大的差异，若采用前述竖直提升法安装，相邻分块提升高度必然差距过大，这对于提升系统的设置、控制网架变形、实现相邻分块准确合拢都是不利的。因此，安装单位设计了"累积竖直提升法"，即四个分块先在二层混凝土楼板上按各自合适的高度设置原位拼装胎架进行独立拼装，然后其他分块保持不动，仅提升位于相对核心区中心内侧的分块，提升到和外侧分块网架对接的高度保持悬停，将两分块间的空隙进行嵌补焊接连接成一个分块，然后整体提升这个新的大分块到与南北两侧两个相邻分块对接的高度，对两侧缝隙进行嵌补焊接完成，将四个分块连接成一个整体，最后再同步提升该整体网架到设计高度。针对每次分块提升，除测量分块对象发生相应变化外，测量定位方法和竖直提升法相同。

分块网架的累积提升法，避免了转角提升法带来的不稳定受力变形，有效地控制了分块之间的合拢偏差，网架整体变形也比转角提升法有明显减小。

对于以上三种提升安装法，为保证提升过程的安全可控及安装定位精度，采取了如下措施：

（1）网架在安装之前，经过详细受力计算，对网架设计模型进行了"预变形"处理，以抵消网架自重造成的变形影响。

（2）针对每一块提升单元，提升吊点设置经过精心计算，使网架提升过程能够保持自身的平衡。

（3）提升前，对支撑塔架垂直度、油缸中心定位坐标、网架定位点初值进行测量确认，由测量工程师在会签单上签字，连同支撑塔架稳定性、应急供电系统、油缸自动控制系统、吊点吊绳等各项检查，经各专业会签完成后，方可开始提升作业。

（4）网架提升过程采用2~3台全站仪同时对网架测点进行实时观测，将观测数据同时报液压提升控制中心，进行网架统一监控和调整。

（5）全站仪尽量采用后方交会方式设站，提高设站和定向精度。

（6）在全站仪上安装配套弯管目镜，方便对提升到高空的网架进行观测。

3.3.1.6 钢网架合拢测量定位

1. 合拢区域分类

北京大兴国际机场核心区合拢区域分布如图3-21白色条带区域所示。

北京大兴国际机场屋盖钢网架合拢区域包括以下四类：①分块网架与C形柱之间的对接合拢；②分块网架之间对接合拢；③条形天窗两侧网架通过安装条形天窗进行合拢；④中央天窗与周边6个分区网架端部的对接合拢。

2. 影响合拢精度的因素

影响钢网架合拢精度的因素复杂多样，主要包括：①合拢口两侧构件安装方法不同造成安装精度不同；②合拢时相对于安装时的温度变化，造成钢结构伸缩变形；③钢网架受自重作用产生扭曲变形；④由于网架卸载造成合拢口两侧不同程度的挠曲变形，这种变形主要出现在第三、第四类合拢区域；⑤在合拢段进行杆件焊接时，连接杆件对两侧相连网架产生不同程度的内部应力，造成合拢段变形。

3. 合拢措施和合拢测量方法

北京大兴国际机场钢网架合拢段类型多样、数量众多、长度较大，且安装方法不尽相同，受力复杂，合拢测量定位和合拢施工的顺序及措施紧密相关。主要采取如下措施和测量方法保证准确合拢：

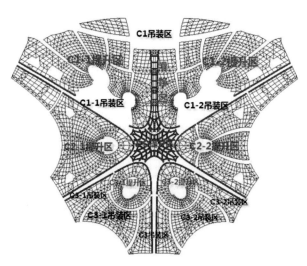

图3-21 机场核心区合拢区域平面图

（1）对条形天窗两侧网架进行周密计算，严密论证，确定合理的合拢顺序。计算表明，条形天窗两侧边桁架是各分区网架受力集中区域，在支撑点跨中附近位置达到最大竖向变形139mm。为了充分释放内部应力，确保安全，确定条形天窗区域采取先卸载后合拢的施工顺序。

（2）为进一步减少条形天窗两侧边桁架卸载变形对后续条形天窗安装的不利影响，对不论是原位拼装区还是提升区的边桁架进行重点测量定位和空间位置检查，确保按设计位置安装到位。

（3）对于分块网架之间的合拢，在网架提升到位或安装到位后卸载之前进行。合拢前，对周边预留端口附近定位点进行准确三维坐标测量。偏差过大时查明原因，做必要的纠位调整。调整到位后，使用缆风绳张紧加固嵌补段两侧网架，防止由于嵌补杆焊接应力造成嵌补段两侧网架的空中移位。实践表明，这种焊接应力对网架的空间位置影响显著。

（4）在分块网架与C形柱之间进行合拢焊接之前，除对分块网架进行加固外，对C形柱顶部端口也应采取加固措施。合拢焊接过程中，加强对C形柱端部的变形监测。如有异常，应立即采取应对措施。

（5）对于应力集中的中央天窗区，采用先卸载周边六个分区，后调整中央天窗高度与周边对接，采取四周对称焊接的顺序进行合拢。合拢前，对六个区域卸载过程的变形进行严密监测，当六个分区合拢段的差异沉降量过大时，应立即采取应急措施。幸运的是，六个分区网架卸载过程的端口沉降量和计算值非常接近，差异沉降量未出现异常。

（6）对于每一个合拢段，合拢焊接中后期，对合拢口两侧网架特征点进行复测，掌握变形规律，以便指导后续合拢段的施工。

（7）对中央天窗自身的垂直提升，应充分考虑自重对自身挠度变形的影响，在中心区域设置足够的中心对称临时支撑塔架和提升吊点。采用周边六个区网架先分别卸载，再进行中央天窗与周边网架合拢，最后进行中央天窗卸载的施工顺序。

4. 合拢效果

按照上述"先分区后整体"的控制措施和测量方法进行严格的合拢施工，未出现明显的异常现象，各合拢段对接满足设计要求。

3.3.1.7 超大面积不规则自由曲面钢网架综合变形监测

1. 三维变形监测

以CORS系统和高标网为基准，结合三维扫描仪、智能全站仪三维坐标测量和球心坐标拟合技术，对网架就位、卸载、合拢及加载各关键阶段进行三维变形监测，收集必要的理论变形数据，采用Surfer三维绘图软件实现对超大面积不规则自由曲面钢结构变形数据的全面、细致的可视化分析，保证了钢网架整个安装过程的施工质量和安全。

2. 钢网架综合变形监测技术要点

（1）以钢结构安装精密三维控制网作为钢结构变形监测控制网，并定期复测。

（2）以各分区内屋面网架特别是采用提升安装工艺的网架为研究对象，分就位、卸载、合拢、加载四个关键阶段进行全程三维变形监测和数据分析。

（3）全程监测的方法采用三维激光扫描技术采集点云数据，使用Realwork、Revit等后处理软件进行实体建模，或采用智能全站仪进行球面多点坐标采集，使用自编Excel表格批量计算球心坐标。以上两种方法获得监测实测球心坐标，再结合屋面网架三维BIM设计模型或深化模型进行对比分析，最终以Excel表格形式提供监测成果数据。

（4）分析各阶段变形规律。利用以上各阶段实测模型和网架设计模型、深化模型对应的球形坐标数据，以及理论变形数据，通过使用Surfer三维绘图软件对各类数据进行处理和可视化绘制，分别分析网架就位偏差规律、临时支撑卸载对钢网架变形的影响规律、合拢焊接造成的网架变形规律及屋面加载对钢网架变形的影响规律。并经计算判断网架挠度变形是否符合规范要求，为钢结构验收提供科学依据。

（5）以设计方给定的挠度监测测点位置为依据，用上述两种变形监测方法，进行网架卸载前、卸载后变形监测，并计算对应挠度值，对网架整体挠度变形进行统计，判断网架安装质量是否符合规范要求。

3. 钢网架关键过程监测

（1）关键过程监测实施情况

2017年4月24日～2017年6月10日：全区网架就位施工过程及变形监测。

2017年5月23日～2017年8月18日：全区网架分区卸载过程及变形监测。

2017年8月19日～2017年9月18日：全区网架合拢过程及变形监测。

2017年9月19日～2017年12月31日：全区网架屋面加载过程及对应变形监测。

（2）变形监测数据处理

1）将外业扫描数据导入Realwork等三维建模软件，对杆、节点球进行拟合处理，或将全站仪测球面数据按分组导入专门编写的Excel表格。

2）以扫描模型或球面坐标为依据，通过建模软件逐个提取实测节点球球心坐标；或在EXCEL表格中批量拟合计算实测节点球球心坐标。

3）根据实测球心坐标，按不同施工阶段提取对应设计模型或深化模型节点球球心三维坐标，绘制、填写相应表格，计算X、Y、Z三维变形值。

4）将实测坐标和三维变形值整理成Surfer软件兼容格式，绘制相应等值线图。

5）监测的记录和数据分析应保存施工期间所有监测点的监测数据记录，并进行必要的数据处理及提交报告；报告以打印文本的方法提交，并以电子表格的方式累积各项测量数据，以便利的图形来表示已建成结构每个测量时段的度量值。此电子表格应实时更新并随报告提交。

显示结构在每个测量点的实际位移图形，应同时对比在预调整和施工次序分析中所预期的相应数值。提交的图标应可以对预期值和真实值进行直观地比较，并且满足阶段性预调值修正的要求。

（3）可视化技术应用

1）准备三维变形监测数据

对于北京大兴国际机场航站楼，为完整反映监测信息，把与变形监测相关的数据分为三种类型：第一种为设计模型线化结点三维坐标数据；第二种为深化模型球心三维坐标数据；第三种为实测网架球心坐标。坐标均以三维形式表示。

上述三维数据的基本信息包括X坐标、Y坐标、Z坐标。此外，变形监测数据还隐含一维的时间信息。进一步根据基本监测数据，结合第一种、第二种三维数据，还可将监测数据整理成多种变体形式。

提取第一种三维数据的方法是利用设计三维线划模型CAD图，如图3-22所示，可以用逐点提取与批量提取两种方法得到。

提取第二种三维数据的方法是利用深化模型CAD图，如图3-23所示，一般用逐点提取的方法获得节点球球心三维坐标。

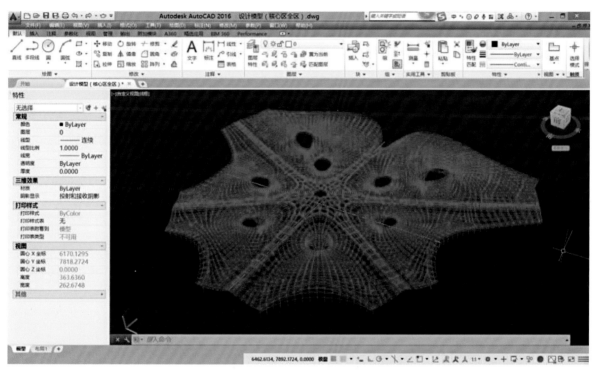

图3-22　设计三维线化模型

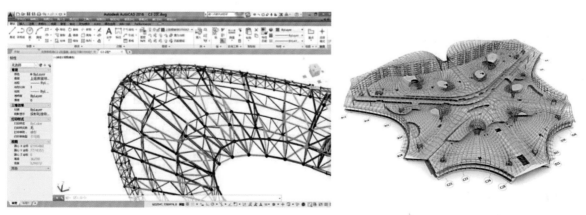

图3-23　设计三维深化模型

获取实测三维变形数据的手段有两种：①三维激光扫描法；②测量球面坐标拟合法。其中，第①种三维激光扫描法获取三维变形数据的过程步骤为：建立控制网，进行外业扫描；内业点云拼接、去噪；拟合节点球，提取球心坐标；整理成果表。图3-24为外业扫描情形，图3-25为点云拼接过程。

某区拼接完成后的点云图如图3-26所示。

拟合球心后的效果如图3-27所示。

图3-24　外业扫描图示

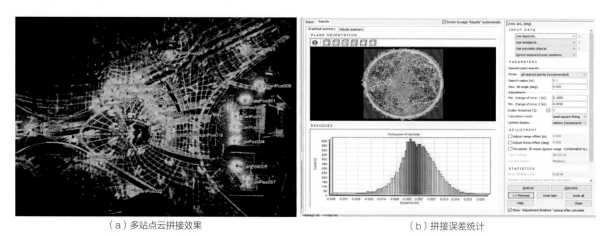

（a）多站点云拼接效果　　　　　　　　　　（b）拼接误差统计

图3-25　点云拼接过程图示

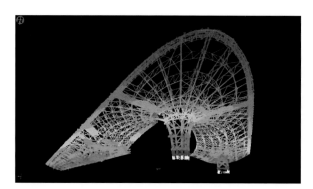

图3-26　C3-2区点云拼接完成图

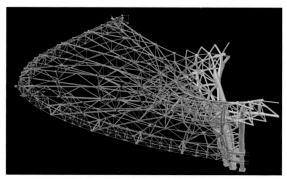

图3-27　C2-2区球心拟合效果图

图3-28　全站仪观测节点球的情形图示

第②种测量球面坐标法的过程步骤为：建立控制网；使用全站仪进行球面四点三维坐标测量；编写专用Excel表格，计算球心坐标；提取球心坐标，整理成果表。

用全站仪观测节点球的情形如图3-28所示。

球心拟合计算Excel表格，如表3-3所示。

实测球心与理论位置比较计算EXCEL表格，如表3-4所示。

将监测数据进一步整理成包括变体形式的三类数据文件：一类是绘制模型的数据，直接利用某期三维变形成果表。第二类是两期变形成果表，通过两期观测的同一个球的变形数据其中两维保持不变，第三维坐标求差得到。可用来分析两期监测数据各个方向的变形情况。第三类是监测数据与理论数据的比较，其中两维保持不变第三维求差，获取的成果表可用来分析监测成果第三维的理论变形情况。

2）准备边界数据文件

边界文件是绘制图形的边界，可以是规则形状，也可以是任意形状；既可以是图形外侧的边界，也可以是图形内部被挖空的区域边界。边界内外的区分，通过属性0，1来区分。根据绘制的复杂性，又可细分为两类：①直线型边界。直接用连续排列的各折角坐标表示的边界。提取角点坐标制作边界文件即可。②曲线型边界。用曲线各个连续散点表示的边界。提取方法步骤为：①利用CAD绘制边界曲线；②提取散点坐标，整理成边界文件；③根据边界位于图形内、外的判断，修改边界文件属性。

表3-3

网架安装球面坐标观测及球心计算表

网架编号：C2-2-3　　工程进度：与C形柱连接焊接　　区域：C22　　日期：

球名	点号	实测球面坐标			半径及偏差			球心坐标				备注
		N（mm）	E（mm）	H（mm）	拟合R_i（mm）	设计R_0	ΔR（mm）		N_i（mm）	E_i（mm）	H_i（mm）	
7号下弦	71	7747684	6220582	34350	351.6	350	2	设计值				
	72	7747586	6220377	33957	351.6		2	拟合值	7747731	6220248	34250	
	73	7747919	6220496	34087	351.6		2	偏差（mm）	7747731	6220248	34250	
	74	7747931	6220079	34016	351.6		2					
9号下弦	91	7774456	6229582	30051	445.9	350	96	设计值				
	92	7774251	6229228	29464	445.9		96	拟合值	7774514	6229203	29823	
	93	7774650	6229608	29694	445.9		96	偏差（mm）	7774514	6229203	29823	
	94	7774881	6229137	29578	445.9		96					

表3-4

钢网架球心坐标及偏差成果表

编号：C2-2-Y3段　　进度：提升到位后第5天，与C形柱嵌补段焊接中　　日期：

部位	点号	设计坐标			实测坐标			坐标偏差			设计半径R_0（mm）	拟合半径R_1（mm）	半径偏差dr（mm）
		N（mm）	E（mm）	H（mm）	N（mm）	E（mm）	H（mm）	dN（mm）	dE（mm）	dH（mm）			
C2-2-Y3段	7号	7747739	6220137	34236	7747731	6220248	34250	-8	111	14	350	351.6	2
	9号	7774487	6229168	29831	7774514	6229203	29823	27	35	-8	450	445.9	-4
	10号	7788000	6217711	30894							450		
	11号	7801513	6229168	29731	7801475	6229203	29724	-38	35	-7	450	446.2	-4
	12号	7816707	6222552	32518	7816671	6222592	32517	-36	40	-5	400	401.9	2
	13号	7814341	6214292	33882	7814325	6214331	33878	-16	39	-4	400	404.6	5
	17号	7761659	6214292	33882	7761646	6214356	33915	-13	64	33	400	404.6	5

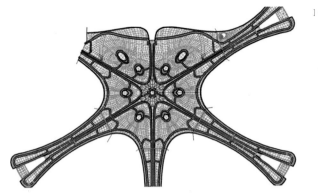

图3-29　屋面天窗分区示意图

名称	修改日期	类型	大小
0屋面外围边界.bln	2018/3/3 1:31	BLN 文件	4 KB
C1柱天窗边界.bln	2018/3/3 12:16	BLN 文件	1 KB
C2柱天窗边界.bln	2018/3/3 14:37	BLN 文件	1 KB
C3柱天窗边界.bln	2018/3/3 14:42	BLN 文件	1 KB
C4柱天窗边界.bln	2018/3/3 14:46	BLN 文件	1 KB
C5柱天窗边界.bln	2018/3/3 17:36	BLN 文件	1 KB
C6柱天窗边界.bln	2018/3/3 17:40	BLN 文件	1 KB
C7柱天窗边界.bln	2018/3/3 17:48	BLN 文件	1 KB
C8柱天窗边界.bln	2018/3/3 17:52	BLN 文件	1 KB
EN条形天窗边界.bln	2018/3/13 19:24	BLN 文件	2 KB
ES条形天窗边界.bln	2018/3/13 19:20	BLN 文件	1 KB
MN条形天窗边界.bln	2018/3/13 19:08	BLN 文件	1 KB
MS条形天窗边界.bln	2018/3/13 18:55	BLN 文件	1 KB
WN条形天窗边界.bln	2018/3/13 23:00	BLN 文件	1 KB
WS条形天窗边界.bln	2018/3/13 19:16	BLN 文件	1 KB

图3-30　屋面网架边界文件图示

对于机场航站楼，屋面网架除外轮廓边界外，还包括6个条形天窗、1个中央天窗及8个C形柱天窗等共计15个封闭边界，需要各自制定独立边界文件，以方便后续绘图处理。

北京大兴国际机场航站楼绘制边界图形的设计CAD文件，如图3-29所示。

北京大兴国际机场航站楼核心区屋面网架整理出的边界文件，如图3-30所示。

3）拟合网格文件，绘制网格图形

使用Surfer软件，读入变形监测数据表，生成原始数据文件（*.dat）。定义绘图区域四角坐标、提取网格数据的平面纵横向间距等参数，利

图3-31　网格内插方式选择框

用监测数据经过严密、科学的内插计算生成网格文件（*.grd），并自动生成对应的网格图形文件。

软件提供多种内插方法可选。一般选择默认方式即可，如图3-31所示。

网格间距越小，绘制的图形精细度越高，处理越耗时。因此，为了平衡绘图质量和效率的关系，需要确定合理的网格间距，如图3-32所示。

4）初步绘制等值线图，检查并修正错误和噪声

读入网格文件，绘制等值线图。初步观察图形是否合理，是否含有明显错误或噪声。若发现错误或干扰噪声，到监测数据里修正或剔除错误，重复以上第1）~4）步操作，直到剔除全部错误或噪声。

5）图形裁剪即白化处理。绘制各种复杂边界，去除图形冗余部分。去除边界以外的区域，并对区域内进行挖空处理。对于北京大兴国际机场航站楼这种复杂的平面图形，需要重复进行多次白化处理，才能得到最终正确的平面图形。

6）绘制最终屋面模型等值线图形。对字体、注记位置方向及比例尺进行必要的调整。

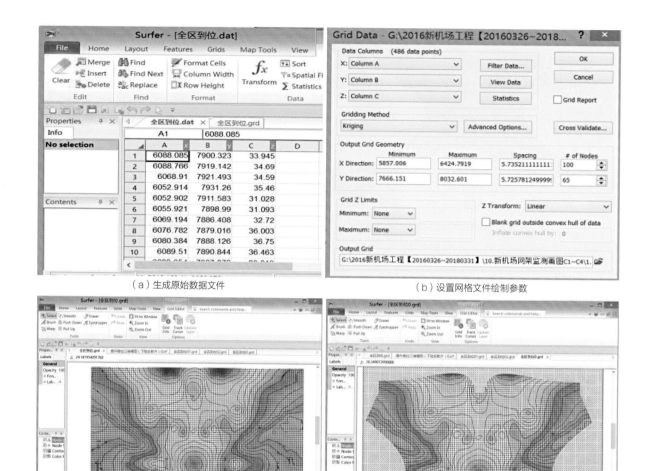

（a）生成原始数据文件　　　　　　　　　　（b）设置网格文件绘制参数

（c）生成矩形网格文件　　　　　　　　　　（d）外轮廓裁剪

图3-32　网格绘制操作

（4）变形监测规律分析

1）网架就位后偏差规律，如图3-33所示。

钢网架就位三维模型规律分析如下：①就位模型整体符合设计要求的不规则曲面造型；②东西对称，最高点、最低点的分布位置符合设计要求；③未见明显的反坡现象。

钢网架就位偏差规律分析如下：①整体就位偏差较小（0～20mm之间），质量良好；②少量区域低于设计值，尤其在中央天窗区域明显偏低100～220mm之间；③整体实际就位模型高于设计值，是为网架的下沉变

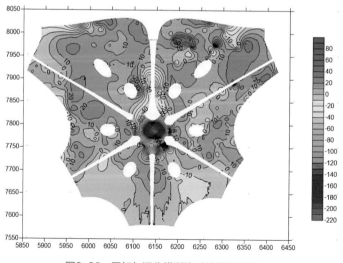

图3-33　网架与深化模型比对偏差等值线图

形进行的有意控制。

2）网架卸载变形规律

钢网架卸载变形规律分析如下：①理论计算和实测变形都表明，网架变形最大区域集中在九个位置，即中央天窗、6个条形天窗中部及C1-1区、C1-2区的中部C形柱（C1和C1反）北侧。②变形最大值区域，实测变形比理论变形范围和数值都偏大，说明实际变形有许多理论计算难以考虑到的影响因素。③实测最大变形值和理论最大变形值接近，处于150~170mm之间，位置也十分接近。④网架卸载实际变形和理论变形的不符值大多在-20~+20mm，控制良好；少量较大的值出现在中央天窗西北侧和C1-1区北侧中部、南侧中部及C1-2区北侧西部、南侧中东部。⑤网架卸载后与深化模型相比，整体竖向偏差较小，少量偏差稍大区域集中在中央天窗和西侧中南部C2-1区。⑥整个卸载过程控制较好，受力转换和整体变形量符合设计要求。如图3-34、图3-35所示。

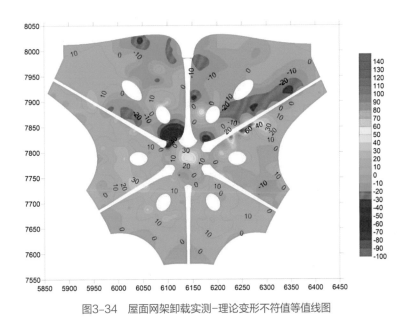

图3-34 屋面网架卸载实测-理论变形不符值等值线图

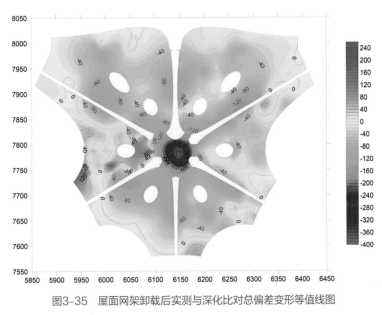

图3-35 屋面网架卸载后实测与深化比对总偏差变形等值线图

3）网架合拢变形规律

钢网架合拢变形规律分析如下：①总体上实测合拢最大值范围和数值比理论计算小。②中央天窗区实际合拢偏差区域比理论计算小，数值比理论计算大。③合拢后网架距目标设计模型总体偏差较小，呈西北高于目标模型、东南低于目标模型的态势。大部分偏差处于-50~+50mm。④网架合拢后空间立体形态东西对称性良好，流线符合设计要求，未出现反坡现象。如图3-36、图3-37所示。

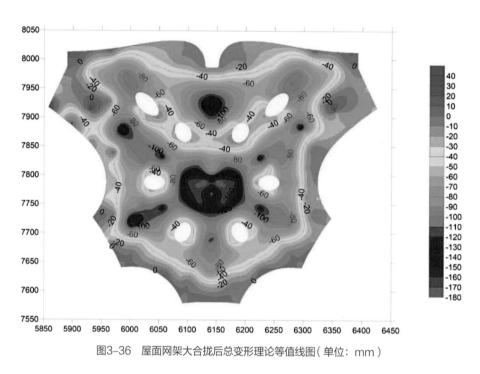

图3-36　屋面网架大合拢后总变形理论等值线图（单位：mm）

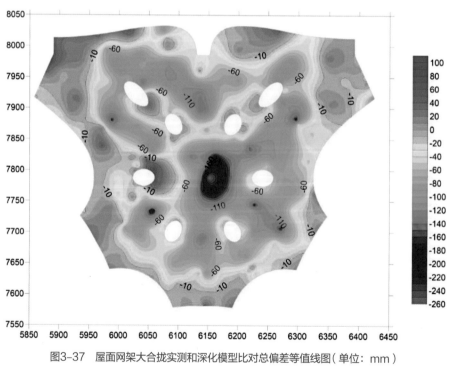

图3-37　屋面网架大合拢实测和深化模型比对总偏差等值线图（单位：mm）

4）网架加载变形规律

钢网架屋面加载变形规律分析如下：①网架加载后空间立体形态东西对称性未产生大的改变，流线符合设计要求，未出现反坡现象。②网架加载后整体呈下沉趋势，下沉量大致在60～100mm。③网架距目标偏差较大的区域集中在中央天窗、除北侧外的5个条形天窗的中部等六个位置，偏差80～160mm。④中央天窗下弦距目标偏差最大值在400mm左右，如图3-38、图3-39所示。

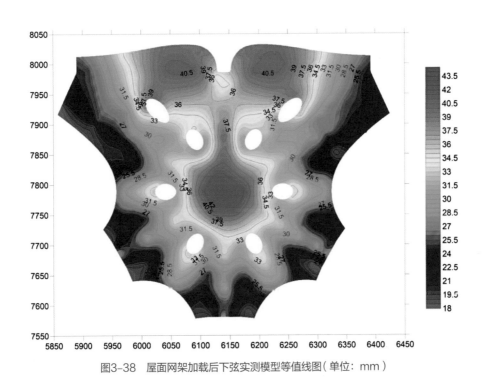

图3-38 屋面网架加载后下弦实测模型等值线图（单位：mm）

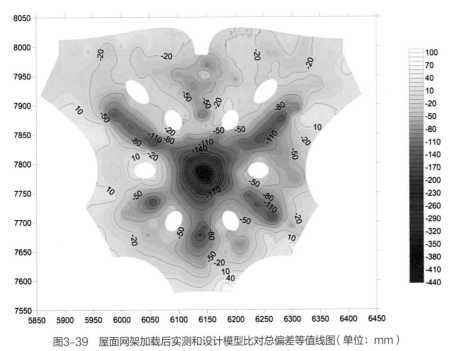

图3-39 屋面网架加载后实测和设计模型比对总偏差等值线图（单位：mm）

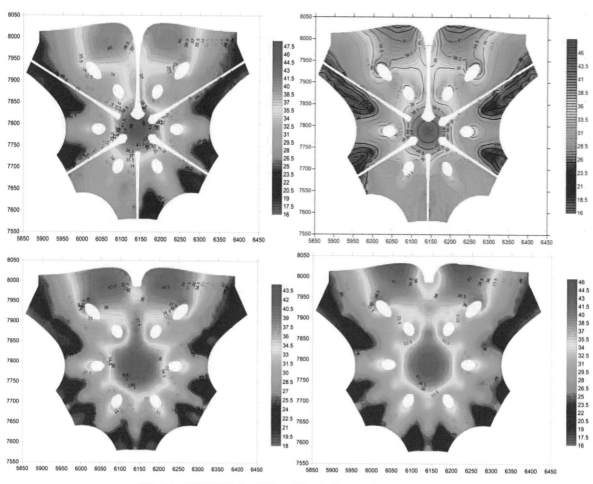

图3-40　网架下弦就位、卸载、合拢、加载四阶段实测模型对比图示

5）四个关键阶段网架下弦三维实测模型对比分析，如图3-40所示。

4. 钢网架综合变形监测主要创新点

（1）使用三维激光扫描技术、三维点云模型重建和拟合技术实现大量复杂网架球形节点变形监测。

（2）使用全站仪免棱镜测量模式测量球面四点三维坐标，利用高斯消去法求逆矩阵原理自编Excel表格实现球心三维坐标拟合计算。

（3）对两种监测方法的精度和优劣性进行了详尽比较。得出两种方法精度相当的结论。

（4）采用Surfer三维绘图软件实现对超大面积不规则自由曲面钢结构变形数据的全面、细致的可视化分析。

3.3.2　技术创新点

3.3.2.1　创新了多级多功能控制网

创新点一：集成GNSS、高标塔控制点和无固定测站边角测量等技术，创新了多级多功能高精度工程控制网建立方法，攻克了全球最大隔震建筑的控制点"漂移"难题。

北京大兴国际机场项目总占地4.1万亩，占地面积大约相当于63个天安门广场的大小。其中主航站楼投影面积有18万m²，相当于25个标准足球场大小。在全球最大平面结构工程中使用独创的高标塔控制点，结合静态GNSS技术组建高标控制网作为首级三维控制网。利用BIM全站仪边角自动测量功能和强制对中反射棱镜，首创了覆盖整个超大平面结构施工区域的无固定测站边角网作为二级三维控制网。在二级控制网的基础上，采用包括导线网或三角形网在内的多种布网形式，布设分部分项工程加密控制网。同时首次在建筑工程领域布设了基于多基站网络RTK技术的CORS系统，既可以及时检查位于沉陷区的各级控制网的稳定性，也可以结合无固定测站边角网观测，实现在全球最大隔震层上的分部分项工程控制网的布设。以上4级布网集成为全球首个满足多个施工阶段、不同施工环境的多级多功能高精度控制网。

多级多功能高精度控制网克服了超大范围控制点通视困难、控制点稳定性差、众多测量队伍之间控制点混用、海量测量放样、交叉作业视线干扰、工序衔接误差等众多因超大范围内施工引起的各种测量难题，完全满足全球最大航站楼施工精准放样需求，尤其是攻克了全球最大隔震层导致控制点大幅漂移（最大漂移量12.6cm）这一重大测量难题，确保了隔震层内施工控制网的绝对稳定。同时，采用多级多功能高精度控制网大幅提高了测量工作效率，放样速度为传统测量的3倍。如使用基于多基站网络RTK技术的CORS系统流动站，实现大量基础桩位、结构及预埋件细部特征点的快速预放样；以多级多功能高精度控制网为基准，各家单位均可独立利用全站仪后方交会方法实现对预放样点快速精调，大幅减少放样测量的时间，实现了超大平面结构海量特征点的快速、精准放样；使用基于多基站网络RTK技术的CORS系统流动站，实现海量结构及埋件细部特征点位置的快速粗差校核等。

1. 首创了高标塔测量控制点，组建高标控制网

国内外建筑工程控制网一般采用外控法或内控法。外控法指在建筑物外侧布设控制点，内控法指在建筑物内部基础底板上布设控制点，通过竖向传递实现结构平面控制。不论是建筑外控点还是内控点，常规采用的控制点形式均为地面控制点的形式。

本项目内控点难以实施，对超大平面结构工程而言不仅单层流水段多，进出不便，而且各层楼板之间采用满堂脚手架支撑模板，脚手架密布如同树林，采用在基础底板设置内控点进行控制的方案也很难实施。如采用地面外控点，则通视困难，使用效果差、效率低。控制点位于地面，架设仪器、觇标或对中杆高度有限，周边堆料、设施、机具众多，阻挡观测视线严重，且地面外控点受扰动大，稳定性差，需经常复测、更新，外控点无法与在施结构楼层间保持通视。

针对现有技术测缺陷，本项目首创了专利高标塔测量控制点形式，测点高达15m，由基础、含爬梯的架体、操作平台、含基座的三脚架四部分组成。在控制点基础上集成GNSS静态定位、导向测量建立了高标控制网，在该网施测中研究了一种专利GNSS与激光测距相结合的测量系统及测量方法和一种GPS时间序列广义共模误差提取方法，并研发精密三角高程测量系统、GNSS数据综合处理软件等进行数据处理，为超大平面不规则结构施工的定位奠定了基础。该技术破解

了常规地面外控点间难以通视、内控点难以实施的难题，尤其作为稳定基准攻克了全球最大隔震层导致控制点大幅漂移（最大漂移量12.6cm）这一重大测量难题，确保了隔震层内施工控制网的绝对稳定，为工程避免了重大损失，创造了巨大的经济效益。

2. 发明了无固定测站边角控制网，大幅提高测量效率

常规卫星定位静态控制网边长长、无法直接用于施工放样，常规三角形网、导线网存在占用设备多、劳动强度大、作业时间长、成果精度低、通视难保证、可用范围小等缺点。而本项目施工区域面积太大，施工队伍高达56家，如采用传统方法，则控制点混用、抢占现象严重，造成测量效率极其低下。针对这一难题，发明一种适合超大平面结构工程施工测量用的无固定测站边角控制网，配套发明一种电子钢钢尺照明装置、一种改进的CPⅢ预埋件及测量杆、一种具有快速调平功能的工程测绘用水准装置的实用新型专利，采用无固定测站边角控制网平差软件、基于安卓平台的点之记管理系统等软件，彻底改变测量工作困难局面，大幅提高施工测量效率。无固定测站边角网是指大量在施工稳定区域和位置埋设强制对中杆，棱镜能左右、上下自由旋转或者直接采用360°棱镜，点位布满整个施工区域，控制点上不设测站，采用闭合导线设置主路线后，在主控点上采用多测回测角程序利用支导线方式观测所能观测的任何棱镜，最后通过组网平差，形成一张图形强度非常坚强的网。所有施工单位可以在工程任意区域采用后方交会测量的方式使用该网进行施工放样，开创了大范围工地大量施工单位同时测量模式，大幅节约时间成本和人员投入，提高测量放样效率5倍以上，有效助力海量测量放样，为工程建设抢回大量宝贵工期。

3. 首次在单体建筑工程领域建立CORS系统

在国内外传统房建工程领域，为提高放样效率，会用到单基站网络RTK技术。使用单基站RTK的缺点：基站单一，故障发生影响整个工程；服务精度不统一，距离基站越远，误差越大；不能根据移动站RTK所在地方进行自动服务切换。由于本项目占地面积非常大，而且工程放样量大，而单基站网络RTK存在一定缺点，一旦发生故障，后果不堪设想。故本项目独立布设了3个连续运行基站，基站服务全天候24h无人为、无气候、无外界因素的干扰，本项目CORS系统发挥了如下优点：①基站3个以上，冗余度高，系统服务稳定可靠；②服务精度高，整个建设工程精度在1cm内，比单基站精度要高，且方便GNSS测量及其全站仪等光学仪器的数据统一和比对；③能够根据移动站作业区域进行自动服务切换；④能为场区其他等级的GNSS设备提供各种服务；⑤能为监测调度提供服务。本项目成功将CORS系统应用于全球最大单体航站楼施工当中，有效助力海量测量放样，为工程建设抢回大量宝贵工期的同时，为CORS系统在工程测量领域的应用做了有益尝试与探索。

3.3.2.2 研发了超大不规则曲面钢结构全过程测量技术

创新点二：研发了基于BIM全站仪、三维激光扫描的超大不规则曲面钢结构的加工制作、地面拼装、现场安装、卸载及合拢全过程测量技术，实现了超大不规则钢结构施工全过程的快速精确定位。

1. 首次实现特大异型钢柱数字化模拟预拼装技术

传统预拼装是指根据《钢结构工程施工规范》GB 50755—2012要求将分段制造的大跨度柱、

梁、桁架、支撑等钢构件和多层钢框架结构，特别是用高强度螺栓连接的大型钢结构、分块制造和供货的钢壳体结构等，在出厂前进行整体或分段分层临时性组装的作业过程。预拼装是控制质量、保证构件在现场顺利安装的有效措施。北京大兴国际机场航站楼相当于25个足球场大的屋盖，仅采用8根巨大的C形柱支撑，必须进行预拼装确保质量合格后再运输到施工现场安装定位。就全球最大的钢结构柱C形柱预拼装而言，采用传统预拼装施工将耗费大量的人力物力，且效率低下、成本高昂，对制造成本、质量、效率均有严重影响。本项目研究了针对C形支撑柱、门头柱弯扭构件、幕墙结构弯弧梁等劲性钢结构的数字化模拟预拼装技术，采用高精度三维激光扫描检测复杂弯扭构件进行单构件外形尺寸测量，检测其常规尺寸、对接端口、弯弧度等重要测量指标，并出具构件检测报告辅助构件矫正，从而保证构件的加工精度。同时将完成单构件检测的构件按照实际拼装顺序在虚拟环境下将构件拼装成结构单元，然后与理论BIM模型拟合分析，完成结构单元的数字化预拼装。项目选择1根C形柱比较了实体预拼装与数字化预拼装两种方法，通过双方数据比对，得出数字化模拟预拼装技术不仅最大程度上能保证构件加工精度（优于1mm），且完全能够取代实体预拼装的结论。在该结论基础上，本项目后续7根C形柱和其他劲性钢结构均仅采用数字化模拟预拼装代替实体预拼装，缩短了预拼装周期70%以上，成本降低了30%左右。

2. 发明了海量节点球快速定位技术

北京大兴国际机场主体支撑钢结构根据屋面造型设计为超大平面不规则自由曲面钢网架，由12300个空心球节点和63450根钢管组成，针对北京大兴国际机场航站楼工程格网状钢结构小拼、中拼单元的特点，克服传统地面拼装方法步骤多、设备多、作业时间长、效率较低的障碍，探索快速地面拼装方法，研发了便于节点球在胎架的快速定位装置，该装置通过平面定位取代球心三维定位，实现了快速获取球心三维坐标的便捷方法。该方法实现了将杆件节点三维空间坐标分解为二维平面坐标和高程，采用高精度BIM全站仪对节点进行三维定位测量，同时采用高精度水准仪检验核准其高程，并在节点球上标出杆件连接位置，保证杆件中心线穿过节点球中心，快速高效地完成了三维空间定位测量工作。依托该快速定位技术，本项目通过BIM全站仪对12300个球节点逐一定位、调整空中姿态、测量形变位置，大幅提高节点球在现场安装定位的时间，较传统方法缩短工期近一倍。同时由于海量节点球的定位、安装均在超大面积"漂移"结构上，故本项目在多级多功能控制网基础上建立了便于钢结构安装的相对高精度三维控制网，实现分块安装的精准定位和后期的衔接合拢测量，精度高于现行规范要求的2倍。

3. 完成全球最大转角提升测量，并实现同累积提升安装精度比对

传统钢结构提升技术一般为竖直提升，如果钢网架规模大且高差相差多的情况下会采用分块累积提升的方法，而转角提升由于控制难度高，一般很少采用。本项目超大平面不规则自由曲面钢网架，厚度从2~8m变化不等，屋面高低起伏富于变化，从中心到外围将近30m落差，双曲率变化、曲率大小不一，造型非常复杂。这使得包括原位散装、分块吊装、累积提升在内的工作都无法单独完成，而且落差30m的网架在进行累积提升时胎架需要搭建得很高，不利于测量定位和

安装精度，故不得已C2-2区进行了全球最大规模的转角提升，即先将网架模型沿一个水平轴旋转一定角度，再向下平移一定高度设置地面拼装胎架进行地面拼装，提升安装采用先脱胎再空中转角、再竖直提升的安装方法。对应该安装方法的网架测量定位设计了对网架模型的旋转变换、对反射片定位点就位坐标的旋转变换两个测量方法，解决了高空拼装难度大、安全风险高、施工效率低等难题。由于是首次进行如此大规模转角提升，对称的C2-1区仍花费了巨大成本进行累积提升。由于C2-1、C2-2为两个完全对称的特大钢网架，提升完成后进行了测量结果对比，得出转角提升的安装精度虽略低于累积提升，但仍满足验收要求，相比之下提高安装效率40%，降低施工成本30%以上。

4. 首次创立先分区后整体合拢测量技术，发明合拢误差消纳机制

由于本项目钢网架平面相当于25个足球场，包括原位散装及分块吊装、提升在内的每一种钢结构施工方法都无法单独完成整体提升和安装。针对特大平面钢网架的施工特点，采用先分区合拢测量即分块网架与C形柱之间的对接合拢测量、各分块网架之间对接合拢测量，发明了依据中央天窗和条形天窗设计特点的合拢误差消纳机制，然后进行条形天窗两侧网架通过安装条形天窗进行合拢和中央天窗与周边6个分区网架端部的对接合拢。本技术在分块网架与C形柱之间进行合拢焊接之前，加强对C形柱端部的变形监测和状态检测，确保符合设计要求；对于分块网架之间的合拢，在网架提升到位或安装到位后卸载之前进行。合拢前，对周边预留端口附近定位点进行准确三维坐标测量，偏差过大时查明原因，做必要的纠位调整；对条形天窗两侧网架进行周密计算，严密论证，确定合理的合拢顺序；对于应力集中的中央天窗区，合拢前，对六个区域卸载过程的变形进行严密监测，当六个分区合拢端的差异沉降量过大时，应立即采取应急措施。由于特大钢结构在安装过程中受构造、跨度、自重、温差、应力变化等因素影响会发生一定的变形，故通过三维激光扫描技术测量各分区空间状态，同BIM模型进行对比得出安装误差，然后指导钢结构深化设计调整条形天窗和中央天窗的相应尺寸，吸收和消纳前期安装误差，最终确保合拢后钢网架符合设计要求。

3.3.2.3 研发了综合变形监测及海量监测数据可视化技术

创新点三：研发了特大建筑结构综合变形监测与海量监测数据可视化分析技术，实现了施工全过程的高效检测与动态监测。

由于施工过程中结构本身因自重和温度变化均会产生变形，而且支撑胎架在荷载作用下也会产生变形，加之，结构形体复杂，均为箱形断面构件，位置和方向性均极强，且受现场环境、温度变化等多方面的影响，安装精度极难控制，施工难度大。施工时必须采取必要的措施，提前考虑好如何对安装误差进行调整和消除，如何进行测量和监控，使变形在受控状态下完成，以保证整体造型和施工质量。本项目应用地面三维激光扫描、BIM智能全站仪，依据天地一体化多级多功能高精度三维控制网，实现超大异型钢结构及超大不规则自由曲面钢网架在安装就位、卸载、合拢及加载等各关键阶段的三维变形监测，获取包括沉降、位移、挠度等在内的三维变形数据。

使用机载激光雷达（LiDAR）技术，定期对超大平面结构金属屋面快速、全覆盖的空间形态测量获得变形数据。这些变形数据对于施工人员、设计人员、监控人员而言是非常具有指导意义的，特别是钢网架屋面的变形直接关系到竣工测量是否满足设计要求。但常规监测报表的形式使各方读取数据、分析数据、结合数据分析钢网架状态，不仅周期长且很难建立直观有效的变形分析，因此，本项目发明了一种特大结构海量监测数据的可视化分析技术，使用Surfer三维科学绘图软件对所有监测数据成果进行可视化变形分析，为整个施工控制提供直观易懂、细节丰富的可视化成果，更好地展示出钢结构网架变形成果及最终空间状态，有利于施工过程及时调整控制钢网架姿态，与传统监测技术相比，本技术使现有钢结构竣工精度提高了1倍。

3.4 应用效果及总结前景分析

3.4.1 基于多基站网络RTK技术的CORS系统

通过建立和运用基于多基站网络RTK技术的CORS系统，克服了单基站RTK技术信号不稳定、作业范围小、精度较低等缺陷，实现了超大面积混凝土结构工程大量、复杂细部点快速平面放样、检测，弥补了部分区域全站仪通视困难、作业低效的短板，确保了工期。另外，该CORS系统实现了对部分控制网进行实时检测和加密网的快速施测。将CORS系统专门用于大型单体建筑工程做了大胆、有益的尝试。尽管在实时建网、结构平面放样方面有待进一步研究，在高程方面精度还有待提高，但随着我国北斗卫星定位系统的不断完善，具有多星系统的CORS系统在超大平面结构工程中的应用将越来越多。

3.4.2 高标塔、高标网的建立和应用

自主设计研制了高标塔，对测量视线进行了架高，装拆方便，可重复利用，顶部安装通用强制归心基座，使卫星定位测量技术和传统全站仪测量技术进行了无缝结合。很好地解决了高等级控制网的稳定性问题。高标塔已经申请了专利。

可按多种方式进行控制测量和稳定性检查，在满足地上混凝土结构施工需要的同时，还建立了相对于占地面积超过16万m²、整体位于隔震层以上的超大面积混凝土结构不稳定体系的测量施工安装基准，为后续分部分项工程施工奠定了基础。积累了隔震层以上结构施工的宝贵经验，对今后类似工程施工具有重大参考价值。

3.4.3　无固定测站边角观测平面控制网的建网和平差技术

研制了无固定测站边角观测平面控制网的建网和平差技术，解决了北京大兴国际机场航站楼及综合换乘中心地下、地上混凝土结构工程在复杂环境下的大区域、长时间、多流水段平行施工、高精度施工难题，确保了施工质量和工期。该控制网建网和平差技术在超大面积建筑工程、明挖施工大型地下综合管廊工程、地下大型交通枢纽工程领域，具有广泛的推广应用价值。

3.4.4　超大面积不规则自由曲面钢网架安装精密测量定位技术

本工程研制的快速地面拼装测量法，不仅适用于网格状钢结构构件地面拼装，实现了大量小拼单元和分块网架地面快速、准确拼装，保证了北京大兴国际机场钢结构施工工期，还可推广应用到出厂前盾构机机身参考点坐标参数测定、大型天线、船闸、汽车、飞机等工业产品测量中，具有广泛的应用价值。研制的大型复杂钢构件垂直提升、转角垂直提升、累积垂直提升测量定位方案及针对多类多端口合拢精度保证措施和测量方法，对今后类似钢结构工程施工具有较强的推广应用价值。

3.4.5　超大面积不规则自由曲面钢网架变形监测技术

使用三维激光扫描和三维模型重构技术及全站仪无协作目标模式测量球面四点三维坐标，并结合自编Excel表格批量拟算方法，成功实现了复杂钢网架安装施工全过程偏差控制、实际变形监测，验证了网架在各种复杂工况下因复杂受力的变形情况与理论计算基本相符。全面反映了超大面积复杂钢网架交工验收前的位形质量控制情况和变形情况，为钢结构屋面网架顺利、按期通过验收提供了客观、科学的数据支持。

通过对比分析三维扫描、点云建模拟合球心法和全站仪测量球面坐标、编程拟算法，得出上述两种方法测量精度相当的重要结论，并且三维扫描获取海量信息的作业速度明显优于全站仪。尽管三维扫描仪目前还无法脱离全站仪配合而独立开展作业，但随着国内复杂造型建筑工程越来越多，三维扫描技术必将得到广泛应用。

第 **4** 章

超大复杂基础工程
高效精细化施工技术

4.1 超大规模基坑工程施工组织

4.1.1 施工组织中遇到的难点

4.1.1.1 基底标高多、高差大、支护形式多

本工程基坑面积大，功能性强，分为中间部分的深槽轨道区、轨道两侧的浅区，基坑标高多，基坑高差较大，最大高差为20.9m。基坑支护形式包括复合土钉墙支护、桩锚支护、双排桩支护等，支护形式多样。

4.1.1.2 施工任务重、工期紧张

本工程工程量分别为：土方量约260万m³，边坡支护约2600延米，最大支护深度为18.9m，降水井共386眼，钢筋混凝土灌注桩8000多根。本工程工期共165d，要在如此短暂的工期要求下完成如此大量的施工任务，对于施工组织的规划和实施将是巨大的挑战。

4.1.1.3 支护边坡地层条件差

本工程基坑深，涉及的边坡土层层数较多，土层条件较差，具体分析如下：

（1）人工堆积①层主要为耕植土、杂填土层，分布在场地表层，该层土土质不均、松散，工程力学性质及自稳性差，局部厚度较大，有可能造成浅部土钉无法成孔、简易放坡支护局部坍塌。

（2）粉砂-砂质粉土②层，厚度为3~6m，土质松散，层底存在上层滞水（一），该层水局部连续分布，护坡桩和预应力锚杆在该层中成孔时易产生塌孔。该土层顶部接近地面，大气降水可以直接入渗到地层中，易使边坡产生流土、流砂、坍塌甚至边坡失稳等问题，对边坡支护体系稳定构成威胁。

（3）有机质-泥炭质黏土-重粉质黏土③层，该层土质较软，物理力学性质和工程性质均较差，该层土分布在深槽轨道区基坑开挖的−16.0~−10.0m范围内，该层土作为支护侧壁土时易发生侧向变形。该层土中护坡桩和锚杆成孔时易产生缩径，锚杆锁定后易产生蠕变，导致锚杆锁定力减小。

4.1.1.4 工序穿插作业，制约工期因素多

本工程主要工序有土方开挖、基坑降水、护坡桩及基础桩施工、预应力锚杆施工、基础桩后压浆、土钉墙支护、桩基检测、剔凿桩头等多道工序。由于工期紧张，各工序势必需要穿插进行，导致在同一作业面会有不同工序的各种设备同时作业，场地紧张，需要提前对场地及各种设备进行科学合理的调配、协调，避免相互影响，降低施工效率。

（1）供电情况

根据招标文件及施工现场现状平面图，北京大兴国际机场土方、降水、桩基施工期间，建设单位提供的施工临时供电总计2500kVA，共分三处提供，三处临电共同为现场降水、钢筋加工、桩基施工、办公区等供电。现场不考虑工人生活区布置及用电。针对施工期间出现临时停电的特

殊情况，现场施工采取柴油发电机作为应急及备用电源。

（2）供水情况

根据招标文件和现场实际踏勘，现阶段没有市政水源，在土方及桩基础施工期间施工现场临时供水水源采用现场原有的农田机井，农田机井分布在施工场区东西两侧，其中场区东侧有3眼井，距离本项目基坑边缘约60~80m；场地西侧有4眼井，距离本项目基坑边缘80~100m。

（3）排水情况

在基坑南侧有一条南北向的废旧排水渠，渠宽3~7m，深2~5m，排水渠向南接段家坟排水渠，最终排入天堂河。利用该排水渠排放现场雨污水。

4.1.1.5 道路交通情况

本工程建设场区范围内及周边距离约1km范围内均无正式交通道路，因此需要在施工前修建临时道路与现有社会道路进行连通。根据对现场周边道路总体调查，在本工程施工过程中，利用场地周边的南中轴路、魏石路、榆南路作为主要施工运输通道。在综合考虑对后期航站楼其他部位施工的影响的前提下，在本工程东侧、西侧新修建东西向的临时道路与现状道路连接，作为本工程施工的主要进出场道路。

4.1.1.6 基坑平面面积较大、加工场地不足

本工程基坑平面面积达16万m²，其中深槽轨道区平面面积达10万m²，在进行基础桩施工作业时，钢筋加工场位置的选定极为关键。

4.1.2 施工组织实施

4.1.2.1 总体施工思路

（1）根据工程量及施工工作内容，确定深槽轨道区基础桩施工为关键线路，在进行深槽轨道区土方开挖、边坡支护的同时，进行浅区基础桩的施工；

（2）根据地下水位高度、地质条件及桩头保护长度等因素，确定深槽轨道区基础桩的作业面标高为-18.0m（相当于±0.00=24.55m），浅区基础桩的作业面标高为-4.0m、-6.0m（相当于±0.00=24.55m）；

（3）因浅区基础桩与部分支护结构的预应力锚杆位置冲突，为保证锚杆的可靠性及基础桩的可施工性，锚杆长度范围内的基础桩要先行施工，待该范围内的基础桩施工完毕后，再进行锚杆的施工；

（4）为保证深槽轨道区基础桩施工的顺利进行，需提前将地下水位降至标高-20m（相当于±0.00=24.55m）以下，故降水井的施工要及早进行，以便早日形成降水能力；

（5）由于施工作业面面积较大，将作业面分为若干个施工作业区域，各区域同时施工，能够保证施工工期；

（6）为缩短基础桩的施工工期，将钢筋加工场设置在作业面的附近或作业面区域内（加工场

倒场一次），并在深槽轨道区的作业面内设置现场道路，便于施工车辆的运行；

（7）为缩短检测桩的施工工期，钢筋笼采用一次吊运技术，缩短了钢筋笼内钢筋的对接时间，并应用了检测桩桩头一体化施工技术；

（8）为保证基础桩成孔的可靠性，采用丙烯腈聚合物泥浆液进行护壁泥浆液的拌制。

4.1.2.2 总体施工流程

总体施工流程图详见图4-1。

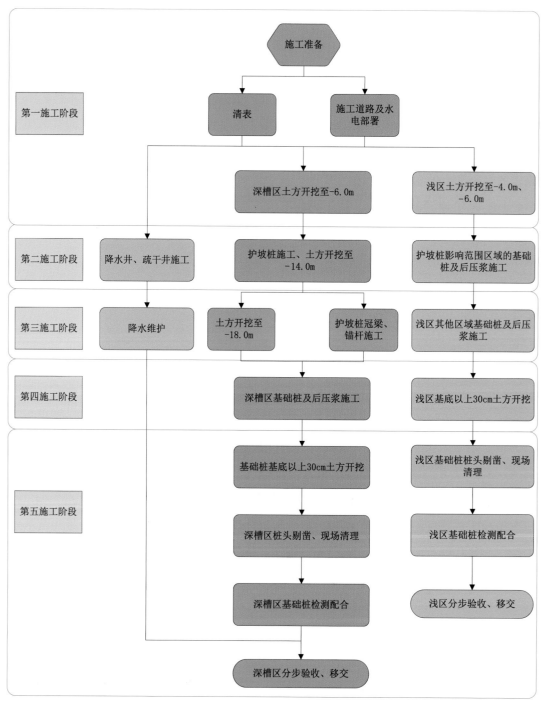

图4-1　施工流程图

4.1.2.3 施工道路布置

（1）现场与社会主干道之间的道路规划及交通组织

现场周边南中轴路、魏石路、榆南路为进入施工现场的主要干道。但主干道与施工场区之间无正式公路，现有乡间小路无法满足大量的大型机械、设备、材料运输车辆的通行强度，需要利用现有乡间小路修建施工联络路，使现场与周边主干道连通。场外联络路修建标准需满足土方、桩基以及后续主体结构施工时的材料设备运输要求。场外联络道路布置详见图4-2。

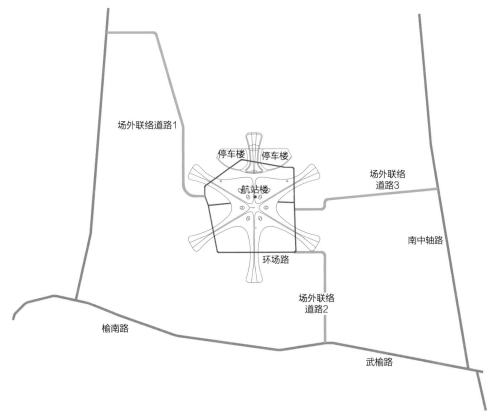

图4-2　场外联络道路布置图

（2）现场环场道路布置及交通组织

在建设单位给定的1200m×1200m用地范围内规划800m×750m的范围作为本标段施工用地，沿航站楼核心区外轮廓线50～100m新修7m宽的环场路，环场路与场外联络路连通，就近通往南中轴路、魏石路、榆南路。在东、西两侧浅坑区分别设置2条马道，供土方及桩基施工车辆上下基坑；深坑区在南、北两端分别设置2条外马道，供土方车辆及桩基施工机械上下基坑。马道与环场路之间修建临时路，便于车辆、设备通行。

（3）基坑内施工便道布置

1）基坑浅区部位临时道路布置

土方开挖至上述标高后，在东西两侧浅区各布置一条南北向施工主干道，临时干道宽8m，路面高出周边场地20cm左右，便于混凝土罐车、钢筋笼运输车等车辆在基坑内行走。

2）深槽轨道区临时道路布置

经综合比选，确定在深槽区布置网格状的临时道路，满足重型车辆行驶要求，满足绿色文明施工需要，以及合理控制经济造价的要求等。

南北3条贯通的主道路，主干道与南北两端的马道连通，主道路宽度9m。间隔60m设置东西向4m宽的横向联络道。道路采用房渣土碾压完成，路面铺设碎石。主干道与联络道形成了纵横交通网，网格之间60m×30m范围作为一台钻机单元的作业范围，使每个钻机与之配套的铲车、履带吊、混凝土罐车等作业机械群在固定的区域内独立作业，便于运输车辆运行的同时减少各钻机之间的交叉影响。横向联络道随桩基施工进展及时调整，纵向主干道待其他部位桩基施工完成后分段破除，再施工路基下方基础桩。深槽区钢筋加工场及道路布置图详见图4-3。

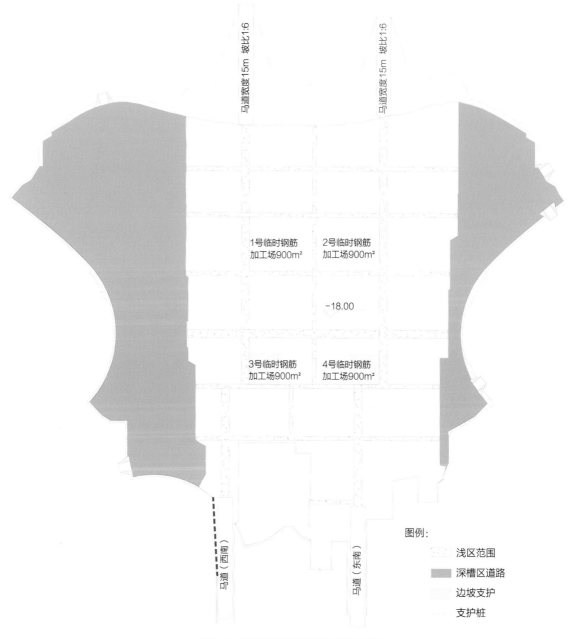

图4-3 深槽区钢筋加工场及道路布置图

4.1.2.4 现场钢筋加工场布置

为施工进度、安全施工等因素考虑，将基坑中部几个分区的钢筋加工场设置在基坑内，加工场采用200mm厚C20素混凝土进行地面硬化，单个加工场尺寸为30m×50m，加工场设置位置选取在各区域最后施工部位，待其他部位基础桩施工完毕后，再行施工钢筋加工场部位的基础桩。

4.1.3 小结

通过对本工程施工组织的科学规划、精心管理，提高工作效率，在合同工期要求范围内保质保量地完成了本工程所有施工任务，并为类似基础工程施工积累了经验。结合基础桩工程特点进行现场平面布置，有效地保证了工程施工进展。在平面布置上，现场施工道路的布置需要结合现场分区作业情况，保证各种机械设备和材料运输车辆的通行。

4.2 超大规模基坑工程地下水控制技术

4.2.1 地下水概况

4.2.1.1 场地水文地质条件

根据岩土工程勘察报告，拟建场地内实测到三层地下水，分别为上层滞水（一）（水位埋深为7.30~10.20m）、层间潜水（二）（水位埋深为14.20~16.70m）及承压水（三）（水位埋深为27.30m）。

4.2.1.2 地下水与结构底板的相对关系

本工程基槽深约18.9m（基槽标高为-20.9m，相当于±0.00=24.55m），深槽区局部范围为过轨通道，过轨通道的2个电梯井集水坑深度达26.3m（基槽标高为-28.3m，相当于±0.00=24.55m）。

影响主体结构施工的地下水主要为上层滞水（一）、层间水（二），需要将上层滞水（一）疏干，将层间水（二）的水位降至底板底以下0.5~1.0m。典型地层概化图详见图4-4。

影响主体结构施工的地下水主要为上层滞水（一）、层间水（二），超大规模基坑工程多层含水层多级地下水控制方案简单表述为：将上层滞水（一）疏干，将层间水（二）的水位降至底板底以下0.5~1.0m，特殊部分采用注浆和明排。

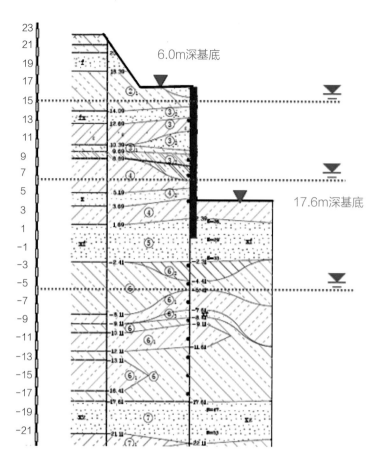

图4-4　典型地层概化图

局部上层滞水（一），其含水层主要为粉砂-砂质粉土②层及砂质粉土②₃层，透水性一般，水位埋深为7.30～10.20m

层间潜水（二）普遍分布，含水层主要为细砂④₂层及细砂-粉砂⑤层，本次勘察水位埋深为14.20～16.70m

承压水（三），含水层主要为细砂-粉砂⑥₃层及细砂-中砂⑦层，初见水埋深为37.70m，连续观测30min水位埋深为27.30m，稳定水位标高为-5.03m，初步判断承压水（三）的水头约为10m

4.2.2　地下水控制重难点分析

本工程基坑规模超大，面积约16万m²，场地地质条件复杂，地层分布不均匀，影响主体结构施工，且有多层地下水，需要进行地下水控制。基础地层比较复杂，设计为混凝土灌注桩基础，进行桩端、桩侧复式注浆，基础桩施工对降水效果具有一定影响，且工程的工期紧、质量要求高，地下水控制需要作为一个课题进行专项研究。地下水控制课题的重难点主要有以下七个方面。

（1）地层分布不均，多层地下水影响

本工程场地地质条件复杂，地层分布不均匀，影响主体结构施工的地下水主要为上层滞水（一）、层间水（二），需要将上层滞水（一）疏干，将层间水（二）的水位降至底板底以下0.5～1.0m。

场区内上层滞水（一）含水层主要呈透镜状不连续分布，浅区基槽开挖未见揭露，深区基槽开挖局部揭露，但水量较小，采用插导水管明流导排即可控制。由于浅区基础桩施工泥浆水渗流补给量较大，局部深槽临时坡面上存在轻微淌水垮塌现象，但水量补给有限，采用明排导流控制后，短时间内即可疏干排除，不会存在稳定性问题。层间潜水（二）层是本次降水工程控制的主要目标含水层，现状实际水位位于深槽基底以上约3.0m，需要将该层地下水降深至深槽基底以下0.5～1.0m。主要含水层细砂④₂层多呈透镜状分布，细砂-粉砂⑤层呈现较好的连续性和稳定性。

从地质纵断面上判断，弱透水层黏质粉土-砂质粉土④层和不透水层重粉质黏土-粉质黏土④₁层位于⑤层以上，与细砂④₂交互呈现尖灭和发育，从而在整体上形成了一组水力联系紧密的含水层。

（2）超大基坑，围降面积大

降水管井形成封闭围降后，降水控制范围较大，且前期桩基施工泥浆水补给含水层，形成良好的降深效果存在一定的难度。需要通过尽快形成封闭围降，确保超前抽水时间，一般不少于20d。同时优化降水设计，加大降水井深度，通过较大的井水位降深形成有效的水力坡降，来确保深槽区水位降深。深槽区内部布置降水井和疏干井，保证深槽区内降水效果。

（3）"疏不干"效应

上层滞水（一）含水层底部为相对隔水的重粉质黏土层，补给水量有限且不稳定，必定存在界面水，揭露该层时采取导流明排措施控制。层间潜水（二）层主要含水层细砂④₂层多呈透镜状分布，且弱透水层黏质粉土-砂质粉土④层和不透水层重粉质黏土-粉质黏土④₁层与细砂④₂呈现交互尖灭和发育，这种由于地层分布的不均匀性，内部存在了较多的小型"分水岭"，导致降水工程中常见的"疏不干"效应。为了防止塌方，保证围护结构的稳定性，应放慢土方开挖速度，及时在坑壁做盲管导流，并在槽边挖盲沟集水，再将集水排走。必要时可针对支护结构侧壁出现的渗水点，在完成导水后进行局部注浆阻水处理。

（4）多工序交叉作业

由于本工程土方量较大，工期紧，降水与土方作业同时进行，降水井施工时土方作业基槽已开挖5m左右，深槽区的支护桩也开始施工。槽内基础桩和抗拔桩计划于15.5m深度上进行施工。降水施工受到场区各工种交叉作业和施工作业面限制影响较大。

场区内交叉作业情况严重，施工道路尚未完全实现规划，重型机械和重载车辆行驶频繁，成品保护难度大，特别是排水管线，对于抽降外排具有"生命线"的意义。应在排水管线上方架设防护栏及警示标示，下穿马道时采用混凝土硬质管材并加铺钢板防护。同时，确保桩、锚杆打设避开降水井井位。

本工程基础采用桩基础，基础桩总量约8000多根，基础桩采用后压浆技术提高桩的承载力，但桩基后压浆施工对含水层加固充填，导致降水井渗水通道受阻，影响降水效果。必须解决桩基施工与降水井施工工艺交叉的问题。

（5）排水路由复杂

场区内缺少外排水接口，主要通过废弃沟渠实现外排，受现状沟渠条件、地形地物、场区范围过大、场区平面布置条件不完善和交叉作业情况严重等条件限制，实现通畅排水施工难度较大。根据实际情况优化排水设计，划分东西南北四个排水主单元，采用明暗结合+局部直排的方式敷设排水管路，砌筑沉淀池细化排水单元和调蓄水压，确保排水水流坡度。

（6）土颗粒易流失

含水层包括粉细砂、细中砂等细颗粒，降水过程中容易导致粉细颗粒的流失，造成地层损失，严重时引发周边地面不均匀沉降。因此，在降水井施工中要加强成井质量控制，设置合适的反滤层；同时，还要加强含砂量监测。

（7）成井易塌孔

拟建场区存在较厚的粉细砂地层，在降水井成井作业时容易塌孔，成孔时适当提高泥浆比重，并加强洗井作业。

4.2.3 解决方案

4.2.3.1 施工设计方案

结合土方、护坡桩、基础桩总体施工部署，优化初步降水设计方案。为避免基础桩后压浆施工对降水效果的影响，同时尽量避开降水工程与其他工种的交叉作业，加强对降水井的保护，地下水控制施工设计采用管井降水结合内部疏干的方案，将降水井在初步设计的基础上外移至浅槽区域，远离基础桩，通过较大的井水位降深形成有效的水力坡降，来确保深槽区水位降深。

结合土方作业中心槽式分步开挖，在支护结构外围和第一步土方中心槽外围分别布设降水井，中心槽开挖至标高-14.00m（第三步土方）时，及时在基槽内对底部含水层进行疏干控制。

在过轨隧道电梯井降水坑区域采用注浆止水的方式解决层间水（二）的界面水问题。

降水施工设计平面布置如图4-5所示。

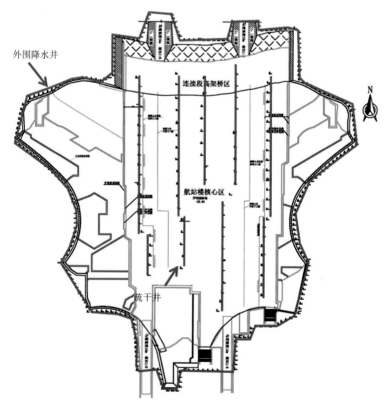

图4-5 降水施工设计方案

根据勘察资料、基坑开挖施工顺序、现场施工场地条件等多方面因素的分析，确定降水方案如下：

（1）根据上述计算分析，参照北京地区以往施工经验，拟建工程采用管井降水方法降低地下水水位，满足基坑开挖要求，并应在开挖至含水层前20d开始进行降水。

（2）疏干井应在中心基槽开挖至−14.00m之前实施，并应对底部含水层疏干抽降15d后，或者根据观测水位显示具备继续开挖条件后，才可进行下部土体开挖。

（3）降水需保证封闭围降，在施工过程中要注意保护降水井。降水井停止抽水需在防水施工完毕之后并满足结构抗浮设计要求为止。

（4）为了及时了解地下水情况及降水实施效果，应及时调整泵型泵量，以确保良好的降水效果。

（5）由于本项目场地较大，层间水（二）含水层局部夹有粉质黏土隔水透镜体，且在基底附近，因此存在界面水问题，开挖过程中应加强明排等措施。

B2层结构局部新增集水坑、电缆通道、废水池，电梯井和塔吊坑基础底板标高在−23.30～−28.30m之间，低于原地下水控制设计图纸中基底标高−20.90m，位于地下水位−21.90m以下，因此需要对上述区域进行地下水控制。在考虑安全、实用、经济性原则下，结合原地下水控制设计，沿用管井降水的地下水控制方式，根据现场实际情况，管井布置在上述加深区域上口线四周，并在加深区域基底四周设置排水沟。同时，在深槽区基坑肥槽内设置排水沟和集水井，组织残留水的外排施工。过轨电缆隧道电梯井集水坑局部降板区位于含水层底部以下，存在界面水"疏不干"现象，单靠降水井无法疏干地下水，需要结合局部注浆方式和坑内明排措施控制地下水。为保证基础结构底板正常施工，结合原地下水控制设计，采用注浆止水方案。

4.2.3.2 方案优化思路

（1）为确保降水井的出水效果，避免围护桩、锚杆、基础桩以及后注浆施工对降水井的影响，降水井的施工必须安排在基坑内桩体施工完成之后，这严重制约了工期和进度。为确保施工进度，需要将降水井挪至超大基坑外侧形成围降，同时能够避免交叉作业给降水井造成的不良影响。

（2）采用坑外降水围降的方式，能够避免基础桩后压浆施工对降水井的影响，有效地防止基坑坡面和地基的渗水，保证坑底干燥，便于施工开挖；此外，能够增加边坡和坑底的稳定性，防止土层颗粒的流失及流沙现象。

（3）北京大兴国际机场地层条件复杂，存在"疏不干效应"，需要至少20d的超前抽水时间，初步设计方案中降水井施工受桩施工的制约，无法满足超前抽水要求。施工方案中，降水井位于超大基坑外侧，降水井施工不受桩施工的影响，降水井能够提前进场施工，确保超前抽水时间。

4.2.4 地下水控制现场实施

4.2.4.1 降水井施工工艺

施工工艺流程见图4-6。

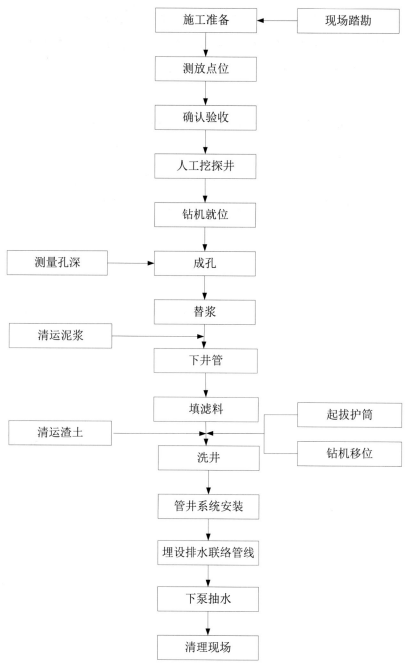

施工准备 ← 现场踏勘

测放点位

确认验收

人工挖探井

钻机就位

测量孔深 → 成孔

替浆

清运泥浆 → 下井管

填滤料 → 起拔护筒

清运渣土 → 洗井 ← 钻机移位

管井系统安装

埋设排水联络管线

下泵抽水

清理现场

图4-6　降水井施工工艺流程

4.2.4.2 降排水维护管理及滞水处理措施

降水工程施工结束后，是较长时间的维持降排水阶段，延续降排水要到主体结构施工结束，降排水维护与动态观测是该阶段的工作重点。在降排水过程中有可能会出现诸如外来水涌出、潜水和层间水不能完全疏干等问题，需采取必要的处理措施。

（1）降排水维护

1）定期巡视降排水系统的运行情况，及时发现和处理系统运行中的故障和隐患。注意对井口的防护、检查，防止杂物、行人掉入井内。

2）在更换水泵时应先量测井深，掌握水泵安全合理的下入深度，以防埋泵。

3）当发生停电时，应及时更换电源，尽量缩短因断电而停止抽水的时间间隔，备用发电机保持良好，要随时处于准备发动状态。

（2）滞水层的处理

根据护坡设计资料，基坑开挖需要全部揭露上层滞水（一），依据本工程水文地质条件，上层滞水（一）在本工程中连续分布。由于管井降水的特点，该层含水层的底部存在疏不干现象即含水层底部存在残留水，为保证桩间土的安全，在土方开挖至该层含水层底部时设置一定数量的导流管，将含水层里的滞水倒流到护坡桩底部排水沟内集中抽排至排水系统里。

4.2.5 小结

本工程降水工程为超大规模基坑降水工程，在面积大、工期紧、多工序同时施工的条件下，针对多个含水层采取了多种地下水控制措施，调整降水井布置，即远距离布置降水井，运用降水井、疏干井、排水沟、注浆加固等措施，有效地控制了地下水，增强了边坡和槽底的稳定性，防止了土层细颗粒的流失及流沙现象；同时，加快了围护桩、土方、基础桩的施工进度，确保了结构施工工期。北京大兴国际机场超大规模基坑工程多层含水层多级地下水控制技术可以为今后类似工程参考借鉴。

4.3 大规模多机械环境下桩位快速动态测量控制技术

4.3.1 工程概况

4.3.1.1 工程测量概况

本工程外形设计新颖独特，建筑形式为X、Y、Z三条主轴线两两60°相交，内外辅以大小不等圆曲线相接或相切组成，曲率半径变化大，最大半径700m左右，内部轴线由若干个边长10392mm的等边三角形小单元组成，如图4-7所示。

本工程占地面积超大，场区施工面积超过16万m²（结构尺寸东西向565m，南北向437m）。施工场地为农田，草深茂密、障碍物多，现场通视情况影响因素较多，控制点位密度要能满足放线大体量作业的要求。

本工程工期紧、体量大（土方量约260万m³，护坡桩约1300根，降水井约272眼，正式工程桩8000多根，工期165d），基坑浅槽至深槽标高变化多且关系复杂，配合工序较多，桩基作业面变换频繁，大体量作业场地空间较局促。地处整个工程的核心区，外接标段多，工程布控应考虑和其他后续标段的对接。

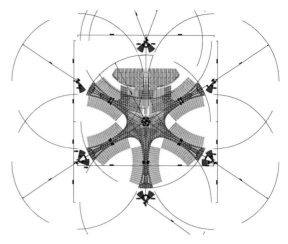

4.3.1.2 测量特点、难点

（1）工程外形新颖独特，内外曲线多，轴线单元为等腰三角形。

（2）承台、基础桩种类多，桩长短不一，持力层深度富于变化。

（3）承台和单桩位置处于轴线交点或轴线上，定位计算要检查和轴线的关系。

图4-7 北京大兴国际机场轴线定位关系图

（4）施工场地周边坐标和高程起算点缺失，高级点都在10km开外。坐标参数主要以机场独立坐标系给出，应注意和北京地方坐标系的关系。

（5）分部分项工程体量大，基槽面积大，面积超过16万m²，施工时需多区域同时多机作业。

（6）基坑浅槽、深槽标高变化多，特别是中心岛附近，关系复杂。

（7）工期紧张，配合工序多，测量作业时间应迅捷、准确，测量组织、管理、作业体系应满足施工要求。

（8）工程地处农田，点位构造措施应稳固。

（9）工程现状地坪平均-2.0m左右，位置低，以后面临大面积回填，给测量点位的交接连续带来困难。

（10）外接标段及工程多，测量控制应具有统一性、连续性。

（11）桩基施工时，影响测量作业因素繁多，测量点位和测量作业方法必须灵活。作业面大量机械频繁穿梭作业，用常规的测量放样方法，视线易受影响，控制放样定位困难，放完的点位易受扰动、破坏，点位误差不均匀，效率低下。

测量控制网的设计布控和测量放样方法的选择非常关键，直接影响着工程开展、工期进度控制和工程的测量施工质量。

4.3.2 总体思路和解决办法

由于工期紧张，现场基础桩施工采用多区段平行施工，作业面大量机械穿梭作业，非常繁忙。用常规的全站仪极坐标法，配合人员多，操作配合动作复杂、要求高，测量视线极易受到干扰，作业效率低，放完的点位易受扰动、破坏，补测桩点困难，测量放样精度不均匀。本工程决定采用全球卫星导航定位GNSS技术，在工程首级控制布设阶段，根据设计好的网形，采用GNSS快速动态单基站RTK卫星测量技术，快速选点布控，待点位沉降稳定后，统一采用GNSS静态卫星测量技术施测，采用专有软件平差后统一下发使用。

在后续的土方开挖、边坡支护、桩基施工中，根据首级控制网点，采用GNSS快速动态单基站RTK卫星测量技术，选择有利覆盖作业区的网形，进行坐标输入、现场施测和坐标转换，即可进行作业面的测量施工放样。在旋挖钻机成孔过程中，随时抽检成孔位置和孔口标高。为消除多机械磁场干扰、多路径干扰、振动干扰，采用支持多星信号跟踪和专有栅栏天线技术等，可有效消除和减少以上干扰，保证测量放样精度满足设计和规范要求。

GNSS快速动态单基站RTK卫星测量技术优点：

（1）测站间无需通视，只需对天通视，满足一定的接收高度角，点位选择灵活，可均匀布网，根据总平面图位置和基槽的关系，一次布设到位，大大提高点位的利用率；不受风雨、夜晚影响，可全天候作业；

（2）集成化、自动化程度高，操作简便，操作中配合要求程度低；速度快、效率高，省时省力，和常规测量方法相比操作人员大大减少；

（3）基本上可消除误差积累，精度均匀，相对精度高。

4.3.3　基本原理和应用

GNSS快速动态单基站RTK（Real-Time Kinematic）卫星测量技术采用载波相位观测值，RTK定位技术就是基于载波相位观测值的实时动态定位技术，它能够实时提供测站点在指定坐标系中的三维定位结果，并达到测量高精度要求。在RTK作业模式下，基准站通过数据链将其观测值和测站坐标信息一起传送给流动站。流动站不仅通过数据链接收来自基准站的数据，还要采集GNSS观测数据，并在系统内组成差分观测值进行实时处理，同时给出高精度定位结果，历时不足1s。流动站可处于静止状态，也可处于运动状态；可在固定点上先进行初始化后再进入动态作业，也可在动态条件下直接开机，并在动态环境下完成整周模糊度的搜索求解。在整周未知数解固定后，即可进行每个历元的实时处理，只要能保持四颗以上卫星相位观测值的跟踪和必要的几何图形，则流动站可随时给出高精度测量定位结果。

RTK技术的测量速度主要由初始化所需时间决定，初始化所需时间又由接收机的性能、接收到卫星的数量和质量、RTK数据链传输的质量等因素决定。快速解算技术越先进，在一定的高度角下接收到的卫星越多、质量越好，RTK数据链传输质量越高，初始化所需要的时间越短。在良好的环境下，RTK初始化所需时间一般为几秒；不良条件下（尚满足RTK基本工作条件），技术先进的接收机也需要几分钟甚至10min，而技术性能差的接收机则很难完成初始化工作。本工程选用的拓普康生产的Hiper V双频RTK在良好的条件下，初始化时间需要2～4s，在不良条件下，仍能较顺利地进行RTK测量，主要是这种机型拥有先进的共同追踪专利技术和多路径抑制专利技术，即使测区内有一部分地方环境恶劣（即大风、极寒、周围建筑物高大即支护桩附近），其观测值点位中误差仍能保证分部分项工程定位测量控制要求。

4.3.4 桩基快速动态RTK具体实施技术

4.3.4.1 设备选用的技术要求

（1）选用能同时接收L1、L2载波信号的双频接收机。利用双频对电离层延迟的不一样，可以消除电离层对电磁波信号延迟的影响。

（2）具备同时接收GPS、GLONASS及后续GALILEO、北斗卫星信号系统的多星系统接收机。

（3）具备超级多路多通道接收功能，可以跟踪任意卫星系统内的任意一颗卫星的任意一个频段的信号。确保可以在任意时间段收到最多高质量的卫星信号，满足野外各种复杂环境下RTK定位的需求。

（4）测量精度不大于：

静态：L1 + L2 H：3mm + 0.5ppm xD；

V：5mm + 0.5ppm xD

动态：L1 + L2 H：10mm + 1ppm xD；

V：15mm + 1ppm xD

根据以上技术要求，本工程选用拓普康Hiper V GNSS接收机，确保最大程度上利用已有和在建所有卫星系统的信号，结合拓普康智能优化跟踪技术，确保接收机GNSS定位采用最优的卫星信号质量和最佳的卫星几何组合。经过工程实践，快速动态RTK拓普康Hiper V GNSS接收机经受住工程复杂环境的考验，成桩精度均满足设计和规范要求。

4.3.4.2 工程实施步骤

设计工程首级测量控制网→动态RTK选点布控→点位埋设→卫星定位GNSS静态施测→整理下发和控制点复测→基准站和移动站开机设置和初始化→动态RTK作业设置和坐标转换→单点校正→已知点校核→基础桩的放样→基础桩桩位的检查验收→基础桩成桩过程孔位和标高的复核。

4.3.4.3 首级控制网的实施

首先，根据业主提交的外围前期控制点以及建筑物的形状，设计桩基首级控制网点，如图4-8所示。

由于距离较远、草深茂密、障碍物多，用常规测量根本无法施测。用GPS快速动态定位RTK技术，即利用载波相位差分的实时动态定位，根据前期外围西侧航站区土方施工测量控

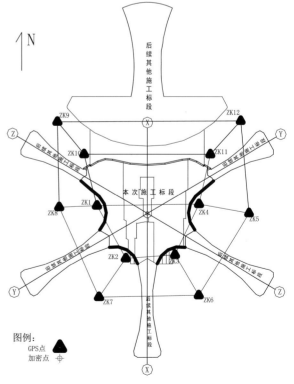

图4-8　北京大兴国际机场航站楼首级测量控制点平面布置图

制点JC01、JC02、JC03，将接收机基准站架设在邻近开阔无遮挡区域，保持高度角≥15°。输入已知点机场坐标数据，然后用流动站施测采集已知点测量数据，经过自检、坐标转换、输入放样控制点坐标数据，启动放样模式，根据仪器指示方位，即时全天候定出首级控制点位置，根据定出位置，按照永久点构造做法，考虑深埋、防冻、防沉降等措施，埋设现场首级控制点。

待点位充分沉降稳定后，由测绘院统一施测提交首级测绘控制成果，根据外围北京市高等级GPS控制点，等级精度不应低于C级点精度，施测采用全球卫星导航定位GNSS静态测量技术进行施测，测绘成果精度最低平面不低于四等GPS网、高程不低于四等水准。

4.3.4.4 快速动态RTK测量放样技术

在测绘院现场手机控制点交桩后，先用不同方法不同仪器，复测首级控制网点精度，在向测绘院反馈测绘结果的基础上，在快速动态RTK正式进行测量放样时，剔除误差较大的点位。

根据测量作业流程和GNSS卫星测量RTK仪器特点，为减少仪器搬运等浪费动作，提高测量作业效率，在办公区开阔区域架设RTK基准站或设置强制归心点，如图4-9和图4-10所示。

图4-9　基准站和流动站的设置

图4-10　快速动态RTK强制归心基准站

4.3.5 小结

施工放样是测量的应用分支，它要求通过一定方法采用一定仪器把人为设计好的点位在实地给标定出来，过去采用常规的放样方法很多，如经纬仪交会放样、全站仪边角放样等，一般要放样出一个设计点位时，往往需要来回移动目标，而且要2~3人操作，同时在放样过程中还要求点间通视情况良好，在生产应用上效率不是很高，在放样中遇到困难时会借助于很多方法才能进行，如果采用RTK技术放样，仅需把设计好的点位坐标输入电子手簿中，拿着移动站，它会提醒你走到要放样点的位置，既迅速又方便。由于GNSS卫星定位快速动态RTK技术是通过坐标直接放样的，而且精度很高也很均匀，因而在外业放样中效率会大大提高，且只需一个人操作。在桩基施工过程中，由于机械众多，需200多台的旋挖，配合设备履带式起重机、汽车式起重机、装载机、混凝土车。想要实现全站仪的通视要求难上加难。由此使用RTK极大程度地解决了此类问题。

没有误差累积，在一定的工作半径范围内（一般为5km），RTK的平面精度和高程精度都能达到毫米级，且不存在累积误差。这一点是传统全站仪无法做到的。

RTK技术作业受限因素少，几乎可以全天候作业。基准站尽量架设在较高及较开阔的区域位置，避开不利因素。选择利于接收卫星信号的位置，同时尽量避免测量盲区时段。

经过本工程实践检验，GNSS卫星定位快速动态RTK控制放样技术，很好地完成了土方、降水、护坡和桩基等项目的施工，特别是在桩基施工的复杂环境下经受住了考验，经过最终桩基开挖后的测量评定，精度均满足设计和规范要求，节约了大量的人力物力，经济效益显著，工程实施效果很好。

4.4 泥炭质土层锚杆施工技术

4.4.1 工程概况

4.4.1.1 地质概况

本工程场区属于永定河位于卢沟桥~梁各庄段冲洪积扇的扇缘，主要为冲积、洪积平原。地势平缓，水流减缓，泥沙沉积，早年间场区南部部分地区为沼泽地，是永定河潜水溢出带，生长溪水植物芦苇等。由于长期积水，水生植被茂密，在缺氧情况下，大量分解不充分的植物残体积累并形成泥炭质土层。在地勘报告中，泥炭质土层在底层中连续不均匀分布，力学性能较差。

4.4.1.2 基础结构设计概况

本工程基坑开挖范围南北向、东西向最大距离约490m、570m，基坑开挖面积超过16万m²。

深槽轨道区承台顶标高为-18.25m，板厚2.5m；两侧浅区标高变化较大，承台顶标高分别为-4.00m、-6.70m、-7.60m、-8.20m，局部-11.00m，基底形式复杂，基坑支护较为复杂。

4.4.1.3 基坑支护设计概况

本工程基坑支护设计由专业设计单位完成，±0.000=24.55m，现况地面标高按-2.5m计算，轨道区支护深度分为12.75m、13.65m、16.9m、18.9m等多种情况。深槽轨道区与两侧浅区之间边坡采用护坡桩支护；浅区边坡采用土钉墙、复合土钉墙及简易支护等形式；浅区部位存在管廊、承台坑、地梁等结构设施，形成2~5.25m不等的高差，采取相应的支护措施。不同标高边坡平面布置见图4-11。

在选择支护形式时，项目技术团队充分考虑浅区结构，保证支护桩的冠梁在结构施工以下，避免结构施工时剔凿冠梁。

4.4.1.4 泥炭质土层的分布情况

根据岩土工程勘察报告，勘探最大孔深120.00m范围内所揭露地层，按成因年代分为人工堆积层、一般第四纪新近沉积层和第四纪冲洪积层三大类，按地层岩性进一步分为13个大层及其亚层。在基坑支护影响深度范围内，各层地层岩性及其特点见表4-1。

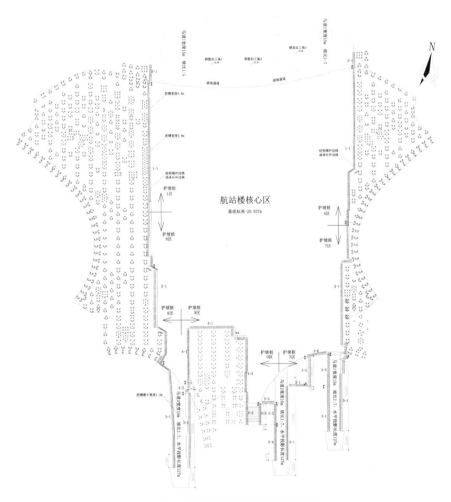

图4-11 不同标高边坡支护平面布置图

序号	层号	土层	地基土水平抗力系数的比例系数（MN/m⁴）	最大层厚及最低层底标高
1	①层	黏质粉土—砂质粉土填土		本大层钻孔揭露最大厚度为2.30m，最低层底标高为段家坟沟内的17.29m
2	②层	粉砂—砂质粉土	11	最大厚度为8.80m，最低层底标高为12.91m
3	②₁层	黏质粉土	9	
4	②₂层	重粉质黏土—黏土	8	
5	②₃层	砂质粉土	10	
6	③层	有机质—泥炭质黏土-重粉质黏土	4	钻孔揭露最大厚度为9.20m，最低层底标高为6.61m
7	③₁层	黏质粉土—砂质粉土	14	
8	③₂层	粉砂—细砂	20	
9	③₃层	重粉质黏土—粉质黏土	12	
10	④层	黏质粉土—砂质粉土	16	钻孔揭露最大厚度为9.90m，最低层底标高为0.11m
11	④₁层	重粉质黏土—粉质黏土	15	
12	④₂层	细砂	30	
13	⑤层	细砂—粉砂	35	钻孔揭露最大厚度为11.40m，最低层底标高为-8.25m

根据勘察报告提供的锚杆施工范围内地层情况如下，有机质-泥炭质黏土-重粉质黏土③层：灰黑、黑灰、深灰等，很湿，可塑-软塑，含云母和有机质，夹粉土、粉砂薄层，土质不均；分布较连续，但厚度和深度变化较大；该大层包含黏质粉土-砂质粉土③₁层、粉砂-细砂③₂层、重粉质黏土-粉质黏土③₃层，各夹层分布不连续，仅在局部分布或呈透镜体分布。本大层钻孔揭露最大厚度为12.30m，最低层底标高为5.67m。

部分护坡桩锚杆需穿过粘结强度较差的③层。

4.4.1.5 泥炭质土层的力学性能

泥炭土主要是土壤中有机质含量超过一定值时形成的。泥炭质土的工程特性，主要表现为强度低、压缩性大。对工程建设或地基处理构成不利的影响。

本工程的有机泥炭质土层钻孔揭露最大厚度为9.20m，最低层底标高为6.61m，其中与预应力锚杆设计相关的地基土水平抗力系数的比例系数为4MN/m⁴。地勘报告中其他泥炭质土层支护设计参数详见表4-2及表4-3。

桩基设计参数表 表4-2

地层岩性	平均厚度（m）	泥浆护壁钻（冲）孔灌注桩 桩的极限侧阻力标准值（kPa）	后注浆增强系数 桩侧阻力增强系数	后注浆增强系数 桩端阻力增强系数	地基土水平抗力系数的比例系数（MN/m⁴）	承台底与地基土间的摩擦系数μ
③泥炭质黏土	1.88	35	1.3	—	4	0.25

天然重度	总应力		有效应力		UU		直剪固结快剪		直剪快剪		静止侧压力系数
（kN/m³）	C_{cu}	ϕ_{cu}	C_{uu}	ϕ_{uu}	C_{uu}	ϕ_{uu}	C	ϕ	C	ϕ	K_0
17.9	35kPa	10°	25kPa	8°	30kPa	5°	31kPa	11°	30kPa	10°	0.55

地勘报告中支护设计建议参数表　　表4-3

4.4.1.6 泥炭质土层与锚杆相对位置关系

根据地勘报告提供的地层参数，有机质-泥炭质黏土-重粉质黏土③层粘结强度低，对锚杆的抗拔承载力影响较大，实际开挖后③层土层情况见图4-12。

部分护坡桩锚杆需穿过粘结强度较差的③层，以2-1支护剖面为例，支护剖面支护结构与地层的关系详见图4-13。

图4-12　泥炭质土层现场开挖图

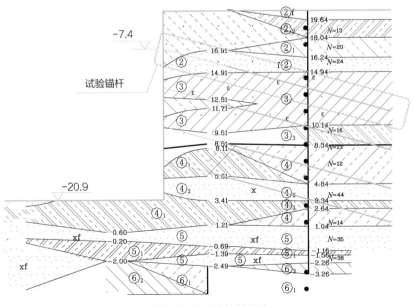

图4-13　2-1支护剖面图

4.4.1.7 泥炭质土层对锚杆施工的影响

通过分析1-1、2-1剖面预应力锚杆和底层关系图，可以预判，第一道预应力锚杆穿过泥炭质土层，持力层大部分位于该层中，使得这一道锚杆的水平拉力不满足设计要求，对基坑支护构成影响。本小节旨在从工程施工实际出发，研究开发出安全、经济、高效地解决泥炭质锚杆施工问题的技术。

4.4.2 解决方案

4.4.2.1 泥炭质土层锚杆施工加固措施对比

根据项目管理团队以往施工经验和机具条件状况，团队列出了以下加固措施：增加锚固端长度，增加受影响底层锚杆数量，调整锚杆与水平面夹角、劈裂注浆、二次压力注浆等措施。通过表4-4进行分析。

泥炭质土层锚杆施工加强措施对比表　　　　　　表4-4

编号	加固措施	加固措施原理	施工条件不利因素
1	增加持力端长度	增加单根锚杆水平拉力	影响浅区工程桩的施工操作；工程桩打桩工程会破坏锚杆区域，使水平拉力丧失
2	增加受影响底层锚杆数量	增加受影响区域内的水平拉力	增加施工周期，一道锚杆施工周期为2周
3	增加第一道锚杆与水平面夹角	使受影响持力层的长度减小，从而提高水平拉力	不增加额外人机料，操作方便
4	劈裂注浆	对浅区地基进行注浆加固处理，增加各个土层摩擦力、握裹力	需增设劈裂注浆设备，对地基需要额外处理；泥炭质土层隔水性强，劈裂注浆对锚杆预应力拉力增加无明显效果
5	二次压力注浆	增加锚杆穿过土层的摩擦力、握裹力	不增加额外人机料，操作方便

通过比较分析，增加锚杆与水平面夹角和二次压力注浆的操作性和经济性明显。二次压力注浆的效果，还需要通过试验进一步确定。项目技术团队根据现场实际情况对试验做出安排。

4.4.2.2 现场试验安排

根据现场施工进度安排，4-1、2-1剖面具有典型代表性且试验开挖量小、土方出土便利。在现场进行大面积开挖施工前，先施工试验锚杆做基本试验，以确定锚固体的极限承载力。试验锚杆平面位置详见图4-14。

（1）2-1剖面东侧位置锚杆基本试验情况：

2-1剖面锚杆位置与地层对应情况（对应钻孔编号ZX291）如图4-15所示。

其中，第一排锚杆锚固段全部位于有机质-泥炭质黏土-重粉质黏土③层，分别采用一次压力注浆工艺和二次压力注浆工艺进行试验。试验锚杆分三组共计9根，其中第一组采用套管钻机施

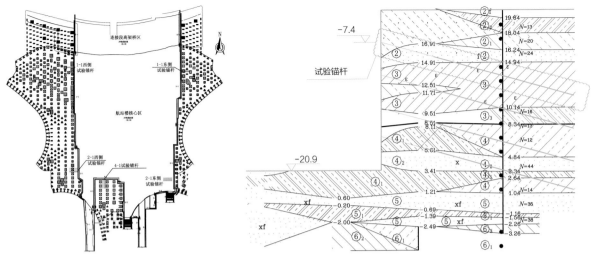

图4-14 试验锚杆平面位置示意图　　　　　　图4-15 东侧2-1剖面与地层的关系

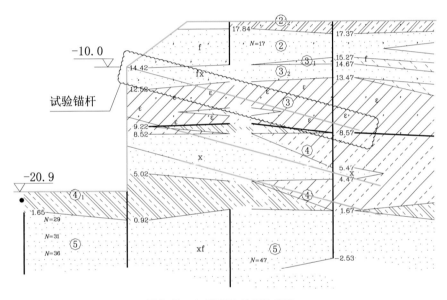

图4-16 4-1剖面与地层的关系

工、一次压力注浆工艺，锚杆参数同支护设计参数，第二组采用螺旋钻压浆施工、一次压力注浆工艺，锚杆参数同支护设计参数，第三组采用螺旋钻压浆施工、二次压力注浆工艺。

（2）4-1剖面锚杆基本试验情况：

4-1剖面锚杆位置与地层对应情况（对应钻孔编号ZX266）如图4-16所示。

其中，第一排锚杆锚固段全部位于有机质-泥炭质黏土-重粉质黏土③层，分别采用一次压力注浆工艺和二次高压劈裂注浆工艺进行试验。试验锚杆分两组共计6根，其中第一组采用螺旋钻压浆施工、一次压力注浆工艺，锚杆参数同支护设计参数，第二组采用螺旋钻压浆施工、二次压力注浆工艺，锚杆参数同支护设计参数。

4.4.2.3 试验结果分析

（1）2-1锚杆试验结果详见表4-5。

锚杆组别	施工工艺	注浆体养护时间	锚杆抗拔力实测值（kN）	锚固段长度（m）	锚杆极限抗拔承载力标准值（kN）
第一组	套管钻机施工，一次压力注浆	8d	280/350/350	16	280
第二组	螺旋钻压浆施工，一次压力注浆	8d	350/420/420	16	350
第三组	带套管回转钻进成孔，二次压力注浆	8d	660/600/640	18	600

2-1锚杆试验结果统计表　表4-5

（2）4-1剖面锚杆试验结果详见表4-6。

4-1剖面锚杆试验结果统计表　表4-6

锚杆组别	施工工艺	注浆体养护时间	锚杆抗拔力实测值（kN）	锚固段长度（m）	锚杆极限抗拔承载力标准值（kN）
第一组	带套管回转钻进成孔，一次压力注浆	8d	350/300/300	15	300
第二组	带套管回转钻进成孔，二次压力注浆	8d	600/600/600	15	600

4.4.2.4 试验结论

根据锚杆基本试验结果，当锚杆穿过有机质-泥炭质黏土-重粉质黏土③层土层时，因土体粘结强度低，采用普通一次注浆工艺无法达到锚杆内力设计值要求，该土层内锚杆采用二次压力注浆工艺，能显著提高锚杆的抗拔承载力，满足锚杆内力设计值要求。

基于以上情况，确定对原《北京大兴国际机场旅客航站楼核心区及综合交通中心工程土方、降水、护坡及桩基础工程基坑支护及土方开挖施工方案》中的锚杆注浆工艺进行局部调整，对穿过有机质-泥炭质黏土-重粉质黏土③层的锚杆，增加二次压力注浆工艺。

4.4.2.5 泥炭质土层锚杆施工工艺的确认及范围的确定

根据地勘报告及目前实际开挖后有机质-泥炭质黏土-重粉质黏土③层的分布情况与锚杆布置的对应关系，确定采用二次压力注浆施工的锚杆范围为：1-1剖面第一、第二排锚杆；2-1剖面的第一、第二排锚杆；3-1剖面的第一、第二排锚杆；3-3/3-6剖面的第一排锚杆；3-5剖面的第二排锚杆；4-1/4-2剖面的第一排锚杆；5-1剖面的第一排锚杆。锚杆作业面开挖后，发现实际地层与地勘报告有出入的，当锚杆实际锚固段位于该地层内时，也采取二次压力注浆工艺施工。

4.4.3 施工方法

螺旋钻压浆钻进+二次压力注浆工艺施工流程：

螺旋钻机带水泥浆钻进→钻控制设计深度→从钻杆内注水泥浆孔口返浆→退钻杆、向钻孔内补充水泥浆→向钻孔内下钢绞线及二次注浆管→孔口二次补浆→注浆体终凝前进行二次压力注浆→注浆体养护→锚杆张拉。

套管护壁钻进+二次压力注浆工艺施工流程：

套管钻机用清水循环钻进至孔底→起拔内钻杆→向外钻杆内插入注浆管至孔底→注水泥浆至孔口返浆→向外钻杆内下钢绞线及二次注浆管→退外钻杆、补浆→注浆体终凝前进行二次压力注浆→注浆体养护→锚杆张拉。

4.4.4 小结

通过调整锚杆与水平面夹角和二次压力注浆的方法，北京大兴国际机场旅客航站楼及综合换乘中心核心区基坑工程泥炭质土层内的锚杆施工取得圆满成功。通过后续检测数据分析，基坑支护变形数据符合一级基坑支护安全要求规范，为桩基础及地下结构施工提供了有力保障，具有推广价值。

4.5 丙烯腈聚合物泥浆护壁成孔技术

4.5.1 工程概况

本工程本基槽分为浅区和深区两部分，均设计为钻孔灌注桩，为摩擦端承桩，桩径主要为1m，局部0.8m，桩长为21m至40m不等，灌注混凝土强度等级为C40。

基础桩共有A、B、C、D四个桩型，其中深槽轨道区为桩筏基础，浅区非轨道区为独立承台；深槽轨道区桩基持力层选择粉质黏土-重粉质黏土⑧层、细砂⑧₁层、黏质粉土-砂质粉土⑧₂层以及细砂-中砂⑦层，浅区非轨道区持力层为细砂-中砂⑦层，整个基坑工程穿越上层滞水（一）、层间潜水（二）及承压水（三）三层地下水，基坑工程工期紧、工程量大、难度高，桩基设计参数及典型剖面见表4-7。

桩基设计参数   表4-7

建筑区域	基础形式	桩型	结构板顶标高（m）	桩径（mm）	有效桩长（m）（不小于下列数值）	桩端持力层	极限侧阻力标准值 q_{sik}	极限端阻力标准值 q_{pk}
轨道交通区域	桩筏	A	-18.25	1000	40.0	粉质黏土-重粉质黏土⑧层	80	900
	桩筏	A	-18.25	1000	40.0	细砂⑧₁层	80	1200
	桩筏	A	-18.25	1000	40.0	黏质粉土-砂质粉土⑧₂层	75	1100
	桩筏	B	-18.25	800	21.0	细砂-中砂⑦层	80	1300
航站楼非轨道区域	独立承台+抗水板	C	-11.0	1000	32.0	细砂-中砂⑦层	80	1300
	独立承台+抗水板	D	-8.20	1000	34.0	细砂-中砂⑦层	80	1300
	独立承台+抗水板	D	-7.60	1000	35.0	细砂-中砂⑦层	80	1300
	独立承台+抗水板	D	-6.70	1000	36.0	细砂-中砂⑦层	80	1300
	独立承台	D	-4.00	1000	39.0	细砂-中砂⑦层	80	1300

4.5.2　重难点分析

本工程共设计混凝土旋挖钻孔灌注桩8000余根，工程量大、工期紧。泥浆护壁是灌注桩施工过程中的关键环节，护壁泥浆的质量与工艺直接影响成桩效果。在钻孔混凝土灌注桩施工过程中，钻孔地层一般较松散、水敏性强、易坍塌。护壁泥浆主要有防止孔壁坍塌、悬浮排出土渣和冷却施工机械的作用，具体功能见表4-8。结合工程结构特点及地质地层特征，比选最优护壁泥浆类型，优化施工工艺，将提升基坑工程的施工质量并推进施工进度，对整个工程意义重大。

护壁泥浆功能   表4-8

序号	功能	内容
1	防止孔壁坍塌	（1）泥浆的静侧压力可抵抗作用在孔壁上的土压力和水压力，防止地下水渗入； （2）可在孔壁上形成不透水的泥皮，从而使泥浆的静压力有效地作用在孔壁上，同时防止孔壁脱落； （3）泥浆从孔壁向地层内渗透一定的范围黏附在土粒上，通过这种黏附作用可降低孔壁坍塌性和透水性
2	悬浮排出土渣	在成孔过程中散落的土渣被泥浆吸附，悬浮于泥浆中，通过泥浆循环排出至泥浆池沉淀
3	冷却施工机械	成孔时，成孔机械与土摩擦会产生很大热量，泥浆可降低钻头温度，润滑机具表面，延长钻头寿命

4.5.3 护壁泥浆类型比选及性能分析

泥浆护壁有三种方案，分别为自行造浆、膨润土造浆和化学造浆。泥浆护壁钻孔灌注桩宜用于地下水位以下的黏性土、粉土、砂土、填土、碎石土及风化岩层，除能自行造浆的黏性土层外，均应制备泥浆。北京大兴国际机场地层主要由砂土、粉土、泥炭质土等土层构成，地层下埋上层滞水（一）、层间潜水（二）及承压水（三）三层地下水，地质条件复杂，且主体建筑结构形式不规则，基坑工程体量大，桩径多为1m，局部0.8m，航站楼核心区桩长长度在21m到40m不等，不适合自行造浆，故应制备泥浆。

泥浆通常选用膨润土造浆，膨润土具有较强的吸附性，在水溶液中具有优良的分散性和悬浮性及粘结性，在一定浓度范围内，表现出优良的触变性。但由于膨润土的物化性能限制，在造浆使用过程中，也具有一定的功能性缺陷，例如：因其比重较大，桩端泥浆密度易超标，不易控制沉渣厚度，从而导致工序增多。

丙烯腈聚合物是一种无色、无味、无毒的水溶性聚合物，几乎不溶于苯、乙醚、酯类、丙酮等一般有机溶剂，溶于水后形成絮状胶黏液体，可以稳定孔壁和絮结成孔过程中的泥沙。与常规的膨润土造浆相比，丙烯腈聚合物泥浆制备更加方便，除初始搅拌一定量后，可直接在孔口加入丙烯腈聚合物造浆，泥浆池内直接加水即可；聚合物泥浆的浆液为絮状液，浆液内的泥沙沉淀速度较快，可在成孔过程中通过工艺控制降低沉渣，基本可以解决桩端泥浆比重超标和二次沉渣超标的问题。丙烯腈聚合物泥浆可在成孔过程中直接向桩孔内加入聚合物粉剂，无需专门搅拌制备，损失的水可直接向泥浆池内加水，泥浆补浆便捷。丙烯腈聚合物泥浆与膨润土泥浆的对比分析详见表4-9。

膨润土与丙烯腈聚合物泥浆比较分析 表4-9

序号	项目		膨润土泥浆	丙烯腈聚合物泥浆	比较分析
1	造浆原理		膨润土在水中分散成胶体悬浮液，具有较强的吸附力，可吸附孔内泥沙	高分子聚合物溶于水后形成絮状胶黏液体，可絮结成孔过程中的泥沙	均形成有黏度的液体，均可吸收孔内泥沙
2	造浆原料		膨润土、火碱、羟甲基纤维素、水	丙烯腈聚合物、火碱、水	聚合物的配料相对种类较少
3	泥浆性能	比重	1.15 ~ 1.25	略大于水	聚合物泥浆为胶状液体，比重较小，成孔后不存在泥浆比重超标的问题；避免顶升无力与堵管
4	泥浆性能	黏度	≤28s	17 ~ 40s	聚合物泥浆受泥沙含量的影响较小，可根据地层土质情况调节黏度，沙土颗粒越大黏度越大
5		pH值	8 ~ 9	8 ~ 10	均为碱性，通过火碱调节pH值

序号	项目	膨润土泥浆	丙烯腈聚合物泥浆	比较分析
6	工作性能	成孔过程中，泥浆内吸附的泥沙持续沉淀，造成孔底泥浆密度较大；下笼后二次沉渣厚度相对较大	成孔时，泥浆内的含量较大，成孔后可在短时间内沉淀大量絮结的泥沙	膨润土泥浆可吸附泥沙，泥沙沉淀时间持续长，聚合物泥浆絮结的泥沙可短时间沉淀，聚合物泥浆和膨润土泥浆相比，沉渣厚度更容易控制
7	对桩体影响	泥浆护壁在桩孔侧壁形成泥壳	聚合物泥浆在桩孔侧壁形成胶膜	聚合物泥浆在桩孔侧壁形成的胶膜相对泥浆的泥壳更薄，不仅对桩侧的摩擦力影响小，还能起到一定的胶黏作用，对桩的摩擦力有积极作用

4.5.4 丙烯腈聚合物泥浆护壁成孔施工方法

丙烯腈聚合物泥浆的拌制较简单，使用"聚合物/水"为0.01%～0.1%的比例进行配置，初配时可取中间值，即0.05%，100m³水加入50kg聚合物，施工过程可根据沉渣情况进行调整，如沉渣较多时，可掺加氢氧化钠水溶液调整pH值，pH值控制在8～10的范围。

按工程桩的体积计算和施工经验推算，北京大兴国际机场航站楼核心区基坑工程考虑到高峰期施工作业的需要，每台钻机配备2个孔的泥浆量，采用成品预制泥浆池，泥浆池可分组设置，配合旋挖钻机施工位置调整。浅坑区基础桩最大桩长39m，最大桩径1m，孔口钢护筒长4m，单孔最大泥浆用量为33m³，分9个独立作业班组分区同步施工，每个班组配备3～5台旋挖钻机，单个作业队按照最多5台钻机配置；深坑区基础桩最大桩长40m，最大桩径1m，孔口钢护筒长3m，单孔最大泥浆用量为31.4m³，分9个独立作业班组分区同步施工，每个班组配备6台旋挖钻机，单个作业队按照最多6台钻机配置。

丙烯腈聚合物泥浆成孔过程中，在达到桩孔设计深度前的最后一钻施工前，将桩孔沉淀1～2h左右，期间可使絮状浆液内絮结的泥沙较充分地沉淀，然后再进行最后一钻的钻孔作业，可以很好地控制成孔后下放钢筋笼、混凝土浇筑导管期间的沉渣，无需再进行其他处理。结束钻孔后，现场人员需及时检查孔深、孔位、孔形、孔径、沉渣厚度等是否合格，再对孔底进行彻底清理，以免泥浆沉淀或钻孔坍塌，以维持孔内的稳定状态。完成孔内清理即可把制作好的钢筋笼放置于孔内开始灌浆，混凝土灌注需控制好材料用量及灌注速度。

4.5.5 结论

旋挖钻孔灌注桩作为一种成熟的施工工艺，在施工过程中具有成孔质量好的优势，已在各类建筑物工程中广泛应用。在成孔过程中因地质条件的千变万化，尤其是结构形式复杂的建筑体系中，对所需护壁的泥浆性能要求较高，通常我们在旋挖成孔和灌注施工过程中采用膨润土作为造浆材料来配置泥浆进行护壁。膨润土泥浆在施工中存在消耗量大、需要人工机械搅拌制作、对环境污染大等缺陷。近年来，国内外研制生产的新型聚合物泥浆材料，使用简单，小巧轻便，制浆速度快，护壁效果好，沉淀凝聚速度快，无污染。本工程采用新型丙烯腈聚合物泥浆，极大地改善了灌注桩施工的护壁效果和施工环境，尤其在以旋挖钻机为成孔机械的工程施工作业中，加快了工程施工的速度，提高了工程的施工效率。具体结论如下：

（1）同传统的膨润土泥浆护壁效果相比，丙烯腈聚合物泥浆具有较好的保护孔壁稳定性的作用；

（2）丙烯腈聚合物泥浆配料相对较少，易于配置，施工简便；

（3）丙烯腈聚合物泥浆为胶状液体，相对密度较小，成孔后不存在泥浆相对密度超标的问题，且能避免灌注顶升过程中顶升无力与堵管的现象；

（4）丙烯腈聚合物泥浆絮结的泥沙可短时间沉淀，在成孔达到最后一钻前，将桩孔内泥浆沉淀1~2h，然后进行最后一钻钻孔，沉渣厚度更容易控制；

（5）由于成孔施工时，桩端预留了部分原状土，所有进行泥浆内的泥沙沉淀后的最后一钻的施工不需要更换捞渣钻头。

4.6 混凝土灌注桩静载检测桩头加固与桩身一体化施工技术

4.6.1 工程概况

4.6.1.1 工程基础桩概况

本工程深槽轨道区采用桩筏基础，筏板厚2.5m，柱下布设抗压桩，桩径1.0m，有效桩长不小于40.0m，单桩竖向抗压承载力特征值7500kN，桩侧桩端复式注浆；柱间布设抗压兼抗拔桩，桩径0.8m，有效桩长不小于21.0m，单桩竖向抗压承载力特征值3000kN，单桩竖向抗拔承载力特征值1600kN，桩侧桩端复式注浆。轨道区两侧浅坑区域采用独立承台基础，筏板厚1.5~2.0m，柱下布桩，桩径1.0m，有效桩长不小于32~39m，单桩竖向抗压承载力特征值5000~5500kN，桩侧桩端复式注浆。核心区基础桩共有4个桩型：A、B、C、D，其中A、B型桩分布在深槽轨道区，C、D型桩分布在非轨道区。本工程基础桩全部采用旋挖成孔施工工艺，钢筋笼采用直螺纹接头连接一次成型吊装施工，所有基础桩均进行了后压浆施工。

4.6.1.2 基础桩检测要求

按照设计要求，本工程基础桩需要进行成孔质量、桩身低应变检测、超声波桩身完整性、单桩竖向抗拔承载力、单桩竖向抗压承载力等检测。

根据桩基检测技术方案内容，北京大兴国际机场旅客航站楼及综合换乘中心工程核心区基础桩检测工作布置原则为：

（1）单桩抗压及抗拔静载荷试验

优先在工程重点受力部位布设静载荷试验点，其他静载试验点尽量布设在五桩承台及超过五根桩的承台内，检测数量在同一条件下不少于总桩数的1%，且不应少于3根；当工程桩总数在50根以内时，不应少于2根。静载试验优先采用锚桩法。

（2）桩身完整性检测

低应变检测比例为100%，声波透射法检测数量不少于总桩数的10%。当桩身完整性检测为Ⅲ类桩时，需采用钻芯法检测或堆载法进行承载力检测。

（3）成孔质量检测

成孔质量检测布置在工程重点受力部位，该区域内检测比例为100%，工程重点受力部位以外不进行成孔质量检测。

根据基础桩的检测布置原则，检测桩位的数量统计见表4-10。

检测桩位的数量统计 表4-10

区域	基桩类型	结构顶板标高（m）	最大加载压力（kN）	基桩数量（根）	静载试验数量（点）	低应变数量(点)	声波透射数量（点）	成孔质量检测数量（点）
中心区（轨道交通区）	L40-A（抗压）	-18.25	15000	4157	46	4153	416	903
	L21-B（抗压）	-18.25	6000	1828	19	1823	183	
	L21-B（抗拔）		3200		19			
中心区（其他区域）	L32-C（抗压）	-11.0	10000	78	3	76	12	550
	L34-D（抗压）	-8.2	11000	213	3	211	22	
	L35-D（抗压）	-7.6	11000	450	6	449	46	
	L36-D（抗压）	-6.7	11000	1056	12	1051	106	
	L39-D（抗压）	-4.0	11000	493	5	493	50	
合计				8275	113	8275	835	1453

4.6.1.3 基础桩检测安排

桩基检测技术方案对检测桩位进行了布置，现场基础桩施工时，按照检测桩位布置进行检测桩的施工。检测桩配筋按照设计要求的受检桩、反力桩配筋进行施工，并在超声波检测桩内按设计要求埋置超声波检测管。

静载检测桩、抗拔检测桩及其反力桩的配筋按受检桩设计参数及其反力桩配筋统计；声波检测管中每根声测管长度高出基桩试验标高0.5m，下端与钢筋笼纵向贯通钢筋下端标高一致。

桩头剔凿时应注意超声波检测管的保护，在桩头剔凿完毕后，还要在桩头中部进行局部精确平整剔凿处理，以便进行低应变检测。

为保证试验过程中不会因桩头破坏而终止试验，故需对试验桩的桩头进行处理，常规的桩头处理及加固方式为：混凝土桩桩头处理应先凿除桩顶部的松散破碎层和低强度混凝土，露出主筋，冲洗干净桩头后再浇筑桩帽。

4.6.2 重难点分析

本工程体现出基础桩数量多、检测数量多、施工工期短等特点，具体体现在以下几点：

（1）本工程深槽轨道区及轨道区两侧浅区总桩数为8275根，需进行静载抗压检测的数量为94根，数量较大。

（2）基础桩工期165d，施工周期短，工期压力大，深槽轨道区共5983根桩，项目将施工区域划分为8个作业区同时施工，施工组织需要预留作业通道，故不具备提前插入基础桩检测的条件。

（3）按照相关规范规程要求，混凝土灌注桩施工完毕后进行桩体的静载检测，静载检测前，需要对桩头进行加固处理，常规桩头加固方式为：先将桩头剔凿至设计标高，安装承压钢筋网片及加固护筒后，重新浇筑桩头混凝土，经养护，桩头混凝土达到设计强度后方可进行桩体的静载检测，项目施工需要经历冬期施工，混凝土强度增长较慢，桩头加固周期至少需要2周，按此方式检测周期较长。

根据项目特点，项目工期短，检测桩数量大，不能提前插入检测，故要确保按工期完成基础桩施工及检测，有效缩短了混凝土桩自成桩至检测的施工周期，在工程施工过程中具有积极的作用和研究的价值。

4.6.3 静载检测桩头加固与桩身一体化施工做法

4.6.3.1 桩头加固与桩身一体化施工做法

静载检测加固的钢帽为焊接而成的钢板筒，钢板材质为Q235，厚度为10mm，高度及直径根据设计要求的桩规格确定。

钢帽在场外订货加工，运抵现场后与绑扎好的钢筋笼焊接。在钢筋笼外周的四等分点使用附加钢筋将钢帽与钢筋笼主筋焊接，上口、中间、下口焊接3道，整个桩帽共12个焊接加固点；桩帽加固范围内要求按照桩顶加密区安装箍筋，桩的桩帽下口高出桩顶设计标高100mm，便于后续的桩头处理，具体详见图4-17，桩头护筒焊接完成后进行钢筋笼的验收工作，验收通过后进行钢筋笼吊装施工。

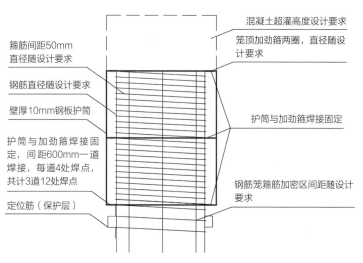

箍筋间距50mm
直径随设计要求

钢筋直径随设计要求

壁厚10mm钢板护筒

护筒与加劲箍焊接固
定，间距600mm一道
焊接，每道4处焊点，
共计3道12处焊点

定位筋（保护层）

混凝土超灌高度设计要求

笼顶加劲箍两圈，直径随设
计要求

护筒与加劲箍焊接固定

钢筋笼箍筋加密区间距随设计
要求

图4-17 桩头加固与桩身一体化安装图

4.6.3.2 对比分析

混凝土灌注桩静载检测桩头加固一体化施工与常规工艺对比分析详见表4-11。

混凝土灌注桩静载检测桩头加固一体化施工与常规工艺对比分析 表4-11

序号	项目	静载桩检测 常规加固工艺	静载桩检测加固 一体施工工艺	对比分析
1	桩头加固方式	灌注桩成桩养护至设计强度后按照设计标高剔凿，增设桩头加固钢筋及钢帽后使用高一强度等级混凝土浇筑与钢帽顶平	在混凝土灌注桩成桩时，在桩顶位置增设钢帽与桩体同时浇筑	（1）施工周期，一体施工工艺节省了桩头剔凿后的加固及再次浇筑、养护时间。 （2）加固材料，一体化施工钢帽略小于常规工艺桩帽，考虑桩孔成孔、浇筑施工因素。 （3）混凝土强度，一体施工采用桩身的混凝土，常规加工方式提高一个强度等级的混凝土
2	加固施工时段及周期	桩身达到设计强度后，至少需要2周	与基础桩施工同步，不单独占用时间	一体施工工艺显著节约工期
3	桩头加固需要机械设备	钢帽安装需要吊装机械	不需要单独的吊装机械	常规工艺需要单独安排钢帽的吊装，增加了桩帽加固施工的投入和施工组织
4	静载检测工艺	设置锚桩千斤顶加压静载检测	设置锚桩千斤顶加压静载检测	工艺相同
5	检测周期	每根检测桩自土方开挖至具备检测条件约16~20d	每根检测桩自土方开挖至具备检测条件约2~4d	一体化施工可显著缩短检测施工的准备周期

序号	项目	静载桩检测 常规加固工艺	静载桩检测加固 一体施工工艺	对比分析
6	经济影响因素	（1）剔凿。第一次为带主筋剔凿，桩头加固检测完毕后二次剔凿仍为带钢筋剔凿，功效较低。 （2）提高一个强度等级二次浇筑混凝土。 （3）桩头加固钢筋需要二次绑扎。 （4）桩头加固需要单独制作同条件及标养试块。 （5）桩帽安装需要单独安排吊装机械。 （6）二次浇筑桩头加固混凝土需要进行人工浇筑并进行养护	（1）剔凿。检测前为素混凝土剔凿，检测后的桩头剔凿为带钢筋剔凿。 （2）无须二次浇筑混凝土。 （3）桩头加固钢筋在钢筋笼加工阶段一次成型。 （4）桩头加固与桩体一起制作试块，无须单独制作。 （5）无须单独安排吊装机械。 （6）混凝土与桩体同时浇筑，在土体内自然养护	（1）一体化施工可减少一次带钢筋的人工剔凿，减少工作强度，节约劳动力成本。 （2）一体化施工不需要二次浇筑混凝土提高强度等级；同时减少了混凝土二次浇筑的施工组织时间。 （3）一体化施工减少了现场剔凿后的钢筋二次绑扎，在钢筋笼加工阶段加工，工效高。 （4）一体化施工无须单独制作试块和检测，节约了试验费用支出。 （5）一体化施工不需要二次加固的吊装机械，节约了机械费用支出。 （6）一体化施工无须二次养护，不受季节施工影响

4.6.4 静载检测桩桩头加固与桩身一体化现场施工

静载检测桩桩头加固与桩身一体化整体施工流程，详见图4-18。

4.6.5 小结

通过在北京大兴国际机场项目的研究和实践，混凝土灌注桩静载检测桩桩头加固与桩身一体化施工技术体现出省时、省工、节约工期等优点，在当前桩基础施工工程中此项技术先进，施工工艺合理，节能环保，利用此技术施工体现出效率高、绿色环保、经济合理、工序简便、检测周期短等优点，静载检测桩完成后单桩静荷载检测满足强度要求，具有较好的推广应用价值。

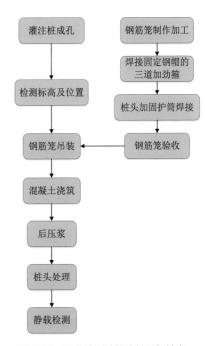

图4-18　静载检测桩桩头加固与桩身一体化施工流程

|第5章|

§

超大平面混凝土结构施工关键技术

5.1 超大平面混凝土结构动态高效施工组织技术

5.1.1 施工组织的重点、难点

5.1.1.1 确定施工主要线路

根据本工程结构特点，将地下二层底板→地下二层型钢混凝土结构→地下二层外墙结构→地下二层投影范围内的地下一层楼板→地下二层肥槽回填→地下一层底板结构→上部结构的路线确定为施工主要路线。

5.1.1.2 施工组织难点分析

（1）施工区域的划分

由于本工程平面面积超大、主体结构施工工程量巨大，且工期十分紧张，如何合理地划分施工区域、科学地设置施工流水是施工组织的首要难点。

（2）地下二层型钢混凝土结构钢构件安装

1）地下二层型钢混凝土结构中的钢构件分为钢柱、钢梁，在底板施工时预埋柱脚螺栓，待底板混凝土强度达到设计要求的100%后，再进行钢柱、钢梁的安装施工。

2）由于钢柱、钢梁单根构件重量较大，重量约为60t，塔吊无法进行吊装作业，故只能采用汽车式起重机进行吊装作业。但型钢混凝土结构布置的区域较为分散，且部分距离基坑边坡较远，在汽车式起重机吊装作业时，要保证汽车式起重机的使用安全。

3）由于钢构件安装周期较长且仅布置在局部流水段内，但相邻的无型钢混凝土结构的流水段施工较快，要对有、无型钢混凝土结构的流水段施工进行统筹规划，确保相邻的流水段地下一层楼板施工时间相近。

（3）混凝土浇筑

本工程地下二层底板厚度为2.5m且单块流水段的面积较大，故单块流水段的混凝土量较大。如在基坑上部设置汽车泵，由于底板平面面积超大，汽车泵仅能覆盖基坑边坡向内30m的区域，还有大量的施工区域无法覆盖在汽车泵的作业半径以内。如在基坑上部设置地泵进行混凝土运输，则混凝土运输的水平距离将超过300m，垂直距离将超过18m且存在不少于6个90°弯头，将严重影响到混凝土的运输能力且易发生堵管现象，造成混凝土无法连续浇筑的隐患。在混凝土浇筑过程中保证混凝土的连续浇筑是施工组织重点考虑的内容。

本工程平面面积超大，当进行框架柱混凝土浇筑时，如采用塔式起重机料斗进行浇筑，则需要多台塔式起重机进行多次传递、倒运；如采用地泵进行浇筑，则每根框架柱混凝土浇筑前都需要搭设布料杆操作架，且混凝土运送距离超远，将对施工进度造成较大的影响。

（4）材料运输

本工程平面面积超大，塔式起重机的选型及布置是保障施工进度正常进行的关键。但如单纯地采用塔吊进行材料运输，则外围的塔式起重机仅能进行材料倒运的工作，无法对其所覆盖的施工区域进行材料运输，致使外围施工区域的施工进度将大大延长。如何解决材料平面运输的难题，将成为施工组织重点考虑的内容。

（5）隔震支座安装

本工程隔震支座分为多个型号，其中直径为1.3m、1.5m的隔震支座单个重量较大，且其中47个支座所在部位的塔式起重机起重量低于该支座的重量，故这47个支座需要采用汽车式起重机进行吊装，汽车式起重机的行驶、站立区域规划需要在结构施工中统一考虑。

（6）材料料场及钢筋加工场的布置

由于本工程平面面积超大，在进行中心区域结构施工时，如材料料场距离较远，则材料运输需通过多台塔式起重机进行多次传递、倒运，将会严重降低塔吊使用效率、影响施工进度，故料场的布置也应在施工组织考虑的范畴内。

5.1.2　施工组织采取的应对措施

5.1.2.1　划分施工区域

根据本工程平面面积、结构层数等因素，按照施工体量相等的原则，将主体结构划分为8个施工管理分区，每个分区设立一个管理分部，对各自区域内的结构施工进行现场管理，分区划分如图5-1所示。

本工程结构内设置了多条后浇带，后浇带围起的每块区域面积为1600～2000m²，确定将每块后浇带围起的区域作为一个独立的施工流水段，将地下二层底板划分为72个施工流水段，如图5-2所示。

根据结构施工的重点，并结合本工程的特点，确定了底板施工的主要工序为：防水及其保护层施工、钢筋安装、混凝土浇筑；底板以上结构施工的主要工序为：模板支设、钢筋安装、混凝土浇筑。均为3个主要工序，根据主要工序的数量，确定每3个施工流水段组成1个小的施工流水

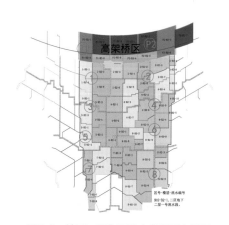

图5-1　施工管理分区划分图　　　　图5-2　地下二层施工流水段平面布置图

区域，每个施工流水区域独立、同时进行施工，以确保施工进度的达成。

5.1.2.2 底板施工顺序及预留运输道路

为满足地下二层型钢混凝土结构中的钢构件安装周期，在进行地下二层基础底板施工时，提前规划，先进行存在钢构件的施工流水段的底板施工作业，并由中间向南北两端依次施工。

在进行地下二层底板施工时，为了满足钢筋运输、混凝土浇筑需要，选取部分无型钢混凝土结构的流水段暂不施工，保留该流水段-18.0m的基底土现状，以形成由中间向南北两端延伸的土状道路，道路两端与基坑南北两端的行车马道相连。为满足车辆行驶要求，道路宽为15m，在基底土上部满铺厚度25mm的钢板，并通过短钢筋将钢板相连接。地下二层底板预留道路如图5-3所示。

在进行地下二层底板施工时，根据地下二层型钢混凝土结构的布置位置及预留道路的位置，将地下二层底板流水段划分为四个阶段，如图5-4所示。

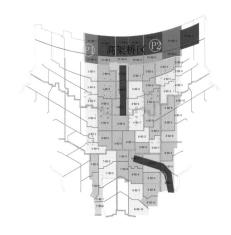

图5-3　地下二层底板预留道路平面示意图

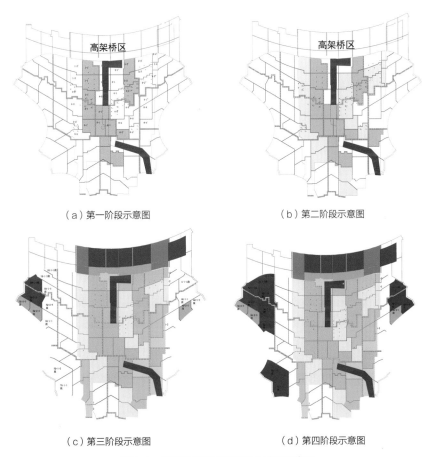

（a）第一阶段示意图　　　　　　　　（b）第二阶段示意图

（c）第三阶段示意图　　　　　　　　（d）第四阶段示意图

图5-4　地下二层底板施工四个阶段示意图

在进行底板钢筋运输时，采用平板拖车通过预留钢板路将加工完成的半成品钢筋运送至钢筋待安装的流水段附近，再采用汽车式起重机配合，将半成品钢筋吊装至钢筋安装作业区域。

在进行底板混凝土浇筑时，将汽车泵停靠在预留钢板路上邻近混凝土浇筑作业的流水段附近部位，混凝土罐车通过预留钢板路行驶到混凝土汽车泵处，进行混凝土浇筑。

采用预留道路措施进行底板施工，可大大有效降低材料周转所用的工期，并能有效地保证底板混凝土的连续浇筑，取得了良好的经济、进度、质量效益。

5.1.2.3 地下二层结构施工阶段料场的布置

确定了本工程地下二层结构施工为主要施工线路，由于与深槽轨道区区域相邻的地下一层底板需待地下二层肥槽回填完成后再行施工，故在进行地下二层结构施工时，相邻的地下一层底板区域无法施工，该区域可作为临时料场。

在深槽轨道区东西两侧基坑边坡外部设置钢筋加工场、周转材料料场、混凝土泵送场。临时场地距基坑边坡上口不得少于10m，在临时料场与基坑边坡之间停靠汽车式起重机，通过汽车式起重机及塔式起重机将半成品钢筋、周转材料吊运至地下二层施工区域，为保证边坡及汽车式起重机的安全，汽车式起重机站立位置距边坡上口不少于5m。

材料运输车辆利用基坑施工时预留的行车马道及道路进行行驶。

待地下二层外墙结构施工完毕后，将临时料场进行拆除，将原料场部位改为土回填的筛选场地。

5.1.2.4 地下二层型钢混凝土结构钢构件的安装

在进行地下二层底板施工时，对存在型钢混凝土结构的流水段进行了统筹规划，尽量先行施工这些流水段，并根据钢构件的运输路线，将需要运输车辆、汽车式起重机行驶的路线上的底板提前进行施工，待地下二层底板混凝土强度达到设计要求的100%后，钢构件运输车辆及汽车式起重机通过行车马道及底板行驶至吊装区域，进行钢构件的吊装。

由于地下二层轨道层分为多条轨道线路，各线路之间存在分隔墙，分隔墙为钢筋混凝土墙，为保证钢构件的运输，在运输路线上的墙体暂不施工，墙体竖向钢筋采用化学后锚固方式锚入底板结构内。

5.1.2.5 材料运输

本工程最大的特点就是平面尺寸超大，造成了在结构施工阶段，料场只能布置在结构以外区域，距离工程中心区域距离较远，超过了300m，材料的运输非常不便利。

传统的材料运输方法为采用塔式起重机运输，但本工程如采用塔式起重机进行中心区域的材料运输，则将会直接造成外围的塔式起重机只能充当材料倒运的接力塔式起重机，无法对其所在的施工区域进行材料输送，且使用塔式起重机多次倒运材料，材料的运输效率也会大幅度降低。为了保障施工进度，最终确定采用运输通道+塔式起重机的组合形式完成材料的运输工作，且运输通道作为材料主要运输途径，塔式起重机吊运将作为二次传递的辅助型运输途径。

如采用在结构内预留材料运输车辆的行驶通道方式，则需在通道的东西两侧设置车辆的行车马道，由于本工程基坑较深（基底标高为-20.95m），为满足载重车辆的行行需要，行车马道坡度将不能低于1:6，进而行车马道的坡面投影长度将会很长，整个行车路线上水平段的长度将会很短，对结构施工的材料运输提供的支撑将会很小，且马道两侧放坡面积较大，将会影响大面积的结构区域无法施工，而且马道所需土方工程量也将会很大，马道自身的施工周期就会很长，会严重影响到工程的施工进度。

经过多方考虑，项目部决定采用搭设钢平台栈道的方式进行材料运输。由于本工程结构内布置了双向各两条结构后浇带，东西向结构后浇带的位置接近，将工程平面均分为三部分，且结构后浇带封闭时间较晚、钢筋断开，完全可以利用东西向的两条结构后浇带作为钢栈道的行驶区域。

确定采用钢栈道形式后，栈道上部用于材料运输的车辆形式还需确定。如采用传统的汽车进行材料运输，载重车辆在行驶过程中的行驶安全将成为较大的隐患。通过多方衡量、考虑，最后确定采用在钢栈道上部铺设钢铁轨、材料运输车辆为电动遥控的平板钢轮车。

确定运输通道的选型及位置后，根据钢栈道的位置，进行了塔式起重机的布置及选型。塔式起重机的主要工作为将钢栈道上的材料吊运至施工工作面，故塔式起重机一定要覆盖钢栈道及施工区域，根据这个原则，确定了本工程主体结构阶段共布置塔式起重机27台，具体位置如图5-5所示。

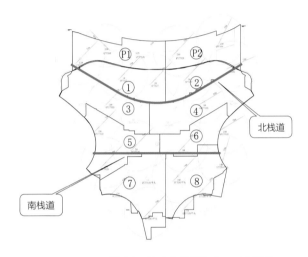

图5-5 塔式起重机与钢栈道组合平面布置图

5.1.2.6 部分重量较大的隔震支座安装

隔震支座布置于地下一层框架柱的顶部，如采用汽车式起重机进行吊装，则汽车式起重机需行驶并且站立在地下一层楼板上部。

本工程地下一层楼板厚度为200mm，楼板混凝土为C40，内配钢筋为东西向双排⌀16@150、南北向双排⌀14@150，根据计算，当楼板混凝土强度达到设计要求的100%后，且楼板下部支撑架未拆除，可在楼板上行驶25t汽车式起重机，当汽车式起重机进行站立作业时，支腿可放置在框架梁上部。

对于塔式起重机作业半径覆盖范围之外的支座，在地下一层楼板上提前规划出4m宽汽车式起重机行走的路线，在行驶路线上的地下一层楼板提前施工，待该部位地下一层楼板混凝土强度达到设计要求的100%后，可进行汽车式起重机的行驶。

在本工程边缘7个位置规划设置汽车式起重机通道入口，汽车式起重机由通道入口进入工作面，再由原通道入口退出，在每个通道吊装通道两侧相应范围内的支座。

5.2 超大平面混凝土结构裂缝控制综合技术

5.2.1 裂缝控制的原则

5.2.1.1 需控制裂缝的类型

混凝土构件裂缝主要分为以下几类：

（1）硬化收缩裂缝：普通硅酸盐水泥混凝土在硬化过程中，由于化学反应引起收缩；

（2）塑性收缩裂缝：在混凝土终凝之前的塑性阶段，由于混凝土出现泌水和表面水分快速蒸发的现象，产生的裂缝；

（3）表面干缩裂缝：水泥石在干燥的环境下会发生失水收缩现象，温度越高，风速越大，干缩就越严重；

（4）温度变化引起的裂缝：混凝土在搅拌、浇筑过程中，水泥会产生大量的热量，由于混凝土构件截面较大，造成温升，在温升过程中受到约束将会产生温度拉应力，当温度拉应力超过同时期混凝土的抗拉强度时混凝土就会开裂。

其中，收缩裂缝及温度裂缝对结构的危害较大，属于本工程施工过程中重点控制的对象。

5.2.1.2 裂缝控制的原则

本工程对于裂缝的控制主要采用"放""抗""防"等措施。

"放"是指释放约束应力。结构发生变形变化受到约束作用时，就会产生约束应力。约束是变形变化产生应力的必要条件，在变形变化一定时，约束作用越大，约束应变越大，且约束应力也越大。这样要释放约束力，就要减小约束作用。"放"的主要措施为设置后浇带、墙体诱导缝。

"抗"指的是提高钢筋混凝土的抗裂能力或者是抗变形能力。混凝土的两个抗裂性能指标是极限拉应变或者抗拉强度。要提高抗裂能力就要提高极限拉应变或者抗拉强度。"抗"的主要措施有在混凝土中掺加聚丙烯纤维、膨胀剂，在楼板内设置预应力筋等方法。

"防"指的是通过控制混凝土原材料及配比来达到预防混凝土温度应力过大的目的。"防"的主要措施为采用低水化热水泥，选用含泥量及泥块含量较小的骨料，合理掺加矿物掺和料，并控制矿物掺和料的质量等级。

5.2.2 裂缝控制措施

5.2.2.1 设计防裂措施

1. 后浇带的设置

由于本工程地下二层穿过高铁、地铁，故在结构内不得设置变形缝，但由于结构平面尺寸较大，只能在结构内设置后浇带，以便对结构进行分段施工。

后浇带在房建施工过程中属于十分成熟的防止温度收缩变形产生裂缝的施工措施。通过留置后浇带，将已浇筑完毕的混凝土中的温度应力进行释放，以减少因温度应力而产生的裂缝。

本工程后浇带分为两种类型：施工后浇带、结构后浇带。具体如下：

（1）施工后浇带

设置间距40m左右，宽度为0.8～1m，钢筋照常通过，在后浇带部位增加加强钢筋，待后浇带两侧混凝土浇筑完毕60d后，再进行后浇带的封闭，后浇带封闭混凝土强度等级比两侧构件混凝土强度等级高一级，抗渗等级不变。

（2）结构后浇带

设置间距150m左右，宽度为4m，垂直于后浇带的钢筋在后浇带范围内断开，待工程封顶封围且内部温度稳定后封闭后浇带。

由于钢筋断开，在结构后浇带未进行封闭前，整个工程相当于被切分为9块150m×150m的结构构件，缩减了每块构件的长度，降低了出现混凝土裂缝的概率。

2. 设置抗裂钢筋

因底板、地下外墙等构件的截面尺寸较大，底板厚度为2.5m、外墙为1.3m，构件内部素混凝土体积较大，相应产生的温度应力也将相当大，为避免构件内部出现温度应力裂缝，在底板及地下外墙的中部设置抗裂钢筋，底板抗裂钢筋为单排双向
Φ20@200，地下外墙抗裂钢筋为单排双向Φ18@150。

本工程地下外墙存在连墙柱，墙体厚度为1.3m、柱截面尺寸为1.8m×1.8m。因墙柱交接处正处于柱截面的中部，该处属于柱混凝土水化热最大、温度最高的部位，故墙柱交接处的阴角部位墙体较易出现裂缝。为防止裂缝的出现，在地下外墙与连墙柱相交处设置抗裂钢筋，抗裂钢筋沿墙高通长设置，抗裂钢筋具体规格、长度详见图5-6。

在一般常温和允许应力状态下，钢的性能是比较稳定的，其与混凝土的热膨胀系数相差不大，因而在温度变化时，钢与混凝土之间的内应力很小，而钢的弹性模量比混凝土的弹性模量大6～16倍。当混凝土的强度达到极限强度、变形达到极限拉伸值时，应力开始转移到钢筋上，从

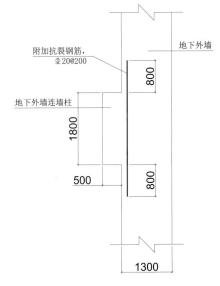

图5-6 地下外墙连墙柱附加抗裂钢筋示意图

而可以避免裂缝的开展。

3. 采用纤维混凝土

设计要求在地下外墙及各层楼板混凝土内掺加聚丙烯纤维，掺量为0.9kg/m³。

聚丙烯纤维是一种复合材料，是由聚丙烯为原材料的种束状合成纤维，拉开后成为网格状。聚丙烯纤维经过搅拌，均匀地分布在混凝土中，可以增强混凝土的物理力学性能，称为聚丙烯纤维混凝土。

（1）聚丙烯纤维的主要特征：

1）呈网状结构，纤维与水泥基材的粘结性能好；

2）不吸水，表面憎水性使得纤维与混凝土基材拌合时不结团；

3）耐化学腐蚀，不受水泥水化物侵蚀。

（2）聚丙烯纤维对混凝土的作用主要有以下两点：

1）聚丙烯纤维对混凝土早龄期收缩裂缝的抵抗作用。

聚丙烯纤维抵抗混凝土早龄期收缩裂缝通过两个方面实现：减少混凝土的早龄期自由收缩，抑制混凝土早龄期收缩裂缝的出现和发展。

混凝土出现早龄期收缩裂缝主要是由于混凝土表面水分蒸发、散失，内部水分向表面迁移，使得混凝土内部出现拉应力。当混凝土内部塑性收缩产生的应变超过极限拉应变时，混凝土内部就会出现裂缝。而在混凝土中掺入聚丙烯纤维后，均匀分布在混凝土中的大量纤维起了"承托"骨料的作用，延缓了骨料沉降，减少了混凝土内部水分向表面转移。另一方面，在混凝土中出现的微小裂缝受到纤维的限制，这些裂缝只能绕过纤维或拉断纤维才能继续发展，这样就增大了裂缝出现、开展所需的能量，使得裂缝更加难以出现。

2）聚丙烯纤维对混凝土的增强增韧作用。

本工程所采用的聚丙烯纤维为长纤维，即纤维的长度大于直径。长纤维由于长度和直径较大，因而纤维极限长度大，能够承受荷载作用，限制裂缝开展。由于聚丙烯纤维的延伸率较大，因此在裂缝宽度较大时依然能够桥接裂缝、承受荷载而不被拉断。

4. 使用补偿收缩混凝土

由膨胀剂或膨胀水泥配置的自应力为0.2～1.0MPa的混凝土称之为补偿收缩混凝土。

本工程设计要求底板、地下外墙及各层楼板均采用补偿收缩混凝土，在混凝土内建立0.2～0.7MPa的预压应力，以抵抗混凝土在收缩时产生的拉应力。

5. 设置预应力

针对本工程结构平面超大的特点，为了减少混凝土温度应力造成的构件变形，在各层楼板内布置了无粘结的温度预应力筋。

预应力筋采用后张法张拉，预应力张拉完成后，对混凝土构件施加了一定的预压应力，以抵抗混凝土构件因温度应力产生的收缩拉力。

预应力筋规格：强度为1860MPa、D=15.24mm的钢绞线。

6. 设置诱导缝

由于本工程地下墙体长度较长且墙体较厚，混凝土浇筑完成后，在墙体内部随着强度及温度的增长，会不可避免地产生大量应力，如不将这些应力合理释放，将会较大概率地产生墙体裂缝。

根据设计要求，在本工程地下外墙墙体内间距24m左右设置一道诱导缝，诱导缝从距墙体顶部200mm处留至距底板200mm处，诱导缝处非迎水面的钢筋断开。

通过设置诱导缝，减少构件对应力的约束，将构件内部产生的应力在诱导缝部位进行释放，大大降低了构件内部出现裂缝的几率。墙体诱导缝竖向留置位置及做法见图5-7、图5-8。

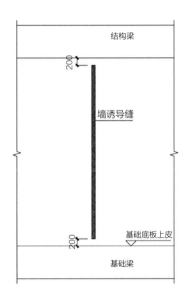

图5-7 墙体诱导缝竖向留置示意图　　图5-8 墙体诱导缝做法大样图

5.2.2.2 材料防裂措施

1. 水泥的选择

作为混凝土中最重要的胶凝材料，水泥的重要性无需多言，且水泥决定了混凝土构件内的温升情况，对于混凝土裂缝的控制起到决定性的作用。

通过对市场的了解，发现了一种新型的低水化热普通硅酸盐水泥，市场上普通水泥的3d水化热为256kJ/kg，但该种水泥的3d水化热仅为197kJ/kg，再通过掺加矿物掺和料，最终胶凝材料的3d水化热为173kJ/kg，大大降低了胶凝材料的水化热，且该种水泥配制的C40混凝土抗压强度试块在龄期28d时已达到了45MPa，完全满足混凝土的抗压强度要求。故在进行基础底板混凝土配置时，采用该种水泥进行配置。

2. 粗、细骨料的选择

大体积混凝土所需的强度并不是很高，所以组成混凝土的砂石料比高强混凝土要高，约占混凝土总质量的85%，正确选用砂石料对保证混凝土质量、节约水泥用量、降低水化热量、降低工程成本是非常重要的。骨料的选用应根据就地取材的原则，首先考虑成本较低、质量优良、满足要求的天然砂石料。

（1）粗骨料的选择

大体积混凝土，优先选择以自然连续级配的粗骨料配制。这种连续级配粗骨料配制的混凝土，具有较好的和易性、较少的用水量、节约水泥用量、较高的抗压强度等优点，间接降低了水化热。

基于以上原因，本工程的粗骨料选定粒径5~31.5mm的连续级配的石子，且应为非碱活性粗骨料，这样在发挥水泥有效作用的同时，达到减少收缩的目的。

粗骨料的形状和表面特征对混凝土的强度影响很大。表面较粗糙的骨料，可使骨料颗粒和水泥石之间形成较大的粘结力。同样，具有较大表面积的角状骨料也会得到较大的粘结强度，但是针片状骨料会影响混凝土的流动性和强度，因此针状和片状颗粒含量不大于10%。

（2）细骨料的选择

为保证在不影响混凝土强度及和易性的前提下，尽可能地减少水泥用量，故应采用细度模数及粒径均较大的中、粗砂。对细骨料做出了如下要求：采用天然砂，含泥量控制在1%~1.5%，级配为中、粗砂，其细度模数不小于2.3，平均粒径为0.38mm。

（3）骨料的质量

控制骨料里的含泥量和泥块含量是控制混凝土质量的关键，若骨料中含泥量过大，则对混凝土的强度、干缩、徐变、抗渗、抗冻融、抗磨损及和晃性等性能都产生不利的影响，尤其会增加混凝土的收缩，引起混凝土抗拉强度的降低，对混凝土的抗裂更是十分不利。

因此，对骨料里的含泥量和泥块含量做出了明确的要求。粗骨料的含泥量不大于1%，泥块含量不大于0.5%，针、片状颗粒含量不大于15%；细骨料的泥块含量不大于1%。

为保证骨料的质量能够满足本工程施工需要，项目部不定期地对混凝土搅拌站的原材料进行抽检取样复试。

3. 矿物掺和料的选择

在混凝土中掺加矿物掺和料作为胶凝材料，可以降低水泥用量，相应地降低混凝土的水化热量、降低混凝土的温升，但是，过多的掺加矿物掺和料则会降低混凝土的强度，故要合理地选择矿物掺和料的品种和用量。

通过对市场应用及实际效果的比选，确定使用粉煤灰和矿粉作为矿物掺和料，粉煤灰和矿粉的总掺量不大于胶凝材料总量的50%。

粉煤灰等级为Ⅰ级F类粉煤灰，矿粉等级为S95级矿粉。

5.2.2.3 施工防裂措施

前期准备工作仅是将混凝土的开裂概率进行了降低，主要控制还是靠现场施工来把控，现场施工主要分为施工部署、浇筑、养护、监测等环节。项目部在现场施工环节主要采取了以下措施来避免大体积混凝土的裂缝出现。

1. 施工部署

根据后浇带的布置情况，以后浇带为分界线，将每层结构划分为若干个施工流水段，个别流水段单块面积较大时，采用施工缝对流水段进行二次分割，确保每个流水段的面积控制在2000m^2

以内，采用施工缝分割的施工流水段采用跳仓法施工，即相邻的施工流水段混凝土浇筑时间相隔7d以上。

在进行每个流水段混凝土浇筑施工前，要根据本次浇筑部位的特点，规划浇筑方向、顺序，绘制浇筑顺序平面图，并提前组织好人员、机械。提前联系混凝土搅拌站，确保混凝土供应连续。在混凝土浇筑过程中，严格按照既定的浇筑方向、顺序进行施工，避免冷缝的出现。

2. 浇筑方式

（1）底板

采用斜面分层法进行基础底板混凝土浇筑，每层厚度不超过500mm，以确保每层混凝土的厚度不超过振捣棒的作用长度，上层混凝土须在下层混凝土初凝前浇筑覆盖。在混凝土浇筑过程中，对混凝土进行二次振捣，即上层混凝土覆盖后，将振捣棒插至上下层混凝土的交界面进行振捣，以确保每层混凝土紧密结合。为满足二次振捣需要，每台混凝土泵车配备的振捣棒不少于4个，其中使用3个、备用1个。

（2）楼板、梁

1）在进行梁混凝土浇筑时，一定要均匀下料、分层浇筑，每层厚度不大于300mm（50振捣棒的作用半径为250mm，分层厚度不大于振捣棒作用半径的1.25倍），如集中下料，则将对支撑体系及模板产生较大荷载，严重影响模架的安全，分层厚度较厚的话，还会造成底部混凝土的气泡无法振出，影响混凝土质量。

2）梁、柱混凝土浇筑时，一定要确保振捣棒的插入点间距不大于350mm（50振捣棒的作用半径为250mm，振捣棒插入间距不大于振捣棒作用半径的1.4倍）、插入点距模板距离不大于120mm（50振捣棒的作用半径为250mm，振捣棒插入点距模板距离不大于振捣棒作用半径的0.5倍），振捣棒插入下层混凝土内不少于50mm，以便上下层之间紧密结合。振捣棒插入时要快插慢拔，振捣时间要根据不同混凝土分别确定：C40混凝土的振捣时间控制在20~30s，C60混凝土的振捣时间控制在30~40s。混凝土的振捣时间还要根据现场实际情况确定，即当混凝土表面无明显塌陷、有水泥浆出现、不再有气泡冒出时，便可停止该处振捣。

3）当板厚≤200mm时，必须采用平板振捣器对楼板混凝土进行振捣，采用平板振捣器振捣时，要楼板区域全覆盖振捣，不留死角。当板厚＞200mm时，采用振捣棒对楼板混凝土进行振捣。

3. 温度监测

为了更直观、有效地了解混凝土内部的温度情况，对基础底板进行温度监测，测温点布置原则为：

（1）水平监测点布置原则

1）各流水段平面布置测温点范围应以所选混凝土浇筑平面具有代表性的1/4区域为测温区。

2）在每个测温区内，测温点布置不宜少于4个。即测温区内双外边界角部设置测温点1个，单外边界处设置测温点1个，测温区域内角（浇筑区域几何中心）处设置测温点1个，测温区中央设置1个。

3）集水坑、电缆井等特殊部位需增加测温点。测温点应设置在最深部位平直段的中间部位，如集水坑测温点应设置在距坑壁中间处以外板厚1/2处，如集水坑底平直段为2500m，设置在1250mm处，且应邻近流水段中心区域。

4）测温点距外边界距离为500mm。

（2）竖向布置原则

1）沿底板混凝土厚度方向，必须布置在外面、底面和中间测温点，其余点宜按测温点间距不大于600mm布置。

2）底板混凝土的外表温度设置在混凝土外表面以内50mm处，底板混凝土的底面温度设置在混凝土底面上50mm处。

通过对混凝土的温度监测发现，除了局部集水坑斜坡区域因混凝土构件厚度较大（厚度均在4m以上）而导致中心温度最高达到了78℃，其余部位的混凝土中心温度最高为72℃，未达到75℃的限值；混凝土里表温差最大值为23℃，未达到25℃的限值。

4. 收面及养护

（1）收面措施

在混凝土初凝前，要先用3m刮杠对板面进行找平，预埋短钢筋标高控制点梅花形布置，间距不大于3m。再用木抹子对混凝土进行提浆处理，并用铁抹子对表面混凝土进行抹平。在混凝土终凝前，采用压光机对混凝土表面进行二次抹压处理。

（2）养护措施

1）基础底板及各层楼板均采用保温加蓄水方式养护，具体为当混凝土浇筑完成后在混凝土表面覆盖塑料布加无纺布进行保湿保温，并沿浇筑完成的混凝土一周砌筑高度不少于100mm的灰砂砖挡水台，挡水台内侧抹20mm厚1：3水泥砂浆、内掺防水剂，当砂浆硬化后对混凝土表面进行蓄水，一次性蓄水高度不少于80mm。基础底板混凝土的养护周期不少于14d，蓄水撤除的具体时间要根据测温记录确定，当混凝土表面温度与大气温度差值不大于20℃，且混凝土里表温差不大于25℃时，方可停止蓄水养护。楼板蓄水养护时间不少于3d，3d后可撤除蓄水养护，但要继续进行浇水养护，养护时间不少于14d。

2）地下外墙侧模采用的是15mm厚的覆膜多层板，待混凝土浇筑完毕后，模板不拆除，带模养护3～5d，在带模养护时期使用清水对模板背侧进行定时浇水，以通过降低模板表面温度达到降低混凝土温度的效果，并在墙体顶部沿墙长设置两道$D=30mm$的塑料水管，沿墙长方向间距200mm在水管一周均匀设置三个出水孔，在墙体顶部进行蓄水，带模养护结束后，利用墙体顶部设置的塑料花洒管对墙体表面进行淋水养护，并对墙体表面进行覆盖塑料布加无纺布的保湿保温养护处理，塑料布及无纺布依靠墙体的对拉螺栓进行固定。养护时间不少于14d。

3）框架柱采用的是定制型钢模板，混凝土浇筑完成1d后可进行拆模，拆模时间尽量选择在无风或微风的天气条件下完成，避免风干裂缝的出现。模板拆除后，立即对框架柱进行保湿保温养护处理，具体为先用无纺布将框架柱包裹，然后在无纺布外侧再包裹双层塑料布，并对框架柱顶部进行浇水，使水分完全浸入无纺布内。养护时间不少于14d。

5.2.3 混凝土结构完成效果

当混凝土构件养护停止、模板拆除后，通过对混凝土构件表面的观察，发现基础底板表面局部因为塑料布覆盖不及时出现了部分风干裂缝，但未发现因混凝土温度应力或收缩应力变形而造成的贯通裂缝；框架柱及各层楼板表面均未发现裂缝；地下外墙在诱导缝部位发现部分呈45°的斜向裂缝，属于正常情况，其他部位未发现裂缝。

5.3 超大截面复杂劲性结构施工创新与应用

5.3.1 施工重点、难点

（1）航站楼核心区平面面积大，结构超长、超宽，航站楼核心区平面最大尺寸565m×437m。钢结构位置分散，根据各层混凝土结构施工构造需要，设置0.8~1.0m施工后浇带和4.0m结构后浇带，构件场内运输难度大。

（2）钢结构构件截面大，钢板厚，重量大，劲性钢结构与混凝土结构交叉施工，钢结构现场安装困难。

（3）航站楼核心区劲性结构截面大，配筋层数多，数量多。常规的钢筋与钢结构连接技术无法解决难题。

（4）劲性混凝土结构截面大，但混凝土结构截面相对型钢截面并不大，即预留给安装钢筋的空间很小，钢筋与型钢交叉较多，且横向及竖向加劲肋钢板较多。钢筋基本全部要与型钢交叉，造成钢筋绑扎困难，且混凝土浇筑施工空间小，下料及振捣困难。

（5）劲性梁柱连接节点复杂，钢筋需要在梁柱节点位置与型钢连接。且结构轴网多为弧形及三角形，每根劲性柱均有2~6个方向与劲性梁斜交，造成各方向梁与柱钢筋错位穿插排布非常困难，钢筋与钢骨连接节点极为复杂。

5.3.2 深化设计

5.3.2.1 BIM技术应用

1. 钢结构深化

本工程劲性结构钢骨截面尺寸较大、钢板厚度较大，且劲性梁大多数均为弧形梁及双H型钢。劲性梁柱节点位置各方向的加强肋板多，位置关系较复杂。采用BIM技术可解决钢结构复杂细部节点深化的难题。

2. 劲性结构钢筋位置排布

劲性结构钢筋直径大、层数多、数量多、间距小。梁多向交叉，最多为6向梁交叉，多向梁钢筋相交，需进行分层排布钢筋。同时，梁筋与柱筋多向相交，需进行空间交叉排布。采用BIM技术可解决梁、柱钢筋分层排布及交叉避让排布的难题。

钢结构BIM模型深化完成后，对劲性梁、劲性柱钢筋位置进行排布。排布原则如下：

（1）按照梁、柱配筋标注，构建出钢筋理论位置的理论模型。查看理论模型中碰撞位置及数量，包括梁、梁钢筋碰撞，及梁、柱钢筋碰撞。

（2）调整理论模型中碰撞的梁、梁钢筋位置。先调整梁钢筋标高问题，交叉的梁钢筋需经设计给出重要受力梁、次要受力梁。按照优先保证重要受力梁界面及钢筋位置的原则，将梁钢筋分层交叉排布。

（3）调整模型中碰撞的柱、梁钢筋位置。因柱钢筋可移动位置较少，故需优先考虑调整梁钢筋位置，以便梁钢筋能穿过柱筋或锚入柱内。经过设计同意，梁钢筋可采用并筋的形式布置，能够有效利用柱主筋之间的狭小空隙，解决大量梁、柱钢筋碰撞问题。

（4）复核模型中碰撞问题解决完毕，如存在个别钢筋无法布置的情况，需经设计同意，将钢筋位移：梁外层钢筋位移至内层或将个别柱筋并筋等。如全部解决，需复核梁钢筋保护层是否有超过40mm厚的部位，需另设抗裂钢筋网片。

3. 劲性结构钢筋与钢骨连接节点深化

本工程钢筋与钢结构交叉多，连接节点多，钢结构BIM模型深化及钢筋位置排布完成后，需对钢筋与钢骨结构连接节点进行细部深化设计。

利用BIM技术可视化优点，按照钢筋与钢骨的具体位置关系，灵活运用连接方式。三种连接方式的优先选用次序：穿孔→套筒→搭筋板（牛腿）。

根据钢筋与钢骨相交的不同情况，三种连接方式的选取原则如下。

（1）钢筋垂直相交钢骨的情况：

1）在设计允许范围内，钢骨中间位置个别钢筋穿孔通过；

2）穿孔未能解决的钢筋，采用套筒连接方式，如钢筋两端均与钢骨连接时，采用一端套筒连接，另一端搭筋板焊接的方式。

（2）钢筋斜向相交钢骨的情况：均采用搭筋板焊接的连接方式，如存在两排钢筋的情况，钢筋搭筋板使用长短板方法处理，即第二排钢筋的搭筋板比第一排钢筋搭筋板长出一个焊缝长度，以保证焊接空间。

4. 钢结构安装施工模拟

劲性结构深化完毕后，对钢骨的安装进行施工模拟，对安装施工时的现场施工状态进行模拟，从而方便选择运送路线及吊装方式。钢结构安装施工模拟如图5-9所示。

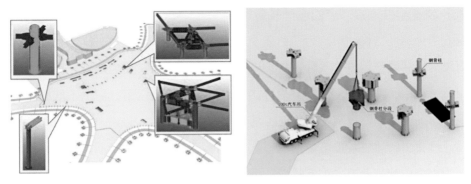

图5-9　钢结构安装施工模拟示意图

5. 钢筋安装施工模拟

对劲性结构钢骨安装完毕后的现场施工状态进行建模，动态模拟现场施工顺序，选择最优的施工工序，指导现场施工。避免凭空想象现场状态，由于不符合实际的施工顺序，造成了返工。钢筋安装施工模拟如图5-10所示。

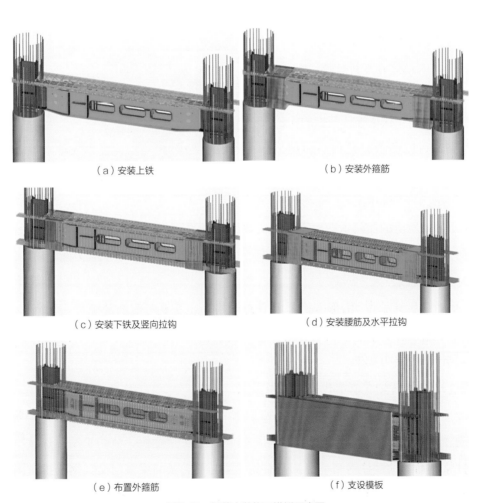

（a）安装上铁

（b）安装外箍筋

（c）安装下铁及竖向拉钩

（d）安装腰筋及水平拉钩

（e）布置外箍筋

（f）支设模板

图5-10　钢筋安装施工模拟示意图

5.3.2.2 快速梁柱连接节点的设计及应用

由于地上部分劲性结构的梁均为多向斜交，为三角形或弧形轴网，梁、柱钢筋数量多、层数多，各方向梁筋穿插错层困难。且柱及柱内钢骨均为圆柱形，柱筋为两层，梁筋仅极少量能够穿入柱内。深化过程中，即使灵活地对常规连接节点进行了综合运用，但仍不能解决上述劲性结构梁钢筋多层排布及梁钢筋与柱钢筋密集交叉的问题。

深化设计过程中，通过各参施单位的多次方案研讨，最终设计出一种快速连接节点，并通过节点有限元受力分析计算及节点型式检验，证明此节点受力、传力安全。此连接节点相对于常规连接节点，充分解决了梁柱劲性结构梁柱节点钢筋排布困难、节点连接结构质量差、现场连接操作复杂以及梁柱节点位置多向非正交状态下钢筋多层排布及密集交叉的技术问题。

（1）快速连接节点的构造

在钢骨上设置U形卡槽钢板，钢筋由U形卡槽穿过后，采用垫片及螺母式锁固件固定。在U形卡槽钢板顶部设置盖板，与凹槽钢板点焊，有效固定钢筋在U形卡槽内部。快速连接节点的构造如图5-11所示。

（2）节点有限元受力分析计算

采用有限元分析软件ABAQUS进行有限元节点分析。通过建立快速连接节点的构件模型，并对模型进行1.0倍及3.0倍荷载加载，在3.0倍荷载工况条件下，满足《铸钢节点应用技术规程》CECS 235—2008中第4.2.5条铸钢节点

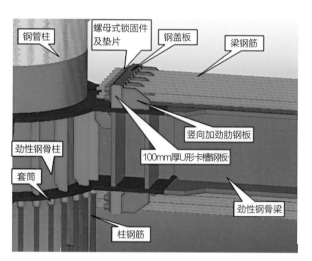

图5-11 快速连接节点的构造示意图

弹塑性有限元分析所得的极限承载力不小于荷载设计值的3倍的要求。同时也满足《钢结构设计标准》GB 50017—2017中关于节点连接的计算要求。故此节点形式的节点承载力能够满足传力要求。

（3）节点型式检验

有限元受力分析计算说明U形卡槽节点受力合格，还需要对钢筋及螺母式锁固件、垫片的固定形式进行型式检验。由实验室对连接节点构造进行拉伸试验，试验合格，证明此连接节点能够实施，并满足计算中受力要求。

（4）快速连接节点具有以下优点和有益效果

1）带凹槽钢板是在工厂提前焊在劲性钢结构牛腿上，容易保证质量，且缩短现场施工工期。

2）钢筋连接非常简便，对施工人员技术要求低，施工速度快，节约工期，连接质量可靠。

3）劲性梁钢筋与劲性柱钢筋不交叉，避免了梁与柱、梁与梁多向交叉钢筋排布困难。

4）相对于套筒连接节点，快速连接节点可以根据梁柱钢筋方向确定凹槽钢板方向，有效地解决了多向非正交节点的问题。

5）相对于搭筋板（牛腿）焊接节点减少了大量现场焊接工作量，省时省工并保证质量。

6）所有构件都是现场常用材料，采购及加工方便快捷，在保证质量的前提条件下提高现场作业效率、缩短工期及节约成本。

7）可广泛运用在钢筋与劲性结构连接节点领域，能够适用于各类复杂的劲性梁柱节点。

5.3.2.3 钢构件分段

钢结构深化阶段即需考虑构件的分段，构件分段对工厂加工制作及现场安装施工均有较大的影响，需慎重决策。

钢结构构件分段应综合考虑以下各方面的因素：

（1）首先，考虑构件的运输尺寸及重量，确保由加工厂向施工现场运输过程的合法、经济。在满足交通法规要求的运输车辆车长、限宽、载重、限高条件下，尽量减少构件的分段，从而减少工厂制作工作量及现场焊接量。

（2）其次，考虑构件现场安装的合理性，包括施工方法的困难程度、安全风险程度、与其他专业配合协调、现场焊接量及焊接质量控制困难程度。在满足现场安装的合理性的前提下，尽量减少构件的分段，优化分段位置。

（3）再次，考虑构件工程加工的合理化，构件分段应在构件受力较小位置，保证构件增加焊缝后的受力稳定性。钢结构构件分段焊缝应符合下列要求：

1）尽量减少现场焊接焊缝的工程量。

2）拼接焊缝位置设置于受力较小区域。

3）便于焊接操作，避免仰焊位置施焊，合理选用坡口形状和尺寸。

4）采用刚性较小的节点形式，避免焊缝密集或焊缝交叉。

钢结构构件分段方案，直接影响工程的施工质量、施工进度、施工安全，在项目施工中起着至关重要的作用。

5.3.3 施工关键技术

5.3.3.1 钢结构现场施工规划

1. 场内运输及吊装方式选择

（1）地下钢结构运输及吊装方式选择

地下钢结构构件重量均较大，单根钢梁重量达73t，即使分段后单根构件重量也达38t。

钢结构在底板上进行运输、吊装，采用平板汽车将构件由现场堆放场地运输至各安装地点，并采用100t汽车式起重机至结构内安装地点进行构件吊装（汽车式起重机、运输车辆需在B2层基础底板顶面行走，经计算并经设计复核同意，底板混凝土强度达到100%后，可承受汽车式起重机、运输车辆行走、站位）。

（2）地上钢结构运输及吊装方式选择

地上钢结构水平运输首先考虑利用北侧及南侧两条贯通东西的栈桥，不能利用栈桥时可采用平板汽车运输。

能够利用现场塔式起重机的小型构件，可采用塔式起重机吊装构件。其他大型构件均需采用汽车式起重机吊装：

1）首先，考虑汽车式起重机能够在结构外站位吊装的构件：F1层结构边缘的幕墙柱采用50t汽车式起重机在结构外围进行吊装。F2层结构边缘3根独立柱采用350t汽车式起重机在结构外围进行吊装。F3层C形柱采用400t汽车式起重机在浅区结构甩项范围吊装。

2）其次，再考虑汽车式起重机必须上结构楼板上站位吊装的构件：F1层结构楼板上采用100t汽车式起重机进行吊装；F2层结构楼板上采用50t汽车式起重机进行吊装（汽车式起重机、运输车辆需在F1层、F2层楼板顶面行走，经计算并经设计复核同意，楼板混凝土强度达到100%后，可承受汽车式起重机、运输车辆行走、站位）。

3）最后，考虑汽车式起重机无法上结构楼板上站位吊装的构件：F3层及F4层楼板无法上汽车式起重机，必须利用塔式起重机吊装。故，塔式起重机的位置及起重量需满足钢构件安装的要求。本工程为钢结构吊装，专门设置了四台QTZ7055型塔式起重机。

2. 钢结构安装顺序及行走路线规划

以地下钢结构安装顺序为例，钢结构安装与混凝土结构施工顺序协调、统一，混凝土结构为钢结构施工提供行走路线及安装作业场地。钢结构及时顺利安装，保证不影响混凝土后续施工。地下劲性结构安装路线如图5-12所示。

地下劲性钢结构主要布置于F1、F2、F3层，由于混凝土结构面积为565m×437m，采用大型吊装机械吊装位于F2、F3层超长超重的劲性钢结构，从经济上来考虑不是首选方案。根据现场实际情况，从地面搭设钢结构栈桥至楼面贯通钢结构吊装机械及运输通道。

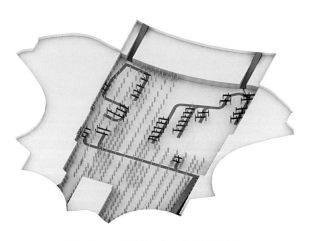

图5-12 地下劲性结构安装路线示意图

钢栈桥上部荷载主要由四榀主刚架来承受，刚架上表面设置主次梁用于铺设路基板，刚架之间通过交叉斜撑拉结，使整个结构形成一个稳定体系。钢栈桥上表面铺设路基箱，坡脚处用钢制斜坡或沙袋找平。

5.3.3.2 钢结构安装技术

1. 地下劲性钢结构安装技术

劲性钢结构安装施工采用塔式起重机和汽车式起重机吊装相结合的施工方案。预埋件采用现场的塔式起重机吊装。劲性钢结构主体钢骨柱、钢骨梁的吊装，采用100t汽车式起重机从南、北两侧既有的坡道进入基坑底板上进行安装；对于超长钢骨梁，分两段运输到现场后整体拼装再安装。

（1）劲性钢柱预埋件的安装

钢埋件安装工艺流程：钢埋件放线定位→预埋件支腿安装→基础底板下铁钢筋安装→钢埋件安装就位→底板上铁钢筋安装→钢埋件精调并稳固→移交土建浇筑混凝土。

1）预埋件的测量放线

首先根据原始轴线控制点及标高控制点对现场进行轴线和标高控制点的加密，然后根据控制线测放出的轴线再测放出每一个埋件的中心十字交叉线和至少两个标高控制点。派专人跟进主体施工进度，避免漏埋、误埋，并做好测量记录。

2）埋件固定

利用定位线及全站仪使固定支架准确就位后，将埋件安装定位，并测量埋件上端面位置，且随时调整。埋件安装定位后，将埋件与支架牢靠固定，对于埋件整体进行固定。

3）混凝土的浇筑

进行混凝土浇筑时应注意避免对支架的影响，应对埋件位置与标高等控制点进行检查，发现偏差及时校正。

（2）劲性钢柱吊装

钢柱起吊前应将登高爬梯和缆风绳等挂设在钢柱预定位置并绑扎牢固，钢柱起吊时钢柱根部必须垫实，尽量做到回转扶直，根部不拖。起吊时钢柱必须垂直，吊点设在柱顶，利用专业设计的起重吊耳。起吊回转过程中应注意避免同其他已吊好的构件相碰撞，吊索保持一定的有效高度。

（3）双H劲性转换钢梁吊装

双H劲性转换钢梁采用四点吊装，对于长度、重量超规的构件进行分段吊装处理，吊耳采用PL20，Q345B。

对于分段吊装的双H劲性转换钢梁，安装时需在钢梁分段处搭设临时支撑进行高空原位对接，安装焊接完成后拆除。临时支撑采用格构式支撑柱，截面中心距为1500mm×1500mm，立杆为钢管$\phi180×8$，腹杆为钢管$\phi89×6$，材质为Q235B。临时支撑格构柱直接支设在−18.25m标高的混凝土基础底板上，每根钢梁设置一个格构支撑就满足其刚度、强度和稳定性要求。

2. 地上劲性钢结构安装技术

地上劲性钢结构主要为8组支撑C形柱、12组支撑筒、6根支撑钢柱、幕墙柱相对应的下插一层钢骨结构，主要分段在F1～F4层。

（1）F1层劲性钢结构安装

F1层位于结构中部的钢骨柱和钢骨梁采用100t汽车式起重机进行吊装，结构外侧的幕墙钢骨柱采用塔式起重机和50t汽车式起重机在结构外吊装。在结构内部吊装的需等相应楼层混凝土楼板浇筑完成并达到规定的强度后，汽车式起重机由规划好的路线进入施工区域，且运输构件的平板车相应跟进，遇到混凝土后浇带时采用钢路基箱架设临时通道。为了保护楼层板，汽车式起重机行走通道下方楼层间的脚手架需全部保留不能拆除。

（2）F2层劲性钢结构安装

F2层10组三角形支撑筒劲性结构采用50t汽车式起重机上F2层楼面进行吊装。

（3）F3层劲性钢结构安装

F3层以上混凝土楼层板比较薄，根据计算最大只能承载25t的汽车式起重机，但本工程构件重量较重，25t汽车式起重机装重量较轻，需将构件划分成多个小分段，如此会造成安装时间较长，从而对土建施工周期造成影响。经综合考虑，F3层以上劲性结构部分采用现场就近塔式起重机进行吊装。

5.3.3.3 劲性结构钢筋安装技术

1. 劲性柱钢筋安装思路

（1）深化设计阶段，经设计同意，在保证箍筋肢数不减少的条件下，对劲性柱箍筋进行优化，减小现场施工难度。主要优化原则：

1）减少箍筋穿过型钢的数量，以减少箍筋与型钢的连接节点数量，同时减少现场人工弯钩数量。

2）箍筋穿型钢时，首先选择在腹板穿孔、箍筋穿过的形式，现场操作比较方便。

3）当穿孔率不能满足腹板穿孔时，可选择在型钢表面焊接直螺纹套筒，箍筋可与型钢机械连接。也可以在型钢表面焊接环板，箍筋弯钩钩住环板进行连接。

4）当以上方式均无法实现时，可在型钢表面设置构造钢筋（在型钢外侧设置一根比柱主筋直径稍小的主筋作为构造筋），箍筋弯钩钩住构造钢筋。

（2）大面积施工前，先进行样板施工，专业技术负责人全程监督、指导，检验优化后的箍筋形式是否便于现场施工。

（3）柱主筋上部的位置需进行排布，考虑后续施工梁钢筋穿过柱主筋或锚入柱内。

2. 劲性梁钢筋安装思路

常规的劲性梁施工工序为：劲性梁型钢安装完成→搭设梁底支撑架→铺设梁底模板→绑扎梁钢筋。

本工程如按照上述常规施工顺序施工，劲性梁钢骨安装完成，搭设梁底支撑架并铺设梁底模板后，会造成劲性梁钢骨与梁底模板之间的操作空间仅260mm高度。而钢骨宽度为2200mm，梁下铁主筋及箍筋均无法安装到此狭小空间内，形成"死活儿"。

深化设计阶段，对每道梁主筋及箍筋位置均利用BIM软件建模，并根据钢筋位置及形式进行优化（需经设计同意），减小现场施工难度。主要优化原则：

（1）梁主筋位置避免与型钢冲突，通过调整相邻型钢位置的主筋层数保证。

（2）箍筋穿型钢时，首先选择在腹板穿孔、箍筋穿过的形式，现场操作比较方便。

（3）当穿孔率不能满足腹板穿孔时，可选择在型钢表面焊接直螺纹套筒，箍筋可与型钢机械连接。也可以在型钢表面焊接环板，箍筋弯钩钩住环板进行连接。

（4）当以上方式均无法实现时，可在型钢表面设置构造钢筋（在型钢外侧设置一根比柱主筋直径稍小的主筋作为构造筋），箍筋弯钩钩住构造钢筋。

5.3.3.4 梁柱节点施工技术

1. 梁柱节点安装思路

（1）深化设计阶段，对每道梁建立BIM模型，根据各类连接节点的选用原则优化连接节点。三维建模与现场安装对比见图5-13。

（2）地下劲性结构梁柱节点仅两个方向梁相交，且柱内型钢为H型钢，可综合利用三种通常连接节点，能够解决节点连接、排布的难题。

（3）地上劲性结构梁柱节点采用通常节点无法解决节点连接、排布的难题，需采用快速连接节点构造。

（4）优先施工劲性梁钢筋，在保证劲性梁钢筋位置的条件下，再施工普通梁钢筋。

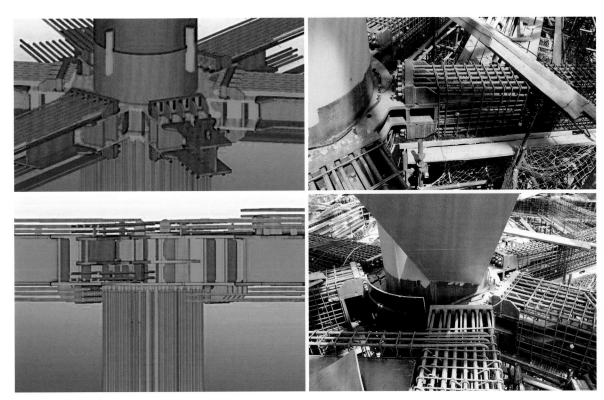

图5-13　三维建模与现场安装照片

2. 梁柱节点施工要点

（1）梁两端均为劲性连接节点时，一端直螺纹连接，另一端搭筋板连接时，优先连接直螺纹端，然后再焊接搭筋板端。

（2）梁一端为劲性连接节点时，优先安装劲性连接节点端，然后向普通梁方向施工，将钢筋安装累积误差放在普通梁位置。

（3）劲性梁钢筋为多排时，先安装内排钢筋，并拧紧或焊接完成。经过质量人员检查合格后，再安装外排钢筋。

（4）劲性梁安装前，需预留出柱筋安装位置，可先将柱筋拧入套筒，再安装梁钢筋。

5.3.3.5 模板安装技术

劲性结构模板与普通钢筋混凝土结构之间存在的差异主要是因为构件内有钢结构，模板的对拉螺栓无法随意贯通。

对此主要有两种解决方案：

（1）在劲性结构深化阶段，根据模板对拉螺栓位置设置钢板穿孔，或在钢板表面焊接对拉螺栓连接丝头。待钢结构安装完毕后，按照钢板上预留的穿孔或丝头，设置模板的对拉螺栓。

（2）采用定型钢模板，仅需在模板外侧设置螺栓固定，避免设置对拉螺栓，不与钢构件冲突。

5.3.3.6 混凝土浇筑技术

劲性结构与普通钢筋混凝土结构在混凝土浇筑时存在的差异主要是因为劲性结构构件内钢筋本就密集，再加之钢构件尺寸大，钢构件与模板之间空间狭小，造成混凝土浇筑入模通道非常狭小，混凝土在模板内基本无法流动，混凝土振捣困难。

对此主要有两种解决方案：

（1）采用自密实混凝土。由于自密实混凝土的流动性好，无须大空间浇筑，且无须振捣即可保证混凝土密实。

（2）如设计同意，可在钢结构表面设置混凝土灌注孔、振捣孔。如钢结构无法开孔，可在构件侧面增加倒角，为混凝土浇筑、振捣提供侧面空间。严格控制混凝土粗骨料直径，不得大于钢筋间距的1/2、钢结构保护层的1/3或25mm。

5.4 高大空间新型模架施工技术

5.4.1 模架工程的特点、难点

5.4.1.1 北侧轴网为弧形，弧形梁模架难以形成自稳体系

航站楼核心区的轴网以三角形轴网和弧形轴网为主，轴网布置复杂。北侧布置弧形轴网，圆弧半径为155～604m；框架梁沿弧形轴线布置，次梁为南北向，弧形框架梁与次梁、楼板均为斜向相交，弧形框架梁的支撑难以形成自稳体系。

5.4.1.2 南侧为三角形轴网，三角形梁模架难以形成自稳体系

航站楼核心区三角形轴网是以X、Y、Z三个方向交叉形成的等边三角形，三角形网格的高度为9m，边长为10.392m。三角形轴网区域在屋面钢结构支撑结构下区域的框架梁为三角形布置，框架梁与楼板、次梁均为斜交，该区域的框架梁的支撑难以形成自稳体系。

5.4.1.3 主、次梁构件截面尺寸大

根据建筑功能的不同，航站楼核心区工程的轨道区上部及行李分拣区等部位的结构内设有转换结构，东西向的框架梁的跨度以18m为主，框架梁、转换梁的构件截面尺寸较大，东西向的框架梁梁高以1200mm为主，轨道区上空的B1层结构的转换梁截面高度以2500mm为主，框架梁截面最大达到2600mm×2500mm。

5.4.1.4 施工荷载大

航站楼核心区工程行李分拣区上部结构楼板厚度为150mm；轨道区上空的楼板厚度为200mm，部分区域板厚400mm，梁的截面尺寸大，结构施工期间模架承受的施工荷载大。

5.4.1.5 结构层高大、架体搭设高

航站楼核心区工程的轨道区结构层高为11.55m，F1层的行李分拣大厅层高达到了12.5m。结构施工期间的模架搭设高度大。

5.4.2　高大空间盘扣架支撑体系设计

5.4.2.1 设计思路及总体要求

航站楼核心区的高大空间部分的结构框架梁截面尺寸大，轴网以三角形、弧形为主，在模架支撑设计上，优先进行框架梁及次梁的支撑排布，然后设计楼板的模架支撑，再将梁、楼板支撑拉结为整体，不符合模数的部分按照以下两种情况考虑：

（1）当模架支撑的高宽比小于3时，自下而上使用钢管扣件拉结成整体；

（2）梁及两侧的板下支撑满足≥3的要求，在模架顶部的两层水平杆位置拉结形成整体。

5.4.2.2 梁、板模板支撑体设计原则

在模架支撑体系设计上，按照以下思路进行：

（1）先排布大截面的框架梁的支撑架体，然后排布次梁的架体，最后排布楼板的支撑架体；

（2）根据《钢管脚手架、模板支架安全选用技术规程》DB11/T 583—2015要求梁下的立杆纵距沿轴线方向布置，立杆横距应以梁底中心线为中心向两侧布置，且最外侧立杆距梁侧不得大于150mm；

（3）优先使用符合模数的水平杆将相邻的模架拉结为整体；

（4）不合模数的部位另增加立柱，并使用钢管扣件与相邻架体拉结成整体。

5.4.2.3 弧形转换梁支撑体系设计

航站楼核心区北侧的东西向轴线为弧形轴线，轴线的半径为155～604m，弧度较大，如图5-14所示。在弧形框架梁的支撑体系设计上采用了"以直带曲"的方式搭设，将梁的支撑按照梁的跨度分段搭设，分段之间设置一定的夹角，并将梁的支撑与两侧楼板下的支撑体系拉结为整体。下面以轨道区上空B1层的2600×2500截面的转换梁为例说明弧形梁位置的模架设计。

（1）经计算，2600×2500/900×1200框架梁、600×1000/400×1000次梁、200mm厚楼板的架体的间距见表5-1。

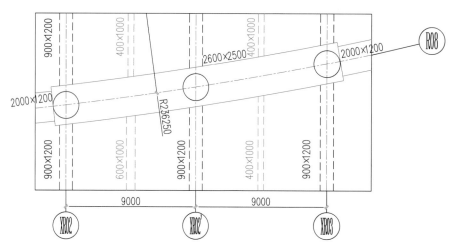

图5-14 北侧的东西向轴线为弧形轴线布置结构

弧形梁位置的模架设计   表5-1

序号	名称	规格	架体参数		
			底龙骨	立杆纵/横间距（mm）	步距（mm）
1	框架梁	2600×2500	次龙骨50×70钢包木 主龙骨50×100×3方钢	600/600	1500
		900×1200	次龙骨50×70方钢 主龙骨50×100×3方钢	900（600）/900	1500
2	次梁	600×1000	次龙骨50×70方钢 主龙骨双50×100×3方钢	1500/900	1500
		400×1000	次龙骨50×70方钢 主龙骨双50×100×3方钢	1500/900	1500
3	楼板	150mm厚	次龙骨50×50钢包木 主龙骨50×100×3方钢	1500/1500	1500

（2）先排布2600×2500截面框架梁的支撑，支撑横向间距600mm，共5排，梁两侧外挑各100mm。

（3）2600×2500截面框架梁横跨3道轴线，弧形轴线的跨度18.217m，弧线的半径为236.25m，弧形轴线的半径较大，轴线跨度梁端连线的矢高为176mm，尺寸不大，但如果框架梁架体按照直线搭设，端部仍偏离较大，根据梁的弧度，将梁的支撑分为两部分，分别按照直线搭设，在中部断开，从而保证梁偏离支架尺寸在可接受范围内。

（4）900×1200截面梁，梁下横向立杆间距为900mm，在梁两侧各300设立杆布设板下支撑，并拉结为整体，有利于架体的稳定性；梁下立柱的间距为900mm，考虑楼板的立杆间距，900×1200截面框架梁下的立杆按照600mm/900mm交叉布置。

（5）转换梁的形状为弧形，则与弧形梁连接的次梁和楼板的支撑在连接位置需要特殊布置：楼板的主龙骨垂直次梁，次龙骨平行于次梁，次龙骨端部悬挑长度较大时可按照水平杆模数向框

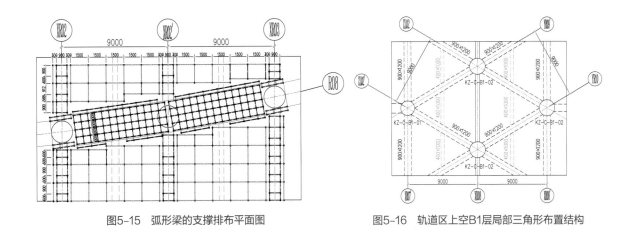

图5-15　弧形梁的支撑排布平面图　　　　　图5-16　轨道区上空B1层局部三角形布置结构

架梁放线延展，并拉结成整体；另外，在框架梁两侧设1排立杆与框架梁拉结成整体；一方面为楼板次龙骨端部悬挑提供了支撑，也加大了弧形梁下支撑体系的宽高比，有利于架体的稳定性。

（6）轨道区的结构层高11.55m，弧形梁的支撑高宽比不符合要求，则使用钢管扣件将框架梁、次梁及楼板的支撑架体拉结为整体。弧形梁的支撑排布见图5-15。

5.4.2.4　三角形轴网梁板支撑设计

航站楼核心区屋面支撑钢结构C形柱、支撑筒下的转换结构区域是三角形布置的典型区域，框架梁呈等边三角形布置，模架的排布难度较大，见图5-16。在三角形区域的模架设计的原则仍遵循先框架梁，然后次梁，最后排布楼板架体的顺序，不符合整体模数的部位使用600/300的横杆在架体边缘向外延展，控制主、次龙骨的悬挑长度。

（1）经计算，900×1200框架梁、400×1000次梁、200mm厚楼板的架体的间距见表5-2。

三角形轴网区域模架设计　　　　　　　　　表5-2

序号	名称	规格	架体参数		
			底龙骨	立杆纵/横间距（mm）	步距（mm）
1	框架梁	900×1200	次龙骨50×70方钢 主龙骨50×100×3方钢	900（600）/900	1500
2	次梁	400×1000	次龙骨50×70方钢 主龙骨双50×100×3方钢	1500/900	1500
3	楼板	150mm厚	次龙骨50×50钢包木 主龙骨50×100×3方钢	1500/1500	1500

（2）先排布三角形轴线的900×1200的框架梁支撑。为保持一致性，尽管三角形轴线的框架梁与相邻的次梁、楼板支撑无法使用盘扣架的水平杆直接拉结成整体，但立杆间距仍使用600mm/900mm的布置形式。

（3）布置完框架梁支撑后，为控制三角形的楼板次龙骨的悬挑长度，在900×1200框架梁两侧各拉结1排间距300的立杆，立杆上平行框架梁设一排主龙骨，与楼板下的主龙骨高度一致。

（4）次梁400×1000，可使用双槽钢托梁，因考虑三角形楼板的特点，次梁双槽钢托梁的立柱间距设为900mm，并从次梁中间向两端排布。

（5）楼板的支撑先排布顶端三角形，由次梁的支撑立杆向顶端排布，梯形楼板自短边方向的次梁向长边方向延展，并将框架梁支撑架向两侧外扩300mm，保证板边次龙骨悬挑长度控制在要求范围内。

（6）轨道区的结构层高11.55m，弧形梁的支撑高宽比不符合≤3的要求，则使用钢管扣件将框架梁、次梁及楼板的支撑架体拉结为整体。轨道区上空B1层局部三角形结构模架排布如图5-17所示。

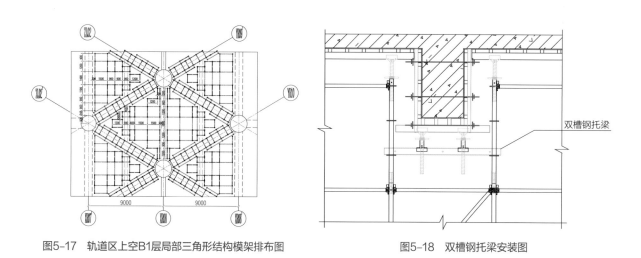

图5-17　轨道区上空B1层局部三角形结构模架排布图　　　　图5-18　双槽钢托梁安装图

5.4.2.5 双槽钢托梁应用

盘扣架单根Q345B钢材直径为48mm立杆的承载力达到47.7kN，承载力大，而楼板、次梁部位的施工荷载相对较小，存在优化方案的空间。楼板下的立杆在纵横间距受板下主龙骨材料的限制取1.5m后不宜再放大尺寸；小截面次梁在梁支撑立柱下可设置双槽钢托梁，立柱支撑在槽钢托梁上，双槽钢托梁的两端安装在次梁两侧板下支撑立杆的连接盘上，将次梁的荷载通过连接盘传递到立杆上（图5-18）。

（1）双槽钢托梁的规格

双槽钢托梁的规格选用，一方面从次梁的荷载考虑，另一方面从通用性方面考虑，槽钢的规格为10号槽钢。目前市场上可供应的双槽钢托梁数量较少，一些租赁单位没有槽钢托梁的租赁业务，施工过程中，通过与租赁单位的充分沟通，根据模架的跨度配置了0.9m、1.2m、1.5m的双槽钢托梁，租赁单位可周转租赁，降低总包的经济投入。

（2）槽钢与盘扣架立柱的连接

双槽钢托梁与盘扣架立杆的连接是通过盘扣架立杆的连接盘支托双槽钢的方式。安装时，提前在双槽钢的侧面加工螺栓孔，槽钢布置在次梁支撑立柱的两侧，加紧立柱，槽钢搁置在立柱适当高度的连接盘上，然后在槽钢托梁的两端、中部的螺栓孔内插入螺栓紧固。

盘扣架连接盘为10mm的铸钢件，连接盘与立柱为焊接，通过材料进场复试报告结果显示，连接盘的极限承载力可达到200kN以上，连接盘与立柱的抗剪承载力远大于立杆的承载力。

（3）梁下支撑立杆与槽钢托梁连接

双槽钢托梁上次梁的模板安装方式不变，主、次龙骨及梁下的立杆布置仍按照计算确定的方式排布，与常规的架体搭设的区别在于使用双槽钢作为次梁下梁的承重构件，即将次梁下立杆的支撑由下部混凝土结构承重改为由槽钢托梁承重。

次梁下的主龙骨由架体的可调顶托支撑，可调顶托可与双槽钢托梁直接连接，也可以先连接一段短立杆，再与槽钢托梁连接，连接方式的选用取决于次梁的高度，并控制可调顶托丝杆的外露长度不超过400mm。盘扣架的水平杆直径与立杆相同均为48mm，在双槽钢托梁位置平行于槽钢托梁的水平杆安装不受影响，但垂直于槽钢托梁方向的水平杆无法实现拉结，所以在布置槽钢托梁时要结合模架支撑体系水平杆的布置适当调整，避开水平杆，保证架体水平杆纵、横拉结。

5.4.2.6 后浇带模架

1. 后浇带垂直梁板

航站楼核心区东西向的轴线跨度以18m为主，当后浇带南北向布置时，后浇带穿过的一跨次梁和悬挑跨度较大一跨的板下支撑作为后浇带的独立支撑，架体安装时与周边的梁板全部按照正常的模架支撑体系搭设，拆除时保留上述区域的支撑系统即可，在次梁的位置断开不影响其他区域次梁和板的支撑拆除（图5-19）。后浇带穿过的框架梁下支撑全部保留，保证梁有足够的承载力承担上部结构和施工荷载。

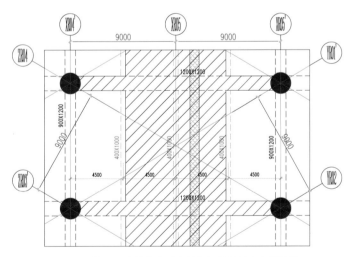

图5-19　施工后浇带在大跨度结构部位的独立支撑范围

当后浇带为结构后浇带时，后浇带宽度较大，后浇带中间区架体不再搭设，在后浇带两侧分别按照高宽比不大于3设置后浇带的独立支撑。结构后浇带穿过南北向大跨度框架梁时，后浇带两侧各保留一个次梁的跨度且延伸到第二道次梁边缘；当结构后浇带为东西向布置时，自结构后浇带边缘向结构内侧延展高宽比不大于3的独立支撑，遇到框架梁后，因平行于后浇带的框架梁为完整的结构，结构挑出部分较短，在框架梁内侧的板下支撑不保留，但次梁下的支撑保留不少于2根立柱，满足高宽比的要求，如图5-20所示。

2. 后浇带与梁板斜交

当后浇带与结构梁板斜向相交时，后浇带区域的独立支撑范围：

（1）断开的框架梁通长保留；

（2）断开的楼板、次梁按照后浇带结构边缘保留不少于2根立杆支撑盘扣架。因后浇带斜向布置，保留的独立支撑架体的宽度为6～9m，满足高宽比的要求。

后浇带独立支撑区域的架体可完全按照常规区域的架体搭设，主龙骨为垂直次梁方向搭设，在独立支撑位置将次龙骨独立布置，如图5-21所示。

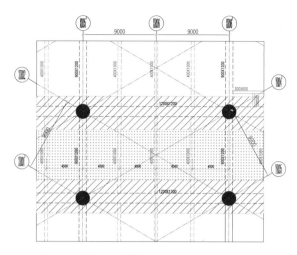

图5-20 结构后浇带东西向布置的独立支撑范围

5.4.2.7 验收通道

盘扣架搭设过程中要进行过程的验收，在搭设完毕、混凝土浇筑前也要进行验收，验收时要检查架体的实际搭设情况，需要在架体下部穿行检查，上到架体上检查，且工程为超大平面，在架体搭设过程中预留施工检查通道十分必要。

盘扣架验收通道布置在板下立柱格构间的水平拉杆位置，取消扫地杆位置的水平杆，将第二步水平杆向上平移500mm，形成2400mm高的检查通道，框架梁下的立柱间距为900mm或600mm，在穿过框架梁的位置通道局部变窄，不得为保证通道宽度而取消框架梁下的立柱。通道上方水平杆上满铺脚手板保证通道安全，如图5-22所示。混凝土结构按照后浇带划分的区段分区

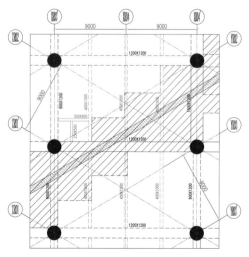

图5-21 斜向施工后浇带独立支撑范围

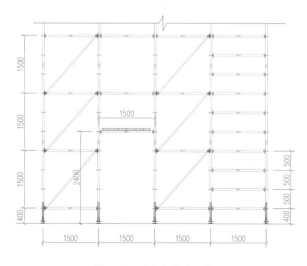

图5-22 盘扣架检查通道

施工，在架体验收时，在邻近检查通道的位置每个区段至少设置1条登上脚手架的通道，可使用水平杆搭设爬梯，爬梯的水平杆每500mm一道。相邻区段的施工验收通道必须相互贯通，整改楼层的检查通道要能够形成网络。B2层轨道区不同的轨道线路间有混凝土的分隔墙体，在施工阶段在混凝土墙体上预留施工洞口。

第 6 章

§

超大平面层间隔震综合技术

北京大兴国际机场是大型枢纽机场，是国家重点建设项目，确保机场工程的抗震安全性，具有十分重要的意义。航站楼中心区屋盖支承结构采用C形钢柱和格构式钢柱，且结构纵、横向刚度不对称；航站楼中心区结构超长超大，中心区面积约16万m²，温度作用影响很大，且航站楼结构主要靠8组C形柱支撑，C形柱会产生很强的水平推力，故整个混凝土结构不能设置结构缝，只能通过隔震支座来释放温度应力；航站楼采用立体化交通布局，地下二层为高速铁路通道、地铁及轻轨通道，高铁需要高速通过，存在结构振动问题。鉴于以上原因，航站楼核心区采用建筑隔震技术，在±0.000处设置隔震层，隔震后上部结构的水平地震作用可以降低到7度设防水平，确保上部结构的安全，支撑屋盖的C形钢柱和格构式钢柱截面可以减小，可以很好地解决复杂结构的抗震问题，有效解决温度作用影响；还能解决高铁高速通过对航站楼振动的影响，同时有利于控制超大平面混凝土收缩应力和温度应力引起的楼板开裂。

6.1 大直径防火隔震支座安装技术

航站楼的减隔震系统由橡胶隔震支座、隔震弹性滑板支座和黏滞阻尼器组成。隔震支座是从简单的刚性抗震转变为经济有效的减震、隔震，从原来的硬抗转变为疏导，将原来由建筑结构"强柱弱梁"构件塑性变形吸收地震能量，转变为由隔震支座隔绝和吸收地震能量，降低地震对上部结构的破坏，达到提高建筑结构抗震能力的目的。橡胶隔震支座与隔震弹性滑板支座发挥了"隔离"地震作用的优势，同时克服了隔震弹性滑板支座在地震作用时会产生较大位移的缺点，并通过黏滞阻尼器进行减震耗能。本工程隔震层中使用隔震橡胶支座LRB1200、LNR1200、LNR1300、LNR1500、LRB600共1044套，使用弹性滑板支座ESB1500、ESB600共108套，黏滞阻尼器VFD100共144套，累计1376套。隔震支座类型统计如表6-1所示，隔震支座分布如图6-1所示。

隔震支座类型统计 表6-1

序号	型号	个数	备注
1	LRB1200	337	铅芯橡胶支座
2	LNR1200	448	天然橡胶支座
3	LNR1300	66	天然橡胶支座
4	LNR1500	193	天然橡胶支座
5	ESB600	38	弹性滑板支座
6	ESB1500	70	弹性滑板支座
7	VFD100	144	黏滞阻尼器
合计		1376	

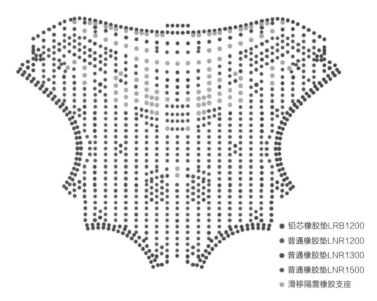

铅芯橡胶垫LRB1200
普通橡胶垫LNR1200
普通橡胶垫LNR1300
普通橡胶垫LNR1500
滑移隔震橡胶支座

图6-1 隔震支座分布

6.1.1 高性能大直径橡胶隔震支座技术

6.1.1.1 橡胶隔震支座构造

隔震橡胶支座是由橡胶和钢板多层叠合经高温硫化粘结而成的。隔震橡胶支座通常可分为天然橡胶隔震支座（LNR）、铅芯橡胶隔震支座（LRB）。就结构角度而言，铅芯橡胶支座仅比天然橡胶支座多了铅芯。铅芯橡胶支座结构示意如图6-2所示。

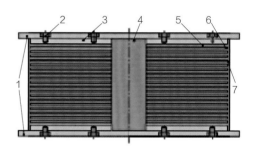

图6-2 隔震橡胶支座结构示意图
1-法兰板；2-螺栓；3-封板；4-铅芯；5-内部橡胶；6-骨架板；7-保护胶

6.1.1.2 施工安装方法

（1）下支墩钢筋笼绑扎

隔震支座下支墩主筋为HRB400级直径40mm的钢筋，双方向U形钢筋绑扎成钢筋笼，如图6-3所示。由于下支墩主筋为80/72根Φ40钢筋双层排布，外排钢筋弯折400mm收头，柱头位置拉钩较密，隔震支座锚栓无法插入柱头，为保证隔震支座顺利安装，经过与设计沟通，将外排主筋弯折长度改为200mm，柱头1000mm范围内拉钩规格由Φ14改为Φ12，一端135°弯勾一端直棍，先将支座锚栓安装完成再后穿拉钩，现场弯折，以解决支座预埋件安装困难等问题。

（2）安装定位预埋件

下支墩预埋件安装见图6-4，包括下支墩顶部环形钢

图6-3 下支墩钢筋笼绑扎

图6-4　下支墩预埋件安装　　　　　　　　　　　图6-5　下支墩合模

图6-6　预埋板安装完成后复测　　　　　　　图6-7　下支墩混凝土浇筑

圈、定位预埋钢板、套筒、锚固钢筋、螺栓等，通过预埋钢板对锚固钢筋的相对位置进行固定，测量并调整定位预埋板的标高、平面中心位置及平整度。其中，标高及中心位置偏差5mm以内，水平度≤3‰，根据偏差大小适时对套筒及锚筋进行调整。

（3）下支墩合模

安装侧模，侧模高度略高于支墩顶面高度，并在侧模上用测量仪器标定出支墩顶面设计标高的位置，以方便浇筑混凝土时控制支墩标高，如图6-5所示。侧模的刚度要满足新浇筑混凝土的侧压力和施工荷载的要求，模板要拼缝严密、底部固定牢靠，并保证其垂直状态，模板加固应牢固可靠。

（4）第一次测量

预埋件安装完成后，用全站仪、GPS逐一测量定位预埋板顶面标高、平面中心位置及水平度，并记录报验同时申请进行隐蔽验收，如图6-6所示。测量合格后应对定位预埋钢板、套筒、锚固钢筋、螺栓等焊接固定。

（5）下支墩混凝土浇筑

下支墩混凝土浇筑，如图6-7所示，浇筑振捣密实，同时混凝土顶与定位预埋板之间留出40mm，用于二次灌浆。养护3d后进行二次灌浆。

（6）混凝土初凝后二次测量

下支墩混凝土浇筑完毕后，对支座中心平面位置、顶面水平度和标高进行复测并记录报验，若有移动，应进行校正，如图6-8所示。

（7）下支墩浮浆剔凿及二次灌浆

下支墩混凝土浇筑完成2d后，取下定位预埋板，劲性柱头浮浆剔凿。剔凿高度为30～50mm，剔凿过程中不可碰触锚栓套筒，避免造成扰动或损坏，剔凿完成后将残渣处理干

图6-8　二次浇筑后对支墩顶面复测　　　　　　　　图6-9　下支墩浮浆剔凿及二次灌浆

净，报质量部验收，验收合格后方可将定位预埋板重新安装，安装后要进行预埋板水平度及中心位置复测。下支墩混凝土浇筑完成3d后进行柱顶二次灌浆，避免柱顶温度过高导致灌浆料产生裂缝，如图6-9所示。

二次灌浆采用无收缩高强度灌浆料，流动度≥260mm，抗压强度1d时≥22MPa，3d时≥40MPa，28d时≥70MPa，竖向膨胀率1d时≥0.02%，严格控制材料质量。灌浆时，严格按照水灰比1∶0.14，采用机械搅拌，搅拌机内每次放200kg灌浆料、28kg水，分次加料、水均匀搅拌。灌浆从定位预埋板中间开孔处下料，直至浆料从板外圈或透气孔溢出为止，以利于灌浆过程中的气泡排除，不得从外围和中孔同时进行灌浆。灌浆完成后进行收面，灌浆料初凝后应立即加盖湿草袋或岩棉被，进行3~7d阴湿养护。

（8）安装隔震橡胶支座

对主墩表面进行清理，将螺栓及临时胶套取下，再将该位置所需隔震支座吊到该支墩（柱）上，吊装支座时注意应轻举轻放，防止损坏支座和下支墩混凝土。待隔震支座下法兰板螺栓孔位与预埋钢套筒孔位对正后，将螺栓拧入套筒。螺栓应对称拧紧，紧固过程中严禁用重锤敲打，如图6-10所示。

（9）支座顶面铺油毡及上支墩钢筋绑扎

隔震支座安装完成后，在其表面铺设SBS油毡以防止上支墩混凝土浇筑过程中砂浆潜入螺栓周围，便于将来更换，如图6-11所示。

图6-10　橡胶隔震支座安装

图6-11 支座法兰板铺设SBS油毡

6.1.2 大直径低摩擦弹性滑板支座安装技术

6.1.2.1 隔震弹性滑板支座构造

建筑隔震弹性滑板支座的结构相对简单，由叠层橡胶钢板、摩擦副（通常采用镜面不锈钢板和滑移材料），以及连接件组成，如图6-12所示。

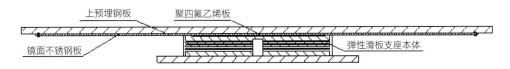

图6-12 弹性滑板支座构造

隔震弹性滑板支座的工作原理是在竖向压应力作用下，依靠滑移材料在镜面不锈钢板上往复摩擦消耗地震能量。弹性滑板支座的摩擦系数较小，因此当隔震结构遭遇地震时，弹性滑板支座克服静摩擦力后即刻开始滑动，通常动摩擦系数为1%～8%。但是震后仅靠弹性滑板支座本身无法复位，需要依靠其他隔震装置的回弹力复位。通常与隔震橡胶支座混合使用，隔震层适当采用弹性滑板支座，可以降低隔震层的水平刚度，提高上部结构的减震效果，可以实现将上部结构的水平地震作用降低一半以上，因其能提供初始静摩擦力，又能起到一定抗风作用。

6.1.2.2 施工安装方法

传统的弹性滑板支座施工安装，下支墩直径较大，镜面不锈钢板固定于下支墩顶面，叠层橡胶支座本体固定于上支墩底面，镜面不锈钢板支撑着叠层橡胶支座本体。北京大兴国际机场航站楼应用的弹性滑板支座施工安装方式与传统方式有明显不同，其弹性滑板支座的叠层橡胶支座本体安装于下支墩顶面，滑移面板安装在上支墩底部或上部梁底，镜面不锈钢板朝下倒扣在叠层橡胶支座本体上，下支墩截面尺寸可以控制在合理范围之内，避免下支墩截面尺寸过大对隔震层使用功能的影响，同时降低了下支墩工程造价。大直径的滑移面板固定在上部结构的梁底或支墩底部，梁底或支墩底的宽度大于滑移面板直径，滑移面板可以直接安装在梁底或支墩底，无须额外增大隔震层的梁或支墩尺寸。

弹性滑板支座的安装方法为下支墩钢筋绑扎—埋件安装—二次灌浆，与高性能橡胶支座的安装方法一致，不重复叙述，本节从滑板支座橡胶部安装开始说明。

（1）滑板支座橡胶部安装

下支墩顶清理、清扫、找平，测量平整度，安装弹性滑板支座橡胶部，如图6-13所示。

（2）安装支撑组件

利用现场的脚手架、方钢管、U形拖、方木等安装滑移镜面板的支撑组件，使得支撑组件上表面与滑板支座橡胶部顶面在同一标高上，如图6-14所示。

图6-13 滑板支座橡胶部安装

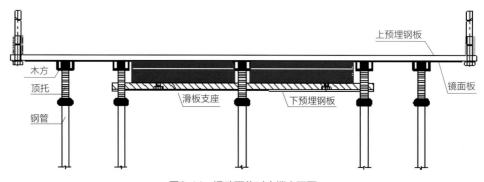

图6-14 滑动面临时支撑立面图

（3）安装滑移镜面板及上预埋件

由于滑动面直径较大（ESB600支座滑动面直径为2.5m；ESB1500支座滑动面直径为3.2m）而厚度相对较薄（ESB600支座滑动面厚度为3.6cm；ESB1500支座滑动面厚度为4.3cm），平面外刚度较小。为保证吊运过程中滑动面的平衡及水平，采用吊带和铰链相结合的方式，在吊带和铰链的外侧同时施予磁力吊进行辅助。安装滑移镜面板，将滑移镜面板吊装到支撑组件上表面，测量中心位置和平整度，然后使用扁铁固定滑移镜面板，安装滑移镜面板上的预埋件，如图6-15所示。

（4）上支墩支模浇筑

滑移面板及上部锚筋安装完毕即可进行上支墩（柱）钢筋绑扎及混凝土浇筑，如图6-16所示。

上支墩（柱）混凝土完成终凝后应尽快将临时固定扁铁取出，以避免因上支墩（柱）及周边相连梁板混凝土变形使临时固定扁铁受力从而导致上、下支墩（柱）和滑板支座处于不正常的受力状态而对滑板支座及上、下支墩（柱）造成的破坏。支座安装完成效果如图6-17所示。

图6-15　安装滑移镜面板和上预埋件

图6-16　上支墩钢筋笼绑扎

图6-17　制作安装完成

6.1.2.3 质量控制标准

（1）质量控制标准

支承弹性滑板支座的支墩，其顶面水平度采用0误差控制；在弹性滑板支座安装后，顶面的水平度要达到0误差。弹性滑板支座中心的平面位置与设计位置的偏差不应大于5.0mm。弹性滑板支座中心的标高与设计标高的偏差不应大于5.0mm。安装弹性滑板支座时，下支墩混凝土强度不应小于混凝土设计强度的75%。下支墩混凝土浇筑必须密实，下支墩顶面与支座接触面应密贴。

（2）安装注意事项

除应遵循隔震支座的安装注意事项之外，由于弹性滑板支座的特殊性，施工中尤其是滑动面的吊装、就位、固定及上部结构施工过程中都应特别注意不得因人为因素造成滑动面的变形和就位固定之后的移位。

6.1.3 大行程黏滞阻尼器施工技术

6.1.3.1 黏滞阻尼器构造

黏滞阻尼器是应用黏性介质和阻尼器结构部件相互作用差生阻尼力的原理设计制作的一种被动速度相关型阻尼器，主要由销头、活塞杆、活塞、衬套、油缸、壳体及阻尼介质等部分组成，如图6-18所示。

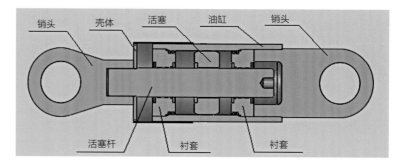

图6-18 双销头形式

当工程结构因振动发生变形时，安装在结构中的黏滞阻尼器的活塞与油缸之间发生相对运动，由于活塞前后的压力差使阻尼介质从阻尼孔中通过从而产生阻尼力，耗散外部输入结构的振动能量，达到减轻结构振动的目的。阻尼器一端安装在首层楼板梁下吊柱，另一端安装在支座下支墩，如图6-19所示。

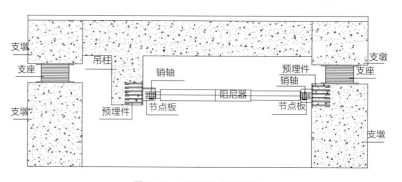

图6-19 阻尼器安装示意图

6.1.3.2 施工安装方法

（1）下支墩侧壁预埋件安装

下支墩顶，环形钢圈以下100mm，将预埋组件的锚固钢筋嵌入下支墩钢筋笼中，测量调整中心位置和标高，30mm厚预埋钢板与钢筋笼主筋点焊，并借助辅助钢筋点焊，预埋钢板四周侧面点焊固定，如图6-20所示。

（2）吊柱侧壁预埋件安装

吊柱底端以上100mm位置，将预理组件的锚固钢筋嵌入吊柱钢筋笼中，测量调整中心位置和标高，30mm厚预埋钢板与钢筋笼主筋点焊，并借助辅助钢筋点焊，预埋钢板四周侧面点焊固定，如图6-21所示。

图6-20 下支墩侧壁预埋件安装　　　　　　　图6-21 吊柱侧壁预埋件安装

图6-22 下支墩下节点板熔透焊　　　　　　　图6-23 吊柱下节点板熔透焊

（3）下支墩下节点板熔透焊

节点板焊接区域除锈，测量下支墩节点板的标高和中心位置，采用三角铁临时支撑节点板，熔透焊接节点板，焊接完毕后应进行探伤检查，如图6-22所示。

（4）吊柱下节点板熔透焊

节点板焊接区域除锈，测量吊柱节点板的标高和中心位置，采用三角铁临时支撑节点板，熔透焊接节点板，焊接完毕后应进行探伤检查，如图6-23所示。

（5）安装黏滞阻尼器

用两根电动葫芦将黏滞阻尼器缓慢水平吊起，放置于下节点板上，如图6-24所示。

（6）安装销轴

安装上节点板，上下节点板的中孔对准黏滞阻尼器的销头中孔，安装销轴，并锁紧，如图6-25所示。

（7）上节点板熔透焊接

熔透焊接上节点板，焊接完毕后进行焊缝探伤检查，如图6-26所示。

（8）除锈刷防锈漆

预埋板、节点板表面除锈，涂刷防锈油漆，并完成验收。

图6-24 安装黏滞阻尼器

图6-25　安装销轴

图6-26　上节点板熔透焊接

6.1.4　隔震支座防火构造

6.1.4.1　隔震支座防火构造

隔震支座由叠层橡胶钢板经过热硫化组合而成，隔震支座在火灾情况下，随着温度升高，橡胶会出现裂解碳化，胶粘剂失效，橡胶钢板粘结失效，丧失承载能力。本工程属于重大生命线枢纽工程，因此采取相应措施提高隔震支座的耐火能力非常必要。本工程隔震支座采用"防火砖+无机布+防火罩"的多道防火包封，使层间隔震支座耐火极限不低于主体结构耐火极限，保证主体工程安全。

（1）聚苯颗粒防火砖

防火包封第1道措施是在隔震橡胶支座四周设置1道100mm厚聚苯颗粒防火砖，防火砖分为上、下两部分，分别使用环形钢板与隔震支座的法兰盘连接，防火砖上、下两部分间使用防火密封胶封堵。使用100mm厚防火砖可有效起到防火保护作用；在防火砖中间设置10mm缝隙，可以在较大的变形情况下避免隔震支座与防火砖的碰撞；防火砖采用聚苯颗粒材料，强度交底，即使隔震支座与防火砖发生碰撞，防火砖会先破坏，且支座外层还有橡胶保护层，不会破坏支座，不影响结构安全；防火砖之间的10mm空隙在使隔震支座在较大变形情况下，保持上、下两部分防火砖的相对完整，防火密封胶保证在正常情况下的防火包封的密闭性。第1道防火砖深化设计如图6-27所示。

（2）防火帘+锥型钢板

防火包封第2道措施是在隔震支座防火砖外侧绑扎固定1道30mm厚防火无机布，在支座下端固定1道开口向上的锥形钢板。聚苯颗粒防火砖在隔震支座变形后防火胶密封位置会有相对变形，乃至脱开，严重情况可能会有碎块脱落，锥形钢板可形成一个托盘，避免破碎防火砖掉落下方，防止伤人；隔震支座位于框架柱顶端，在发生火灾情况下，火势会自下而上，锥形钢板在隔震支座下端形成伞状防护，可在隔震支座外侧形成一定隔离区域；防火帘为无机布，固定在隔震支座上端法兰盘外侧，且为通高设置，配合锥形钢板可有效隔离明火与防火帘内侧构件的直接接触，起到防火、隔热作用。

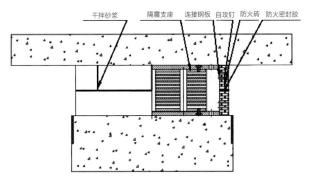

图6-27 第1道防火砖深化设计

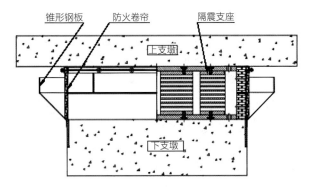

图6-28 防火帘及锥形钢板深化设计

锥形钢板上口开口尺寸取300mm，尽管隔震支座设计极限变形为600mm，但极限变形的条件是在罕遇地震情况下，发生概率小，航站楼核心区主要设备机房均在地下一层，管线密集，空间受限。经与设计沟通，锥形钢板开口尺寸按多遇地震考虑，取300mm可满足隔震支座变形要求。防火帘及锥形钢板深化设计如图6-28所示。

6.1.4.2 施工安装方法

（1）防雷接地扁钢处理

隔震支座防火包封前，先将隔震支座四周的4根接地Ω环调整就位，Ω环弧度应满足防火砖、防火卷帘的安装，且不能凸出锥形钢板，并满足隔震支座在地震作用下的变形要求。Ω环焊接需采用钢板遮挡避免损坏隔震支座。隔震支座外层保护层在防火砖安装前不得撤除，避免因失误造成隔震支座表面损伤。

（2）防火砖施工

隔震支座防火砖安装前先安装连接钢板，连接钢板分为上、下两部分，连接钢板厚2mm、高150mm，一个圆周分为4块，与隔震支座法兰盘电焊连接。

100mm厚聚苯颗粒防火砖一周分为4块，每块使用4根自攻螺钉与连接钢板固定，防火砖为企口拼接，自攻螺钉长度需穿过连接板20mm，自攻螺钉用粘结砂浆封堵。防火砖节点如图6-29所示。

下部防火砖安装应保证上表面平整，下部防火砖安装完毕后，在防火砖上端面铺贴10mm厚阻燃橡胶片，然后安装上部防火砖，上部防火砖与防火柔性材料搁置接触，然后再安装固定，固定方法同下部防火砖。上部防火砖固定完毕后，将阻燃橡胶片外侧使用防火密封胶封闭。防火砖与隔震支座上、下支墩及拼接企口均使用砂浆砌筑。

（3）防火帘安装

防火帘上端固定位置每30cm设置1个固定环扣（图6-30），用于穿钢丝绳。先将防火卷帘沿防火板与上支墩接合圆周线包覆1周并拉紧，同时将搭接处粘扣粘合在一起，然后将防火卷帘上端耐高温钢丝绳使用锁紧机构将软帘上端紧紧固定在上防火板处，最后使用耐高温钢丝绳将软帘搭接处两端圈螺丝锁紧牢固，防火卷帘下端自由垂下。

（4）锥形钢板安装

每个隔震支座的包封锥形钢板由6片组成，组装后形成圆周。安装锥形钢板时，锥形钢板下端内圆弧面与下支墩顶的圆形钢圈贴合紧密，并点焊固定；上端搭接处点焊固定。最后安装1块锥形钢板后，锥形钢板下端采用钢带及六角螺栓拧紧固定；上端搭接处采用自攻螺钉固定。锥形钢板安装完毕后，焊点、防火涂层磨损处补喷防火涂料；防火卷帘下端自由端落入贴紧锥形钢板。锥形钢板安装前，应在面层除锈后进行防腐、防火涂料喷涂，安装后进行修补。隔震支座的防火构造安装完毕示意如图6-31所示。

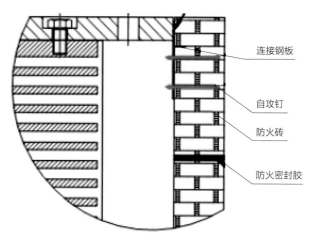

图6-29　防火砖节点

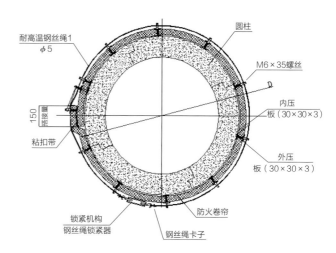

图6-30　防火帘固定

6.1.5 隔震支座更换方法

本工程使用的所有隔震支座均由具备资质的第三方检测机构负责检验，包括支座外观、尺寸、竖向压缩性能、水平剪切性能、

图6-31　隔震支座防火构造安装完毕

摩擦系数等指标，检验合格，并出具了第三方检测报告。同时，对运到工程现场的隔震支座，由现场监理随机抽样、标记、封样，并送至检测机构进行了见证检验，见证检验合格并出具见证检验报告。因此，本工程使用的隔震支座无论从外观质量还是力学性能方面，均满足现行国家、行业规范和设计文件要求。在正常使用状态下，隔震支座不会有质量问题。但是在不可抗力或人为因素下，如地震、火灾、施工损伤等，可能会造成支座损坏、破坏，针对此种情况，需要研究制定更换施工方案，对需要更换的支座进行更换。

（1）现场测量

现场测量隔震橡胶支座的高度，以确定隔震支座压缩量。由于混凝土收缩徐变以及温差原因，使得隔震橡胶支座发生水平向倾斜，新支座按照正常情况加工生产，上下法兰板螺栓孔在同一铅垂线上，而现场实际上下预埋件的孔位已经发生了偏移，这使得正常生产的隔震支座无法与上下预埋件连接。为此，将隔震橡胶支座上法兰板外螺栓的中心点投影到下法兰板上，并测量投影点到下法兰板邻近两个边的距离，依此确定新支座上法栏板外螺栓孔的加工位置，上法栏板示意如图6-32所示。

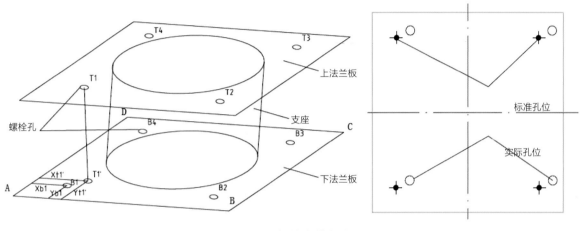

图6-32 法兰板螺栓孔测量

（2）新支座准备

根据测量数据加工法兰板，并组装成新支座。根据测得的隔震支座压缩量，向支座施加竖向荷载压缩至相同压缩量，并使用钢板把支座的上下两块法兰板连接起来。卸下施加的上部荷载，将支座运至工地现场。

（3）现场准备

测量检查上支墩顶面和下支墩底面的水平度，对于不平整的使用磨光机打磨平整。将下支墩的轴线标出，并将隔震支座上法兰板和下法兰板四边的位置用墨线标记到上下支墩上，以便正确控制新隔震支座的安装位置。沿隔震支座移出方向铺设白铁皮，并在白铁皮上表面涂硅油。对隔震支座进口和出口方向，凿掉有碍工作展开的混凝土。为防止上支墩顶升过程中，由于支座竖向压力降低使得压缩变形减少，支座高度反弹，在上支墩顶升前，先将隔震支座上下法兰板用两块钢板焊接起来。各种仪器设备就位。

（4）设备准备

对千斤顶进行标定，保证精度。将千斤顶在指定位置点对正放置，并使千斤顶位于下压和上顶的传力设备合力中心轴线上。用高压油管将千斤顶与液压控制阀连通好，液压控制阀通过高压油管与高压油泵连通。对电动油泵应先接好外接电源线，检查线路正确无误后再通电试机，将止通阀搬向"止"位置，打开电动机开关，检查油泵是否能正常运转。当油泵运转正常，且贮油箱内有充足的备用油后，将止通阀搬向"通"位置，打开电动机开关，使油管内充满液压油。在预留油管接口处见到有油漏出后，拧紧该油管接口。正式实施加载工作，加载量可由油压表读数控制，或用荷重传感器控制。当试验过程中突然出现停电，应检查止通阀是否锁紧，以使荷载维持恒定。

（5）计算分析

X向梁跨度9.0m，Y向梁跨度9m，更换支座取出时，梁跨度18m，按照18m跨度计算最大弹性挠度，$f_A=5q_1l_{01}^4/(384EI)=5q_2l_{02}^4/(384EI)$，多台千斤顶同步顶升高度应小于梁的最大弹性挠度，避免过大顶升位移引起梁底开裂。

（6）加载制度

在隔震支座上支墩的顶升过程中，主支墩按照0.5mm为一级进行加载，周边支墩按照0.25mm为一级进行加载，每一级加载完成后，应记录千斤顶及位移计的实际读数，并用肉眼观察梁底面与上法兰板顶面是否脱开。若脱开，则使用葫芦将隔震橡胶支座拉出，如能被拉动，则将隔震支座拉离原位；如未能拉动，则进行下一级加载，直至隔震支座被拉动。应严格控制顶升高度。

（7）更换步骤

1）将待更换隔震支座的上下法兰板上的所有外螺栓拧出，并将上下法兰板焊接固定，避免更换过程中高度回弹。

2）将待更换支座的邻近四周对应的支座上下法兰板上的所有外螺栓松动但不拧出。

3）布置千斤顶，如LRB1200支座，长期轴压荷载1356t。可以采用6个千斤顶，每个千斤顶最大顶升力300t，千斤顶均布于隔震支座四周，千斤顶的顶端施加于梁底钢板上（避免集中荷载过大，荷载均匀），千斤顶的底面坐落于提升支架顶端平台上。

4）千斤顶放置于提升支架顶端平台上，提升支架底座置于型钢梁上，型钢梁支在邻近的负一层钢筋混凝土梁上，提升支架如图6-33所示。

5）按照主要设备及测量仪器布置图布置千斤顶及测量仪器。注意为了降低混凝土所承受的压应力，在千斤顶的顶部和底部需要安放30mm厚钢板，以增大千斤顶与上部梁和下部支墩之间的接触面积，从而降低混凝土承受的压应力。为了测量上支墩的顶起高度，在支墩的对角方位布设位移计4对，每个角部布设两个，一个位移计测量下支墩变形量，另外一个测量上支墩的位移量；为了防止主顶失效，在主顶后面布置两个保护顶，单个顶出力300t。

6）拆卸下主支墩上下法兰板的12个螺栓。注意一定要在顶起上支墩之前卸下。拧松主支墩周围承台上所有隔震支座的上法兰

图6-33　提升支架底座

板（或者下法兰板）的12个螺栓。注意一定要在顶起上支墩之前拧松，螺栓拧松3mm。但不要卸下螺栓，否则，上支墩顶起后，螺栓受剪，难以拆卸。顶升上支墩，顶升过程中加载方式见加载制度。此过程加荷速度一定要慢。上支墩与隔震支座之间的剪力是靠混凝土与钢板之间的摩擦力进行传递的，因此，随着支座压力的减小，摩擦力也逐渐减小，当摩擦力小于维持隔震支座变形的剪力时，上法兰板可能会回弹，此过程要注意安全。

7）使用葫芦拉出隔震支座，此过程要尽量保持支座按照直线向外移出；若偏斜较大应予以校正。

8）新隔震支座就位。在下法兰板底面涂抹硅油，用特制的6t叉车将隔震支座叉放到转运架上，然后将转运架推放到指定的位置，最后使用葫芦将隔震支座拉至就位，安装下法兰板螺栓。

9）将旧支座拉到转运架上，把转运架推离梁下方，然后使用2.0t叉车将支座叉放到地面上。

10）卸载：当荷载加到预定值并决定开始卸荷时，应扳动止通阀手柄向"止"方向慢慢移动，使千斤顶内高压油向油泵的贮油箱内流动，当荷载加至要求值时，将油泵止通阀手柄向"通"方向搬动。

11）需将千斤顶卸荷至零时，完全打开止通阀手柄。这时可以切断电源，拆除油泵的外接电源线路，并将电源线盘好。

12）当千斤顶活塞完全进入工作油缸内后，拆除高压油管，并将油管盘好存放，将千斤顶、油泵擦拭干净，以备下次使用。

6.2 层间隔震建筑构造技术

由于隔震层位于楼内层间，致使工程面临一系列全新问题。例如，由于上下部结构之间会随温度和地震作用不断发生变形，原本一个简单的砌筑墙体，需从隔震支座标高断开，隔震支座下的结构从地下一层楼板生根，不可水平向自由移动，而隔震支座上的结构从首层楼板生根，可自由移动。

虽然层间隔震技术将地下结构与地上结构完全隔离，但航站楼地下空间与首层道路地下空间贯通，首层道路的地下室未设置隔震支座；航站楼的指廊也未设置隔震支座。这要求与首层道路交接的楼板、与指廊交接的结构均需断开800mm以上，以保证中震的变形空间。原本一个简单的上下贯穿的楼梯，就不能按常规设计，而要从F1层结构下挂，使楼梯随上部结构移动。下部结构为给楼梯留出变形空间，在楼梯四周设置隔震沟。

又如，虽然层间隔震技术将地下结构与地上结构完全隔离，但在外围墙体的围护功能方面，地上结构与地下结构需连接形成整体。在核心区外围四周均设置了隔震沟、隔震缝。隔震缝和隔震沟宽达1400mm，需要满足的最大变形量为600mm，为了不影响航站楼正常使用、美观和变形需求，采取了独特的限位滑移装置。

地下一层房间吊顶与竖向结构之间不能直接连接，均需要留置满足变形空间。隔震层内房间设置装饰吊顶，吊顶净空高度2.5～4m，装饰吊顶的吊杆或转换支架固定在首层楼板下，由于隔震层的存在，吊顶需满足300mm小震变形空间和日常150mm温度变形空间的需求，吊顶与竖向结构之间需要设置特殊的构造措施，确保吊顶满足层间隔震层位移及装饰美观的要求。

6.2.1 层间隔震体系的隔震缝构造设计与施工技术

6.2.1.1 隔震沟、隔震缝深化设计

（1）核心区与指廊、周边地面的隔震缝、隔震沟

1）由于仅核心区采用了隔震技术，指廊位置未采用隔震技术，故核心区与指廊水平混凝土结构在交接位置不能连续，否则在交界位置会形成应力破坏，如图6-34所示。此位置通长设置800mm宽隔震缝，隔震缝顶部需设置限位滑移装置封闭，如图6-35所示。

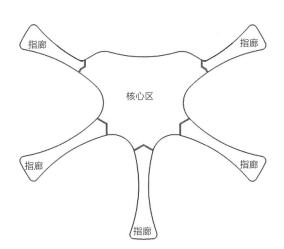

图6-34　核心区与指廊位置关系示意图

2）由于F1层及以上结构相对于地下结构可水平滑移，故F1层楼板与B1层外墙之间混凝土结构在交接位置不连续（图6-36），周圈均设置了隔震沟（图6-37）。

（2）内部垂直交通限位滑移装置

内部垂直交通包括楼梯、电扶梯、垂直电梯三类，垂直交通结构均与地上结构相连（由首层下挂竖向结构），与地下结构完全分离（图6-38、图6-39）。垂直交通结构与地下一层楼板间设置隔震沟（图6-40）。

（3）限位滑移装置构造

限位滑移装置由钢箱隔震盖板、销轴铰支座、全向滑移球支座、限位调向楔形板、装饰盖板组成，如图6-41所示。

6.2.1.2 施工关键技术

（1）工厂内构件加工

根据施工图纸，采购各规格的原材。原材到场后，由专职质检员对材质证明及材料标识和材料表面允许偏差进行核对、验收，验收合格方可卸车。

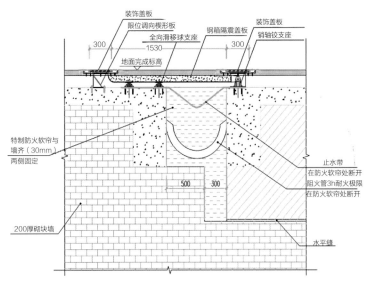

图6-35 核心区与指廊之间隔震缝详图

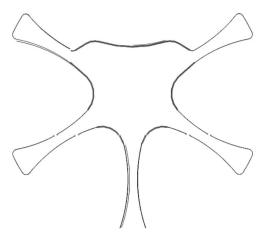

图6-36 F1层楼板与B1层外墙之间隔震沟位置示意图

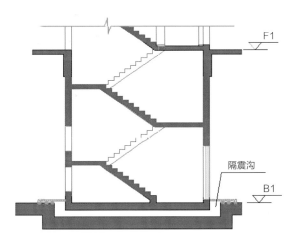

图6-38 楼梯四周隔震沟剖面示意图

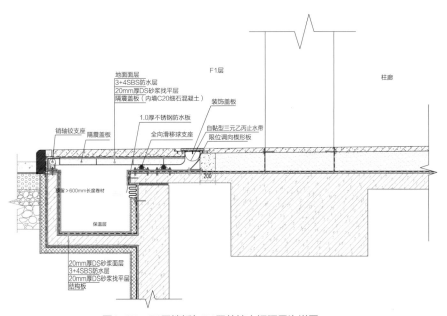

图6-37 F1层楼板与B1层外墙之间隔震沟详图

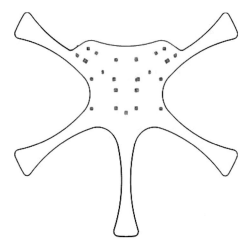

图6-39　楼梯平面位置示意图

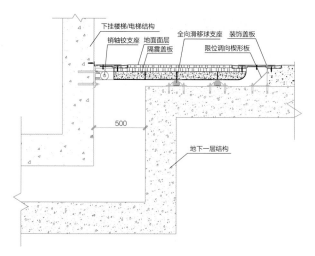

图6-40　楼梯四周隔震节点详图

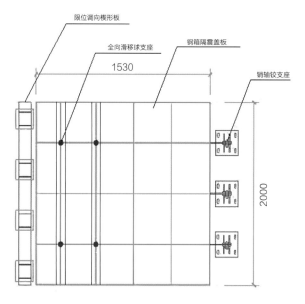

图6-41　限位滑移装置单元平面示意图

原材进场后，按照《钢结构工程施工质量验收标准》GB 50205规定，对各规格钢板原材进行见证取样复试，复试合格后，方可使用、加工。

零件下料：零件下料采用数控等离子、数控火焰及数控直条切割机进行切割加工。首先对钢板形状放样，然后根据进料尺寸，确定下料方案，降低料损。

零件组装：按照施工图纸，进行零件组装，组装时对零件进行点焊固定。组装完成后，复测零件组装的尺寸偏差，合格后方可进行焊接作业。

零件焊接：由于限位滑移装置构造较复杂，尺寸多样，需采用手工焊，焊接方法一般为向下横焊和立焊，以保证焊接的质量。焊工需持证上岗，并通过现场考核，合格后方可进行焊接作业。

涂装：限位滑移装置外表面需进行防腐处理。先采用钢丝轮进行除锈，清除表面浮锈及氧化皮，然后均匀涂刷防腐涂料。

出厂检验：构件加工完成后，由专职质检员进行质量检验，检验合格后方可出厂。出厂的配件为钢箱箱体、旋转支座、球支座等。

（2）安装隔震缝位置防火层、防水层

由于仅核心区采用了隔震技术，指廊位置未采用隔震技术，故核心区与指廊水平混凝土结构在交接位置不连续，通长设置800mm宽隔震缝。

为保证隔震缝位置楼层间的防火、防水功能，在限位滑移装置下方设置防火层、防水层，如图6-42所示。阻火带耐火极限为3h，防火层材质为双层不锈钢板内填硅酸铝。防水层为耐火型的硅胶防火布。防火层、防水层均为U形，预留隔震变形量，采用镀锌角钢及膨胀螺栓紧紧固定在隔震缝两侧的结构侧面，完全隔离上下楼层。

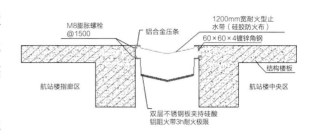

图6-42　防火层、防水层节点示意图

（3）施工隔震沟内防水层、保温层

由于F1层及以上结构相对于地下结构可水平滑移，故F1层楼板与B1层外墙之间混凝土结构在交接位置不连续，设置了通长隔震沟。为保证室外防水层、保温层连续，隔震沟内设置防水层、保温层。防水层为3mm+4mmSBS，防水层与外墙防水连续，防水层采用热熔满铺。外墙与楼板之间的30mm高缝隙采用双组分聚硫橡胶密封膏填塞密实。保温层为60mm厚挤塑板，采用砂浆粘贴在防水层外侧，保温层外侧为装饰面层，如图6-43所示。

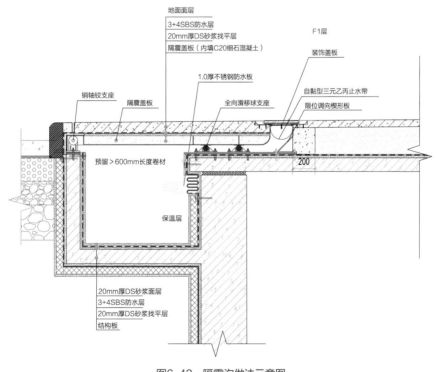

图6-43　隔震沟做法示意图

（4）安装限位滑移装置

1）现场测量

由专业测量人员采用激光水准仪、钢尺等工具对限位滑移装置的位置、标高进行测量、定位。用墨线在地面与墙面上弹出全向滑移球支座、销轴铰支座、限位调向楔形板的安装位置，确保位置与标高准确。

2）锚栓安装

复核位置线、标高线无误后，安装销轴铰支座、全向滑移球支座、限位调向楔形板的化学锚栓。根据放线所示的位置，用电锤进行打孔，并采用吹风机、毛刷粘丙酮进行清孔。孔深、孔径隐蔽验收合格后，安装化学锚栓。化学锚栓按照材料说明进行养护、固化。

按照《混凝土结构后锚固技术规程》JGJ 145—2013对化学锚栓进行非破坏性拉拔复试，复试合格后方可安装限位滑移装置。

3）安装全向滑移球支座、销轴铰支座

将全向滑移球支座摆放在相应的位置，调整支座水平位置及垂直标高后，采用化学锚栓进行固定牢固。复测无误后，在钢球支撑内挤入锂基抗氧化润滑脂，然后放入不锈钢球。

将销轴铰支座摆放在相应的位置，调整销轴铰支座垂直度后采用化学锚栓固定牢固。将限位调向楔形板摆放在相应的位置，调整限位调向楔形板长度方向顺直及其水平度，采用锚栓进行固定牢固。

在钢箱隔震盖板安装位置旁，按照钢箱编号，预先排布钢箱隔震盖板位置，进行预拼装。复核确定每个钢箱隔震盖板位置、尺寸均正确无误后，方可进行正式安装。

预拼装完成后，开始正式安装钢箱隔震盖板。从一端开始，逐块安装钢箱隔震盖板，每块钢箱隔震盖板分别采用3个镀锌销轴固定在3个销轴铰支座上。销轴端部孔内插入固定卡，防止销轴脱落。每块安装完成后，需对每块钢箱隔震盖板标高、位置进行复测，出现偏差先行调整后，再继续安装后续的钢箱隔震盖板，避免误差累积。

每个单独区域的钢箱隔震盖板全部安装完成后，对标高、位置进行整体复测。对出现偏差的钢箱隔震盖板及时进行调整。复测无误后，将每两个钢箱隔震盖板之间均焊接连接，使此区域钢箱隔震盖板首尾相连，形成一个整体，保证其稳定、平整、正常旋转。

钢箱整体验收合格后，在钢箱内浇筑C20细石混凝土。细石混凝土采用小型平板振捣器振捣密实，并按照垫层要求对混凝土表面进行收面。

（5）地面装饰装修施工

限位滑移装置安装完成后，按照图纸要求对地面面层进行施工。地面装饰装修可以采用瓷砖、石材等块材，也可以采用环氧自流平、硬化水泥地面等整体面层。地面装饰装修施工做法同普通位置地面，除需预留装饰板安装企口，其他无特殊要求。

（6）装饰盖板安装

在限位滑移装置滑动端（即钢箱与斜支座之间）设置通长装饰盖板。在地面面层完成后，安装限位滑移装置顶部的装饰盖板。装饰盖板材质为铝合金材质，可选用成品铝合金变形缝。

首先，安装基座，采用自攻螺钉固定在地面企口位置。然后，安装中间盖板，盖板顶部镶嵌装饰面层，装饰面层同两侧地面面层材料。

（7）预留缝隙打胶

限位滑移装置转轴顶部在地震时需旋转活动，其顶部地面面层预留了宽度为20mm的缝隙，采用耐候密封胶进行封闭。首先，在缝隙底部嵌填直径为20mm的泡沫棒，预留20mm注胶高度。然后，在缝隙两侧粘贴美纹纸后，进行注胶。最后，在注胶完成后，取掉美纹纸。

（8）砌筑墙体与限位滑移装置交界节点

核心区与指廊交界位置设置了结构隔震缝，但在使用功能方面，核心区与指廊相连，为一个整体。部分二次结构砌筑墙体穿过隔震缝相连接，墙体与隔震缝之间形成一个比较复杂的节点区。

墙体在结构隔震缝之间采用特制防火软帘将两侧结构及墙体进行封闭，此节点既保证了限位滑移装置滑移不受其影响，又保证了墙体密闭、完整，形成具有防火、隔声功能的隔墙。

6.2.2 层间隔震体系的二次结构隔墙施工技术

（1）上下结构断开措施

1）对钢筋混凝土柱子部位的隔震支座进行防火处理，包裹防火软帘，外围焊接固定锥形钢圈，具体详见图6-44。

2）根据规范及设计图纸要求砌筑蒸压加气混凝土砌块墙体，在砌筑墙顶部设置混凝土圈梁，圈梁上表面与锥形钢圈上表面平齐，具体详见图6-45。

（2）下挂轻钢龙骨隔墙取代上部砌筑结构

1）方钢采用80mm×40mm×3mm，使用M12金属膨胀螺栓固定于结构顶板及墙、柱上，膨胀螺栓间距1000mm，方钢与方钢之间采用焊接的方式固定，焊缝处要将焊渣敲干净，刷两遍防火涂料。

2）安装轻钢龙骨：天地龙骨采用75mm×40mm×0.8mm轻钢龙骨，用螺丝将天地龙骨固定于方钢上。根据隔墙上洞口的位

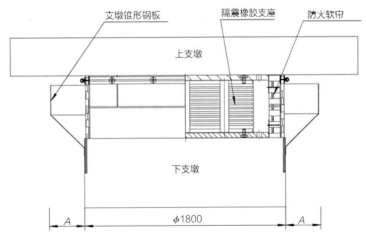

图6-44 隔震支座防火剖面图

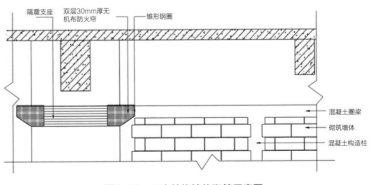

图6-45 二次结构墙体砌筑示意图

置，进行竖龙骨分档。无石棉硅酸钙板面竖龙骨中心距尺寸为400mm。当分档存在不足模数板块时，应避开洞口边第一块板的位置，使破边无石棉硅酸钙板不在靠近洞口边框处。

3）安装竖龙骨：按分档位置安装竖龙骨，竖龙骨上下两端插入天地龙骨内，调整垂直，并定位准确后，用拉铆钉固定。竖向龙骨与天地龙骨固定的拉铆钉，每端每面不少于3颗，品字形排列，双面固定。

4）安装穿心龙骨：穿心龙骨为38mm×12mm×1.0mm轻钢龙骨，下挂墙高度小于1.2m不用设置，大于1.2m均匀布置，穿心龙骨间距不大于1.2m。

5）安装预留设备洞口：根据图纸及变更图纸中墙体预留洞口定位，在每个设备预留洞口周边附加横龙骨，横龙骨采用天地龙骨制作。

6）安装无石棉硅酸钙板和岩棉：无石棉硅酸钙板用自攻螺钉固定到龙骨上，无石棉硅酸钙板用手电钻安装麻花钻头打孔、钻坑，保证自攻螺钉钉面低于板面2mm，板边钉距为200mm，板中间钉距为300mm，螺钉距板边缘的距离不得小于10mm。在板上弹出纵横钉位线，据此上自攻螺钉。自攻螺钉紧固时，板必须与龙骨贴平贴紧。板与板间留设5mm板缝。当一面板封好后，将密度不小于140kg/m³的岩棉填入龙骨内，岩棉应满填、填实，不得有漏填现象，填好后办理隐检手续，待检查合格后，安装另一侧板。安装方法同第一侧无石棉硅酸钙板，其接缝应与第一侧面板缝错开，即龙骨两侧的无石棉硅酸钙板及龙骨一侧的内外两层无石棉硅酸钙板应错缝排列，接缝不得落在同一根龙骨上。

7）细部处理：隔墙无石棉硅酸钙板之间的接缝做平缝，并按以下程序处理。刮高强嵌缝石膏：刮嵌缝石膏前先将接缝内浮土杂物清除干净，将所有固定板的螺钉帽点防锈漆进行防锈处理，然后用小刮刀把石膏嵌入板缝，与板面填实刮平。粘贴网格布：待嵌缝石膏凝固后即行粘贴网格布。先在接缝上薄刮一层稠度较稀的胶状石膏，厚度一般为1mm，宽度比无纺布略宽，然后粘贴网格布，并用开刀沿网格布自上而下一个方向刮平压实，赶出石膏与网格布之间的气泡，使网格布粘贴牢固。网格布粘贴完成后分三层刮嵌缝膏，第一层宽度200mm，第二层宽度300mm，第三层宽度400mm。刮嵌缝膏要尽量薄。下挂轻钢龙骨隔墙示意见图6-46。

（3）隔震缝构造措施

1）安装封堵岩棉：在二次结构隔墙与下挂隔墙之间采用厚度为20mm、密度不小于140kg/m³的岩棉进行封堵，岩棉宽度与下挂墙的厚度一致。岩棉应满填、填实，不得有漏填现象。

2）安装下部铝板：在混凝土圈梁上安装1.5mm厚铝板，铝板与圈梁之间设置200mm×50mm×5mm厚钢板作为垫板，通过螺丝将下部铝板与圈梁固定，螺丝铝板的长度方向均匀间隔排布，相邻螺丝间的距离不超过300mm。

3）安装上部铝板：在下挂墙的下端安装1.5mm厚上部铝板，上部铝板折角部位搭接在下部铝板之上。铝板与圈梁之间设置200mm×50mm×5mm厚钢板作为垫板，通过螺丝将下部铝板与圈梁固定，螺丝铝板的长度方向均匀间隔排布，相邻螺丝间的距离不超过300mm。中间封堵连接隔震体系和节点详图如图6-47、图6-48所示。

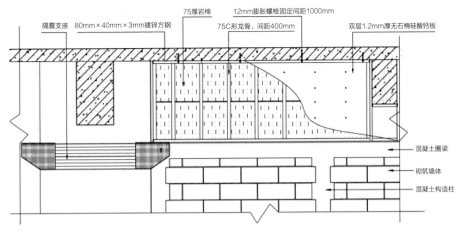

图6-46　下挂轻钢龙骨隔墙示意图

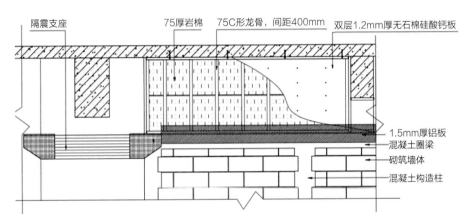

图6-47　中间封堵连接隔震体系立面示意图

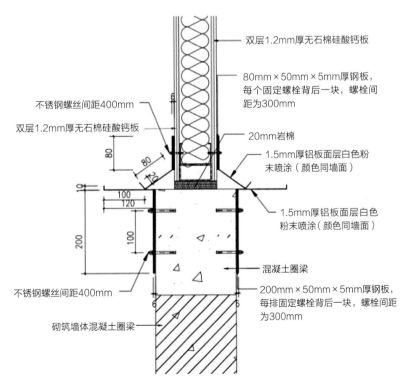

图6-48　中间封堵连接隔震体系节点详图

6.2.3　层间隔震体系的吊顶施工技术

6.2.3.1　隔震吊顶构造

（1）房间内隔震吊顶独特构造

航站楼地下一层为层间隔震层，由地下一层楼板生根构件不可随隔震支座自由滑动，由首层生根构件可随隔震支座自由滑动。地下一层房间内设置装饰吊顶，由首层楼板生根，混凝土楼板间高度6.5m，吊顶距地面完成面标高为2.5～4m。吊顶需要与地下一层楼板生根的墙面装饰板、柱面装饰板、GRG板边装饰板构造断开连接并保持视觉连续。同时，吊顶需满足质量验收悬挑构造要求，300mm小震变形空间、150mm温度变形范围内吊顶板需保持遮蔽顶板的功能。为满足上述要求，在地下一层房间内设置独特的具有300mm小震变形空间的水平全向吊顶隔震构造。

房间内隔震吊顶独特构造是由首层楼板生根可自由移动的吊顶板与地下一层墙柱生根不可自由移动的吊顶板错开5mm高差的节点设计，详见图6-49。两类吊顶板水平方向搭接150mm，使温度变形范围内吊顶板保持遮蔽顶板的功能。柱面生根的吊顶悬挑板龙骨上部有隔震支座防火包封，悬挑结构加斜撑的空间不足。采用柱面生根的由40mm×60mm×3mm镀锌方钢管焊接在墙柱面龙骨上，悬挑龙骨之间采用40mm×60mm×3mm镀锌方钢管焊接形成闭合环，解决了加固空间不足的难题。

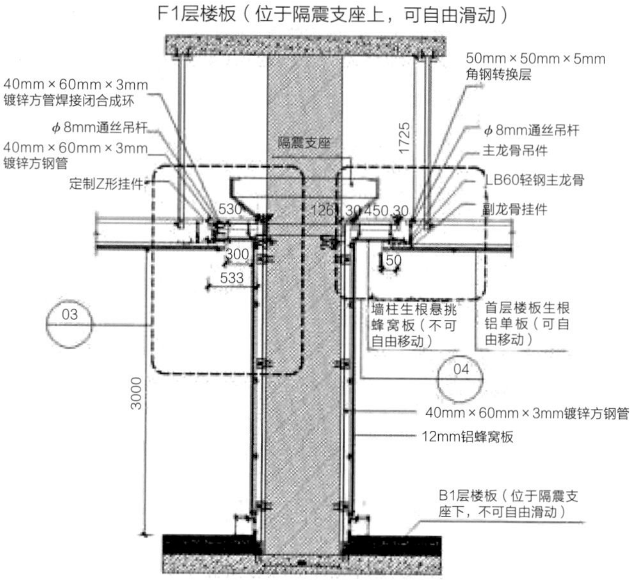

图6-49　房间内隔震吊顶立面图

（2）跨越隔震沟吊顶独特构造

航站楼地下空间与首层道路地下空间连通：航站楼地下室顶板位于隔震支座上，水平方向可以自由移动，首层道路地下室顶板下无隔震支座，水平方向不可自由移动，两类顶板由隔震沟断开，装饰板构造断开连接并保持视觉连续，如图6-50、图6-51所示。同时吊顶需满足质量验收悬挑构造要求、300mm小震变形空间、150mm温度变形范围内吊顶板需保持遮蔽顶板的功能。为满足上述要求，在地下一层房间内设置独特的具有300mm小震变形空间的水平全向吊顶隔震构造。

（3）屋面大吊顶隔震独特构造

核心区屋面大吊顶位于层间隔震体系中可以水平方向自由移动的吊顶，与水平方向无法自由移动的指廊大吊顶需保证变形空间。在大吊顶上设置隔震构造，跨越1300mm钢结构缝隙，满足变形空间及功能、美观需求。

屋面大吊顶隔震独特构造采用核心生根的可水平向自由移动的吊顶板与指廊生根的不可水平向自由移动的吊顶板断开100mm的节点设计，如图6-52、图6-53所示。使钢结构1500mm宽隔震缝功能上满足变形要求，视觉上连续美观。

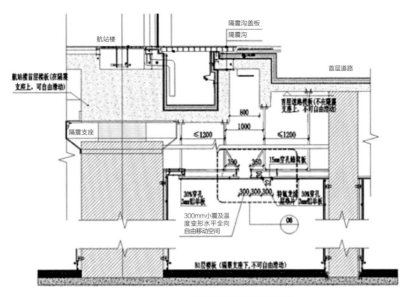

图6-50　跨越隔震沟吊顶立面图

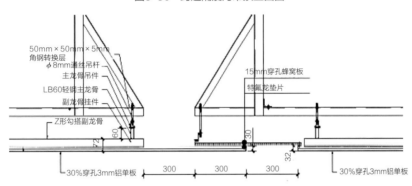

图6-51　跨越隔震沟吊顶节点详图

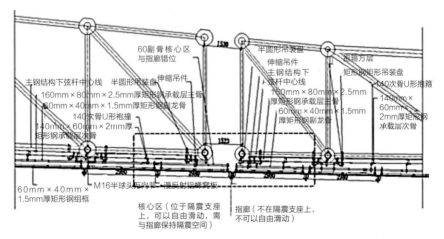

图6-52　屋面大吊顶隔震构造立面图

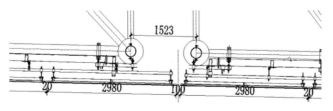

图6-53　屋面大吊隔震构造节点详图

6.2.3.2 施工关键技术

（1）房间内隔震吊顶施工关键技术

1）根据隔震吊顶标高，在四周墙上设置标高控制点，根据网格状原则，运用BIM技术，进行碰撞测试，确定在所有隐蔽工程不打架的情况下，进行标高定位；轴线是按照先前的地面控制线用红外线扫描仪射到顶部进行定位。

2）定位好后，在现浇混凝土板底用膨胀螺栓固定L50×5角钢，角钢上连接L50×5角钢吊杆固定，如图6-54所示。

安装固定后的吊杆要通直，并有足够的承载能力。主龙骨端部悬挑不大于300mm，否则应增加吊杆。吊顶灯具、风口、窗帘盒、灯槽/灯箱、大型检修口、检修通道等应设附加吊杆。

3）在吊杆的下端连接好转换层，如图6-55所示。

4）再从转换层引出φ8吊杆、长边长60龙骨吊件、60龙骨，边长安装好勾搭龙骨。安装墙柱面生根的吊顶龙骨（图6-56）。

5）安装隔震吊顶的铝合金蜂窝板和铝单板，见图6-57、图6-58。

（2）屋面大吊顶隔震施工关键技术

1）安全绳安装

为保证大吊顶施工操作方便，生命绳（φ8的钢丝绳）采用锁扣固定在网架上下弦之间的腹杆上，共设置两道，第一道生命绳距下悬杆高度为600mm，第二道生命绳距下悬杆高度为1200mm。生命绳用于上、下悬杆抱箍、主龙骨及面板组合框的安装。施工过程中，双挂钩安全带的两个挂钩分别挂在两道生命绳上。

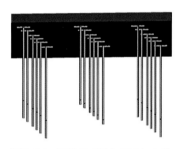

图6-54 隔震吊顶转换层吊杆安装完成效果图

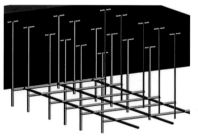

图6-55 隔震吊顶转换层安装完成效果图

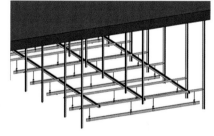

图6-56 隔震吊顶U形轻钢龙骨安装完成效果图

图6-57 吊顶面板安装完成效果图

图6-58 隔震吊顶面板安装前后照片

2）安全网安装

操作人员（2人/组）通过四层临时钢楼梯上的马道进入网架结构上，或通过高空直臂车直接深入网架内部结构进入网架结构上，每个人都必须把安全带挂在生命绳上，在铺设安全网时，安全带自始至终不能离开生命绳，系好系牢。安全网用定滑轮吊装固定，定滑轮固定于铺设网架两侧弦杆靠近球点处，先由地上人员（2人/组）运至施工部位，在地面将安全网6m×3m进行拼接，拼接完成后将安全网展开，通过定滑轮吊装将地面安全网送至网架区域，先把安全网的一端两个主绳头挂在下弦杆上，并系牢固，然后施工人员从一端开始向另一端依次把中间的筋绳都系牢在下弦杆上，最后把安全网的另一端两个主绳头挂在另一侧的下弦杆上系牢固。

3）吊装盘安装

为了保证施工操作方便，优先采用直臂车安装吊装盘抱箍系统，两个人在直臂车操作平台上配合安装吊装盘。使用直臂车将吊装盘及操作人员运至钢网架下弦球点附近，操作人员在直臂车上从杆件下部进行吊装盘安装，操作过程中安全带严格系挂在高空车护栏上，安装人员不得跨越护栏、脱离操作平台作业。

4）主次龙骨安装

转换层安装完成后，需对吊顶的隐蔽工程进行检查验收，包括管道和布线皆需符合设计要求，验收合格才能进入下一道施工工序。转换层安装完成并通过验收后，利用转换层（转换层内框横向间距不大于3000mm）和屋顶钢网架搭设操作平台，操作平台采用3000mm×250mm×15mm钢跳板作脚手板，单根脚手板重量为8.8kg。一组安装工人配两块脚手板，根据安装位置现场调整，移动操作平台进行龙骨安装和蜂窝铝板单元板块安装，在安装组框面板时，安全带必须时刻系挂在生命绳上，严禁脱钩。

5）隔震屋面大吊顶安装

待主龙骨及配件栓接完成后，地面安排1名看护、4名操作人员，网架上安排4名操作人员及1名指挥员。将定滑轮固定到转换层120×60龙骨上，通过两个定滑轮及麻绳（麻绳规格：ϕ12.5mm，长度≥50m整根）对组合单元件四个边角固定后进行现场吊装，如图6-59所示。吊装方式同安全网吊装方式，吊装时地面4名操作人员斜向拉升（单元组框净重<85kg，规格<3000mm×3000mm）。待吊装至指定高度后，网架上操作人员在转换层脚手板操作平台上进行单元块连接固定，增加斜向交叉安全绳，安全绳保护覆盖半径2.5m，高度0.6m，此时操作人员安全带始终扣挂在安全绳上。吊装至主龙骨下方使用U形卡件及螺栓与主龙骨进行连接紧固。

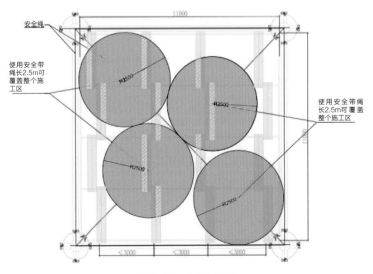

图6-59 安装示意图

6.3 层间隔震机电管线位移补偿构造技术

航站楼机电工程共计108个系统，工程量大、系统复杂，大部分机房位于B1层层间隔震层，隔震支座将地下与地上混凝土结构完全隔离，最大层间水平位移设计量为600mm，层间隔震系统中机电管线位移补偿安装如图6-60所示。为了与建筑结构大位移量层间隔震体系相匹配，保证机电系统运行

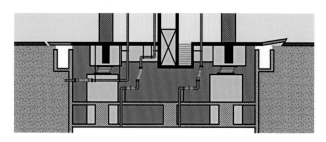

图6-60 层间隔震系统中机电管线位移补偿安装示意图

的稳定性，机电设计根据地震风险情况进行评估，将穿越隔震层机电各专业系统管道隔震标准设计如下，①设备专业，按结构设计条件，地震作用（8度、0.2g）下管线隔震位移变形要求如下：中震按±250mm；大震按±600mm。其中消火栓、自动喷水灭火、水炮等消防水系统管道按照大震位移标准考虑。给水管、雨水管、供暖空调水管等按照中震位移标准考虑。排水管线可按±300～350mm，较中震位移标准稍高考虑。消防排烟风管、正压送风风管、排烟补风风管以及事故通风风管等按照大震位移标准考虑。②电气专业，电缆、母线及管线敷设应采用柔性吊挂固定和可伸缩式软连接方式，其预留裕量应保证在水平移动500mm时，桥架（槽盒）、母线、管线及所连接的机电设备不被拉至损坏。

近年来，国家对建筑机电工程抗震技术逐步重视，陆续发布了《建筑机电工程抗震设计规范》GB 50981—2014、《抗震支吊架安装及验收规程》CECS 420—2015等，其主要强调的是如何将机电管道与建筑结构牢固结合，在地震加速度中能维持管线的稳定。但如何与结构隔震技术相匹配，实现结构楼层水平大位移下机电管线系统的稳定性，目前国内尚无相关技术标准和典型案例，需对处于层间隔震系统中的机电管线隔震补偿技术进行深入研究和探讨。

6.3.1 流体管道位移补偿构造技术

6.3.1.1 隔震补偿单元

为了系统性解决流体管道克服地震水平大位移，本项目创新性提出"隔震补偿单元"概念。固定在隔震层上下不同结构上的机电流体管道，为满足最大设计隔震位移量而采用的管道柔性件（各类补偿器、软管及相关连接件）和支撑体系的组合，称之为隔震补偿单元，如图6-61所示。层间隔震体系中，在同一根流体管道上，只要前后支撑点（或固定点）的生根基础发生变化，在变化段内即需设置隔震补偿单元。

隔震补偿单元根据安装位置划分，可分为流体管道纵向补偿和流体管道横向补偿两种。

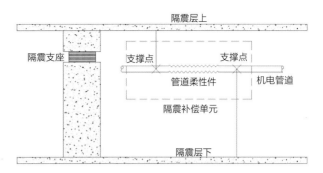

图6-61　隔震补偿单元示意图

6.3.1.2 流体管道纵向补偿单元

纵向补偿主要通过纵向安装管道柔性件达到地震水平位移补偿的目的，根据流体管道管径、介质特征、补偿伸缩量，可采用"金属软管+角向补偿器"组合、"大拉杆补偿器+角向补偿器"组合、橡胶软管补偿三种形式。

（1）"金属软管+角向补偿器"组合

通过纵向布置金属软管吸收地震位移；较大的径向位移偏摆带来的纵向高度差通过角向补偿器来吸收，如图6-62所示。

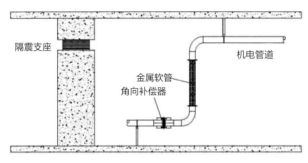

图6-62　纵向补偿之"金属软管+角向补偿器"组合

适用管径：最优使用范围的管径$DN \leqslant 80$。

适用系统：给水、热水、雨水、消防水、采暖水、空调水等。

材质要求：

1）金属软管由波纹管、网套及接头三大部分构成。波纹管是金属软管的本体，起挠性作用；网套起加强、屏蔽作用；接头起连接作用，执行标准为《波纹金属软管通用技术条件》GB/T 14525—2010，波纹管及外编织网材质316L，设计压力1.6MPa，熔点＞1500℃。补偿量及安装长度见厂家产品技术参数。

2）角向补偿器利用两端铰链机构转角进行变形补偿。执行标准为《金属波纹管膨胀节通用技术条件》GB/T 12777—2019，热疲劳寿命大于100000次、隔振疲劳寿命不小于1000次。补偿量见厂家产品技术参数。

（2）"大拉杆补偿器+角向补偿器"组合

通过纵向布置大拉杆补偿器吸收地震位移；较大的水平位移偏摆带来的纵向高度差通过角向补偿器来吸收，如图6-63所示。

适用管径：最优使用范围的管径$300 \geqslant DN \geqslant 100$。

适用系统：给水、热水、雨水、消防水、采暖水、空调水等。

材质要求：

1）大拉杆补偿器为利用两端的锥面垫片和球面螺母组合机构转角进行水平位移的变形补

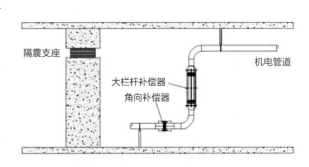

图6-63　纵向补偿之"大拉杆补偿器+角向补偿器"组合

偿。执行标准《金属波纹管膨胀节通用技术条件》GB/T 12777—2019，热疲劳寿命大于100000次、隔振疲劳寿命不小于1000次。补偿量及安装长度见厂家产品技术参数。

2）角向补偿器同"金属软管+角向补偿器"组合中的角向补偿器。

（3）橡胶软管补偿

利用橡胶软管的伸缩性能，橡胶软管两端分别在层间隔震两侧固定生根，以达到隔震位移补偿的目的（图6-64）。

适用管径：最优使用范围的管径300≥DN≥40。

适用系统：雨水、排水等。

材质要求：拉伸强度≥11MPa，拉断伸长率≥400%，脆性温度≤−40℃，粘合强度≥2.0kN/m；橡塑软管所用法兰材料符合《钢制管法兰 技术条件》GB/T 9124的规定。补偿量及安装长度见厂家产品技术参数。

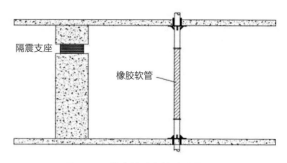

图6-64　纵向补偿之橡胶软管补偿

6.3.1.3 流体管道横向补偿

横向补偿主要通过横向安装管道柔性件达到地震水平位移补偿的目的，根据流体管道管径、介质特征、补偿伸缩量，可采用三铰链补偿组合、橡胶软管补偿和PVC伸缩管补偿三种形式。

（1）三铰链补偿组合

利用角向补偿器两端铰链机构转角进行变形补偿，采用固定在不同层间隔震层的固定支架和弹性吊架作为支撑体系，以达到地震水平位移补偿的目的，如图6-65、图6-66所示。

适用管径：最优使用范围的管径300≥DN≥40。

适用系统：给水、热水、雨水、消防水、采暖、空调水等。

材质要求：角向补偿器同"金属软管+角向补偿器"组合中的角向补偿器。

（2）橡胶软管补偿

利用橡胶软管的伸缩性能，橡胶软管两端分别与层间隔震两侧固定生根，以达到隔震位移补偿的目的，如图6-67、图6-68所示。

适用管径：最优使用范围的管径300≥DN≥40。

适用系统：雨水、排水等。

材质要求：橡胶软管同纵向补偿橡胶软管要求。

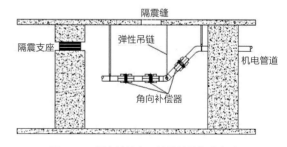

图6-65　横向补偿之三铰链补偿组合（1）

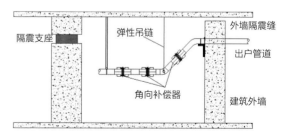

图6-66　横向补偿之三铰链补偿组合（2）

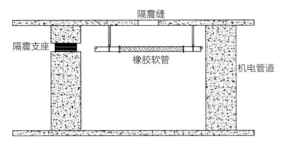

图6-67　横向补偿之橡胶软管补偿（1）

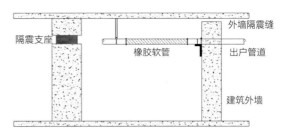

图6-68　横向补偿之橡胶软管补偿（2）

（3）PVC伸缩管补偿

利用PVC伸缩管的伸缩性能达到出户管道隔震位移补偿的目的，如图6-69、图6-70所示。

适用管径：最优使用范围的管径300≥DN≥50。

适用系统：雨水、排水。

材质要求：PVC伸缩管管材应符合《给水用硬聚氯乙烯（PVC-ʊ）管材》GB/T 10002.1—2006的规定，PVC伸缩管管件所用材料应符合《给水用硬聚氯乙烯（PVC-ʊ）管件》GB/T 10002.2—2003的规定。

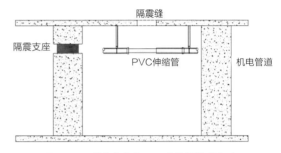

图6-69　横向补偿之PVC伸缩管补偿（1）

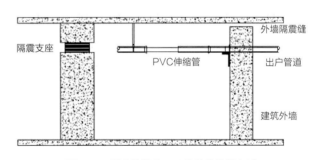

图6-70　横向补偿之PVC伸缩管补偿（2）

6.3.1.4　流体管道设计原则

从机电系统整体的稳定性和经济性等多方面分析，在具备管道优化条件的建筑物内，设计过程中应尽量减少隔震补偿节点，如减少管道在隔震层安装，避免管道在不同隔震层间转换等。施工中应注意以下几点：

（1）位于层间隔震层内的水机房，考虑所有设备均在地面固定，流体管道应尽量采用地支形式，利用进出机房的主管道进行隔震转换，从而减少隔震补偿节点。

（2）固定在层间隔震层内的消火栓等末端用水设备，当数量较多时，根据现场条件可采用主管道在隔震支座以下的侧墙固定，从而减少隔震补偿节点。

（3）隔震补偿位移量相同的管道，尽可能多管成排排布，并采用相同的补偿形式和支吊架形式，有利于节约补偿空间，管道和支架整齐划一。

（4）流体管道多管成排共架排布，隔震补偿应按照最大补偿位移量考虑，如图6-71所示。

6.3.1.5　流体管道检测试验

（1）金属类流体管道检测试验

1）检测试验方法

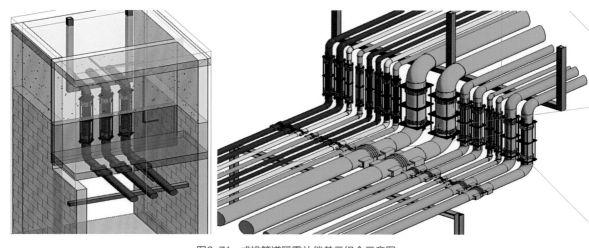

图6-71　成排管道隔震补偿单元组合示意图

验证层间隔震体系中金属类隔震补偿单元在地震水平位移下工况。

试验介质为水，试验压力1.6MPa；试验位移600mm。

试验管径："金属软管+角向补偿器"组合管径DN100和DN150；"大拉杆补偿器+角向补偿器"组合管径DN300；三铰链补偿组合DN100。

试验装置为试验伸缩台和控制台、夹具、滑车、滑车控制台、加压泵以及压力监测仪表。

安装试件，试验控制台外接加压泵和压力监测仪表，试验伸缩台控制转盘速度，金属软管弯头通过卡扣与滑车可靠连接，滑车放置滑车控制台中央。

启动加压泵，将水注入管内，排尽空气，关闭排气阀，密封试件，然后迅速加压至设计压力1.6MPa，并保持该压力至少5min，检查试件有无渗漏。

启动试验伸缩台，加载速率不宜低于400mm/s，加载方法为转盘匀速旋转，按最大允许位移600mm，至少旋转3圈，在试验过程中检查试件有无渗漏和异常变形。

2）检测试验平台及试验

① "金属软管+角向补偿器"组合检测试验平台及试验照片如图6-72所示。

② "大拉杆补偿器+角向补偿器"组合检测试验平台及试验照片如图6-73所示。

③ 三铰链补偿组合检测试验平台及试验照片如图6-74所示。

（2）非金属类流体管道检测试验

1）检测试验方法

验证层间隔震体系中非金属类隔震补偿单元在地震水平位移下工况，试验依据《建筑隔震柔性管道》JG/T 541—2017。

试验介质为水；橡胶软管试验压力1.6MPa，PVC伸缩管试验压力0.1MPa；试验位移500mm。

试验管径：橡胶软管DN150，PVC伸缩管管径De110。

试验装置为试验伸缩台和控制台、加压泵、压力监测仪表。

安装试件，试验控制台外接加压泵和压力监测仪表，试验伸缩台控制转盘速度，补偿柔性件

图6-72 "金属软管+角向补偿器"检测平台及试验照片

图6-73 "大拉杆补偿器+角向补偿器"检测平台及试验照片

图6-74 三铰链补偿组合检测平台及试验照片

与滑车可靠连接,滑车放置滑车控制台中央。

启动加压泵,将水注入管内,排尽空气,关闭排气阀,密封试件,然后迅速加压至试验压力,并保持该压力至少5min,检查试件有无渗漏。

将水排出试件,启动试验伸缩台,加载速率不宜低于400mm/s,加载方法为转盘匀速旋转;按最大允许位移,至少旋转3圈,在试验过程中检查试件有无异常变形。

重复进行水密性测试。

2)检测试验平台及试验

① 橡胶软管补偿检测试验平台及试验照片如图6-75所示。

② PVC伸缩管补偿检测试验平台及试验照片如图6-76所示。

图6-75 橡胶软管补偿检测平台及试验照片

图6-76 PVC伸缩管补偿检测平台及试验照片

6.3.2 风管位移补偿构造技术

通风空调管道穿越隔震层同样需采取有效措施以适应隔震层的地震水平位移，同样引入"隔震补偿单元"概念，即固定在隔震层上下不同结构上的通风管道，为满足最大设计隔震位移量采用的管道柔性件（各类软连接及相关连接件）和支撑体系的组合，称之为隔震补偿单元。层间隔震体系中，在同一根通风管道上，只要前后支撑点（或固定点）的生根基础发生变化，在变化段内即需设置隔震补偿单元。隔震补偿单元根据安装位置划分，可分为风管纵向补偿和风管横向补偿两种。

6.3.2.1 风管纵向补偿单元

风管纵向补偿主要通过纵向安装风管软连接达到地震水平位移补偿的目的，根据风管管径、补偿伸缩量，采用纵向风管补偿器实现。

纵向风管补偿器由硅钛合成软接、法兰、伸缩杆、万向球组成，如图6-77所示。其中伸缩杆既满足位移补偿，又起到限制软连接受风压等导致的侧向不规则位移。位移补偿量约按产品长度50%考虑，单套最大建议补偿量为600mm，即产品长度为1200mm。

6.3.2.2 风管横向补偿单元

风管横向补偿主要通过横向安装风管软连接达到地震水平位移补偿的目的，根据风管管径、补偿伸缩量，采用横向风管补偿器实现。

横向风管补偿器由硅钛合成软接、法兰、伸缩杆、万向球组成，如图6-78所示。其中伸缩杆既满足位移补偿，又起到限制软连接受风压等导致的侧向不规则位移。位移补偿量约按产品长度50%考虑，单套最大建议补偿量为600mm，即产品长度为1200mm。

6.3.2.3 安装方式及产品要求

（1）支架安装要求

风管补偿器两侧均采用固定支架形式，固定支架应设置在两个不同隔震层内，如图6-79、图6-80所示。

（2）风管补偿器材质要求

消防类风管补偿器采用硅钛合成高温耐火

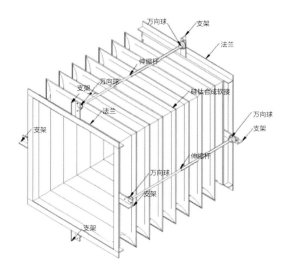

图6-77　纵向风管补偿器

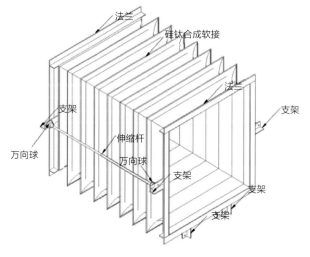

图6-78　横向风管补偿器

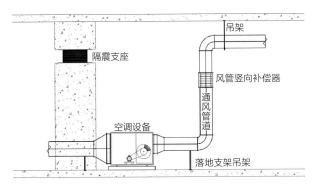

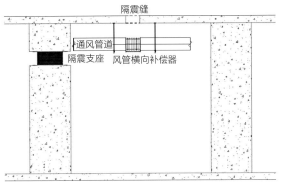

图6-79 纵向风管补偿器安装　　　　　　　　　图6-80 横向风管补偿器安装

型，燃烧等级达到不燃A级；非消防类风管补偿器采用防火硅钛合成型，燃烧等级达到难燃B1级。风管补偿器须防腐、防潮、不透气、不易霉变，气密性需符合相关标准要求，满足各系统的风压和温度条件，防止结露，其内设置夹钢丝支撑。

（3）风管补偿器安装要求

安装前需进行拉伸和压缩试验确保满足最大伸缩量位移，安装时应按照产品装配长度完成。

消防类通风管道采用角钢法兰连接，垫料采用不燃耐热合成橡胶板，厚度6mm，耐温≥280℃。非消防类通风管道长边尺寸≤1250mm的矩形风管采用薄钢板法兰连接，长边尺寸＞1250mm的矩形风管采用角钢法兰连接，垫料采用阻燃8501密封胶带，厚度3mm。

6.3.3 电气管线位移补偿构造技术

6.3.3.1 隔震支座防雷跨接设计与施工技术

本工程为第二类防雷建筑物，电子信息系统雷电防护等级为A级，采用传统法拉第笼式防雷系统，隔震层设置1152套大直径隔震支座将地上和地下结构分开，分开位置防雷引下线无法通过结构柱主筋导通，需另行跨接。

（1）施工方法

结合隔震支座构造特征，本工程在结构柱隔震支座两侧设置4组扁钢欧姆环，既保证防雷引下线电气导通，又满足层间隔震体系建筑电气最大位移要求。

扁钢欧姆环下部与柱体钢筋直接焊接，上部与顶板预留钢板焊接，顶板预留钢板在结构施工期间通过同规格扁钢与上方柱体主筋焊接，如图6-81所示。

图6-81 隔震支座防雷跨接现场照片

（2）施工原理

扁钢欧姆环圆弧半径（伸缩裕度）通过地震水平位移量计算。扁钢规格尺寸依据《建筑物防雷设计规范》GB 50057—2010确定，引下线截面积不小于50mm²，采用了50×5镀锌扁钢，如图6-82所示。

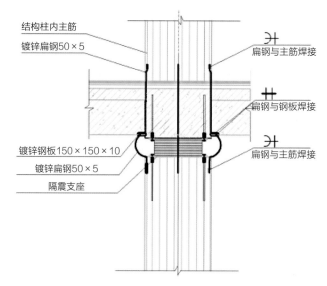

图6-82　隔震支座防雷跨接示意图

6.3.3.2 电气线缆位移补偿构造技术

电气线缆伸缩补偿常规做法采用柔性管道或桥架伸缩节，层间隔震体系中大位移伸缩补偿也可以采用同样办法，现主要介绍线缆进出箱柜隔震做法。本工程B1层共有6个公共变配电站，敷设的电缆不可避免地存在穿越隔震层的问题。根据现场实际情况，将配电箱柜在B1层地板或墙面固定，桥架在隔震支座上方楼板固定的情况采取以下方法处理：

桥架进配电箱柜时不紧固连接，在邻近水平桥架处固定，根据《建筑电气工程施工质量验收规范》GB 50303—2015，竖向槽盒垂直高度不大于2.0m。用4mm²接地软线与配电箱柜PE排跨接，保证桥架本体的接地导通性，电缆在配电箱柜上方的竖向槽盒内预留大于500mm水平位移裕量，用扎带固定在横担上。分别在竖向槽盒的起点及低压柜内固定，从而达到地震位移补偿的目的，如图6-83所示。

6.3.3.3 建筑电气位移补偿构造设计

从机电系统整体的稳定性和经济性等多方面分析，设计过程中应尽量避免或减少主要电气机房

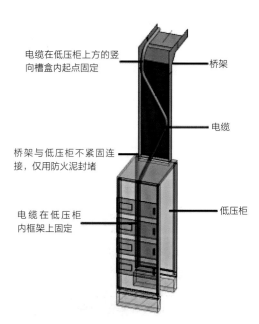

图6-83　桥架与低压柜连接做法安装示意图

在隔震层内设置，深化设计和施工中应注意以下几点：

（1）减少桥架和线管支吊架在隔震层间转换，从而减少隔震补偿节点。

（2）电气机房、电气管廊层间隔震需重点关注，注意设备、支吊架与隔震层间的关系，统筹考虑综合排布。本工程B1层变配电站采用集变压器外壳、低压柜框架型钢、母线支架于一体的综合支架体系。设备参数确认阶段进行综合深化和荷载计算，在变压器外壳、低压柜框架型钢上预留母线支架安装螺栓，母线支架在设备框架型钢上生根，避免了母线隔震层间转换，如图6-84所示。

（3）根据桥架内线缆预留伸缩裕度适当放宽桥架规格尺寸。

（4）注意伸缩补偿段等电位跨接。

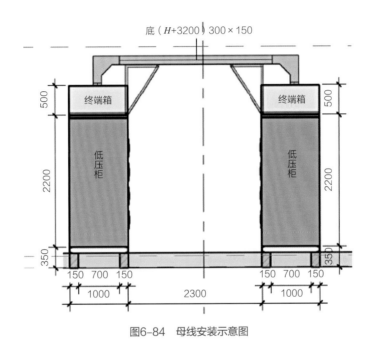

图6-84 母线安装示意图

第7章
§

超大平面
复杂空间曲面
钢网格结构屋盖
施工技术

7.1 施工总体思路

北京大兴国际机场航站楼核心区屋盖投影面积达18万m²，为超大面积不规则自由曲面空间，屋盖整体呈"凤凰"造型，造型新颖美观。屋盖钢结构整体受力体系复杂，位形控制精度高，不同部位构件刚度差异大，整体结构纵、横向刚度不对称，安装过程中焊接收缩变形及应力大、温度效应明显，给结构整体测量与安装精度控制增加难度；整体施工临时支撑用量多，整体卸载点多面积大。

根据结构受力特点创新性地提出了"分区施工，分区卸载，总体合拢"的原则，以应变换应力，采取了6个分区单元先一次性将临时支撑完全卸载，各分区单元依靠自身结构体系支撑进行中心区施工，然后通过嵌补各分区单元采光天窗之间的三角桁架形成合拢，达到降低合拢后结构受力不均匀变形产生的应力，减少临时支撑和设备数量，屋面等后续工作提前插入施工。6个钢结构分区和提升区划分示意如图7-1所示。

各分区施工顺序为：首先进行C2区施工，再进行C1区和C3区施工，最后进行C4区施工，待以上区域施工完毕后进行条形天窗嵌补施工。

结合各分区施工特点，将7个分区进行区域细化，确定了C2区采用"分块提升"，C1和C3区采用"分块提升"和"原位拼装"相结合的施工方法。施工时共需进行26次分块提升、13块原位拼装、31次小合拢、7次卸载、1次大合拢。具体分块安装方案如图7-2所示。

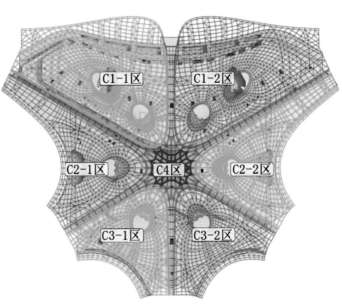

图7-1 钢网格结构屋盖施工分区示意图

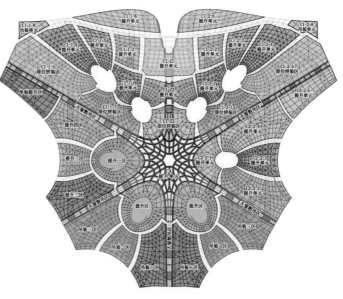

图7-2 钢网格结构屋盖分块安装方案示意图

7.2 自由曲面空间网格钢结构分块累积提升施工技术

7.2.1 施工思路

根据结构布置情况和结构等高线将C2-1区钢结构屋盖细分为五个分区，其中提升一区采用整体提升，提升二区、提升三区、提升四区、提升五区四个区块结构高差起伏较大，选择累积提升施工。

靠近土建边部的屋盖悬挑部位场外拼装，利用150t履带吊将拼装好的分块吊至二层楼面提升位置处，其余部位在二层楼面搭设单管撑和脚手架进行散拼作业。屋盖散拼区域，安排25t和50t两种规格的汽车式起重机上楼面进行低空吊装。各区拼装完成，各项指标检验合格后进行提升，累积提升两次进行相邻提升区杆件的对接，共三次提升到位。支撑筒顶部钢结构和C形柱结构在屋盖提升前施工完成，各区提升到位后进行补杆对接，最后安装幕墙柱，从而完成C2-1区钢屋盖的安装。

7.2.2 提升分区划分原则

采用分块累积提升的施工方法首先需要对结构进行提升分区的划分，分区的划分需要综合考虑结构自身的可靠性、操作的便利性、提升的安全性、措施的经济性等因素。

鉴于北京大兴国际机场屋盖结构的特点及下部混凝土楼面的特征情况，将每个独立分区划分为五个提升分块，C2-1结构提升分区划分如图7-3所示。

分区的原则如下所述：

（1）分区结构受力最优化原则

提升分区划分前，应充分了解结构的设计意图，清楚结构的传力方式以及结构的薄弱点所在。在此基础上，结构被划分成若干分区，每个单独分区的结构宜划分成规则的、封闭的形状，以免结构在提升过程中出现悬挑变形过大等现象。

（2）分区结构变形协调原则

屋盖结构被分割成多个提升分区后，结构的形态和传力方式将发生改变。不同分区的结构刚度会产生很大差异，导致相邻分区之间结

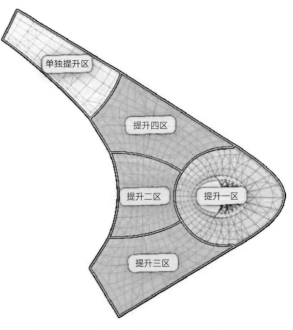

图7-3 C2-1结构提升分区划分

构变形出现不协调的现象。故在进行分区划分时,分割线两边的结构刚度宜均匀、连续分布,不可有突变台阶。此外,每个分区的提升点宜尽可能地布置在分割线两边,一是为了保证分区之间结构变形协调;二是分区之间高差易于调节。

（3）措施投入最优化原则

北京大兴国际机场屋盖为不规则自由曲面造型,结构平面不规则,高差起伏大,利用等高线方法在屋盖平面上绘制等高线分布图,可以直观地显示屋盖结构的标高分布情况。

在等高线分布图基础上,结合屋盖结构的特点,对屋盖结构进行初步的划分。同一分区内,保证结构稳定、传力合理的前提下,将分区内高差控制在一个合理的数值以下,最大程度地降低拼装作业高度以及措施的投入量。

等高线划分技术具体实施为:利用Rhino软件沿屋盖高度方向建立不同标高平面,屋盖沿高度方向被多个平面切割产生的剖断线即为等高线。

7.2.3　累积提升方案概述

累积提升施工是将低区结构分块通过设备将其提升到相应标高与相邻分块对接形成一体后再共同提升与下一个分块对接的过程。随着提升过程的进行,屋盖由原先的多个分块逐渐合拢形成一个整体。

累积提升区域在二层楼面设置临时支撑进行四个提升区域屋盖结构、马道等的拼装。当一区和二区拼装完成,提升系统安装完毕,各指标检查合格后,一区单独提升3.9m到二区对接高度,并与二区补杆对接。一、二区对接完成,焊缝检查合格,各指标满足提升要求时,一、二区一起提升,提升高度5.9m至三、四区对接高度,并将一、二区与三、四区之间的杆件补齐。最后,四个区一同提升11.7m至屋盖设计标高。B15轴~B21轴屋盖部分单独提升,一次提升9.9m到位。支撑筒顶部结构和C形柱结构均在屋盖提升前安装完成,屋盖整体提升到位后与支撑系统部位的结构进行补杆对接,从而完成结构的提升工作。

步骤一:提升一区、提升二区在二层楼面拼装,提升一区准备提升（图7-4）。

步骤二:提升一区单独提升4m至提升二区对接高度,与提升二区补杆对接（图7-5）。

步骤三:提升一、二区一同提升5.9m至提升三、四区对接高度,完成对接（图7-6）。

步骤四:四个区一同提升11.5m至屋盖设计标高（图7-7）。

累积提升施工方法可以规避整体提升带来的多个弊端,它在实现节约场地、减少高空作业量、降低措施投入的同时也存在一个需要解决的问题:

累积提升往往是由多个分块通过若干个步骤实现提升到位的结果,过程中会涉及多次分块的对接,如何保证分块对接精度是累积提升的关键点。

若是分块之间结构变形差较悬殊,结构位形得不到保证,导致结构产生初始缺陷,这对结构的受力极为不利,会降低结构的安全储备,带来不可估测的风险。

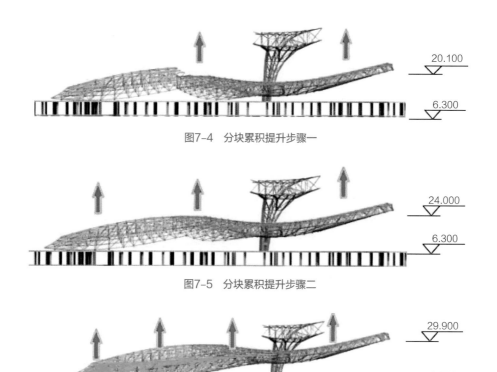

图7-4　分块累积提升步骤一

图7-5　分块累积提升步骤二

图7-6　分块累积提升步骤三

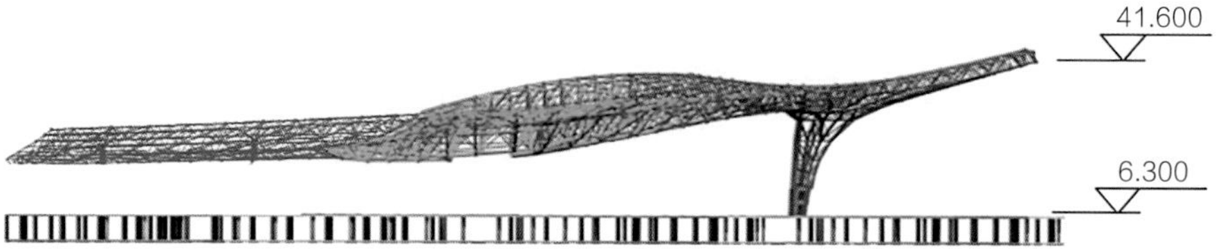

图7-7　分块累积提升步骤四

7.2.4　提升措施设计

北京大兴国际机场单个结构分区下部设置有三组大型支撑结构，相邻支撑之间屋盖结构网格加密，杆件截面加粗，形成了一个强有力的三角区。基于上述结构设计意图，在进行提升点位布置时，将三组竖向支撑结构作为主要的提升反力架用于钢结构屋盖的提升施工。利用竖向支撑作为提升支点可以较好地贴近结构的设计工况，对屋盖结构有利；同时北京大兴国际机场竖向支撑结构体型较大，具有较好的抗侧刚度，能够为整个提升支撑系统提供较好的水平刚度，保证屋盖在提升过程中的稳定、可靠。既有结构提升架情况如图7-8所示。

7.2.4.1　C形柱上部提升架设计

北京大兴国际机场C形柱为一落地桁架柱，整个C形柱由中间三榀外翻式平面桁架、边部两根大直径圆柱以及之间的联系杆件组成。C形柱顶端形成一圈圆弧形环桁架承上启下，将下部桁架与圆管连成一体，上部外伸与屋盖结构相连接。形成了可靠的竖向传力结构体系。利用C形柱

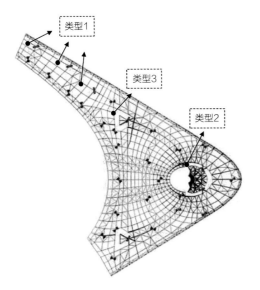

图7-8　既有结构提升架布置图

图7-9　C形柱位置提升架构造

结构的这种优势，在C形柱环桁架上方设置提升架。由于C形柱结构呈外翻趋势，为保证C形柱的稳定，在提升架下方分别设置一组临时支撑进行加固。

经过综合分析、计算验证，在C形柱位置设置了两组互相对称的提升架。提升架设计时要求传力路径清晰，构造上力求简洁，且方便安装。基于上述原则，最终做成了"两竖一横"的刚架形式，刚架平面内外均设置有斜撑。刚架立柱位置根据环桁架上方球节点确定，立柱与焊接球采用相贯焊接连接，施工完毕后将立柱割断，剩余一小节作为檩托使用。被提升屋盖下吊点通过计算采用合适的杆件以及焊接球做成三角锥形式与原结构相连。刚架处上吊点中心应与下吊点中心在同一垂直线上。C形柱位置提升架构造如图7-9所示。

7.2.4.2 支撑筒处提升架设计

北京大兴国际机场支撑筒为三肢格构柱，三根立柱之间通过剪刀撑联系成整体。支撑筒立柱与下部劲性结构钢管柱刚接。支撑筒的其中两肢与屋盖结构通过成品支座相连，剩余一分肢与屋盖结构脱开无直接联系，第三分肢的存在有助于提高支撑筒的抗侧刚度。

在支撑筒某一分肢基础上设置提升架。提升架构造如下：在圆管柱顶部焊接三个牛腿，在每个牛腿上布置一根立杆通到屋盖顶部，立杆顶部高出屋盖上表面一定高度，立杆之间设置直腹杆保证立杆的整体稳定性，立杆顶部设置提升平台和提升梁。下吊点则采用增设临时焊接球的方式用于提升。支撑筒位置提升架构造如图7-10所示。

7.2.4.3 液压提升器配置

（1）荷载标准值$F \leqslant 550 kN$的提升点布置1台额定提升力为75t的液压提升器，此时，提升器最小冗余能力为750/550＝1.36。

（2）荷载标准值$550 kN < F \leqslant 1400 kN$的提升点布置1台额定提升力为180t的液压提升器，此时，提升器最小冗余能力为1800/1400＝1.29。

（3）荷载标准值$F > 1400 kN$的提升点布置1台额定提升力为405t的液压提升器。本工程单点提

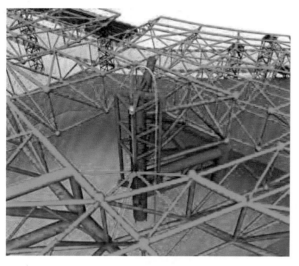

图7-10 支撑筒位置提升架构造

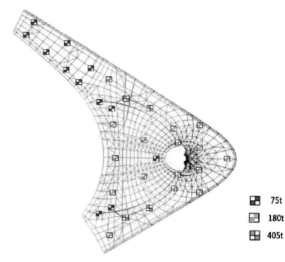

	75t
	180t
	405t

图7-11 C2-1区提升器布置图

升反力最大值为2257kN，该点提升器最小冗余能力为4050/2257＝1.79。

C2-1区提升器布置如图7-11所示。C2-1区提升工况如表7-1所示。

C2-1提升工况　　　　　　　　　　　　　　　　　　　　　　　表7-1

编号	面积（m²）	重量（t）	最高点（m）	最低点（m）	提升点	提升高度（m）	备注
C2-1-1	5323	798.5	41.673	28.409	8	22.109	
C2-1-2	3344	331.4	33.107	24.462	5	18.162	
C2-1-3	4562	722.9	33.297	18.520	5	12.220	
C2-1-4	4562	808.4	33.300	18.520	5	12.220	
C2-1-5	3886	262.1	26.929	16.684	7	10.384	

7.2.5 多分块累积提升对接精度控制技术

7.2.5.1 拼装精度的控制

出厂前利用激光扫描逆成像技术对构件进行数字化预拼装，首先从源头上保证构件的加工精度。构件在运输、倒料过程中注意构件的成品保护，尤其要注意薄壁构件的外壁的局部凹陷、连接板的弯折、相贯口的损坏等现象。

构件在拼装过程中，要求拼装场地和拼装胎架具有足够的承载力以及刚度。拼装用胎架应根据构件的形式、分块的重量进行合理布置、选型。杜绝因场地和胎架等缘故导致的拼装偏差的存在。

北京大兴国际机场屋盖杆件之间通过焊接球连接，局部位置采用鼓形焊接球节点。鼓形面的存在使得焊接球具有方向要求，否则会出现杆件的相贯口与球面不吻合的状态，导致拼装出现偏

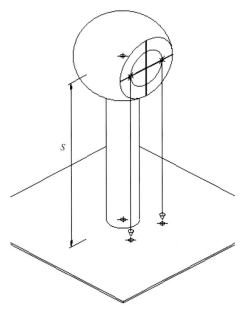

图7-12　鼓形焊接球精确定位调节方法

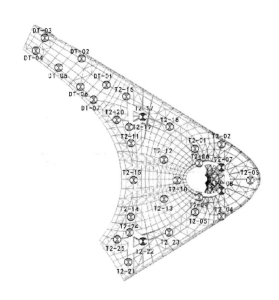

图7-13　C2-1结构分区提升点位布置图

差。鉴于此，本项目提出了一种鼓形焊接球定位调节方法，很好地解决了鼓形球安装定位的问题，保证分块的拼装精度。该方法向国家专利局申请了发明专利《一种钢结构鼓形焊接球定位调节方法》。鼓形焊接球精确定位调节方法如图7-12所示。

分块拼装完毕，实施焊接前，对分块进行复测，对拼装精度不符合规范及施工要求的进行调整，保证分块的最终形态符合要求。

7.2.5.2 提升点位的合理设置

提升点位布置时，各点的负载宜均匀，不同提升点尽可能采用同一规格的提升装置，保证提升过程的同步性。

提升点位尽可能布置在对接处附近，分块之间对接时通过提升器微调，实现分区之间的精准对接。

C2-1结构分区提升点位布置如图7-13所示。

7.2.5.3 提升过程监测

分块在累积提升过程中，需对分区之间的关键点位进行实时监测，以了解屋盖在提升过程中的状态，同时为分区之间的精准对接反馈实时数据，方便提升器进行微调。

根据屋盖结构特点及实施方法，北京大兴国际机场屋盖在提升过程中的变形监测点位主要设置在靠近提升点周围后补杆件两侧。具体实施采用全站仪无棱镜测量方法进行过程监测控制。

屋盖楼面拼装完成后，于提升前在焊接球外侧部分关键点位粘贴测量配套反射贴片，用以对屋盖提升的高度控制。反射贴片需安贴于球节点的水平中线处，以监测屋盖提升过程中的高度变化。

焊接球球体水平中线的确定拟采用以下方法：

将水平尺放于焊接球顶部，保持水平状态。同时在尺子上悬挂两个线锤，线锤间距为所量取焊接球设计直径（$d = 2R$），当两个线锤同时与球体相切时，说明线锤线段所在的平面通过球心，其与球体相交的两个切点通过球体水平中线。此时量取长度"S"（S可以根据盖帽计算确定），在球体表面做标记点。将水平尺旋转一定角度（<180°），同样方法再标记两点，将球体表面四个标记点连接便为球体水平中线。

焊接球监测点位布置如图7-14所示。

根据现场统一标高参照，在屋盖周边位置设置若干测站，同时对提升过程中的控制节点进行标高监测。提升测量过程中通过对讲机与提升控制人员及时进行交互。确保屋盖各边保持同速提升，同时就位。

屋盖钢结构变形监测点位如图7-15所示。

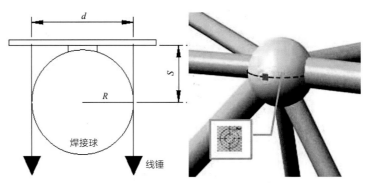

图7-14　焊接球监测点位布置图示说明

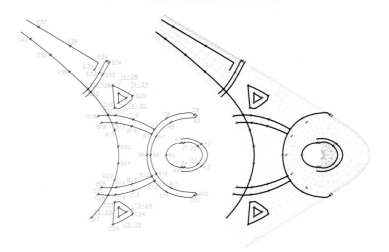

图7-15　提升对接过程监测点位

应保存施工期间所有监测点的监测数据记录，进行必要的数据处理并提交报告；报告以打印文本的方法提交，并以电子表格的方式累积各项测量数据，以便利的图形来表示已建成结构每个测量时段的度量值。

显示结构在每个测量点的实际位移图形，应同时对比在预调整和施工次序分析中所预期的相应数值。提交的图标应可以对预期值和真实值进行直观的比较，并且满足阶段性预调值修正的要求。

施工过程模拟分析得到的提升一区与二区对接位置变形值如表7-2所示，计算模型下弦节点对接位置处变形值如图7-16所示。

提升一区与二区对接位置变形值　　　　　　　　　　　　　　　　表7-2

序号	点位编号	理论变形值（mm）	监测值（mm）	位置
1	A6—B6	−4/0	−6/4	一区提升与二区对接
2	A7—B7	−13/0	−17/−3	
3	A12—B12	−11/0	−8/2	

由上图可知，提升一区第一次提升完成时，提升一区和二区对接位置的变形差最大为13mm，满足安装精度的要求。

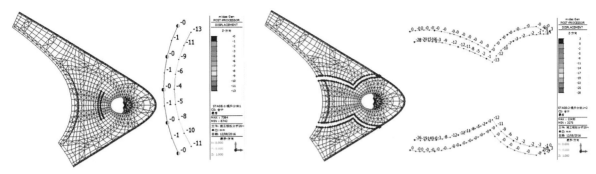

图7-16 提升一区、二区下弦节点对接位置处变形 DZ（mm）

图7-17 提升一、二区和三、四区下弦节点对接位置处变形 DZ（mm）

施工过程模拟分析得到的提升一、二区和三、四区下弦节点对接（第二次）位置变形值如表7-3所示，计算模型下弦节点对接位置处变形值如图7-17所示。

提升一、二区和三、四区对接（第二次）位置变形值　　　　　　　　表7-3

序号	点位编号	理论变形值（mm）	监测值（mm）	位置
1	A9—D9	3/0	8/4	
2	A8—D8	−3/0	2/−1	
3	B7—D7	−1/0	−4/−2	
4	B16—D16	−12/0	−7/−2	
5	B17—D17	−3/0	1/−1	
6	B18—D18	−28/0	−35/−5	一、二区提升与三、四区对接
7	A10—C10	3/0	2/−2	
8	A11—C11	−2/0	−5/3	
9	B12—C12	−1/0	−5/2	
10	B13—C13	−12/0	−20/2	
11	B14—C14	−3/0	1/2	
12	B15—C15	−26/0	−20/2	

由上表可知，提升一区和提升二区整体提升完成时，各个提升分区对接位置的变形差最大为28mm，满足安装精度的要求。

7.3 大角度高落差倾斜空间网格钢结构旋转提升技术

7.3.1 施工思路

根据现场实际情况，结合钢结构旋转提升的施工思路，将C2-2区钢结构屋盖细分为5个提升分块，采用分块提升的方式进行施工。

在二层楼面搭设单管撑进行拼装作业，安排25t和50t两种规格的汽车式起重机上楼面进行低空吊装。各区拼装完成，各项指标检验合格后分别进行提升。支撑筒顶部钢结构和C形柱结构在屋盖提升前施工完成，各区提升到位后进行补杆对接，最后安装幕墙柱，从而完成C2-2区钢屋盖的安装。

7.3.2 提升分区划分原则

采用分块旋转提升的施工方法首先需要对结构进行提升分区的划分，分区的划分需要综合考虑提升精度的可靠性、操作的便利性、提升的安全性、措施的经济性等因素。

基于结构特点及现场施工环境，C2-2区提升分块划分原则如下所述：

（1）分区结构受力最优化原则

提升分区划分前，应充分了解结构的设计意图，清楚结构的传力方式以及结构的薄弱点所在。在此基础上，结构被划分成若干分区，每个单独分区的结构宜划分成规则的、封闭的形状，以免结构在提升过程中出现悬挑变形过大等现象。

（2）分区结构变形协调原则

屋盖结构被分割成多个提升分区后，结构的形态和传力方式将发生改变。不同分区的结构刚度会产生很大差异，导致相邻分区之间结构变形出现不协调的现象。故在进行分区划分时，分割线两边的结构刚度宜均匀、连续分布，不可有突变台阶。此外，每个分区的提升点宜尽可能地布置在分割线两边，一是为了保证分区之间结构变形协调；二是分区之间高差易于调节。对于旋转提升分块应保证分块为单轴对称结构，以确保高空旋转时重心沿着对称轴变换，从而保证了变形的协调。C2-2区分块提升划分情况如图7-18所示。

7.3.3 旋转提升方案概述

C2-2区屋盖根据结构等高线细分为5个提升分区，其中C2-2-1和C2-2-3分块采用旋转提升法进行施工。在二层楼面设置临时支撑进行5个提升区域屋盖结构、马道等的拼装。各区提升完成后再安装各区之间的嵌补杆件使得C2-2区合拢,最后进行C2-2区整体卸载。

7.3.4 旋转提升分块提升点及设备布置

7.3.4.1 提升点及提升油缸布置

提升主要使用100t和200t提升油缸,C2-2区提升油缸布置如图7-19所示,旋转提升分块提升点数量及提升高度如表7-4所示。

7.3.4.2 提升架及提升节点设计

本工程C2-2区屋盖网架每个提升点采用三个格构支撑组合成提升支架,每个格构支撑顶部布置一个钢平台,采用H200×200×8×12的H型钢焊接而成,三个格构支撑上端通过单片桁架连接形成一个整体。局部利用支撑柱设置提升架进行提升。

格构支撑规格为1.5m×1.5m,立杆采用ϕ180×8的钢管,腹杆采用ϕ102×6的钢管。

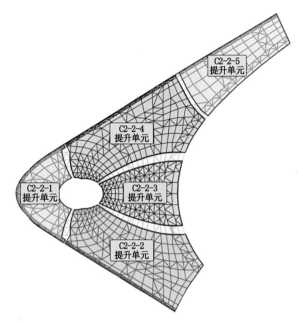

图7-18 C2-2区分块提升划分

旋转提升分块提升点数量及提升高度　　表7-4

序号	提升分块编号	提升点数量	提升高度（m）
1	C2-2-1	5	28
2	C2-2-3	5	20

C2-2区提升支架大部分落在F2层楼面,局部提升支架落在F1层楼面,提升支架与楼面接触位置通过H型钢梁进行转换,将提升支架着力点布置在混凝土梁上,提升架装置总高度超出结构安装高度6m。C2-2区屋盖提升支架布置如图7-20所示,提升架构造如图7-21所示。

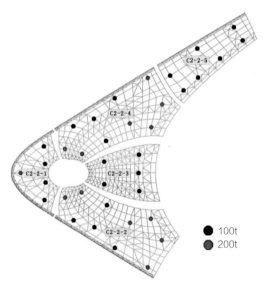

图7-19 C2-2区提升油缸布置示意图

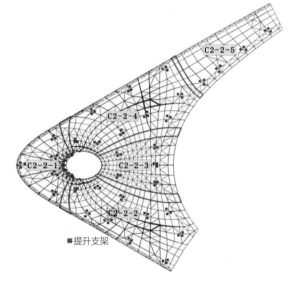

图7-20 C2-2区屋盖提升支架布置示意图

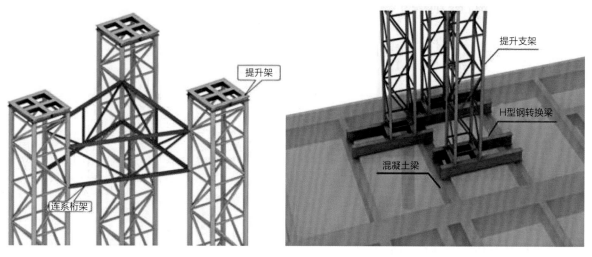

图7-21 提升架构造示意图

　　提升上节点采用"提升梁+提升油缸"，提升梁采用规格为HM600×300×12×20的双拼H型钢，提升下节点为提升钢绞线与网架球节点间的转换节点，采用PL30的钢板焊接而成，转换节点与网架球间通过相贯焊缝连接，经计算，100t提升下节点采用单连接板连接，200t提升下节点采用双连接板连接。提升上节点构造如图7-22所示，提升下节点构造如图7-23所示。

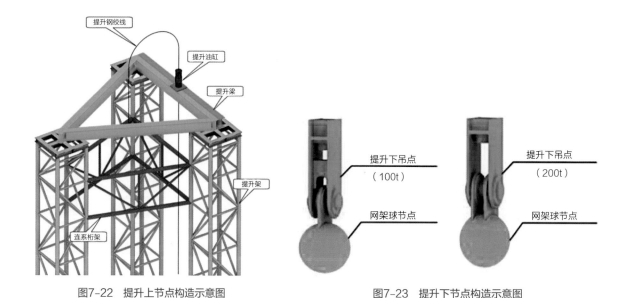

图7-22　提升上节点构造示意图　　　　　　图7-23　提升下节点构造示意图

7.3.5 网架分块拼装精度控制

7.3.5.1 分块拼装原则

每个旋转提升分块拼装场地设在F2层楼面网架竖向投影正下方位置，采用汽车式起重机上F2层楼面进行拼装，先将网架拼装成"口字形"小合拢单元，再将"口字形"小合拢单元组拼成中合拢分块，最后组拼成大的提升分块，局部网架斜腹杆与提升支架相碰时将斜腹杆后装，待提升完成后再嵌补。

所有分块均在现场拼装，"口字形"小合拢分块的拼装精度将直接影响整体屋盖网架的安装精度，因此，"口字形"小合拢分块拼装精度是控制的重点。

根据安装分块合理划分"口字形"小合拢单元，"口字形"小合拢分块拼装步骤为：焊接球球心测量放样→划地样线→布置胎架→杆件装配→焊接。

根据结构分析，每个"口字形"小合拢单元均为平面结构，拼装时采用水平胎架将结构放平，通过CAD三维模拟，找出球心三维坐标以及拼装胎架的高差，利用全站仪将球心位置放样在拼装场地，考虑装配和焊接工艺要求以及球径和管径的高差确定胎架高度，每个焊接球下方设置一个胎架，每根管件下方设置两个胎架。胎架采用 $\phi 180 \times 6$、$\phi 245 \times 10$ 的钢管及PL20 $\times$ 200的钢板制作而成。根据球径和管径在拼装场地划地样线用于管和球辅助定位。

胎架设置完成后，先将焊接球吊装上胎架，球底部设置钢圆环对球进行限位，相邻两个球间的钢管吊上胎架后采用吊线锤的方法对管位进行调节定位。球和管装配完成后通过点焊固定，待整个小合拢单元全部装配完成并复测合格后安排焊工进行焊接。

7.3.5.2 施工分块拼装质量控制措施

根据各区施工方法合理布置拼装场地，每个施工分块拼装步骤为：网架拼装分块下弦球球心测量放样→划地样线→设置拼装胎架→小合拢单元上胎架→嵌补杆安装→重复前述步骤直到拼装完成。

根据CAD三维模拟确定每个下弦球心三维坐标，通过全站仪将球心位置在拼装场地进行放样。根据下弦杆的管径划地样线用于辅助定位，考虑装配和焊接工艺要求确定拼装胎架的高度。将"口字形"小合拢单元吊上胎架，在小合拢单元两侧设置手拉葫芦和缆风绳用于调节小合拢单元的空间位置。小合拢单元定位完成后通过全站仪和钢卷尺在小合拢单元球节点上放样嵌补杆定位中心线，根据定位中心线先安装下弦嵌补杆再安装上弦嵌补杆及腹杆，通过钢卷尺、线锤等辅助工具进行复测。相邻小合拢单元间嵌补杆装配完成后点焊固定，并对外形尺寸进行复测，复测合格后安排焊工进行焊接。

7.4 铰接C形支撑免支撑安装技术

7.4.1 铰接C形支撑免支撑方案概述

本工程范围内共有8个C形柱（编号为C形柱1、1反、2、2反、3、3反、4、4反），其中C形柱1、1反、3、3反位于F2层，C形柱4、4反位于F3层，C形柱2、2反位于F4层。安装时采用50t（QY50K）汽车式起重机分别上F2层、F3层和F4层楼面进行吊装。

根据电脑三维仿真模拟找出结构重心，根据结构安装过程中自平衡原则确定C形柱与屋盖网架的分界位置，再对构件安装过程中每一吊次安装的重心变化进行仿真模拟确定结构的安装顺序以达到免支撑安装的目的（图7-24）。

7.4.2 C形柱安装精度控制

由于C形柱底部箱形柱直接跟抗震支座连接，为保证安装精度，在安装箱形柱之前需将抗震支座临时焊接固定，箱形柱吊装就位后张拉缆风绳以确保构件定位准确。箱形柱定位时通过全站仪进行三维空间定位。缆风绳设置示意如图7-25所示。

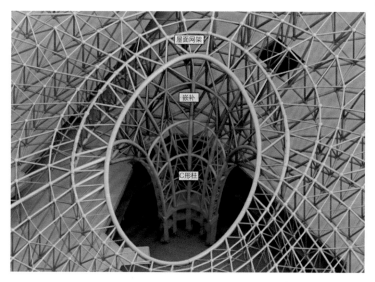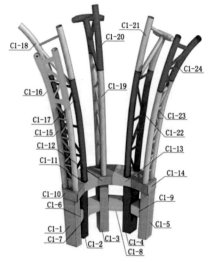

图7-24　C形柱划分及分段示意图

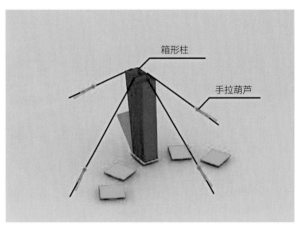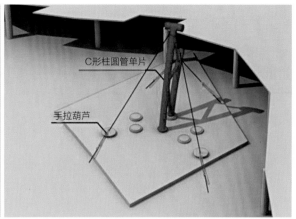

图7-25 缆风绳设置示意图

7.5 激光扫描逆成像数字化预拼装技术

7.5.1 三维激光扫描检测与数字化预拼装概述

借鉴航空制造领域和高端海工设备制造领域的相关成功经验，通过将BIM信息化模型与逆向工程结合，采用精度达0.085mm的加拿大进口工业级光学三维扫描仪及摄影测量系统，对加工完成的构件扫描逆向成形，通过实际扫描模型和理论模型进行比较，偏差部位和偏差数值一目了然，从而实现单构件的尺寸检测；同时在计算机虚拟环境中模拟实体预拼装过程，分析实际加工构件在现场安装中可能出现的诸如相邻构件接口错边、牛腿偏差等问题，在工厂阶段预先制定切实可行的构件偏差调整方案。本技术已申报国家发明专利《一种基于VB插件的虚拟预拼装算法及应用》《一种基于BIM技术的铸钢件检测方法》。

针对北京大兴国际机场钢结构特征，单个构件尺寸大，构件数量多，扫描工作量巨大，为提高扫描及数字化预拼装效率，提出关键点扫描、特定面拟合技术，提高数字化预拼装效率和精度（图7-26、图7-27）。

7.5.2 激光扫描逆成像和数字化预拼装技术

7.5.2.1 大型复杂异形钢构件/铸钢件的偏差分析及工厂修正指导方法

北京大兴国际机场钢结构单个构件尺寸大，大量构件尺寸为大于12m的大型钢构件/铸钢件，为保证扫描数据结果的准确性，针对激光三维扫描检测制定"一种大型复杂异形钢构件的偏差分析及工厂修正指导方法"。利用不同坐标之间可通过公共坐标点使多个坐标系整合为一的原理制

图7-26　三维扫描

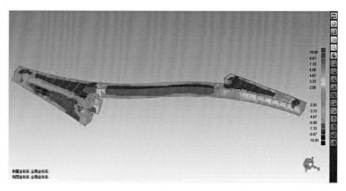

图7-27　数字化预拼装

定一套可行的扫描流程。首先将大型钢构件/铸钢件划分为若干扫描区域，对每个区域各自进行基准坐标设定，并依据基准坐标进行拍照采集，采集完成的三维坐标按照特定的原则进行拼接，得到大型钢构件/铸钢件的整体三维坐标，然后利用三维激光扫描仪对大型铸钢件的对接口等关键部位进行数据扫描采集分析，最后利用整体三维坐标将扫描部位模型进行拼接及拟合分析。本技术已申报国家发明专利《一种大型复杂异形钢构件的偏差分析及工厂修正指导方法》。

一种大型复杂异形钢构件/铸钢件的偏差分析及工厂修正指导方法，是基于综合技术（计算机技术、逆向成形、激光扫描现实、三维扫描技术）对大型复杂异形钢构件的偏差进行分析和修正。利用高精密的拍照定位系统对大型复杂的超大、超长异形构件进行分段分批拍照定位（降低设备累积误差），分别形成可视化的三维坐标系。然后在特定软件中，按照一定的原则，将分批可视化的三维坐标进行合并，形成大型构件可视化的三维空间坐标系，可有效避免传统钢卷尺、全站仪测量过程中仪器和人工的双重误差，从而在提高测量效率的同时，也提高测量的精度；并在可视化三维空间坐标系的基础上，利用工业级三维光学扫描仪对大型复杂异形构件曲率、端面、螺栓孔等关键部位进行三维扫描，逆像生成关键部位的三维Test模型，与计算机软件中的Reference模型进行最佳的拟合分析，形成三维色差偏差图。对于超偏部位，在标注偏差值的同时，也可以进行任意面的剖切，将三维的色差偏差转换到二维视图上，直观地看出偏差大小及方向，不仅大大提高测量效率，还可以快速指导工厂进行超偏的修正。

包括以下步骤：

第一步：根据结构设计施工图创建大型复杂异形钢构件Tekla模型。

第二步：依据Tekla模型输出加工图，加工大型复杂异形钢构件。

第三步：利用高精密的拍照定位系统对第二步中的复杂异形钢构件进行分段分批拍照定位（降低设备累积误差），在特定软件中，形成钢构件可视化的三维坐标系。

高精密拍照定位系统流程依次为：①粘贴磁性方片编码点；②非编码单点定位；③坐标尺、

定位尺放置；④分段拍照，分别形成可视化坐标；⑤合并坐标，最终形成可视化的三维坐标系。

第四步：在第三步中所述的可视化三维空间坐标系的基础上，利用工业级三维光学扫描仪对大型复杂异形构件的曲率、端面、螺栓孔等关键控制部位进行三维扫描，逆向生成三维Test模型。

第五步：将第一步中所述的Tekla模型转换为第三方的Reference模型。

第六步：将第四步中所述的钢构件关键部位的逆向三维Test模型与第五步中钢构件的Reference模型进行最佳拟合，得出三维偏差色差图，对钢构件偏差位置进行初步三维偏差位置标注。

第七步：通过第六步所述的三维偏差色差图，确定关键部位的偏差位置，并对偏差部位进行任意面的剖切，将复杂的三维偏差数据转换为二维视图偏差分析图，便于工厂技术人员理解。

第八步：工厂技术人员通过第七步中所述的二维视图偏差分析图，对偏差的钢构件进行修整。

第九步：重复上述第一步至第八步，直至钢构件符合规范和安装要求。

7.5.2.2 繁多复杂大构件的数字化预拼装方案

针对北京大兴国际机场钢结构特征，单个构件尺寸大，构件数量多，扫描工作量巨大，如果每一根构件均进行全面扫描，扫描时间长，模型数据量巨大，且大量数据并非为关键信息。为提高扫描及数字化预拼装效率，提出关键点扫描、特定面拟合技术，提高数字化预拼装效率和精度。因此，针对繁多复杂大构件的数字化预拼装，制定以下扫描要求：

（1）对于简单的梁柱构件，对构件端头处进行扫描即可。对于复杂的构件，要对所有的端头进行扫描，端头的扫描范围可根据实际情况确定。简单梁柱构件、复杂梁柱构件扫描位置示意如图7-28所示。

（2）扫描时必须扫出至少一道轮廓线或面，以便对构件有直观的了解并进行模型分析处理。

（3）注意事项：

①首批构件采用数字化预拼装与实体预拼装结合方式进行，验证方案可行后，后续构件采用虚拟预拼装；

②尽可能把扫描区域内板厚扫描出来；

③要作为拟合面的部分扫描面积适当加大；

④扫描时要将节点上的孔扫出来；

⑤扫描时必须扫出至少一道轮廓线。

关键部位三维扫描范围示意如图7-29所示。

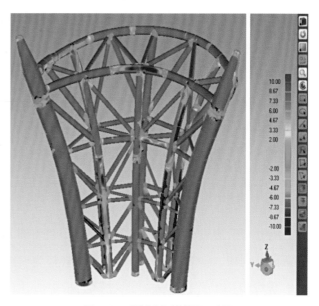

图7-28 简单梁柱构件、复杂梁柱构件扫描位置示意图　　　　图7-29 关键点扫描范围示意图

7.6 繁多钢构件BIM智慧平台管理技术

7.6.1 物联网与BIM模型关联，实时动态BIM模型浏览

因此，基于上述需求，通过一套特定技术流程，利用二维码技术将物联网与BIM模型关联，每个构件上粘贴包含各种信息的二维码"身份证"，构件每到一特定阶段（成品入库、成品出厂、进场验收、安装完成），对应环节授权人员用PDA/手机进行扫描，构件状态实时反映到BIM模型中，在BIM模型中通过不同颜色的形式展现实际工程进度状态，确保项目相关方实时掌握工程进度。此外，可根据客户不同需求生成相应统计分析报表，提高工作效率。通过整套技术路径实现传统建筑业与互联网业完美结合。

7.6.2 基于BIM技术的钢结构发货进度检测系统及发货和配套的预警方法

北京大兴国际机场钢构件数量繁多，构件加工工厂分布各异，为保证构件井然有序地发货以及保证发货进度和发货的配套性，特研发了钢构件发货进度检测系统及钢结构发货和配套预警方法。通过在可视化三维BIM模型中根据钢结构现场安装匹配性原则通过模型直接选取钢构件依次生成配套预警包；加工完成的钢构件出库阶段如果没有配套发货，系统将自动预警，变被动管理为主动智能管理，操作人员在装车过程中即可发现问题，了解漏发、错发的钢构件，进而避免现场发生因构件不配套造成人员、机械窝工待料的不利状况。通过利用信息化手段改造制造工厂和施工现场的管理水平，减少施工资源的浪费，信息传输准确率高，时效性强，达到精细化管理的目的（本技术已申报国家发明专利《一种基于BIM技术的钢结构发货和配套的检测预警方法》《一种基于BIM技术的钢构件发货进度检测系统》）。

7.6.3 详细技术资料

7.6.3.1 物联网与BIM模型关联，实时动态BIM模型浏览

物联网是互联网技术基础上的一种延伸和扩展。该网络技术通过射频识别（RFID）、红外感应器、全球定位系统、激光扫描器等信息传感设备，按约定的协议，将任何物品与互联网相连接，进行信息交换和通信，以实现智能化识别、定位、追踪、监控和管理。BIM模型是一个数字模型，记录了建筑结构全生命周期所有元素的几何信息和非几何信息。

通过研究发现二维码技术正是实现物联网与BIM技术结合的基础。二维码因其信息容量大、容错能力强、译码可靠性高、成本低、易制作等特点成为信息识别与传递的重要媒介，而BIM模型详细记录了建筑物及所有构件和设备的所有信息，这样BIM与二维码正好具有了互补性。通过将具有构件信息的二维码贴于构件表面，利用PDA终端或者移动端BIM平台APP的扫码功能对二维码进行扫描，即可读取构件基本信息和物流信息，进而实现钢结构工程的进度管理，实现实时动态BIM模型浏览。

（1）具体实施方案

第一步：将Tekla模型构件按指定编码规则进行自动ID编号，然后将Tekla模型导入BIM三维模型软件Navisworks中，再将BIM三维模型上传到BIM信息化平台上。

第二步：将Tekla软件中的构件基本信息以数据流的形式整体导入BIM信息化平台中，然后将构件的数据逐一映射到BIM信息化平台中的模型构件上。

第三步：将所有生产的钢构件项目信息、材料信息二次添加到BIM信息化平台上。

第四步：整合信息，通过BIM信息化平台给每个构件生成唯一标识的二维码，将每个构件的二维码自动添加到深化图纸上。

第五步：根据深化图纸加工构件，每道工序完成后，各工序负责人对深化图纸上的二维码进行扫描，构件加工质量信息将通过PDA终端或者手机APP扫描端自动反馈到BIM信息化平台上的模型构件上。

第六步：构件加工完成后，将二维码贴至成品构件上，构件每到一阶段，相关人员根据权限用PDA或者BIM信息化平台APP对构件二维码进行扫描，构件实时进度状态信息将自动通过终端反馈到BIM信息化平台的模型上。

第七步：BIM信息化平台中的模型构件会根据终端反馈的构件实时进度信息的变化而自动发生变化。

第八步：BIM信息化平台PC端将可视化结果模型链接到手机APP端，手机APP端的BIM模型自动发生对应的改变。

第九步：各个工程相关对象，根据自身权限登陆BIM信息化平台PC端或者手机APP端，查看相关项目所有信息和三维实时进度模型，实现工程项目的协同工作。

（2）技术流程路线

以BIM为基础的物流管理流程如图7-30～图7-32所示。

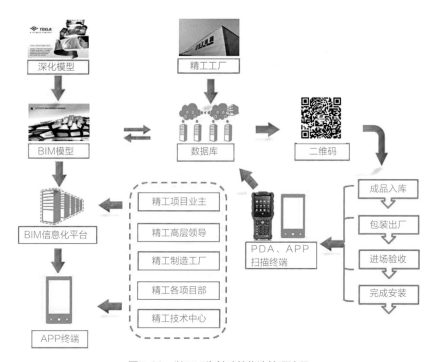

图7-30　以BIM为基础的物流管理流程

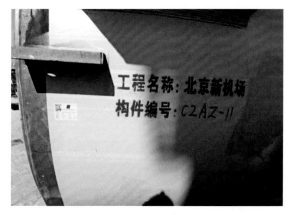

图7-31　北京大兴国际机场项目构件二维码

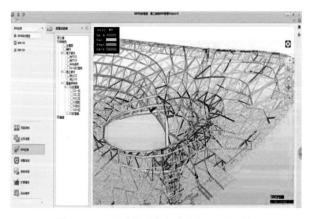

图7-32　可视化管理（实时动态BIM模型）

7.6.3.2 基于BIM技术的钢结构发货进度检测系统及发货和配套的预警方法

钢结构发货进度检测系统及发货和配套的预警方法，旨在改变传统项目管理存在的发货不及时、发货不配套等弊端，利用信息化手段改造制造工厂和施工现场的管理水平，达到精细化管理的目的，所述的系统包括如下步骤：

第一步：在所述系统中建立深度达到LOD300的钢结构BIM模型，所述钢结构BIM模型中钢构件上附有相应钢构件的规格信息，BIM模型中钢构件初始颜色定义为灰色。

第二步：在可视化三维BIM模型中根据钢结构现场安装匹配性原则通过模型直接选取钢构件依次生成配套预警包。

第三步：通过系统生成唯一的构件二维码，每一根钢构件均生成一个包含规格信息和配套预警包信息的二维码。

第四步：加工完成并验收合格的钢构件上粘贴二维码，对入库的钢构件扫描二维码完成入库操作，在构件入库扫描二维码后，BIM模型中相应入库钢构件变为绿色。

第五步：钢构件出库吊运至运输车前，扫描相应钢构件上的二维码，完成出库操作。

第六步：钢构件出库扫描二维码后，系统进行数据分析，如果同一批次装车构件没有按照既定匹配原则发货，将触发发货配套预警，系统自动将相关信息通过微信、短信、邮件等方式发送给项目负责人（图7-33）；同时，BIM模型中未匹配性出库发货的构件变为红色，BIM模型中匹配性出库发货的构件变为蓝色。

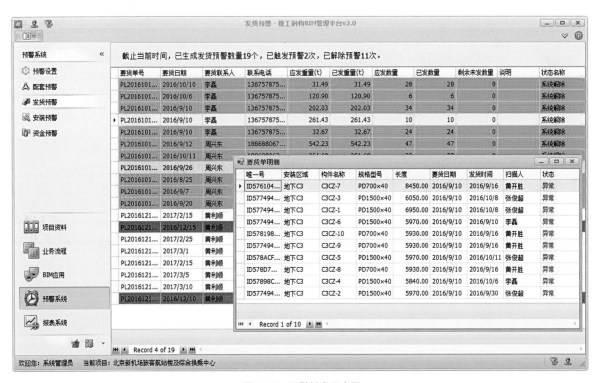

图7-33 预警触发示意图

7.7 施工全过程结构监测

北京大兴国际机场航站楼属于重要的大型公共建筑项目，钢结构屋盖造型复杂、跨度大，在施工阶段承受各种复杂作用。为保证屋盖钢结构的安全施工及使用阶段的健康状态，在施工过程中应对屋盖钢结构进行专项结构监测，对结构的应力应变、整体变形（下挠）、温度监测、局部变形（杆件弯曲）等进行全面检测，掌握结构在施工过程中的实际受力情况，并与模拟结果进行对比。鉴于上述原因，本项目对北京大兴国际机场航站楼核心区屋盖钢结构进行施工全过程监测。

为实现全面、精确的施工监测，结合当前国内领先的新型监测技术，进行如下指标的监测：

（1）常规监测项目：关键杆系结构的截面应变与温度监测。

（2）重要监测项目（无人机与三维重建、三维激光扫描技术）：

①基于三维激光扫描的结构局部变形现场监测；

②基于无人机与三维重建的结构局部应变监测与施工进度检查。

7.7.1 监测点布置

（1）监测点布置原则

合理性：紧密结合结构的特点及功能，以结构计算分析及数值模拟数据为依据，通过优化测点布置，保证测点能够充分获取结构响应信息。

可实施性：考虑监测系统实施的可行性以及不影响正常使用时的观感，保证布设测点处可以安装传感器，且进行安装和布置传输线路时保证施工方便性。

经济性：用尽可能少的传感器获取尽可能全面的、正确的环境信息和结构响应信息。

（2）测区与传感器的布置

结合监测点布置原则，最终对北京大兴国际机场航站楼核心区屋盖钢结构监测分区划分如图7-34所示。

各测区的测杆数量、传感器数量如表7-5所示。

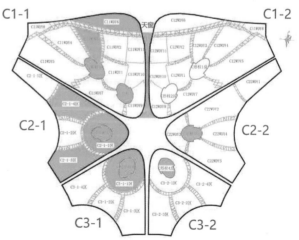

图7-34 屋盖钢结构监测分区划分示意图

序号	网架分区	测区编号	测杆数量	MCU个数	传感器个数
1	C1-1	C11WDY3	6	1	16
2		C形柱1	4	1	16
3		C形柱2	5	1	20
4		C11WDY6	4	1	16
5	C1-1与C1-2连接天窗	—	6	1	16
6	C2-1	C2-1-1	6	1	24
7		C2-1-3	4	1	16
8	C2-1	C2-1-4	4	1	16
9		C形柱3	5	1	20
10	C2-2	C形柱3反	5	1	16
11	C3-1	C3-1-1	6	1	24
12		C形柱4	5	1	20
13	C3-2	C形柱4反	5	1	20

7.7.2　关键杆件的界面应变与温度监测

采用振弦式应变、温度计与自动化数据采集技术，实现高质量、稳定可靠的施工监测。硬件设备参数如表7-6及图7-35、图7-36所示。

硬件设备参数　表7-6

序号	设备名称	型号	功能
1	弧焊型振弦式应变计	BGK-4000	应变、温度测量
2	自动化数据采集仪	BGK-Micro-16	信号采集
3	辅助器材	太阳能板、无线模块等	无线传输

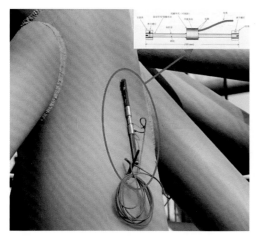

图7-35　弧焊型振弦式应变计

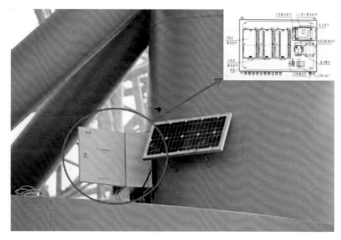

图7-36　自动化数据采集仪

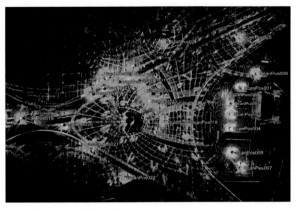
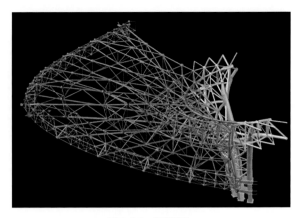

图7-37　点云拼接　　　　　　　　　　　　　图7-38　模型叠加

7.7.3　基于三维激光扫描的结构局部变形现场监测

利用三维激光扫描，完成现场点云扫描、拼接、模型去噪、连续化等一系列操作，可实现结构三维模型建立，并在三维模型的基础上完成网架杆件变形检查等工作。总体工作分为现场工作与数据分析两部分。参见图7-37、图7-38。

7.7.4　基于无人机与三维重建的结构局部损伤检查

利用便携式无人机平台、无人机遥控设备，以及结构三维成像与建模、结构损伤识别等全局损伤识别方法及相应的软件技术，可实现钢结构局部变形损伤的识别。相比远程观测技术及激光三维扫描技术，无人机检测技术可消除视觉遮挡，并通过水平或俯视视角进行观测，提高了观测的有效性与精度（图7-39）。

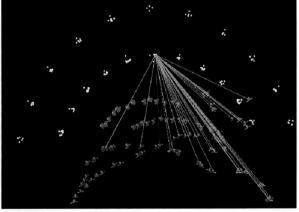

图7-39　无人机现场使用

7.7.5　监测结论

应力应变与温度监测完成多次钢结构网架提升与卸载监测，无人机监测完成了网架监测，三维扫描数据处理与分析获取了网架卸载前后挠度等数据。详细的监测结论如下：

（1）应力应变与温度监测

监测区域的钢网架结构在提升、卸载过程中测杆应力变化满足结构安全性的要求，未发现应力异常杆件，监测结果与设计值基本匹配（表7-7），验证了钢网架结构施工方案的可行性，表明钢网架结构施工质量可靠。

C3-1-1区应力监测数据与有限元计算结果对比　　　　　表7-7

测杆号	提升阶段应力增量（MPa）					有限元分析应力平均增量（位置：中心）（MPa）
	S1	S2	S3	S4	平均	
A	6.16	5.74	−0.13	3.54	3.83	（3.9/−6.8/−18.4/−7.7）−7.3
B	−2.28	0.23	0.00	−1.35	−0.85	（4.7/4.9/7.1/6.9）5.9
C	0.98	−2.51	−0.43	0.68	−0.32	（−1.5/1.2/−0.4/−3.1）−1.0
D	2.33	−1.41	0.25	−2.77	−0.40	（−8.8/−7.2/−6.6/−8.1）−7.7
E	7.31	−3.41	−4.64	3.64	−1.10	（−8.4/−7.9/−6.5/−7.0）−7.5
F	95.69	83.14	94.18	97.31	92.58	（101.4/98.2/102.8/106.0）102.1

（2）无人机监测

经过无人机施工监测与后期数据分析，得到大量倾斜摄影图像与视频资料，在此基础上进行了基于数字图像的多视角几何三维重建，重建生成的点云模型包括了各施工区域并用于施工监测。项目尝试将无人机经过三维重建形成的点云与三维扫描得到的点云匹配并进行上弦球节点拟合以计算上弦球节点的空间位置，得到较好结果。

（3）三维扫描数据处理与分析

经过三维扫描的后期数据分析，有如下结果：经过网架卸载前、卸载后实体扫描模型与深化设计模型进行对比，得到相应区域相对于模型的变形差异图（图7-40）。对卸载前后的三维扫描点云进行球节点提取并对比，得到卸载前后部分球节点的Z向挠度值。最终经过比对，现场施工质量满足规范及设计要求。

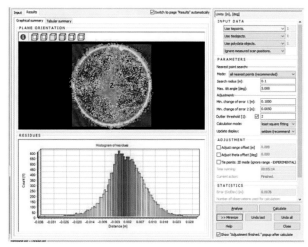

图7-40　误差控制

第8章
§

超大平面
自由双曲节能型
金属屋面施工
技术

8.1 工程概述

8.1.1 总体概述

北京大兴国际机场航站楼为绿色三星、节能AAA建筑，屋面工程应用了多项绿色、节能技术，包括自然采光技术、遮阳玻璃天窗技术、双层节能型金属屋面、绿色庭院技术等，本章对双层节能型金属屋面施工技术进行介绍。

8.1.2 金属屋面工程概况

北京大兴国际机场航站楼工程呈五指廊构型，综合服务楼形同第六条指廊，形成了一个体态完整的构型，如图8-1所示。航站楼及综合服务楼工程的屋面均为自由双曲的双层金属屋面。

北京大兴国际机场航站楼在工程施工上划分为2个标段，航站楼核心区工程和指廊工程，标段划分如图8-2所示。航站楼核心区与指廊工程在连接处通过隔震缝分开，屋面各系统的功能相互独立，除隔震缝的装饰及屋面的构造连接外，其他各专业系统管线不贯穿隔震缝。

航站楼核心区工程金属屋面是一个相对独立的功能区域，屋面钢结构东西长度568m，南北长度455m，总面积约18万m²，如图8-3所示。屋面最高点标高为50.9m，指廊端部屋面标高25.0m，核心区

图8-1 北京大兴国际机场航站楼效果图

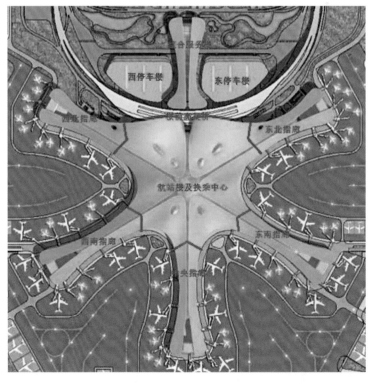

图8-2 航站楼标段划分

与指廊交接部位约30m，核心区部分屋面落差约20m。

航站楼核心区工程的金属屋面上设有6条采光天窗和中央采光顶，屋面采光及中央采光顶将金属屋面分为6个独立区段；采光天窗的侧立面设有消防系统的气动排烟窗。金属屋面可分为金属屋面系统、屋面融雪系统、排水系统等（采光天窗部分划分到玻璃采光顶部分，未列入金属屋面系统内），如图8-4所示。

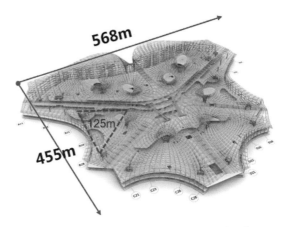

图8-3 航站楼核心区钢结构平面尺寸示意图

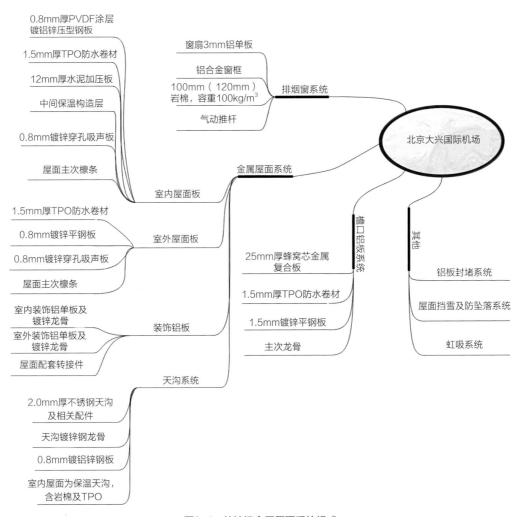

图8-4 航站楼金属屋面系统组成

金属屋面的边缘挑出立面幕墙，金属屋面系统根据屋面的构造可分为标准金属屋面构造（图8-5、图8-6）和檐口构造，两部分的区别主要是檐口属室外部分无保温层构造。航站楼工程金属屋面的双层金属板面层，是在传统直立锁边金属屋面上增加了架空金属装饰层，装饰金属面层与直立锁边金属板之间的架空层空气可流通，在装饰层形成遮阳的效果下，能够进一步降低直立锁边金属面层的表面温度。

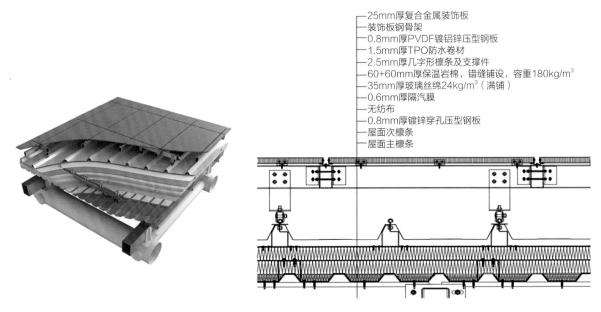

图8-5　航站楼双层金属屋面标准构造效果图　　　　图8-6　金属屋面标准构造的做法

8.1.3　工程特点

8.1.3.1　超长、超宽、超大面积

北京大兴国际机场航站楼核心区部分金属屋面东西长度568m，南北长度455m，总面积约18万m²，属于超长、超宽、超大平面的屋面工程。金属屋面工程的设计、施工均面临着难题，如金属屋面在热胀冷缩方面的变形控制措施、材料运输影响等均面临挑战。

8.1.3.2　自由双曲的构型设计

北京大兴国际机场的外观造型被誉为"凤凰展翅"，金属屋面东西两侧对称，南北方向上北高、南低，外形上采用自由双曲设计，屋面高低错落有致，并根据整体的布局在采光天窗部位形成排水天沟。自由双曲造型给工程的测量工作带来了很大的挑战，航站楼核心区工程的屋面为钢结构，有12300个球节点、63450根杆件，金属屋面的施工需要对上表面的每个球节点进行测量复核，才能够保证金属屋面的施工精度。

8.1.3.3　使用环境特殊

航站楼工程周边相对空旷，无高耸建筑，在工程设计上对金属屋面的抗风揭性能要求高，另外机场处于特殊的使用环境下，局部区域的风速可能超过周边环境的风速，则要求金属屋面的构造有良好的抗风揭性能。

8.1.3.4 超大平面不规则曲面屋面排水难度大

航站楼核心区工程的金属屋面造型采用了自由双曲设计，屋面排水采用虹吸系统，因屋面落差大，局部的屋面倾角很大，金属屋面的排水系统尽管根据汇水面积将金属屋面板进行分格设置了排水沟及雨水口，但仍面临着多项施工难题。

1. 雨水越过排水口

自由双曲金属屋面的设计方案，在屋面上设置排水沟，排水沟随屋面具有一定的坡度，虹吸雨水口按照汇水面积设置，由于坡度的存在，雨水在排水沟内会冲过雨水口，不会全部沿雨水口排走，影响排水效果。

2. 虹吸排水效果难以保证

虹吸雨水的排水在管道满流的状态下工作效率更高，在曲面排水沟上设置虹吸雨水口，如果雨水越过虹吸雨水口，可能造成较高部位的虹吸排水效果不明显或难以形成虹吸排水，同时较低部位的排水量增大。

3. 排水沟溢水风险

在上部虹吸排水效果受影响的情况下，较低部位的汇水量将显著大于设计的汇水量，在较低部位的虹吸雨水排水不能将雨水全部及时排出时，雨水将会溢出天沟，屋面排水天沟的构造需要预防溢水影响，不能因天沟满水而造成室内漏水。

8.2 逆向建模测量施工技术

8.2.1 屋面钢结构介绍

航站楼核心区的屋面钢结构为自由曲面空间网格造型，采用焊接球节点，由63450根杆件和12300个焊接球组成，投影面积约18万m^2，如图8-7所示。屋面中心部分仅有8根C形柱、12个支撑筒和6根独立钢管柱，中心区域最大跨度达180多米，在楼前高架桥侧的挑檐跨度达47m。

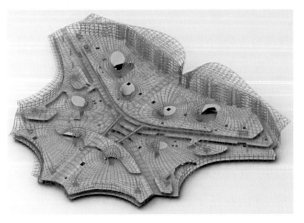

图8-7 屋面钢结构三维模型

8.2.2 金属屋面安装测量数据需求

金属屋面与屋面钢结构通过支托和立柱连接。金属屋面主檩条固定在立柱上，立柱通过支托与屋面钢结构的球节点或杆件连接，如图8-8所示。

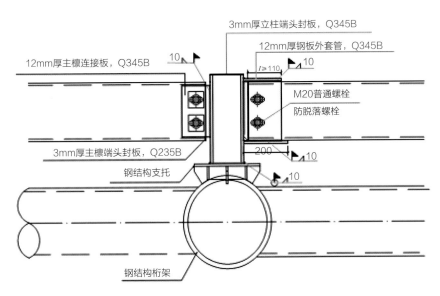

图8-8 金属屋面檩条连接典型节点

工程在施工前建立了三维模型，通过模型数据提取可以精确计算立柱的长度，但要保证金属屋面的安装精度，完美体现设计的自有曲线之美，仅屋面的立柱及檩条下料精度高还不行，因为屋面钢结构的跨度最大可超过180m，钢结构在安装、卸载过程中必然存在变形。航站楼核心区屋面钢结构采用"分区安装，分区卸载，变形协调，总体合拢"的技术（钢结构分区安装如图8-9所示），实现了钢结构的高精度安装。但钢结构的变形受多种因素影响，包括安装预起拱、安装方法、安装偏差、自重变

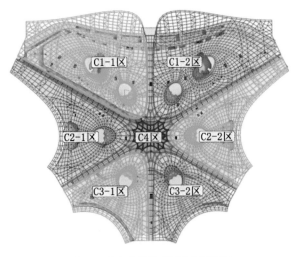

图8-9 屋面钢结构分区安装示意图

形、卸载后的应力重分布等，钢结构各球节点的标高根据理论计算可以确定一个相对小的范围，要保证金属屋面的安装精度，在金属屋面的立柱安装前，应对屋面钢结构的节点标高进行精确测量。

8.2.3 测量逆向建模

8.2.3.1 三维扫描技术

为实现金属屋面的安装精度，金属屋面安装前的测量是必要的工序。航站楼核心区屋面钢结构有12300个球节点，另因屋面钢结构的网格的最大跨度可达11m，部分檩条支托在钢结构的上弦杆上，测量工作是一个工作量非常庞大的工程。传统的测量方式，使用全站仪在屋面钢结构的顶面对檩托进行逐个量测，需要组织多个测量组，一方面投入的人员和设备等资源数量庞大，另一方面需要的时间长，且高空作业的安全管控难度非常大。

为快速准确地得到钢结构的安装精度，需要一种高精度、高效率的测量方法，在航站楼核心区钢结构复测时，应用了三维扫描技术，配合测量机器人建立了一个测量基站网络，对安装卸载后的钢结构实体进行三维扫描，逆向建立了屋面钢结构的实体模型，将实体模型与设计模型进行比对，从而快速得到钢结构球节点的精确位置，为金属屋面安装提供准确数据。

8.2.3.2 逆向建模工作原理

逆向建模主要是应用三维激光扫描技术，通过对钢结构实体进行扫描，得到一个点云模型。它突破了传统的单点测量方法，具有高效率、高精度的独特优势。三维激光扫描技术是利用激光测距的原理，通过记录被测物体表面大量的密集的点的三维坐标、反射率和纹理等信息，可快速复建出被测目标的三维模型及线、面、体等各种图件数据。

三维激光扫描系统包含数据采集的硬件部分和数据处理的软件部分。硬件部分主要是三维扫描仪，三维激光扫描仪是由一台高速精确的激光测距仪，配上一组可以引导激光并以均匀角速度扫描的反射棱镜组成。激光测距仪主动发射激光，同时接受由自然物表面反射的信号从而进行测距，针对每一个扫描点可测得测站至扫描点的斜距，再配合扫描的水平和垂直方向角，可以得到每一扫描点与测站的空间相对坐标。如果测站的空间坐标是已知的，则可以求得每一个扫描点的三维坐标。软件部分可按照需求对点云模型进行剪切、拟合等数据处理。

8.2.3.3 三维扫描逆向建模

1. 三维扫描设备选择

工程选用了某品牌的三维扫描仪，三维扫描仪的主要参数如下：

距离测量：激光等级：1类，对人眼安全

　　　　　激光波长：1.5μm，不可见

　　　　　激光束直径：6-10-23mm@10-30-100mm

　　　　　最小量程：0.6m

　　　　　最大标准量程：120m

　　　　　扩展量程：340m

　　　　　测量系统误差：<2mm

扫描：   视场：360°×317°

测角精度：80μrad

扫描速度：1000000点/s

拍照用时标准模式下1min，HDR模式下2min

其他：   每块电池扫描时间＞2h

工作环境0～40℃

远程控制—移动设备，Windows7或以上PC/平板等

2. 测量基站

三维扫描仪具有有效的标准量程，当工程的长宽超过量程时需要设定多个基站进行扫描；即使扫描的工程的范围在有效的标准量程范围内，也需要对工程进行多角度的扫描才能够生成完整的点云模型，反映工程的全貌。

（1）测量基站的影响因素

测量基站建立需要考虑几个方面的因素：

1）最大标准量程。三维扫描仪的规格限定了单次扫描的最大距离。距离越大，相对的生成点云模型的精度越低，所以在基站建立时要充分考虑设备的距离测量的性能参数，根据精度要求，确定单次扫描的范围。

2）结构形式影响。三维扫描需要得到完整的钢结构模型，在基站的选择上，不同的基站之间是一个相互补充，单个基站的扫描会遇到下部球节点遮挡上部球节点的情况，或杆件遮挡的情况。通过不同角度对同一个球节点的多次扫描可形成完整的、不受基站位置影响的点云模型。

（2）测量基站的布置

航站楼核心区的屋面钢结构总的投影面积18万m²，在工程施工阶段按照条形采光天窗分为了6个施工区段，扫描按每个区段逐个区域扫描，然后进行整体拼接。

测量基站的选择上，优先选择部分轴线交点，作为基站的基准点，便于提取坐标，然后在每个区段的外围及内部布置基站，基站的布置考虑遮挡和精度问题，间距控制在30m左右，遇到结构洞口等情况适当调整。

基站事先进行内页布置，然后使用测量机器人进行现场测设，每个测站均做好标记，并进行编号。

基站的三维坐标：在内页计算时确定基站的平面坐标，现场进行测设；基站的高程需要在定位后进行测量，然后形成基站的三维坐标。每个编号的基站的三维坐标要形成初始的记录。

3. 现场扫描作业

（1）三维扫描作业的现场条件

现场的三维扫描作业，是与现场的其他施工作业同步进行的，三维扫描施工将受到现场条件和气候条件的影响：

1）施工作业影响。三维扫描需要一个相对安全的环境，现场施工过程中，由于设置了运输

材料的施工钢桥，结构作业面上有大量的施工机械和材料运输车辆，机械设备及车辆的行走将产生一定的振动，结构的振动对三维扫描的精度具有一定的影响。因此，三维扫描期间，应避开车辆通行和机械作业区域。

2）现场通视情况影响。现场扫描作业宜避开大型施工设备，高空作业设备也将形成遮挡，影响扫描效果。如果现场的机械、设备不便于移开时，可加密测量基站数量，实现无遮挡扫描，在点云模型处理阶段将多余的部分删除。

3）天气条件影响。三维扫描还将受到天气的影响，首先是环境温度，三维扫描仪作为电子设备，对工作环境具有一定的要求，需要

图8-10　三维扫描仪现场作业

在0~40℃的区间内工作，超出工作环境温度区间外不宜作业。其次，三维扫描是通过光线的反射接受形成点云模型，扫描作业将受到自然条件光线的影响，不能直接朝向阳光逆光扫描。最后，三维扫面应避开雨雪及大风天气。

（2）三维扫描作业

三维扫描作业的基站测放完毕后，需要两人进行配合：一人操作仪器，一人配合，保护现场扫描的安全和必要的现场协调工作。现场的三维扫描均采用标准模式扫描，现场作业如图8-10所示。

8.2.4　偏差分析

8.2.4.1　数据收集

现场三维扫描的数据存储在扫描仪中，现场扫描完成后，导入电脑，扫描的数据可导出标准格式的点云文件，可使用三维扫描仪的配套软件处理数据，或第三方的软件进行数据处理。

8.2.4.2　模型数据处理

三维扫描的点云模型需要进行表面的处理，生成模型的精度主要取决于扫描的精度，工程选用的三维扫描仪的扫描系统误差<2mm。对扫描生成的点云模型还需要进行专业软件的处理生成平滑表面的模型，另外还需要对多点扫描的多个模型进行拼接形成需要的模型。

将标准点云数据导入后可形成初步的模型，然后进行拼接处理，得到初步模型，如图8-11所示。

得到初步模型后再一步处理，删除无用数据，就可以得到钢结构的扫描模型，如图8-12、图8-13所示。模型可以根据需要选取相应的范围，在模型内可动态查看，根据需要导出相关的数据。

图8-11 C2-2区点云拼接初步模型

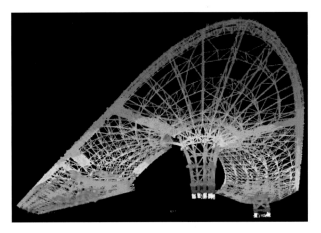

图8-12 C2-2区扫描模型轴测图

图8-13 C2-2区扫描模型侧视图

8.2.4.3 数据分析

1. 数据的分析步骤

（1）提取设计模型节点三维坐标，对应编号，绘制表格。

（2）提取深化模型球节点三维坐标，对应编号，绘制表格。

（3）提取扫描模型球节点三维坐标，对应编号，绘制表格。

（4）比较钢结构卸载前后的扫描模型之间的三维差异。

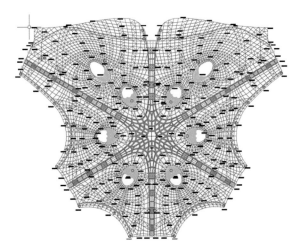

图8-14 坐标提取分布图

2. 典型位置的数据分析

结合钢结构变形监测，在三维扫描阶段按照设计单位设定的280个挠度监测点对数据进行了提取，提取坐标点的分布如图8-14所示。提取扫描生成的模型对应监测点的坐标，与设计模型进行比对，可得到相应监测点的变形差值，数据比对见表8-1～表8-6。

C1-1区部分数据比对成果表

表8-1

施工进度：最终定位（卸载后）　　　　　分区：C1-1区　　　　构件类别：屋面网架　　　　分块编号：无

球编号	设计坐标（m）			实测坐标（m）			偏差（mm）			备注
	N（北）	E（东）	H（高）	N（北）	E（东）	H（高）	ΔN	ΔE	ΔH	
C1（1）-01	7865.168	6076.526	30.912	7865.156	6076.470	30.868	-12	-56	-44	
C1（1）-02	7849.466	6105.370	32.730	7849.495	6105.342	32.703	29	-28	-27	
C1（1）-03	7822.641	6121.000	41.663	7822.737	6121.020	41.530	96	20	-133	
C1（1）-04	7851.529	6088.113	31.242	7851.589	6088.120	31.248	60	7	6	
C1（1）-05	7865.371	6112.428	31.475	7865.394	6112.413	31.470	23	-15	-5	
C1（1）-06	7864.958	6135.911	39.524	7864.993	6135.857	39.495	35	-54	-29	
C1（1）-07	7837.904	6063.794	33.947	7837.914	6063.895	33.853	10	101	-94	
C1（1）-08	7853.681	6077.483	31.414	7853.748	6077.440	31.354	67	-43	-60	
C1（1）-09	7871.144	6030.209	29.898	7871.151	6030.231	29.808	7	22	-90	
C1（1）-10	7890.459	6007.305	28.975	7890.446	6007.288	28.902	-13	-17	-73	
C1（1）-11	7881.915	6074.562	34.610	7881.893	6074.525	34.598	-22	-37	-12	
C1（1）-12	7893.787	6084.827	35.733	7893.812	6084.760	35.671	25	-67	-62	

C1-2区部分数据比对成果表

表8-2

施工进度：最终定位（卸载后）　　　　　分区：C1-2区　　　　构件类别：屋面网架　　　　分块编号：无

球编号	设计坐标（m）			实测坐标（mm）			偏差（mm）			备注
	N（北）	E（东）	H（高）	N（北）	E（东）	H（高）	ΔN	ΔE	ΔH	
C1（2）-1	7858.458	6181.801	35.022	7858.478	6181.812	34.993	20	11	-29	上弦
C1（2）-2	7849.467	6176.630	32.732	7849.479	6176.646	32.683	12	16	-49	
C1（2）-3	7822.641	6161.000	41.664	7822.698	6160.978	41.490	57	-22	-174	
C1（2）-4	7851.530	6193.887	31.242	7851.495	6193.900	31.186	-35	13	-56	
C1（2）-5	7865.371	6169.572	31.476	7865.354	6169.551	31.455	-17	-21	-21	
C1（2）-6	7864.959	6146.089	39.525	7864.965	6146.069	39.514	6	-20	-11	
C1（2）-7	7837.904	6218.206	33.948	7837.921	6218.142	33.801	17	-64	-147	
C1（2）-8	7850.540	6208.394	31.926	7850.498	6208.479	31.891	-42	85	-35	
C1（2）-9	7871.145	6251.791	29.899	7871.160	6251.790	29.797	15	-1	-102	
C1（2）-10	7893.671	6284.585	28.397	7893.645	6284.558	28.289	-26	-27	-108	
C1（2）-11	7867.253	6210.433	31.144	7867.287	6210.431	31.143	34	-2	-1	
C1（2）-12	7893.787	6197.173	35.734	7893.741	6197.169	35.716	-46	-4	-18	
C1（2）-13	7919.743	6199.598	34.858	7919.674	6199.609	34.814	-69	11	-44	
C1（2）-14	7943.790	6200.826	37.229	7943.704	6200.886	37.145	-86	60	-84	
C1（2）-15	7969.542	6199.468	39.483	7969.434	6199.474	39.446	-108	6	-37	

C2-1区部分数据比对成果表

表8-3

施工进度：最终定位（卸载后）　　　　分区：C2-1区　　　　构件类别：屋面网架　　　　分块编号：无

球编号	设计坐标（m）			实测坐标（mm）			偏差（mm）			备注
	N（北）	E（东）	H（高）	N（北）	E（东）	H（高）	ΔN	ΔE	ΔH	
C2（1）－01										
C2（1）－02	7788.000	6069.954	32.864	7788.041	6069.933	32.907	41	－21	43	
C2（1）－03	7788.000	6101.000	41.673	7787.983	6101.015	41.593	－17	15	－80	
C2（1）－04	7773.290	6059.045	30.854	7773.379	6059.048	30.909	89	3	55	
C2（1）－05	7802.709	6059.045	30.854	7802.715	6059.038	30.931	6	－7	77	
C2（1）－06	7832.034	6055.697	33.618	7831.978	6055.747	33.500	－56	50	－118	
C2（1）－07	7817.059	6046.056	30.717	7817.089	6046.113	30.759	30	57	42	
C2（1）－08	7743.965	6055.697	33.617	7744.001	6055.720	33.528	36	23	－89	
C2（1）－09	7758.941	6046.056	30.716	7758.998	6045.969	30.666	57	－87	－50	
C2（1）－10	7767.355	6034.286	31.172	7767.463	6034.227	31.129	108	－59	－43	
C2（1）－11	7755.268	6023.715	28.409	7755.275	6023.744	28.422	7	29	13	
C2（1）－12	7744.044	6007.957	24.777	7744.072	6008.031	24.730	28	74	－47	
C2（1）－13	7741.668	5988.376	21.922	7741.668	5988.402	21.935	0	26	13	
C2（1）－14										
C2（1）－15	7761.700	5973.018	26.610	7761.735	5973.153	26.609	35	135	－1	

C2-2区部分数据比对成果表

表8-4

施工进度：最终定位（卸载后）　　　　分区：C2-2区　　　　构件类别：屋面网架　　　　分块编号：无

球编号	设计坐标（m）			实测坐标（mm）			偏差（mm）			备注
	N（北）	E（东）	H（高）	N（北）	E（东）	H（高）	ΔN	ΔE	ΔH	
C2（2）－1	7788.000	6217.711	30.894	7787.948	6217.772	30.860	－52	61	－34	
C2（2）－2	7788.000	6212.046	32.864	7787.951	6212.082	32.807	－49	36	－57	
C2（2）－3	7788.013	6181.001	41.676	7787.952	6180.995	41.553	－61	－6	－123	
C2（2）－4	7773.291	6222.954	30.854	7773.284	6222.974	30.820	－7	20	－34	
C2（2）－5	7802.703	6222.956	30.854	7802.705	6222.961	30.785	2	5	－69	
C2（2）－6	7830.897	6224.435	33.794	7830.895	6224.409	33.654	－2	－26	－140	
C2（2）－7	7817.059	6235.943	30.720	7817.049	6235.909	30.629	－10	－34	－91	
C2（2）－8	7743.965	6226.303	33.621	7743.994	6226.236	33.453	29	－67	－168	
C2（2）－9	7758.941	6235.943	30.719	7758.965	6235.974	30.634	24	31	－85	
C2（2）－10	7767.355	6247.714	31.175	7767.315	6247.779	31.121	－40	65	－54	
C2（2）－11	7755.268	6258.285	28.411	7755.261	6258.239	28.318	－7	－46	－93	
C2（2）－12	7744.044	6274.043	24.778	7744.047	6273.97	24.693	3	－73	－85	
C2（2）－13	7735.941	6291.884	27.922	7735.958	6291.826	27.886	17	－58	－36	上弦球
C2（2）－14	7730.110	6317.138	24.862	7730.160	6317.112	24.857	50	－26	－5	上弦球
C2（2）－15	7761.700	6308.982	26.609	7761.758	6309.010	26.547	58	28	－62	

施工进度：最终定位（卸载后）　　　分区：C3-1区　　　构件类别：屋面网架　　　分块编号：无

球编号	设计坐标（m）			实测坐标（mm）			偏差（mm）			备注
	N（北）	E（东）	H（高）	N（北）	E（东）	H（高）	ΔN	ΔE	ΔH	
C3（1）-01	7714.585	6098.614	33.200	7714.741	6098.552	33.213	156	-62	13	柱上弦球
C3（1）-02	7726.472	6105.477	32.864	7726.511	6105.502	32.808	39	25	-56	
C3（1）-03	7753.359	6121.000	41.676	753.318	6121.005	41.580	-41	5	-96	
C3（1）-04	7709.671	6112.761	30.854	7709.689	6112.745	30.805	18	-16	-49	
C3（1）-05	7724.380	6087.284	30.854	7724.425	6087.313	30.824	45	29	-30	
C3（1）-06	7733.977	6056.273	33.298	7733.962	6056.382	33.103	-15	109	-195	
C3（1）-07	7720.306	6068.363	30.717	7720.374	6068.397	30.666	68	34	-51	
C3（1）-08	7687.613	6136.578	33.295	7687.629	6136.588	33.161	16	10	-134	
C3（1）-09	7691.247	6118.694	30.715	7691.206	6118.676	30.625	-41	-18	-90	
C3（1）-10	7685.261	6105.522	31.173	7685.330	6105.541	31.139	69	19	-34	
C3（1）-11	7670.062	6110.704	28.408	7670.107	6110.712	28.315	45	8	-93	
C3（1）-12	7650.804	6122.545	24.777	7650.837	6112.569	24.702	33	24	-75	
C3（1）-13	7631.301	6110.642	21.366	7631.306	6110.691	21.317	5	49	-49	
C3（1）-14	7615.595	6100.150	20.552	7615.600	6100.186	20.550	5	36	-2	
C3（1）-15	7624.714	6086.663	24.626	7624.694	6086.744	24.580	-20	81	-46	

施工进度：最终定位（卸载后）　　　分区：C3-2区　　　构件类别：屋面网架　　　分块编号：无

球编号	设计坐标（m）			实测坐标（mm）			偏差（mm）			备注
	N（北）	E（东）	H（高）	N（北）	E（东）	H（高）	ΔN	ΔE	ΔH	
C3（2）-1	7714.585	6183.386	33.200	7714.619	6183.339	33.200	34	-47	0	柱上弦
C3（2）-2	7726.472	6176.523	32.864	7726.475	6176.493	32.814	3	-30	-50	
C3（2）-3	7753.359	6161.000	41.676	7753.374	6160.942	41.519	15	-58	-157	
C3（2）-4	7709.671	6169.239	30.854	7709.690	6169.301	30.825	19	62	-29	
C3（2）-5	7724.380	6194.716	30.854	7724.417	6194.676	30.777	37	-40	-77	
C3（2）-6	7736.143	6221.787	33.615	7736.151	6221.808	33.531	8	21	-84	
C3（2）-7	7720.306	6213.638	30.715	7720.331	6213.586	30.641	25	-52	-74	
C3（2）-8	7692.108	6145.516	33.615	7692.167	6145.523	33.484	59	7	-131	
C3（2）-9	7691.247	6163.306	30.715	7691.293	6163.345	30.649	46	39	-66	
C3（2）-10	7685.261	6176.478	31.173	7685.340	6176.472	31.126	79	-6	-47	
C3（2）-11	7670.062	6171.296	28.408	7670.150	6171.244	28.354	88	-52	-54	
C3（2）-12	7650.804	6169.456	24.777	7650.810	6169.451	24.713	6	-5	-64	
C3（2）-13	7631.301	6171.358	21.366	7631.304	6171.332	21.340	3	-26	-26	
C3（2）-14	7606.515	6178.935	19.435	7606.550	6178.985	19.431	35	50	-4	
C3（2）-15	7629.374	6202.215	26.610	7629.392	6202.190	26.600	18	-25	-10	

为了计算卸载后变形值，卸载前球心位置假定为深化模型的理论球心位置，用卸载后扫描生成的模型球心坐标减去深化模型球心理论坐标获得各监测球心节点的近似挠度。通过对整个屋面钢结构的典型部位的比对分析统计，280个单点挠度绝对值超过70mm的有53个，对这些变形最大的部位按实际跨度计算的相对变形见表8-7。

大于50mm变形节点统计表　　　　　　　　表8-7

区域	起点-终点	悬挑跨度（m）	相对变形值（mm）	实测挠度	规范限差	是否满足1.15倍限差	结论
C1-1区	01-03	44.7	-89	-1/502	1/250	是	合格
	01-07	41.9	-50	-1/838	1/250	是	合格
	01-45	48.6	-87	-1/559	1/250	是	合格
	23-58	68.6	-199	-1/345	1/250	是	合格
	23-15	73.9	-144	-1/513	1/250	是	合格
	23-38	74.3	-128	-1/580	1/250	是	合格
C1-2区	01-03	41.5	-145	-1/286	1/250	是	合格
	01-07	42.0	-118	-1/356	1/250	是	合格
	01-45	49.2	-96	-1/512	1/250	是	合格
	23-14	51.0	-89	-1/573	1/250	是	合格
	23-09	37.8	-107	-1/353	1/250	是	合格
	23-38	74.0	-109	-1/679	1/250	是	合格
C2-1区（01假定变形为零）	01-03	36.7	-80	-1/459	1/250	是	合格
	01-06	43.5	-118	-2/737	1/250	是	合格
	01-08	44.9	-89	-1/504	1/250	是	合格
C2-2区	01-03	36.7	-89	-2/825	1/250	是	合格
	01-06	43.5	-106	-2/821	1/250	是	合格
	01-08	44.9	-134	-1/335	1/250	是	合格
C3-1区	01-03	42.0	-103	-1/408	1/250	是	合格
	01-06	44.2	-208	-2/425	1/250	是	合格
	01-08	44.2	-147	-3/902	1/250	是	合格
C3-2区	01-03	42.0	-157	-2/535	1/250	是	合格
	01-06	44.2	-84	-1/526	1/250	是	合格
	01-08	44.2	-131	-2/675	1/250	是	合格
C4区	C4-01-C1（2）-03	24.8	-71	-1/349	1/250	是	合格
	C4-02-C2（2）-03	28.7	-27	-0	1/250	是	合格
	C4-03-C3（1）-03	24.8	-38	-1/653	1/250	是	合格
	C4-04-C2（1）-03	28.7	-46	-1/624	1/250	是	合格

8.2.5 小结

通过对典型位置的变形分析,可看出钢结构的安装、卸载变形均得到了完美的控制,从点位部位的变形值统计可得到屋面钢结构的实际变形与理论变形超过150mm的点有3个,占比为1%。在金属屋面主檩托下料时,整体下料按照实测数据留置安装偏差余量可满足现场施工要求。

三维扫描逆向建模技术可高效、快速、精确地进行工程的实体扫描,得到实体工程与设计模型的偏差,用于指导现场施工。

8.3 檩条消减温度应力施工技术

8.3.1 屋面的温度应力

8.3.1.1 设计温差

航站楼核心区工程的屋面钢结构为自由曲面空间网格造型,屋面钢结构投影面积18万m²,东西向×南北向为568m×455m,平面上超长、超宽,近似方形,如图8-15所示。北京地区属于典型的温带季风气候,夏季高温多雨,冬季寒冷干燥,全年冬季与夏季的温差很大,在方案设计阶段,按照80℃的温差进行了设计。

航站楼核心区的金属屋面及屋面钢结构在安装及使用阶段必将在温度的作用下产生一定的温度变形,为适应航站楼核心区屋面钢结构平面超长、超宽温度变形大的特点,需要采取相应的应对措施。

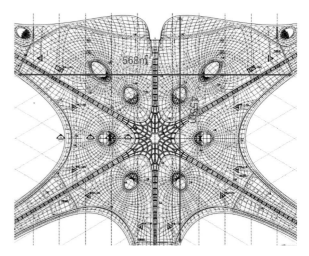

图8-15 航站楼核心区屋面钢结构平面尺寸示意图

8.3.1.2 温度应力及传递路径

屋面工程的温度应力的传递是自上而下的,自屋面上部的构造层传递至金属屋面的次檩条,次檩条传递至主檩条,主檩条传递至立柱,然后通过支托传递给屋面钢结构。金属屋面主、次檩也是钢构件,在温度作用下与屋面钢结构具有一定的协同性,屋面的自由双曲设计使檩条在热胀冷缩的情况下在支座位置会形成弯矩,与设计受力状态不符,另一方面屋面钢结构及金属屋面也需要适应大温差下的变形。

8.3.2 屋面钢结构消减温度应力的措施

8.3.2.1 屋面及其支撑钢结构

北京大兴国际机场航站楼核心区钢结构设计结合屋盖放射型的平面功能，由支撑系统钢结构和屋盖钢结构组成。核心区在中央大厅设置六组C形柱，形成180m直径的中心区空间，在跨度较大的北中心区加设两组C形柱减少屋盖结构跨度；北侧为格构式竖向钢结构，同时为幕墙工程提供结构支撑，东西两侧对应设置12个支撑筒，另设有6根钢管柱，屋面钢结构及其支撑见图8-16。

8.3.2.2 钢结构消减温度应力措施

按照屋面的功能要求和结构选型，屋面钢结构是一个完整的整体结构，如图8-17所示，在结构设计上不具备消化温度变形的能力。

在消减温度应力的影响方面，在保证屋盖钢结构整体完整的情况下，在下部钢结构支撑部位采取了措施，让支撑钢结构具有一定的倾斜变形能力，使屋盖钢结构在温度作用下可以相对自由地伸缩。

1. C形柱节点设计

C形柱是屋面钢结构内部的主要承重构件，柱顶与屋面矩形网架连接，为适应超长超宽屋面钢结构的温度变形，在C形柱根部设置了可变形的支座，C形柱可随屋面钢结构在平面上的延展在竖向上产生一定的倾角，与屋面的变形相协调，如图8-18所示。

2. 支撑筒结构设计

在航站楼核心区东西两侧有12个支撑筒，支撑筒的顶部与上部的屋面钢结构通过平面一定变形的支座连接，上部的屋面钢结构相对于支撑筒可产生一定的倾角变形，在支撑筒和屋面钢结构间设置拉杆防止滑脱（图8-19）。

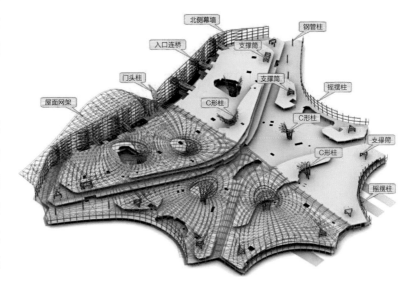

图8-16 屋面钢结构及其支撑模型图

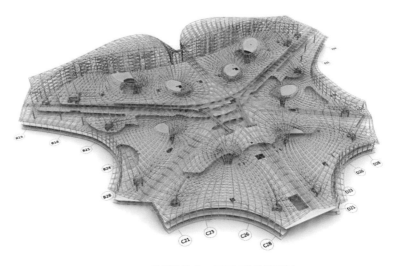

图8-17 航站楼核心区屋面钢结构模型图

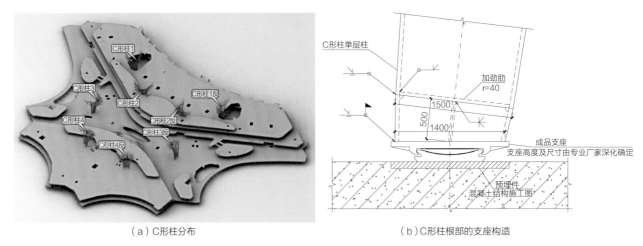

（a）C形柱分布 　　　　　　　　　　（b）C形柱根部的支座构造

图8-18　C形柱布置模型及支座构造

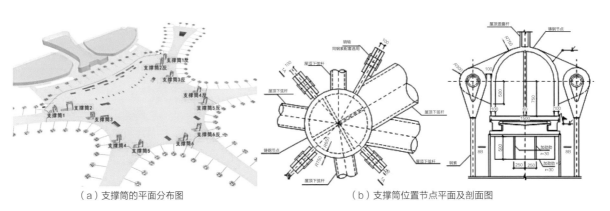

（a）支撑筒的平面分布图 　　　　　　（b）支撑筒位置节点平面及剖面图

图8-19　支撑筒布置及节点构造

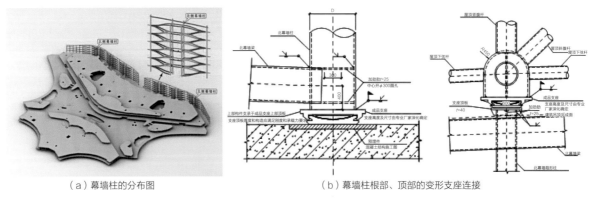

（a）幕墙柱的分布图 　　　　　　　　（b）幕墙柱根部、顶部的变形支座连接

图8-20　北侧格构式柱分部及连接节点构造

3. 陆侧楼前支撑结构设计

航站楼北侧的格构式钢柱是屋面钢结构的承重构件，同时也是幕墙的承重结构，在幕墙柱的上、下端均采用了可使用一定倾角变形的支座，保证变形协调，如图8-20所示。

4. 空侧楼边钢结构支撑设计

航站楼核心区的东侧、东南侧、西南侧、西侧的四个侧面为玻璃幕墙，玻璃幕墙的钢结构柱上下均采用了铰接支座，具有良好的适应屋面温度变形的能力，如图8-21所示。

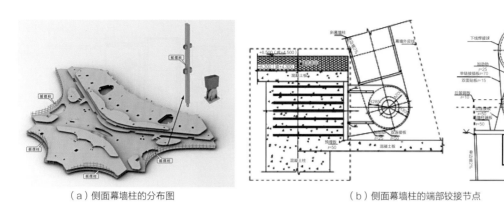

| （a）侧面幕墙柱的分布图 | （b）侧面幕墙柱的端部铰接节点 |

图8-21　上下铰接幕墙柱的分布及节点构造

8.3.3　檩条消减温度应力的连接技术

航站楼核心区的金属屋面属于外围护体系，航站楼的外围护系统由屋面系统、幕墙系统、采光顶系统、登机桥系统组成，外围护系统与结构之间是一个荷载传递的关系，在结构设计上对围护系统的考虑是荷载传递，就金属屋面而言，在结构设计上是一个面均布荷载。

金属屋面在构造设计上，上部的荷载传递到主檩条上，主檩条通过主檩支托与屋面钢结构连接，尽管金属屋面的承重结构也为钢结构，但由于构件截面特性的差异、金属屋面上下面层温度差异等原因，金属屋面与屋面钢结构的温度变形并非协调一致，尤其是航站楼核心区的屋面为自由曲面设计，金属屋面的主檩条在温度作用下就会在支座位置产生一定的弯矩，影响钢结构的计算受力状态，为减小温度作用下金属屋面对屋面钢结构受力状态的影响，需要在主檩条的连接方式上采取一定的措施，消除温度引起的应力产生的弯矩。

8.3.3.1　屋面檩条设置

航站楼核心区工程屋面钢结构为自由曲面的空间网格构型，如图8-22所示，屋面钢结构超长、超宽，空间网格的尺寸也比较大，钢结构的杆件最大长度可达11m。

金属屋面的檩条跨度要适应屋面钢结构空间网格的尺寸，需要设置两层檩条转换，以满足上部构造层的安装。金属屋面的檩条分为主檩条和次檩条，主檩条装在钢结构球节点或杆件的支托上，为次檩条提供支撑，次檩条按照1.2m的间距布置，形成了上部构造层的支撑。在金属屋面的构造上，屋面主檩条是屋面上部构造和屋面钢结构连接的受力杆件。

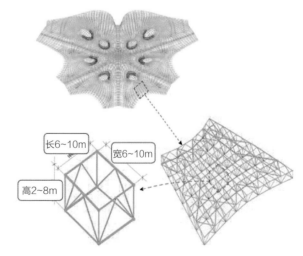

图8-22　屋面钢结构网格形式

8.3.3.2 主檩条消减温度应力措施

1. 深化设计原则

金属屋面主檩条在与屋面钢结构连接部位产生弯矩的主要原因是主檩条的温度变形受到了支座的约束，主檩条所在的屋面弧度较大或者相邻的檩条不在一条直线上，檩条的变形与屋面钢结构的变形不协调。消减金属屋面主檩条在主檩支托位置的弯矩可以在连接方式上采取措施，使屋面主檩条在温度变形下具有一定的变形量。

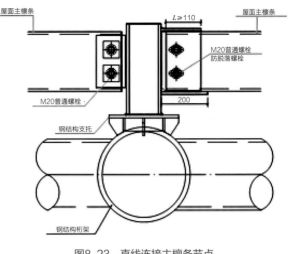

图8-23 直线连接主檩条节点

2. 主檩条消减温度应力弯矩的措施

（1）单向2根主檩连接节点

屋面主檩条在一条直线上、坡度平缓时，主檩条的支托的连接方式一端采用长圆孔、一端使用圆孔连接，圆孔连接一侧在较高的一端。在主檩条设长圆孔的一端的连接立柱上设置长200mm的托板，檩条与两块主檩连接板使用2根M20螺栓连接，使主檩具有适量的伸缩变形量，如图8-23所示。

（2）多根主檩交会节点

当超过2根主檩条在主檩支托位置固定时，一方面主檩的夹角较小，在主檩支托位置固定空间受限，另一方面多点会接的部位均为C形柱周边，局部的坡度、角度变化较大，主檩条两端均采用铰接。主檩条的铰接仍采用一端长圆孔、一端圆孔，每根主檩条均具有一定的变形空间，如图8-24所示。

（3）一端2根檩条交会、一端多根交汇的檩条节点

主檩条的一端为多根檩条节点、一端为2根檩条在同一直线或基本在一条直线上时，主檩条在多根檩条固定在同一支托的端部为铰接，另一端为螺栓连接。主檩条较高的一端为圆孔，较低

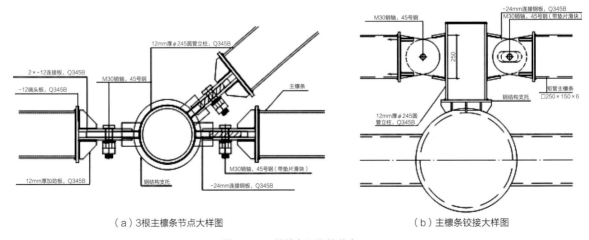

（a）3根主檩条节点大样图　　　　　（b）主檩条铰接大样图

图8-24 3根檩条汇聚的节点

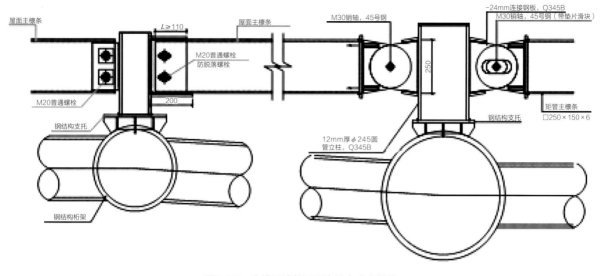

图8-25　主檩两端的不同连接方式大样图

的一端为长圆孔，使檩条具有一定的调节变形
量，如图8-25所示。

（4）"丁"字形节点

在C形柱采光天窗的下口均设有排水天
沟，排水天沟的外侧主檩条为放射状，环采光
天窗的外侧局部需要加密，在环状布置的主檩
中部增设垂直布置的主檩条，增设的主檩条一
端为焊接，则另一端连接另一根主檩的节点采
用铰接，一方面适应排水天沟位置与外侧屋面
的转角布置，同时铰接节点为长圆孔，具有一
定的伸缩变形量，如图8-26所示。

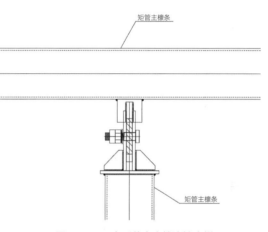

图8-26　丁字形节点主檩连接大样

8.3.4　小结

金属屋面的檩条是金属屋面和屋面钢结构的主要转换连接构件，是屋面荷载传递的关键构
件，航站楼核心区工程的屋面超长、超宽，在温度变形下屋面必将产生温度涨缩，当金属屋面的
温度涨缩与屋面钢结构的温度涨缩不协调一致的时候，将在主檩条的支托位置产生弯矩影响屋面
钢结构的受力状态，尤其是自由曲面的结构设计，在主檩条与屋面钢结构的安装上采取可伸缩、
转动的连接节点，可抵消或消减大部分的弯矩，使屋面的上部荷载与设计计算状态尽量吻合，保
证结构安全。在主檩条的安装方法上，使用支臂高空作业车安装主檩托、汽车式起重机吊装主檩
条的方式，极大地提高了安装的效率。

8.4 高性能抗风揭的新型支座及板型施工技术

8.4.1 概述

北京位于东经115.7°～117.4°，北纬39.4°～41.6°，属温带半湿润半干旱季风气候，北京的地形西北高，东南低，与天津相邻，并与天津一起被河北省环绕。北京地区基本不受台风和热带风暴影响，但根据资料记载，有局部风速超过30m/s的记录，相当于11级大风。航站楼工程作为投资巨大的重要公共交通枢纽工程，除了美观外，能够保证抗风性，让旅客在此安全停留，保证正常的交通秩序是其承担的最根本的功能要求。航站楼工程屋面造型呈自由曲面，且外檐挑出，屋面形状变化较多，这些区域将产生很大的极值风压，成为抗风薄弱部位，必须采用可靠的构造，保证工程具有足够的抗风性能。

8.4.2 直立锁边金属板板型优化

金属屋面抵抗风荷载的能力取决于良好的材料和合理的构造，为达到良好的工程质量，航站楼工程的金属屋面首先在材料的选择上进行了优化，结合专业单位目前的技术条件，对金属屋面的板型进行改良，选用66H型直立锁边板型代替传统直立锁边金属屋面的400型板型。66H型板型在不改变原材料种类和性能指标的情况下，截面特性指标提升了约2倍，具有良好的抵抗变形的性能（图8-27、图8-28）。

在负风压作用下，66H型板相比传统的直立锁边板型，不易发生变形，即使板面发生变形，可以保障咬合头处连接的可靠，不发生脱扣破坏，保证直立锁边屋面板的完整性，如图8-29所示。

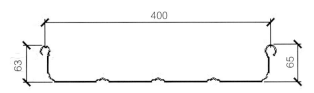

图8-27　400型直立锁边板型

0.8mm厚400板型的截面特性：$I_x = 212539.42$mm^4，$W_{x_2} = 4167.44$ mm^3

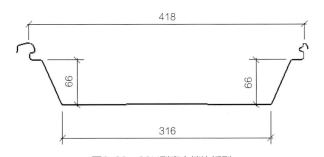

图8-28　66H型直立锁边板型

0.8mm厚66H型的截面特性：$I_x = 530338.91$mm^4，$W_{x_2} = 8159.06$ mm^3

图8-29　66H型板型负风压作用下变形示意图

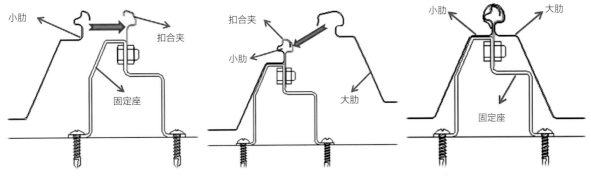

图8-30　新型支座的连接加固方式

8.4.3　直立锁边金属板支座优化

在直立锁边金属板的固定支座方面，应用了与66H型板型相适应的新型支座，新型支座由固定底座、扣合夹和连接螺栓组成，固定底座与板肋一起参与咬合，钢板咬合紧密，防水性能好，加上H66型板型的断面特征，具有更大的截面惯性矩和不易变形等特点，使其具有更强的抗风揭性能，如图8-30所示。

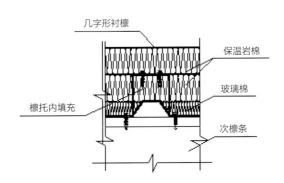

图8-31　几字形支托、几字形衬檩自攻钉固定

新型支座由H66型板型的直立边连接小肋提供支撑。在板铺设完成后，板肋还未锁合的情况下，即使对小肋附近的面板进行人为踩踏，也不会造成小肋的脱扣，可节约施工防护措施。由于固定座对小肋的撑托，板面下方固定座采用直立边，具有良好的支撑刚度，且具有更好的通风透气条件。

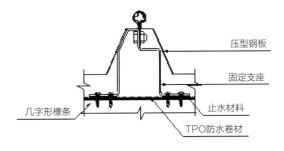

图8-32　新型固定支座与几字形衬檩自攻钉固定

新型支座为固定支座不可滑动，支座下部构造层均采用自攻钉紧固连接，金属板的热胀冷缩量在每个跨内通过板的轻微变形来消化，如图8-31、图8-32所示。

8.4.4　风洞试验检测

为确定航站楼屋盖局部最不利位置的风荷载及受力情况和屋面构造的可靠性，在抗风揭试验的基础上进行了风洞试验，拟通过模型测压试验，测量均匀流和紊流下局部模型表面的压力分布；同时测量装饰板典型测点的变形、典型连接件和次檩条的内力。风洞试验按照工程深化设计图进行1:1的试验组件安装，屋面装饰金属板安装节点见图8-33。

8.4.4.1 模型及设备

风洞试验模型采用局部屋面原型，分为两类：一是装饰层屋面表面无天沟，模型主体尺寸为5.4m（长）×4.9m（宽），模型最上层为6块装饰板，各板之间有约10cm的空隙；二是屋面表面带天沟，主体尺寸为4.5m（长）×4.9m（宽），模型最上层为4块装饰板，天沟前后板间距为50cm。两类模型均为前高（1.2m）后低（0.85m）的整体倾斜结构。在模型表面的中轴线附近布置测压点，测试屋盖表面风压沿顺风向的变化情况；同时测量装饰板典型测点的变形、典型连接件和次檩条的内力，如图8-34、图8-35所示。

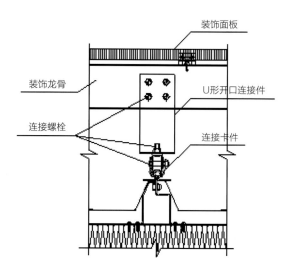

图8-33 直立锁边金属板与装饰板的构造

图8-34 无天沟模型（A1）

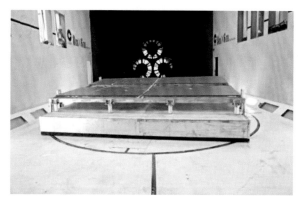

图8-35 有天沟模型（B1/B2）

8.4.4.2 试验设备

风洞1：均匀流下的试验拟在中国空气动力研究与发展中心低速空气动力研究所FL-13风洞中进行。该风洞有两个试验段，第一试验段尺寸为12m（宽）×16m（高）×25m（长），风速范围2.5～20m/s；第二试验段尺寸为8m（宽）×6m（高）×15m（长），风速范围20～85m/s。为获得尽可能高的风速，本次试验在第二试验段中进行。

风洞2：紊流下的试验在西南交通大学风工程试验研究中心XNJD-3工业风洞中进行。该风洞的试验段尺寸为22.5m（宽）×4.5m（高）×36m（长），风速范围为1.0～6.5m/s，主要技术指标均已达到世界先进水平。

（1）压力测量仪器：美国Scanvalve电子扫描阀；

（2）风速测量：Cobra眼镜蛇风速仪；

（3）变形测量：非接触式位移仪；

（4）内力测量：电阻应变仪。

8.4.4.3 风场模拟

在中国空气动力研究与发展中心低速空气动力研究所FL-13 风洞中的试验为均匀流试验，不需要风场模拟。

在西南交通大学风工程试验研究中心XNJD-3 工业风洞中的试验为紊流试验。由于试验采用的是局部模型，试验最关心的是屋盖高度处的风荷载情况。因此，试验将保证屋盖高度处的来流紊流度与实际屋盖在该高度处的紊流度一致。

8.4.4.4 试验内容工况

1. 试验内容

试验内容包括表面测压，表面装饰板变形响应测量，内部连接件应变测量以及抗风强度校核。试验名义风速20～50m/s，风向角0°、10°和170°、180°，详细试验内容见表8-8。

试验内容 表8-8

工况	试验类型	模型	名义试验风速V	风向角β	备注
JT1	测压、变形、应变	A1（无天沟）	20～50m/s，间隔5m/s	0°、10°、170°、180°	
JT2	抗风强度校核	A1（无天沟）	20m/s，连续增加到50m/s	0°	50m/s，吹风时间10min
JT3	测压、变形、应变	B1（有天沟）	20～50m/s，间隔5m/s	0°、10°、170°、180°	
JT4	抗风强度校核	B1（有天沟）	20m/s，连续增加到50m/s	0°	50m/s，吹风时间10min
JT5	测压、应变	B2（有天沟）	20～50m/s，间隔5m/s	0°、10°、170°、180°	
JT6	抗风强度校核	B2（有天沟）	20m/s，连续增加到50m/s	0°	50m/s，吹风时间10min

注：先按风向角180°、170°、10°、0°完成测压、变形及应变（内力）试验，再进行0°的抗风强度校核。

2. 均匀流测压试验

利用"拍式"压力传感片结合电子压力扫描阀测量模型装饰板、屋面板和天沟等处的表面风压。模型A1风压测点均位于装饰板，由于装饰板与下一层的屋面板间有一定空间，因此，在中部两块装饰板上表面及下表面，沿中轴线及前后缘各有24个上下对应的测点，共计48个。模型B1测点的布置类似于A1，左侧两块装饰板上下表面沿中线（即1/4轴线）及前后缘各有18个对应测点，共36个。而模型B2测点全部位于屋面板表面天沟附近位置（屋面板为装饰板下层，两者空间间隙约10cm）和天沟内壁，共8个。各点风压时间历程数据采样频率均为312.5Hz，样本长度为12000mm。各模型风压测点位置示意图见图8-36。

3. 均匀流应变试验

应变测量试验挑选连接件和次檩条3～4个测点进行测量，获得典型测点的内力。应变测点编号：

（1）A1模型

A1模型上共有有效的测点3个、檩条5根。

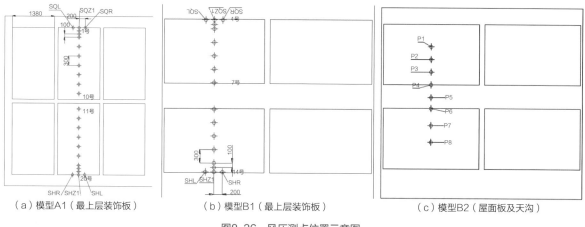

(a)模型A1(最上层装饰板)　　　(b)模型B1(最上层装饰板)　　　(c)模型B2(屋面板及天沟)

图8-36　风压测点位置示意图

A(Mark1)-中部檩条C梁下部的上面位置(应变片主方向为垂直来流的横向,测弯曲应变);

B(Mark2)-前部(风向角0°时,迎风侧)檩条上面位置(应变片主方向为横向,弯曲);

C(Mark3)-屋面板正中上表面(应变片主方向为顺风纵向,弯曲)。

(2)B1模型

B1模型上共有有效的测点4个、檩条4根。

A(Mark1)-前部檩条C梁下部正面位置(应变片主方向为横向,弯曲);

B(Mark2)-中部骨架梁的前后表面位置(应变片主方向为横向,弯曲);

C(Mark3)-前部檩条C梁上部反面位置(应变片主方向为横向,弯曲);

D(Mark4)-中部骨架梁的下表面位置(应变片主方向为横向,弯曲)。

(3)B2模型

B2模型上共有有效的测点3个。

A(Mark1)-装饰板支座(俯视,风向角0°时为靠路一侧)单臂正反面位置(应变片主方向为竖向,弯曲);

B(Mark2)-屋面板(迎风,0°风向角)正中上表面1(应变片主方向为顺风向,弯曲);

C(Mark3)-屋面板(迎风,0°风向角)正中上表面2(应变片主方向为横向,弯曲)。

各模型应变测点位置示意见图8-37,各点由2片或者4片应变片组成半桥与全桥,采样时间为32s,采集频率为2000Hz,取算术平均。

4. 均匀流位移试验

装饰板变形风致响应测量使用加拿大 NDI 公司Optotrak系统。Optotrak系统主要由摄像头、控制单元、标记点、标记点接口盒、各类线缆、计算机及软件包等构成。Optotrak系统的三个线阵CCD摄像头按两两正交的方式构成两个独立的平面直角坐标系,由此构成三维直角坐标系。三个CCD摄像头的交会视场为系统的有效测量区域,黏附在模型表面的标记点发出特定频率的近红外光,通过CCD摄像头捕捉近红外光,并将数据传送到S-type系统控制单元,SCU单元对原始数据进行计算处理,得出标记点的空间三维坐标。Optotrak系统可实时精确测量被测模型标记点的

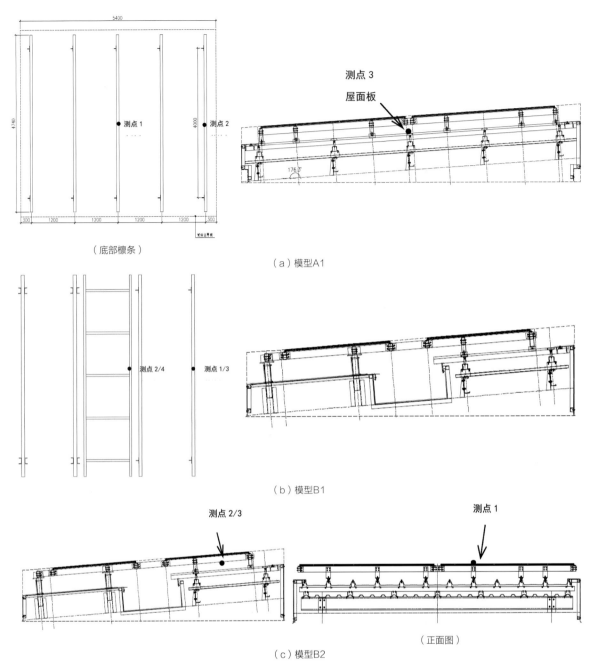

（底部檩条）

（a）模型A1

测点3
屋面板

（b）模型B1

测点2/4   测点1/3

（c）模型B2

测点2/3   测点1

（正面图）

图8-37 应变测点位置示意图

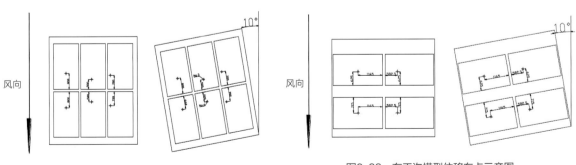

风向

图8-38 无天沟模型位移布点示意图

风向

图8-39 有天沟模型位移布点示意图

三维坐标时间历程数据。测量精度0.1mm，单目标点采样频率大于1500Hz。

拟在模型装饰板表面布置4/6个控点，测试装饰板表面的变形，控点布置示意图见图8-38、图8-39。

8.4.4.5 试验数据处理方法

将风洞试验中所获得的各测压点的压力值由计算机进行处理，获得各测压点的风压系数，计算公式如下：

$$\text{风压系数 } C_{\bar{p}_i} = \frac{\bar{p}_i - p_\infty}{p_0 - p_\infty}$$

式中：p_∞为参考静压；p_0为参考总压，$\bar{p}_i$为模型各测压点处的压力。

根据上述公式可得模型表面每个测压点的平均风压系数。由于风压系数为无量纲系数，故可将其直接用于计算结构表面的平均风压。由于本次在FL-3风洞中所完成的风洞试验阻塞率较大，其中无天沟模型试验和有天沟模型试验的阻塞率约为9.4%。根据流量守恒原理，来流速度修正公式为：

$$V_H = V_m \cdot A / (A - S)$$

式中：A为试验段横截面积；S为各模型迎风面最大正投影面积；V_m为名义风速；V_H为实验阶段模型区等效的实际风速，即风压系数计算时采用的参考风速。监测得到各响应测点的三维位移时间历程数据后，用统计方法计算风致响应和位移平均值、均方差、极大值、极小值。

测得弯曲应变ε_M后，根据胡克定律，弯曲应力可根据设计单位需要，进一步计算得到：

$$\sigma = E\varepsilon_M$$

式中：E为弹性模量。

8.4.4.6 试验结果分析

1. 测压结果统计

测试结果见图8-40～图8-63。

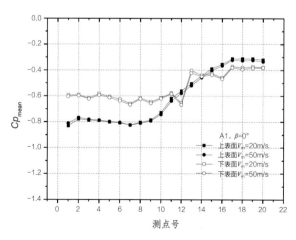

图8-40　A1模型0°风向角各点平均风压系数

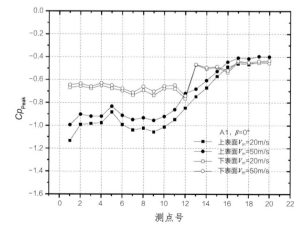

图8-41　A1模型0°风向角各点极值风压系数

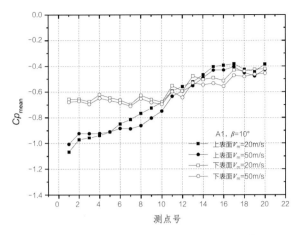

图8-42　A1模型10°风向角各点平均风压系数

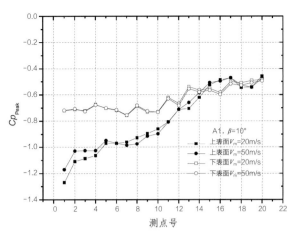

图8-43　A1模型10°风向角各点极值风压系数

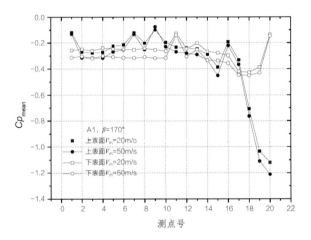

图8-44　A1模型170°风向角各点平均风压系数

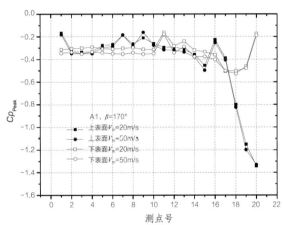

图8-45　A1模型170°风向角各点极值风压系数

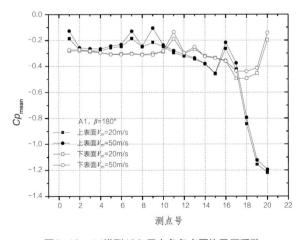

图8-46　A1模型180°风向角各点平均风压系数

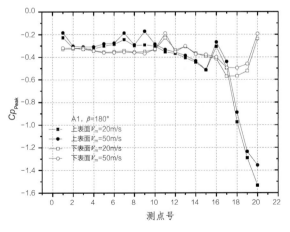

图8-47　A1模型180°风向角各点极值风压系数

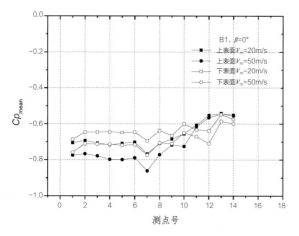

图8-48　B1模型0°风向角各点平均风压系数

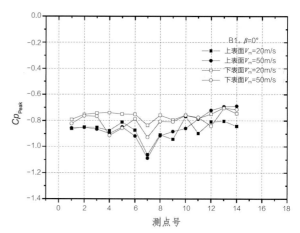

图8-49　B1模型0°风向角各点极值风压系数

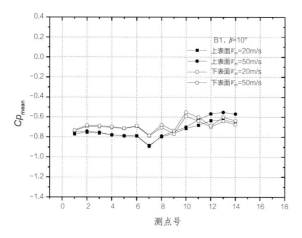

图8-50　B1模型10°风向角各点平均风压系数

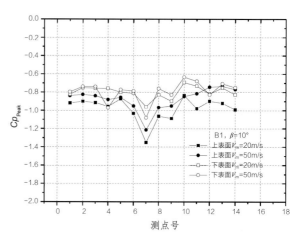

图8-51　B1模型10°风向角各点极值风压系数

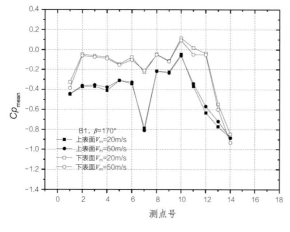

图8-52　B1模型170°风向角各点平均风压系数

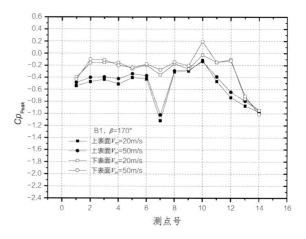

图8-53　B1模型170°风向角各点极值风压系数

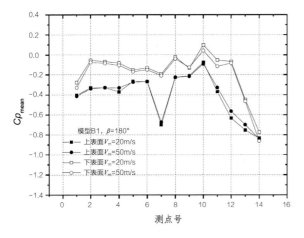

图8-54 B1模型180°风向角各点平均风压系数

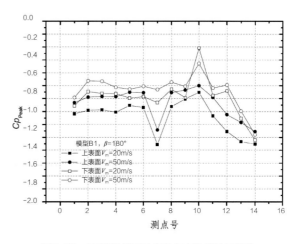

图8-55 B1模型180°风向角各点极值风压系数

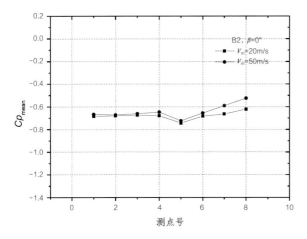

图8-56 B2模型0°风向角各点平均风压系数

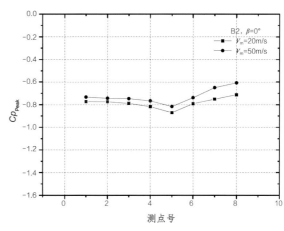

图8-57 B2模型0°风向角各点极值风压系数

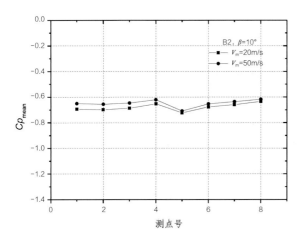

图8-58 B2模型10°风向角各点平均风压系数

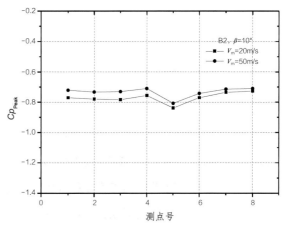

图8-59 B2模型10°风向角各点极值风压系数

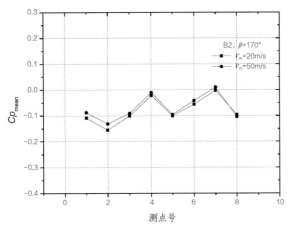

图8-60　B2模型170°风向角各点平均风压系数

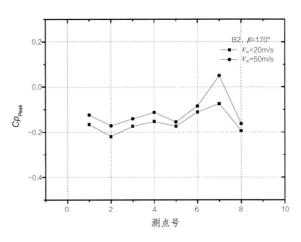

图8-61　B2模型170°风向角各点极值风压系数

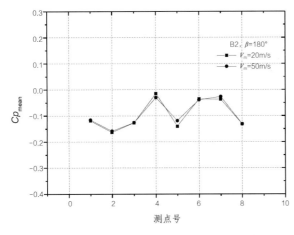

图8-62　B1模型180°风向角各点平均风压系数

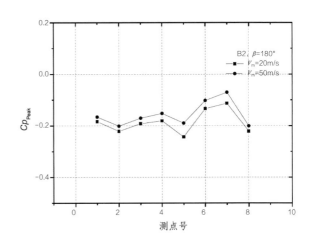

图8-63　B2模型180°风向角各点极值风压系数

2. 测压结果分析

图8-40～图8-47分别给出了不同风速和风向角下，不带天沟模型A1屋面中部两块装饰板上、下表面沿中轴线的平均风压系数和极值风压系数的分布曲线。

由图可见，当风向角为0°和10°时，上表面中轴线的平均风压系数Cp_{mean}均为负值，说明屋面上表面均处于气流在前缘（屋檐）分离形成的负压区中；靠近前缘气流分离点位置的负压绝对值最大，而距离前缘越远，风压绝对值总体呈减小的趋势。上表面峰值风压系数Cp_{peak}变化规律类似平均风压系数。中轴线下表面平均风压系数仍均为负值。多数测点平均风压系数绝对值要小于上表面对应点；第二块装饰板下表面后缘风压系数的绝对值则略大于上表面。下表面平均系数分布沿中轴线的变化率相对上表面而言较小。若综合考虑上下表面中轴线压力系数分布，装饰板整体结构的净风压系数并不大。

当来流相对模型A1为背风，即风向角为170°和180°时，上表面平均风压系数同样均为负值。此时20号测点为迎风前缘靠近气流分离点，负压绝对值最大；其后测点平均风压系数绝对值沿轴线方向迅速减小，大部分测点风压系数为-0.3～-0.2。上表面脉动风压系数值均小于0.1，迎风前缘的19～20号脉动风压系数相对稍大。同样，峰值风压系数变化规律类似平均风压，最小负压相比风向角0°、10°时更低，约为–1.6。下表面平均风压系数绝对值要小于上表面，其中迎风前缘测点平均风压系数绝对值远小于上表面对应点。下表面脉动风压系数很小，均小于0.03。此风向角下，装饰板整体净风压系数在迎风前缘区域绝对值较大，最小负压可达–1.4左右，其他区域仍较小。

图8-48～图8-55分别给出了不同风速和风向角下，带天沟模型B1屋面一侧两块装饰板上、下表面沿1/4轴线的平均和极值风压系数的分布。

风向角为0°和10°时，模型B1上表面沿1/4轴线的平均风压系数同样均为负值。第一块装饰板沿1/4轴线测点平均风压系数绝对值呈缓慢增加的趋势；第二块装饰板测点距离前缘越远，风压系数绝对值总体呈减小的趋势。上表面最小负压点出现在天沟边缘7号测点。B1上表面脉动风压系数值基本上小于0.1；上表面峰值风压系数变化规律类似平均风压系数，最小峰值负压约为–1.3。B1下表面平均风压系数同样均为负值，风压系数沿中轴线的变化率相比上表面略小。第二块装饰板下表面后缘的平均风压系数绝对值略大于上表面，其余区域均小于上表面。下表面个别测点脉动风压系数值大于0.1。类似A1、B1装饰板整体结构的净风压系数也不大。

风向角为170°和180°时，上表面平均风压系数同样均为负值，不过个别测点已接近正压。此时14号测点为迎风前缘，负压绝对值为最大值0.9，其后测点的负压绝对值沿轴线方向迅速减小直至接近正压，然后又增加。特别是天沟另一侧7号测点的负压绝对值突然增大，对比1～7号以及8～14号，两组测点风压系数分布规律比较类似。可见，由于较宽天沟的存在，前、后两块装饰板风压分布体现出一定程度的独立性。上表面测点脉动风压系数基本小于0.03，只有天沟侧7号测点脉动系数较大，达到或接近0.1。上表面峰值风压系数变化规律类似平均风压，最小峰值负压约为–1.2。下表面迎风前缘测点的平均负压绝对值亦为最大值，约为0.9。下表面平均风压系数沿1/4轴线的分布规律、值大小与上表面的区别在于：一是有测点已增大到正压0.1；二是天沟的影响不明显。净风压系数天沟边缘区域绝对值相对较大，最小峰值负压系数可达–0.8左右，其他区域则较小。

图8-56～图8-63分别给出了不同风速和风向角下，带天沟模型B2屋面板和天沟上表面沿1/4轴线的平均、脉动和极值风压系数的分布。

风向角为0°和10°时，模型B2各测点平均风压系数均为负值，且沿1/4轴线的变化较小，最小负值出现在天沟底部5号测点，约为–0.75。脉动风压系数值均小于0.05；最小峰值负压约为–0.87。风向角为170°和180°时，各测点平均风压系数相比0°和10°时有明显增大，个别测点已接近或达到正压，不过绝对值相比则明显减小。由于B1和B2外形相同，B2屋面板各测点与对应的B1下表面天沟附近测点风压系数分布规律接近。

总的来说，除了个别位于迎风前缘的测点，绝大部分测点平均和极值压力系数随风速的变化均相对减小，表明在试验风速范围内，均匀流下，总体而言雷诺数影响较小。

3. 风致响应及应变

（1）利用Optotrak系统得到模型A1、B1装饰板上表面各测点的位移时程数据后，进一步计算得到了风致响应和位移的最大值、最小值、平均值、均方差等数据。

（2）装饰板上各测点风致响应值随风速增加而增大，不过由于装饰板内部为钢制蜂窝型结构，刚度较大，因此，响应值总体而言均较小。试验最高名义风速为50m/s时，模型A1响应最大值的极值为6.5mm（测点6号，风向角0°），平均值的极值为5.8mm（测点6号，风向角0°）；模型B1响应最大值的极值为7.0mm（测点1号，风向角0°），平均值的极值为5.5mm（测点1号，风向角0°）。各风速下，均方差值都较小，A1不超过0.3mm，B1不超过0.5mm。两模型在风向角为0°和10°时的风致响应值略大于风向角为170°和180°时的值。

（3）各测点应变均随风速增大而增大；风向角为0°和10°时的应变值均大于风向角170°和180°时的值。A1和B1模型总体而言应变值并不大，A1模型2号和3号测点应变相对其1号测点而言略大，风速50m/s时，应变最大值为84με。B1模型有效数据中1号和4号测点应变相对略大，风速50m/s时，应变最大值为66με。B2模型试验风速范围内2号/3号测点远大于自身1号测点以及其他模型，风速50m/s时，横向弯曲应变最大值达677με，这主要是因为2号/3号测点位于屋面板，而B2模型屋面板为薄壁波纹板结构，刚度相对小，且安装固定方式与A1模型有一定区别，从而导致风致应变值很大。

4. 结构抗风强度

在整个抗风强度校核试验中，通过数据监测和现场观察，试验用三个屋盖局部实物样品A1、B1和B2的各部件均未发现任何断裂、破坏、明显塑性变形等现象，短时（10min）极端强风下，整体结构安全可靠。

8.4.4.7 小结

通过对北京大兴国际机场屋盖局部实物模型的风洞试验，获得了各测点风压分布、风致响应及应变，有以下主要结论：

（1）在试验风速和风向角下，屋面装饰板上表面沿轴线测点的平均风压系数均为负压，且距离前缘越远，风压绝对值呈减小趋势。装饰板下表面平均风压系数除个别情况外基本亦为负压，多数测点平均风压系数绝对值小于上表面对应点；下表面平均系数分布沿轴线的变化率也相对上表面较小。下层屋面板各测点的风压系数规律与相对应的下表面测点分布规律相似。

（2）靠近迎风前缘以及天沟一侧气流分离点位置测点的平均负压绝对值最大。较宽天沟的存在，使得特定风向角下，前、后两块装饰板风压分布体现出一定程度的独立性。各测点脉动风压系数均较小，绝大部分测点脉动风压系数小于0.05。各测点峰值风压系数变化规律类似平均风压系数，最小峰值负压约为-1.6。综合考虑上下表面中轴线压力系数分布，装饰板整体结构的净风压系数不大。

（3）试验风速范围内，雷诺数对表面压力系数分布的影响较小。

（4）各测点风致响应值和应变值均随风速增加而增大；风向角为0°和10°时的风致响应值和应变值均大于风向角170°和180°时的值。A1响应最大值的极值为6.5mm；B1为7.0mm；而响应均方差值都较小，小于0.5mm。B2屋面板应变值较大。

（5）短时极端强风下（10min，风速50m/s），试验用局部实物样品整体结构安全可靠。

8.5 不规则自由曲面屋面排水技术

8.5.1 屋面排水设计概况

金属屋面内天沟系统根据不同的排水方向和屋面构造形式设置天沟，天沟主要分布在屋面集中排水的最低点，天沟使用主材为2.0mm厚SUS不锈钢，TPO柔性防水卷材作为辅助的防水措施（图8-64）。

8.5.2 金属屋面排水规划

具体参见图8-65。

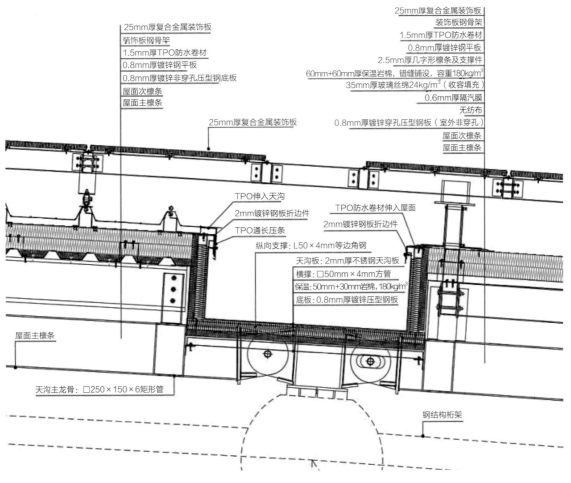

图8-64　屋面排水天沟节点图

8.5.3 虹吸雨水系统

8.5.3.1 防止雨水跃迁措施

为防止雨水进入排水天沟后，由于排水沟存在坡度，直接越过雨水最低处的汇水面积范围，在排水沟雨水口的地点位置设置挡水板，挡水板的高度按照排水沟的倾角计算，挡水的高度既有挡水作用，也要有溢流的功能。

8.5.3.2 虹吸效果保证措施

为保证虹吸的效果，在虹吸雨水口的下方设置了集水坑或集水箱，可以保证雨水先汇集，可根据水量形成虹吸排水。

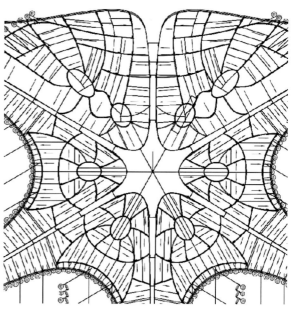

图8-65 金属屋面排水天沟的规划

8.5.4 排水天沟TPO无损机械固定

8.5.4.1 排水天沟防水设计方案

航站楼金属屋面天沟采用TPO防水，各构造层次示意图见图8-66。

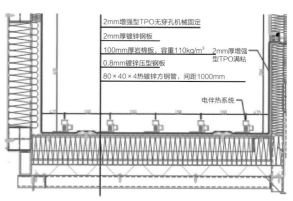

2mm增强型TPO无穿孔机械固定
2mm厚镀锌钢板
100mm厚岩棉板，容重110kg/m³ 2mm厚增强型TPO满粘
0.8mm镀锌压型钢板
80×40×4热镀锌方钢管，间距1000mm
电伴热系统

图8-66 天沟构造示意图

8.5.4.2 TPO无破损机械固定

1. 基层处理

待镀锌钢板天沟施工完毕后，进行TPO高分子防水卷材的施工。

施工前，应对基层进行验收，以确保基层符合铺设TPO卷材的要求。

铺设TPO卷材的基层表面，必须平整、密实，以确保TPO卷材的铺贴平整及焊接稳定性；表面不得有任何金属碎屑或异物，以免刺穿、割伤隔汽层及卷材，否则在铺放卷材以前，必须进行清除。

2. 卷材的铺设与焊接

卷材铺设前先依据无穿孔垫片位置在镀锌钢板上进行放线，施工时沿天沟方向铺设，并进行卷材预铺，把自然疏松的卷材按轮廓布置在基层上，平整顺直，不得扭曲，卷材在铺设展开后，放置15～30min，以充分释放卷材内部应力，避免在焊接时起皱（图8-67～图8-69）。

铺设相邻卷材，沿卷材方向形成80mm搭接，热空气焊接宽度至少40mm。

（1）天沟侧边进行满粘固定

把天沟侧边部分的卷材折回，使卷材底面暴露；折回的卷材应平滑、无皱折；采用手动刮涂

图8-67　无穿孔垫片放置　　　　　　　　　　　　图8-68　TPO铺设

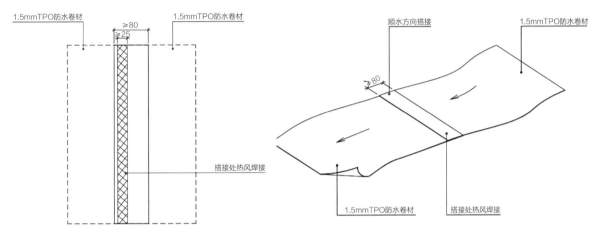

图8-69　TPO搭接示意图

工具，依照用量将卷材胶粘剂均匀刮涂于卷材折回的一面，不允许出现漏涂和胶粘剂堆积的现象，待胶粘剂半干燥且不粘手时，使预粘面合拢，压辊压实，卷材搭接区不允许涂刷胶粘剂。

（2）卷材收边固定

在风机、天沟收边处均要求采用垫片或压条对卷材进行固定。施工面应具备卷材收边的条件（有通长龙骨或者有可以承担紧固件拉拔力的固定面）。收边压条处的卷材要用密封胶进行密封。天沟上口收边压条采用20mm宽铝合金压条，固定钉间距200mm。

（3）天沟底部无穿孔机械固定

无穿孔机械固定采用美国OMG Rhino Bond技术，以专利的电磁感应焊接技术为基础，在使用时，将电感焊接机直接置于卷材覆盖特殊涂层垫片处，启动工具，5s左右（环境温度，电源功率不同，时间略有差异）卷材底面即被焊合至垫片顶部（图8-70）。随后将磁性冷却镇压器置于垫片之上60s以强化焊接效果。

施工时，为保证焊接质量，不发生偏焊、漏焊，首先垫片布置应按规律进行，其次焊接操作时，可先根据磁性冷却镇压器对金属垫片的吸附性及垫片位置确认，再把无穿孔焊接置于垫片对应的区域进行电感焊接。

图8-70　无穿孔机械固定示意图

8.5.5 屋面融雪系统

为了防止屋面融化的冰雪滞留于天沟内或落水管口内，造成落水管的胀裂，并保证屋面不受冰雪冻害，航站楼金属屋面在天沟内增设融雪系统，从而确保屋面天沟始终保持通畅，不结冰。

天沟融雪系统的通、断由冰雪探测器来控制，冰雪探测器安装在控制配电箱内，温度设定为0~5℃，当温度低于0℃时，电伴热带自动开始工作；当温度高于5℃时，伴热系统自动切断。

8.5.5.1 融雪系统设计

金属屋面天沟内采用6根发热电缆敷设在天沟底部，伴热线为明装，用卡子固定在天沟上表面，间距15cm，安装卡间距100cm。

处于室外挑檐内的虹吸雨水管外做1条电伴热，竖向沿着雨水管方向安装，在水平方向沿雨水管斜下方45°角度用胶带或绑扎带固定安装，电伴热安装完毕后需要在虹吸管道外做3cm厚橡塑保温保证电伴热效果。

8.5.5.2 融雪系统的节点构造及安装

融雪系统由发热电缆、电伴热接线盒、配电箱、控制器、传感器、尾端、安装卡和支架组成。

1. 固定卡安装

安装卡通过专用胶固定在天沟底部，并用安装卡将电缆进行固定（图8-71、图8-72）。

2. 发热电缆安装

发热电缆安装在天沟内部，发热电缆在天沟雨水口附近的安装为明装，伴热线用固定卡固定于天沟外表面（图8-73）。

3. 控制及电源接线

融雪系统配电箱位于屋面下层马道上，热镀锌钢管在屋面装饰板缝隙敷设，电缆敷设出屋面时需穿波纹软管。配电箱将电源经线槽引致屋面电伴热系统。

图8-71 安装卡固定

图8-72 电缆固定

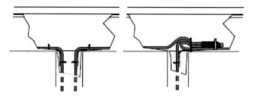

图8-73 伴热电缆在天沟中布置示意图

| 第 9 章 |

§

超大平面航站楼装饰装修工程施工关键技术

9.1 航站楼超大空间自由曲面大吊顶装配式施工技术

9.1.1 屋盖大吊顶工程概况

北京大兴国际机场航站楼屋盖下大吊顶是旅客进入航站楼后最吸引眼球的建筑造型，是航站楼艺术造型的点睛之笔。大吊顶直观的视觉冲击，推动了北京大兴国际机场通航后成为旅客、游客追捧的"打卡景点""网红航站楼"。屋盖大吊顶效果如图9-1所示，完工后效果如图9-2所示。

北京大兴国际机场航站楼屋盖下超大空间大吊顶为复杂自由曲面，曲面变化流转，曲率多变，无固定曲线方程。吊顶板采用新型漫反射蜂窝铝板。屋盖吊顶分为主屋盖吊顶、中央天窗吊顶、C形柱内外侧装饰板和双曲门牙柱装饰板。屋盖吊顶以C形柱为中心，沿主体钢结构方向留出主要划分缝，板缝宽度75~700mm；从C形柱底部到屋盖顶面端部沿网架结构连续变化，通过板缝可以看到钢结构球节点和连接杆件的变化脉络，展露结构肌理。中央天窗吊顶主要为包覆天窗的曲线三角桁架结构，吊顶造型由多条断面为三角形的曲带交会形成"中国结"。C形柱和门牙柱的装饰板将从混凝土楼板上生根的钢结构空间网架包覆起来，垂直方向的曲面转为水平走向的曲面，与屋盖大吊顶融为一体。一体化屋盖效果如图9-3所示，缩微模型如图9-4所示。

吊顶采用的蜂窝铝板板厚15mm，其中面层漫反射涂层厚度约99μm，漫反射率要求大于95%（常规铝板涂层的漫反射率仅为60%）。设计对吊顶板材料的漫反射率要求高，施工工艺

图9-1 北京大兴国际机场航站楼屋盖大吊顶效果图

图9-2 北京大兴国际机场航站楼屋盖大吊顶施工完成效果

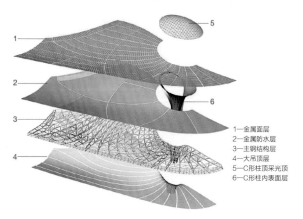

1—金属面层
2—金属防水层
3—主钢结构层
4—大吊顶层
5—C形柱顶采光顶
6—C形柱内表面层

图9-3 北京大兴国际机场航站楼屋盖分层做法图
（图片来源：北京市建筑设计研究院有限公司）

图9-5　北京大兴国际机场航站楼大吊顶模型图

图9-4　北京大兴国际机场航站楼屋盖三维打印模型
（图片来源：北京市建筑设计研究院有限公司）

图9-6　北京大兴国际机场航站楼大吊顶施工
前现场照片：复杂的屋盖钢结构

选择需充分考虑施工全过程的漫反射涂层保护。

　　北京大兴国际机场航站楼钢结构复杂，主要由支撑钢结构及上部钢屋盖结构两大部分组成。支撑结构为钢框架结构体系，由4组C形柱（共8个）和其他辅助支撑结构组成。上部钢屋盖结构为不规则曲面球节点双向交叉桁架结构，主要节点为焊接球节点，规格最小为WS400×12，最大为WSR900×35，球点间间距9~11m；部分受力较大区域采用铸钢球节点。网架杆件均为钢管构件，其规格主要为$\phi89×4$~$\phi1400×40$。屋盖网格钢结构模型图如图9-5所示，未吊顶前屋盖网格钢结构现场照片如图9-6所示。

　　北京大兴国际机场航站楼屋盖吊顶采用非均匀有理B样条数学方法控制曲面，结合设计模型、网架变形、可操作性等因素建立了全数字的施工BIM模型，施工时从模型中提取板块单元，实现从设计到工厂加工，再到现场安装的全数字化建造。吊顶与屋盖钢结构连接节点采用独特的防转动免焊接设计施工技术。屋盖下高大空间吊顶龙骨、面板采用单元模块化逆向安装技术。曲面吊顶的施工放样采用复杂自由曲面屋盖大吊顶模块单元空间三角定位安装技术。安装完成后采用三维激光扫描调平检测技术，实现曲面吊顶施工完成后的质量检测验收。综合以上施工技术，最终实现建筑设计的空间曲面效果，将屋盖等部位"如意祥云"造型的设计理念完美实现。

9.1.2 基于非均匀有理B样条数学方法的复杂自由曲面大吊顶的全参数化模型转化技术

9.1.2.1 曲面施工的难点分析

北京大兴国际机场的屋盖吊顶由众多曲面自由组合而成，传统图形设计方法是使用立方体拟合曲面，不连续且坐标不准确，无法表达如此复杂的曲面。吊顶的构造模型与面板曲面模型的空间位置均贴合于屋盖钢结构模型，并需留出吊顶的安装操作空间。

1. 多边形建模方法表达复杂曲面的困难

多边形建模是一种常见的建模方式。多边形建模软件首先使一个对象转化为可编辑的多边形对象，然后通过对该多边形对象的各种子对象进行编辑和修改来实现建模过程。建筑行业最广泛使用的BIM模型软件如SketchUp、Revit等都是多边形建模软件。在表达曲面时，多边形BIM模型软件尽量使用体积较小的多边形组合来模拟曲面，其本质仍是多边形的组合。多边形BIM建模软件在表达复杂曲面吊顶工程时，视觉上是平滑的曲面，但曲面上坐标点不连续、不精准，若用于曲面板加工的依据，会造成深化设计、下单加工及现场安装存在系统误差。在本工程中，设计理念核心便是使用吊顶来表达复杂自由曲面，技术团队需找到一个替代多边形BIM建模软件的工具，能够解决复杂自由曲面模型的表达问题。

2. 屋盖钢结构的变形

屋盖网格钢结构施工模型预设了起拱值，屋盖钢结构卸载、屋盖上屋面施工完成后，钢结构在荷载与温度作用下发生设计允许值范围内的变形。通过钢结构变形监测，本工程的屋盖网格钢结构的变形量在设计范围内。

实际的钢结构形状和施工数字模型有差异，不能作为吊顶构造模型和面板曲面模型的设计基础。急需找到一个方法解决大吊顶施工前钢结构基层情况不清晰的难题。

3. 曲面模型切分成板块的难题

曲面模型是由多个自由曲面方程组成，整体性强，平顺连续。现有铝板加工工艺要求模型按照设计师预设规律，合理切分曲面成板块，才能实现现场安装。对曲面的合理化、最优化切分是本工程的难点。

4. 单元面板数量多

屋盖大吊顶的初步设计方案中，面板造型从C形柱侧面底部到屋盖顶面端部连续延伸，至指廊端头最远处达600多米。吊顶设计方案对吊顶曲面进行了初步切分，在符合行业内蜂窝铝板加工能力的前提下，吊顶板的基本单元切割成约0.4m×3m的板块。吊顶板块达12万多块、2万多块吊顶单元，且尺寸各异。采用常规的单块板的施工方法时间长、定位不准确、高空作业难度大。需要找到一个化零为整的集成机构，来解决工效低的难题。

9.1.2.2 复杂曲面模型建立与优化的数学理论基础

1. 非均匀有理B样条曲面的数学理论和曲面建模理论

非均匀有理B样条，即NURBS，是一种非常优秀的建模方式。NURBS能够比传统的多边形建模方式更好地控制物体表面的曲线度，从而能够创建出更逼真、生动的造型。NURBS是Non-Uniform Rational Basis Spline的缩写。非均匀有理B样条曲面与非均匀有理B样条曲线本质上有一样的属性。

可以用基础点来构建一条曲线，然后构建从属曲面。非均匀有理B样条曲线，其数学定义如公式（9-1）所示：

$$P(K) = \frac{\sum\limits_{i=0}^{n} N_{i,m}(K) R_i P_i}{\sum\limits_{i=0}^{n} N_{i,m}(K) R_i} \tag{9-1}$$

式中，$P(K)$ 为曲线上的位置向量；$N_{i,m}(K)$ 为m次样条基函数。

基函数由递推公式（9-2）和式（9-3）定义：

$$N_{i,0}(K) = \begin{cases} 1(K_i \leqslant K \leqslant K_{i+1}) \\ 0(其他) \end{cases} \tag{9-2}$$

$$N_{i,m}(K) = \frac{(K-K_i) N_{i,m-1}(K)}{K_{i+m}-K_i} + \frac{(K_{i+m+1}-K) N_{i+1,m-1}(K)}{K_{i+m+1}-K_{i+1}}, \quad m \geqslant 1 \tag{9-3}$$

Non-Uniform（非均匀性）：是指一个控制顶点的影响力的范围能够改变。当创建一个不规则曲面的时候这一点非常有用。节点向量的值与间距可以为任意值。这样我们可以在不同区间上得到不同的混合函数形状，为自由控制曲线形状提供了更大自由。均匀与非均匀的主要区别在于节点向量的值。如果适当设定节点向量，可以生成一种开放均匀样条，它是均匀与非均匀的交叉部分。开放样条在两端的节点值会重复d次，其节点间距是均匀的。例如：

$\{0，0，1，2，3，3\}，（d=2，n=3）$

$\{0，0，0，1，2，2，2\}，（d=4，n=4）$

开放均匀B样条与贝泽尔样条性质非常类似，如果$d=n+1$（即多项式次数为n），那么开放B样条就变成了贝泽尔样条，所有节点值为0或1。如四个控制点的三次开放B样条，节点向量为：$\{0，0，0，0，1，1，1\}$。

Rational（有理）：是指每个NURBS物体都可以用有理多项式形式表达式来定义。

Basis Spline或B-Spline（B样条）：是指用路线来构建一条曲线，在一个或更多的点之间以内插值替换。

有理B样条：有理函数是两个多项式之比，有理样条（Rational Spline）是两个样条函数之比，有理B样条用向量描述。

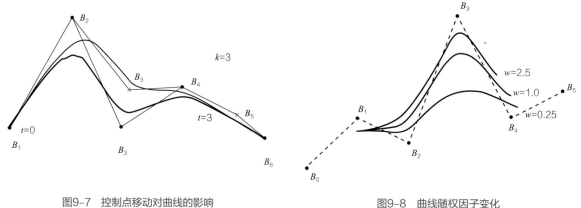

图9-7 控制点移动对曲线的影响　　　　　　　图9-8 曲线随权因子变化

NURBS曲线由以下三个参数定义：

（1）控制点P_i：确定曲线的位置，通常不在曲线上，形成控制多边形，见图9-7，图中$B_i=P_i$。

（2）权因子R_i（$R_i>0$）：确定控制点的权值，它相当于控制点的"引力"，其值越大曲线就越接近控制点，见图9-8，B_i为控制点。

（3）节点矢量K：NURBS曲线随着参数K的变化而变化，与控制顶点相对应的参数化点K称为节点，节点的集合K_i：$[K_0，K_1，\cdots，K_n，\cdots，K_{n+m+1}]$称为节点矢量。

节点：在曲线上任意一点有多于一个控制点产生影响（除了贝泽尔的端点），节点就像一种边界，在这个边界上一个控制点失去影响作用，另一个控制点取得影响。

曲面建模：实体模型的外表是曲面组成的。曲面定义了实体的外形，曲面可以是平的也可以是弯曲的。曲面模型与实体模型的区别在于所包含的信息和完备性不同：实体模型总是封闭的，没有任何缝隙和重叠边；曲面模型可以不封闭，几个曲面之间可以不相交，可以有缝隙和重叠。实体模型所包含的信息是完备的，系统知道哪些空间位于实体"内部"，哪些位于实体"外部"，而曲面模型则缺乏这种信息完备性。可以把曲面看作是极薄的"薄壁特征"，曲面只有形状，没有厚度。当把多个曲面结合在一起，使得曲面的边界重合并且没有缝隙后，可以把结合的曲面进行"填充"，将曲面转化成实体。

综上数学理论和建模理论，凡是使用非均匀有理B样条曲面建模方法的BIM软件可作为本工程负责曲面大吊顶施工BIM模型的数字化施工载体。

2. 反求工程理论

几何造型技术在现代工业产品的设计与制造中已得到广泛的应用，体现在将抽象的高层次概念经过造型手段得到CAD模型，然后进行后续操作，如有限元分析、数控加工指令生成、性能评测、模型修改等。这一过程称为"正向设计"，或"正向工程"（Forward Engineering，FE）。然而在许多情况下，设计工作所面对的现实是，只有产品样件与实物模型，而缺乏产品的原始设计资料和图纸。为了适应先进制造技术的发展，需要将这些样件或模型还原为CAD模型。这种根据实物模型或样件的测量数据建立数字化模型并进行造型的方法，可以加快新产品的开发过程。近年来，这种从实物样件获取产品设计与制造工艺等相关信息的技术，已发展为CAD/CAM中一个相对独立的范畴，统称为"逆向工程"或"反求工程"（Reverse Engineering，RE）。反求工程的体系结构由数据获取、数据预处理与曲面重建三部分组成，其中曲面重建是最关键、最复杂的环节。只有获得了产品的模型才能够在此基础上进行后续产品的加工制造、快速成型制造、虚拟仿真制造和产品的再设计等。

反求工程中的曲面造型不同于传统的曲面设计造型，它有着自身的特点：

（1）基于样件采集得到的数据量极大，常称之为"点云"。

（2）采集的数据在很多情况下都是呈散乱分布的，加上曲面形状特征非常复杂时，会给传统曲面造型方法带来很大的困难。

（3）由于各种测量因素和人为因素的存在，采集数据往往会带有许多无用的信息，这给数据的预处理和特征提取带来了很大的困难，这些噪声数据会直接影响到重构曲面的品质和质量。

（4）由于数据采集技术的限制，复杂的曲面零件往往需要对其进行分块测量。为了保证整个曲面模型的信息完整性，各个数据测量块之间就存在着一个多视融合的问题。

（5）当样件表面形状复杂，特征多而分散时，采用一张曲面无法准确表达样件模型的信息，在这种情况下就需要进行分块（Segmentation）造型，因此也就产生了邻接曲面之间的拼接、裁剪、过渡等一系列复杂的曲面计算问题。

通过测量数据建立产品表面模型或实体模型的方法有很多，根据不同的应用对象和应用场合有不同的处理手段。

NURBS成为计算机辅助图形设计和BIM曲面建模中最流行的技术，贝泽尔、有理贝泽尔、均匀B样条、非均匀B样条都被统一到NURBS中。NURBS不仅可表示自由曲线曲面，而且还能表示圆锥曲线和规则曲面，为BIM曲面建模提供了统一的数学描述方法，已成为产品外形描述的工业标准。1991年，国际标准化组织（ISO）颁布的工业产品数据交换标准STEP中，把NURBS作为定义工业产品几何形状的唯一数学方法。以NURBS曲面为基础的反求工程在曲面重建中，以其简洁和标准的形式在BIM领域受到了广泛的认可。

3. 参数化面板拟合和自动生成的应用现状

拟合的基本数学概念是把平面上一系列的点，用一条光滑的曲线连接起来。曲面的拟合则是将完整平滑的曲面通过多块近似的板块，替代曲面。这些板块可以是曲面也可以是平面。参数化的拟合是利用共形映射、最优传输等复变函数理论，将自动算法引入非均匀有理B样条曲面拟合工业应用中。

目前，建筑行业应用最为广泛的参数化拟合方式是使用基于Rihno（犀牛）平台的Grasshopper（蚱蜢）插件，完成参数化拟合和自动生成的成熟应用。Rihno是一款应用NURBS数学理论的BIM建模软件。Grasshopper（简称GH）是一款可视化编程语言。与传统设计方法相比，GH的最大的特点有两个：一是可以通过输入指令，使计算机根据拟定的算法自动生成结果，算法结果不限于模型、视频流媒体以及可视化方案。二是通过编写算法程序，机械性的重复操作及大量具有逻辑的演化过程可被计算机的循环运算取代，方案调整也可通过参数的修改直接得到修改结果，这些方式可以有效提升设计人员的工作效率。GH的这两大特点为本工程的复杂曲面大吊顶的设计施工难题的解决提供了成熟方案。

9.1.2.3 解决方案

1. 非均匀有理B样条曲面施工模型

通过研究非均匀有理B样条曲面建模理论、反求工程理论以及参数化拟合、自动生成生产数据的应用现状之后，研究小组确定了以非均匀有理B样条曲面模型作为施工模型的基本解决思路。从设计方案BIM模型，到工厂生产设备的尺寸，再到现场安装定位的依据，均贯彻使用非均匀有理B样条曲面数字模型，实现全流程、全周期的数字化建造。图9-9为北京大兴国际机场航站楼的一部分屋盖大吊顶的施工模型。

2. 逆向生成钢结构模型

在本工程的难点分析中，已经提到通过对屋盖钢结构的变形观测，发现实际的钢结构形状和施工数字模型有差异。若使用全站仪对屋盖网格钢结构的每一个下弦球节点测量空间坐标，将消耗大量测量技术人力。利用研究小组对反求工程理论的实践探索，确定使用三维激光扫描技术逆向生成屋盖网格的数字点云模型的技术路线。将吊顶设计模型与网格钢结构点云模型合模对比、调整。点云模型如图9-10所示，点云模型与钢结构施工模型的对比如图9-11所示。

3. 参数化面板拟合

将吊顶设计模型与网格钢结构点云模型合模对比。通过参数化编程形成人工智能参数运算模块，插入吊顶设计模型的运算组中，实现参数化BIM模型优化。优化后的吊顶模型与屋盖网格更加贴合、更加符合结构走向，吊顶安装距离、工人操作空间也更加充足。对比过程如表9-1所示，生成变形报告，可以清晰地看到构件的变形量。最终生成对比模型，如图9-12所示。有冲突的位置，对模型微调，确保调整前后的面板施工模型构件之间无冲突，如图9-13所示。优化

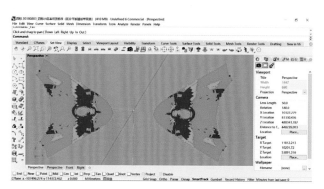

图9-9 经业主、设计单位确认，用于施工的BIM模型

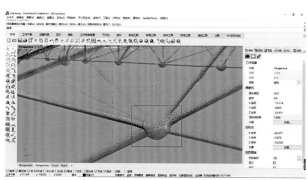

（a）屋盖网格钢结构焊接球的点云模型

（b）靠近商业浮岛处的屋盖网格钢结构点云模型

图9-10 对屋盖网格钢结构进行三维扫描得到点云模型

过程中使用人工智能运算模块判断钢结构球节点与面板的贴合程度，过远或过近都由程序自动校正，如图9-14所示。

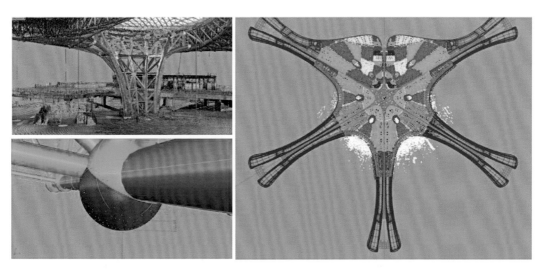

图9-11 点云模型与钢结构施工模型对比示意

钢结构沉降值对比表   表9-1

序号	问题位置截图	变形量
1		
2		
3		

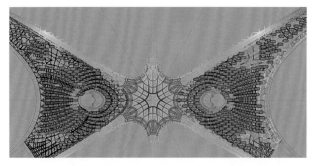
图9-12 相对预起拱的钢结构施工模型的球节点的变形差值模型

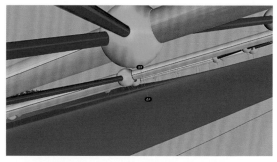
图9-14 判断钢结构球节点与面板的贴合程度，使用参数化方法优化面板模型

（a）调整前的面板与网格钢结构球节点有冲突

（b）调整后的面板与网格钢结构球节点没有冲突

图9-13 微调前后的面板模型

技术人员深度开发应用参数化自动面板拟合技术，为保证吊顶的外观和可实施性，将整个大吊顶区域的曲面拟合分解成了平面板，单向大曲率、小曲率曲板（一个方向弯曲）和双向曲板（两个方向弯曲）。以 a（矢高）/l（板长）=1/200作为控制边界；双方向曲率$a/l \leqslant 1/200$，且同时满足重建后的拟合平板翘角小于相邻板缝隙宽度值的1/4时，可用平板拟合曲面，如大于1/4需拟合成曲面板；板块单方向曲率$a/l > 1/200$时，以单曲板拟合曲面；板块双方向曲率$a/l > 1/200$时，以双曲板拟合曲面。按照上述拟合原则的面板分类，如图9-15和图9-16所示，橘色面板为平板，绿色为单曲板，蓝色为双曲板。拟合完成的面板加工和施工都更加合理、高效，如图9-17所示。

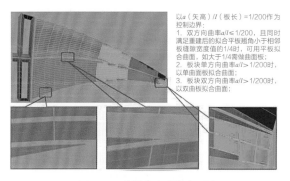
图9-15 参数化自动拟合原则

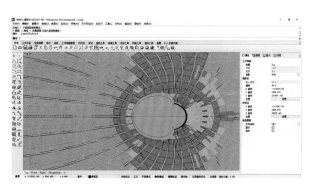
图9-16 参数化自动拟合面板

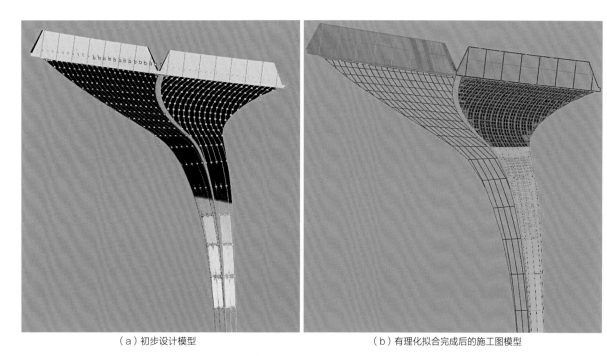

| （a）初步设计模型 | （b）有理化拟合完成后的施工图模型 |

图9-17　初步设计模型与拟合完成后模型的对比图

4. 参数化生成工厂加工数据

研究小组技术人员编写Grasshopper程序组（电池）自动生成铝板生产尺寸，从而大幅度减少了技术人员在模型上手动量尺的工作量，减少了人为失误和系统误差，如图9-18、图9-19所示。

5. 参数化生成单元框

编写自动算法程序，插入原设计BIM模型的运算组中，将5～6块板自动生成约3m×3m的装配式单元模块，并生成连接这些板块的单元框架的加工尺寸。施工模型导出加工尺寸后，自动导入互联的加工设备中。实现了一体化加工，使加工尺寸更准确，如图9-20所示。

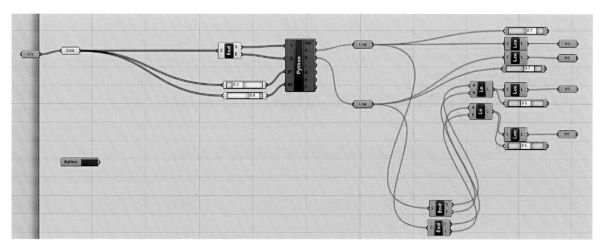

图9-18　自动生成铝板对角线生成数据的Grasshopper程序组

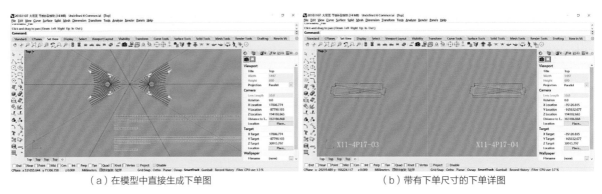

(a）在模型中直接生成下单图　　　　　　　　　　（b）带有下单尺寸的下单详图

图9-19　通过程序组自动生成铝板生产尺寸

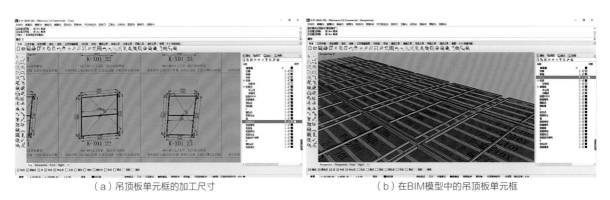

(a）吊顶板单元框的加工尺寸　　　　　　　　　　（b）在BIM模型中的吊顶板单元框

图9-20　在BIM模型中智能化生成吊顶板单元框并导出加工尺寸

9.1.2.4　小结

基于非均匀有理B样条数学方法的复杂自由曲面大吊顶的全参数化模型转化技术为北京大兴
国际机场航站楼大吊顶工程按照合同工期要求，高质量地完成施工任务提供了理论基础、科技基
础。为超大空间自由曲面大吊顶的施工模型设计提供了经验。结合钢结构实测数据的优化，曲面
蒙皮模型自动生成装配式吊顶单元模块，并生成连接这些板块的组框架的加工尺寸，自动导入互
联的加工设备中。实现了一体化加工，使加工尺寸更准确。为类似工程的施工提供了借鉴经验，
具有广泛的应用推广价值。

9.1.3　吊顶与屋盖钢结构连接节点防转动免焊接设计

9.1.3.1　吊顶与屋盖钢结构连接节点防转动免焊接设计的难点

1.　钢网架屋盖允许荷载值有限

屋盖钢结构覆盖面积达18.2万m²，由内圈8个C形支撑、12个支撑筒、周边摇摆柱、格构柱等
组成屋盖的支撑体系，中心部位形成180m无柱空间。屋盖网格除去金属屋面、机电管线，吊顶
构造层允许重量为30kg/m²，且下弦杆中部不能受力。

2.　不规则曲面球节点双向交叉桁架钢屋盖结构复杂

航站楼中心区屋盖为不规则自由曲面空间网格钢结构，钢构件主要采用圆钢管，其规格主要为$\phi 89\times 4\sim\phi 1400\times 40$；节点为焊接球，规格最小为WS400×12，最大为WSR900×35，球点间间距6～11m；部分受力较大部位采用铸钢节点，在天窗范围内采用桁架结构连系。不规则曲面球节点双向交叉桁架钢屋盖结构如图9-21所示。

3. 复杂的屋盖网格无法在焊接球底部预留生根节

屋盖网格曲面变化大，吊顶必须贴合结构，不影响建筑使用空间，更不能发生滑动、转动、脱落。钢结构球节点距地最高48m，最低23m，焊接球底部的方向变化大。钢结构网格施工提升过程中，多数焊接球底部也有角度转动才可最终就位。因此，这种复杂的屋盖网格不适合在焊接球底部预留生根节。

4. 避免高空大规模焊接作业

屋盖大吊顶施工阶段，航站楼内已大面积进入装修阶段，楼板作业面上材料多、工序交叉多，为了防止出现高空焊接下落火花引燃装饰材料，并且减少吊顶与地面的交叉作业限制作业面进而影响施工进度，尽可能避免高空大规模焊接作业。

图9-21 不规则曲面球节点双向交叉桁架钢屋盖结构

9.1.3.2 节点设计

160×80×3镀锌矩形钢通组成的单元承载龙骨通过架在矩形钢圆形吊装盘上，单元龙骨框与矩形钢圆形吊装盘通过U形钢抱箍连接（铰接形式），矩形钢圆形吊装盘通过四套L形转接件、M20螺杆、Ω形抱箍与钢结构下弦杆连接形成稳定的转换层系统。系统轴测图如图9-22所示，节点详图如图9-23所示。

相比传统设计方案，吊顶与屋盖钢结构连接节点具有如下优点：

（1）吊顶转换层设计施工技术：传统抱箍连接技术直接将吊顶转换层与钢结构杆件连接，防转动能力差，与钢结构贴合不紧密，安装难度大，安装可调空间小。通过对屋顶钢结构进行分析，创新性地使用了节点防转动免焊接连接技术。采用80mm×40mm×3mm矩形钢制作成转换圆盘，转换圆盘通过与下弦杆抱箍的方式安装

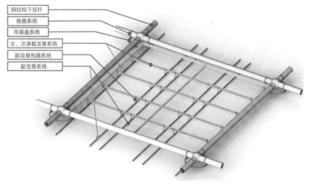

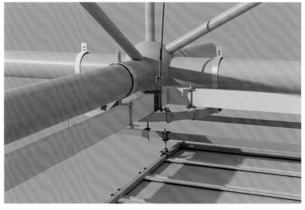

图9-22 抱箍、转换层、次龙骨系统三维轴侧图

在球节点的下方，在下弦杆上的抱箍连接点距离球节点小于500mm，如图9-24所示。

（2）对距球节点500mm范围内的所有下弦杆抱箍，对部分钢管小于219mm的球点采用抱球连接。圆盘有很好的方向适应性和尺寸通用性，各种曲面球节点连接的下弦杆都可以完成防转动抱箍，完全无需高空焊接。160mm×80mm×2.5mm厚矩形钢承载田字形主龙骨框放在圆盘上方，再次通过抱箍与圆盘固定，完成转换层安装。屋盖网格钢结构的球点间下弦杆长度超过7m时，需要通过斜拉杆与钢结构上弦杆端部拉结。屋盖网格吊顶球节点防转动抱箍圆盘与田字形承载主龙骨框组成的吊顶转换层，也为逆向吊装时工人站位提供了拧螺栓和调平作业的平台。现场施工照片如图9-25所示。

（3）防应力传递曲面吊顶次龙骨承插连接技术：空间曲面的屋盖的曲率变化大，从

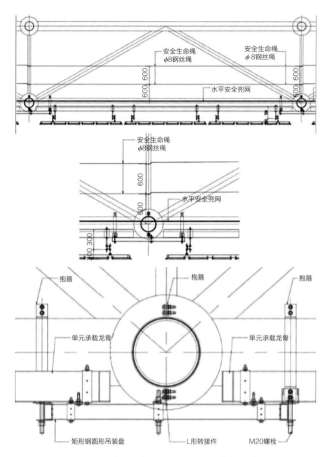

图9-23 抱箍、转换层、次龙骨系统节点详图

吊顶一直延续到C形柱。为解决面板框与转换结构连接的牢固性，并均匀跨越6～11m球点间距，在转换层下吊60mm×40mm×1.5mm厚方钢作为吊顶单元模块的吊挂龙骨。为防止大吊顶在较低处因次龙骨传递轴向压应力发生挤压变形，技术人员设计了承插式连接施工技术：在通长的次龙骨模型中，选择受力合理处作为接口节点位置。使用220mm长、尺寸为55mm×38mm×2mm的方钢，作为承插连接段插入需连接的副龙骨中，一端通过螺栓固接，一端通过长圆孔螺栓铰接保证伸缩变形量。使次龙骨轴向传递的压应力在承插节点处断开。有效地解决了压应力传递造成吊顶板挤压变形的问题。

图9-24 吊装圆盘

图9-25 主龙骨框

9.1.3.3 小结

本节对北京大兴国际机场吊顶与屋盖钢结构连接节点防转动免焊接设计施工技术进行了详细介绍。本套吊顶与屋盖钢结构连接节点构造有很好的方向适应性和尺寸通用性，各种曲面球节点连接的下弦杆都可以完成防转动抱箍，使吊顶整体结构牢固、稳定。免焊接安装避免了动火作业带来的火灾安全隐患，并且实现快速安装，有效缩短了施工工期，节约了工程造价。

通过本工程吊顶与屋盖钢结构连接节点大胆设计尝试与成功技术实践，为日后同类工程吊顶技术应用打开了设计、施工思路，并提供了有效的借鉴案例。

9.1.4 高大空间漫反射大吊顶单元模块安装技术

9.1.4.1 屋盖下高大空间漫反射大吊顶安装难点

1. 吊顶板数量大

北京大兴国际机场航站楼屋盖大吊顶投影面积约18万m²（568m×455m），共有12万多块尺寸不同的吊顶板，大吊顶距楼板平均高度32m，最低处23m，最高处48m。单块吊装蜂窝铝板时间长、定位难度大、高空作业安全性不高，安装过程中单块漫反射涂层成品保护难度大。

2. 传统安装方式无法采用

传统大吊顶施工若搭设满堂脚手架，脚手架需求量大，搭拆需两个月工期，占用工作面，架体安全风险大；若网格钢结构底部下挂反吊操作平台无法适应起伏高差达25m的屋盖网格。

9.1.4.2 解决方案

北京大兴国际机场核心区大吊顶共有12万多块尺寸不同的吊顶板，为了减少现场安装工程量，采用装配式施工技术，将整个吊顶划分为若干个吊顶单元，吊顶单元在工厂进行预制化加工，提高安装效率。经过深化设计，将其分为2万多块吊顶单元，每个吊顶单元包含5~6块蜂窝铝板，如图9-26、图9-27所示。

考虑到安装问题，在深化设计阶段便对吊顶龙骨体系进行加强，实现上人操作施工需求。利用160mm×80mm×2.5mm厚矩形钢承载田字形主龙骨框搭设操作平台，操作平台采用3000mm×250mm×15mm厚钢跳板作脚手板。一组安装工人配两块脚手板，两端采用U形卡件与矩形钢承载主龙骨框固定。两块钢跳板在安装过程中交替使用，根据安装位置现场调整、移动操作平台。工人在安装次龙骨和吊顶单元模块时，蹲伏在钢跳板上完成测量、螺栓固定、调平。

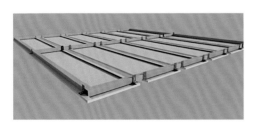
图9-26　单个吊顶单元模型

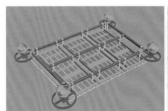
图9-27　吊顶单元与钢结构的空间位置

图9-28 工人正在反吊操作平台上操作

图9-29 工人在反吊操作平台上作业示意图

实现了安装操作平台与吊顶转换层的一体化设置。工人在反吊操作平台上的操作示意详见图9-28和图9-29。

为了保护漫反射蜂窝铝板表面涂层，工厂出厂前采用塑料膜进行保护，吊顶单元吊装前方可将塑料膜撕掉，如图9-30所示。

在单元网架上弦球斜对角拉设ϕ8钢丝绳，中间设置一个定滑轮，待主框焊制完成后，使用吊带对框架四角固定，中心与卷扬机绳索固定连接后进行现场吊装。吊装至下弦杆

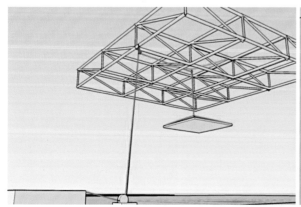

图9-30 保护板撕除现场示意图

圆盘处使用U形卡件及螺栓与圆盘进行连接紧固。吊装示意及现场照片如图9-31～图9-33所示。

9.1.4.3 小结

本小节对北京大兴国际机场核心区的大吊顶施工技术进行了介绍。屋盖下超大空间复杂自由曲面吊顶通过采用如下技术：①吊顶板单元组模块装配式安装技术；②反吊操作平台技术；③室内大臂展群体高空作业车施工技术；成功解决了高大空间、复杂自由曲面吊顶的安装问题，实现了"如意祥云"设计理念的大吊顶安装。

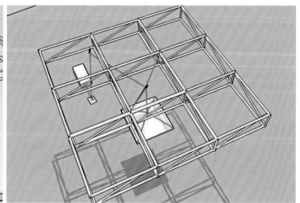

图9-31 吊顶单元吊装示意图

图9-32 吊顶单元吊装现场照片

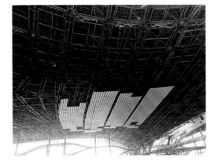

图9-33 吊顶单元现场吊装完成后照片

9.1.5 高大空间漫反射大吊顶单元模块定位技术

9.1.5.1 吊顶面板安装定位的困难

复杂自由曲面屋盖大吊顶在空间中的定位要解决三个问题：

（1）吊顶的做法层多达四层，每层都按照空间坐标定位时间长，遮挡严重。

（2）吊顶面板的调节过程中，定了一个点，另外一个点再调整，前一点易随之变化。

（3）安装工人的操作空间狭小，只能进行简单的测距操作。

9.1.5.2 单元空间三角定位安装技术的解决方案

结合数学理论五点定位法，一个曲面在空间中的定位需要确定5个点、1个重心（可分解为2个空间法向量）和4个角点，我们演化出空间三角体定位法。空间三角体定位法使用的前提是：①面板单元拼装完成，空间曲面已经形成，其1个法向量已经确定；面板单元的4个角点不发生相对位移；②所有的面板密拼安装，空间曲面的另一法向量随之确定，吊顶面板单元的四个角点坐标相对于网格球节点的空间角度已经确定；③网架球节点的坐标已经测量得到，可以作为吊顶面板单元四个角点绝对空间极坐标转换成角坐标的控制点。

（1）起始吊顶模块的精准定位：首先通过传统的测量放线方法将大吊顶安装的第一块吊顶模块精准定位，测量单元块四个角点和对角线交点的坐标，通过反复调整使该面板调节精准。

（2）从第二块面板开始，使用空间三角体法定位。第二块面板与已经精准定位的第一块面板之间密拼，仅留出20mm的工艺缝。

（3）空间三角体法定位法的定位过程：首先通过施工模型确定矩形钢承载主龙骨框一个端点（以下以A称此一点）的空间坐标，量取吊顶单元模块组框架三个角点（以下以a，b，c称此三个点）距离主龙骨框端点的相对距离长度Aa，Ab，Ac。矩形钢承载主龙骨框安装时，GPS测量控制调节A点的位置，保证A点精准处于设计的空间坐标，允许偏移量为2mm。吊顶单元模块安装时，先调节a，b两点的这一条边，使用盒尺量距，保证Aa，Ab等于模型中的长度。调节后完成固定a，b这条边，再调节c点使Ac等于模型中长度。任何一个四边形的板只要三点的位置确定了，第四个点无须测量也就确定了，这样就完成了一个吊顶单元模块的定位，如图9-34所示。

（a）量取并调节Aa长度　　　　　　　　（b）量取并调节Ab长度　　　　　　　　（c）量取并调节Ac长度

图9-34　空间三角定位法在现场的操作演示

9.1.5.3 小结

通过应用复杂自由曲面屋盖大吊顶模块单元空间三角定位安装技术，北京大兴国际机场大吊顶施工取得圆满成功。合同工期内高质量地完成了施工任务，有效解决了空间中曲面吊顶单元模块的定位问题。复杂自由曲面屋盖大吊顶模块单元空间三角定位安装技术提高3倍工效，具有广泛的推广应用价值。

9.1.6　三维激光扫描调平检测技术

9.1.6.1 大吊顶调平检测的难点

18万m²的复杂自由曲面屋盖大吊顶单元模块安装并粗调完成后，需要找到一种能够快速指导如此大面积吊顶的精调与检测验证技术。复杂自由曲面屋盖大吊顶的调平、检测是整个安装控制的重点和难点。每一个装配式吊顶单元模块都进行全站仪调平、检测，工效低，耗时长。

研究小组技术人员结合对基于非均匀有理B样条数学方法的复杂自由曲面大吊顶的全参数化模型转化技术研发，及对反求工程技术的深入探索，拟进一步采用反求工程中的三维激光扫描技术，生成点云模型，与施工模型对比，指导大吊顶的精调与检测。

9.1.6.2 三维激光扫描技术精度评定理论

1. 反求工程理论

在反求过程中，从实物模型，重建得到了产品的BIM模型。根据这个BIM模型，一方面可以对实物进行重复制造，另一方面可以对原产品进行工程分析。两个方面都存在这样一个问题，即重构的CAD模型能否表现实物，两者的误差有多大？因此，应予以考虑的模型精度评价主要解决以下问题：

（1）由反求工程中重建得到的模型和实物的误差有多大；

（2）根据模型建造的实物是否与数学模型相吻合。

第一个问题评价数学模型的精度，即重建得到的BIM模型，第二个问题是评价制造构件的形状误差。在实物逆向模型重建过程中，从形状表面数字化到BIM建模都会产生误差，评价一个反求工程过程的精度或误差大小，通常采取的做法是将最终的逆向制造模型与原实物进行对比，计算其之间的总体误差来判断决定逆向工作的有效性和准确性，这无疑是直接的检验手段，可以通过坐标测量机来实现。但如果产品是由复杂自由曲面组成，两个实物的直接测量比较就存在困难，应寻求另一种间接的比较或检验方法。可以将精度评价分为两个过程:一是比较实物模型和BIM模型的差异，即问题（1）；二是检验制造产品和BIM模型的差异，即问题（2）。两个过程的精度相加即为反求工程的总精度或总误差。第一个过程是通过比较数据模型和BIM模型的差异评价建模精度；对第二个过程，方法是基于重建的BIM模型，首先是测量规划、对实物进行数字化，然后将数据点和模型对齐后，通过计算点到模型的距离来比较差异。两种方法有一个共同点，即数据模型和BIM模型的比较。

2. 精度量化指标

在反求工程的每一个环节，从实物原型建造、数据测量、处理到模型重建，均会产生误差，从而导致相当数量的积累误差。逆向模型与实物样件的总误差是各个环节的传递累积误差，其数学式为:

$$\varepsilon_t = \varepsilon_p + \varepsilon_s + \varepsilon_d + \varepsilon_{sn} + \varepsilon_f$$

式中，ε_t为总误差；ε_p为原型误差；ε_s为测量误差；ε_d为数据处理误差；ε_{sn}为造型误差；ε_f为制造误差。一般的，定义各项误差的均方根作为精度误差，即精度量化指标，则有:

$$\varepsilon_t = \sqrt{\varepsilon_p^2 + \varepsilon_s^2 + \varepsilon_d^2 + \varepsilon_m^2 + \varepsilon_f^2}$$

上式中因为各项误差的权重难以确定而按等权处埋，但由十各项误差的大小难以确定，精度的准确值也就无法确定，在实际工程应用中，通常用测量点到曲面模型的距离来作为模型是否准确的一种指标。

3. 精度评定

由于在反求工程中，实物样件已经数字化，高密度的测量点云中包含大量数据，完全表达了被测曲面的特征，可以把它当作真实曲面一样使用，因此，实物样件与模型曲面之间的误差，可以通过采样点与模型曲面之间的误差表示。模型与实物的对比问题转换为计算点到曲面的距离，其精度指标可以采用以下两个距离指标来表示：最大距离、平均距离。对组合曲面可以分别计算各个子曲面的距离指标，而且采样点不必选择所有测量数据点，只需从测量点集中选取一些点作为计算参考点即可。当采样点到模型曲面的距离的最大值不大于给定的阈值，则可认为重构的模型是合格的。

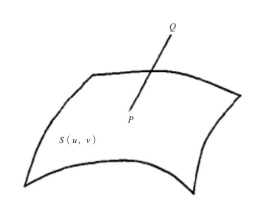

图9-35　点到曲面的距离

这里的关键问题计算是采样点到曲面的最短距离。设点Q到曲面S（u，v）的最近点是P，则矢量（**P-Q**）必须与曲面在P点处的法矢相同，如图9-35所示。

因此，点到曲面的最小距离问题可以转化为计算点在参数曲面 $S(u, v)$ 上的投影，投影方向为曲面的法矢。一般的，空间任意点在曲面的投影可以表示为

$$Q - P = d \cdot \frac{S_x \times S_v}{|S_u \times S_v|}$$

式中，P 为 Q 在曲面上的投影；d 为点 Q 到曲面 $S(u, v)$ 的最短距离；$S_v = \frac{\partial S(u, v)}{\partial v}$ 为参数曲面的偏导数。对于复杂曲面来说，方程 $Q - P = d \cdot \frac{S_x \times S_v}{|S_u \times S_v|}$ 为一高次非线性方程，通常可以用 Newton 法来求解，但 Newton 法对初值要求严格，在边界处可能会导致计算发散；同时 Newton 法比较费时，实践中为了避免解线性方程组，常采用几何分割的方法，将曲面离散成一系列平面片组成的多面体，然后计算点到各个平面片的距离，取其中最小值为要求的最短距离。这种方法的计算精度与曲面的离散程度成正比，要得到较高的精度，就必须离散出更多的曲面片，但计算速度也随之下降。

9.1.6.3 三维激光扫描技术调平检测的实施

大吊顶安装、粗调完成后，单元板块需进行精细微调。通过三维扫描测量数据与施工模型对比，确定偏差值和调整方案后，实施调平调缝，最终完成整个屋盖吊顶的调平、检测工作。

装配式吊顶单元模块吊装就位，且整体的安装完成后，使用三维扫描仪对所有面板进行扫描复测，与施工数字模型进行对比，验证安装精度（图9-36）。

9.1.6.4 屋盖下自由曲面大吊顶的质量验收标准

外观质量合格，宏观效果优良，色差均匀，表面洁净，板块没有变形、翘角、掉漆，线条和曲面弧度圆顺，过渡自然，近看没有明显的左右和上下错位，各种缝隙均匀，平整度不超过2mm，接缝直线度不超过2mm，接缝高低差大吊顶不超过2mm、C形柱不超过1mm，三维空间坐标按2倍的中误差进行验收（图9-37、图9-38）。

9.1.6.5 小结

研究小组成功研发装配式吊顶单元模块吊装就位，整体安装完成后，使用三维扫描仪对所有面板进行扫描复测，与施工数字模型进行对比，验证安装精度。克服了现有全站仪检测方法消耗

图9-36 大吊顶完成后对吊顶整体进行三维扫描检测

图9-37 三维激光扫描的模型指导大吊顶精调和检测

图9-38 三维激光扫描技术精调检测后大吊顶的完美效果

时间长，且只能对面板的角点进行检测的问题。通过三维扫描测量数据与施工模型对比，确定偏差值和调整方案后，实施调平调缝。具有广泛的推广应用价值。

9.2 航站楼层间冷辐射吊顶施工技术

9.2.1 航站楼层间冷辐射吊顶工程概况

冷辐射吊顶空调供冷系统的范围为航站楼三、四层的安检区，首层、二层行李提取厅。作为航站楼该区域变风量全空气系统的补充，旨在提供更舒适的室内环境。本系统包含末端辐射板、末端空调水系统及辐射空调自控系统。

空调末端采用金属辐射板制冷（辅助变风量全空气空调系统制冷），吊顶金属面板由精装单位负责提供，宽度范围：1000～1200mm，长度范围：1350～1500mm。每2～3块金属辐射板串联连接组成分支路，单块金属辐射板与辐射板之间采用不锈钢金属软接连接，分支路的进出水总阻力≤2m，金属辐射板供冷指标为91W/m²。

铝单板厚度为3mm，表面氟碳喷涂处理，涂层厚度不小于45μm。东西向长弧线留出约300mm/200mm设备带，设备带间距约3m，满足照明和喷淋设置要求，如图9-39所示。

冷辐射空调所设置的安检区域无排烟功能要求，在行李提取区域吊顶排烟率设计要求达到30%以上。即在没有遮挡的情况下，吊顶的穿孔率需达到30%，若有遮挡的情况下，穿孔率需适当加大，以满足区域平均排烟率30%。铝板基材牌号：3003，基材合金状态：H24，

图9-39 层间冷辐射吊顶板

抗拉强度：145～195MPa，规定非比例延伸强度：≥115MPa，断后伸长率：≥5%，热膨胀系数：23×10^{-6}mm/（mm·K）。

冷辐射冷热水管道均做保温，保温材料采用难燃橡塑保温材料（难燃B1级），所有缝隙均要求用专用胶水粘结严密，不得存有漏气现象，冷冻水管与支吊架之间应做经过防腐处理的木垫块，室外空调用冷热水管道外增加0.3mm厚镀锌钢板保护层。

9.2.2　层间冷辐射吊顶施工中的难题

1. 穿孔率的保证

冷辐射吊顶板的基本构造层分为保温层、铜制冷水毛细管、铝制冷辐射翅片、无纺布，以及3mm厚氟碳喷涂铝板单。在航站楼三层、四层安检区域，无穿孔率要求；在航站楼首层、二层行李提取厅，需满足平均排烟率达到30%。由于冷辐射吊顶的翅片、橡塑保温占据了排烟空间，如何解决层间吊顶的排烟率问题，成为冷辐射吊顶施工必须解决的问题。

2. 吊顶板的下挠

冷辐射吊顶板在运行状态下的重量荷载值达到了7kg/m²（不含铝单板），3mm厚不穿孔铝单板的重量荷载为8.13kg/m²，穿孔率35%铝单板为5.28kg/m²；冷辐射铝单板较普通铝单板的荷载值增加86%～132%。冷辐射吊顶板构造如图9-40和图9-41所示。

北京大兴国际机场层间吊顶铝单板的板幅度较大，达到了宽度范围：1000～1200mm，长度范围：1350～1500mm，钩挂龙骨只在长边方向连接；短边方向板块之间密拼，无连接、无受力。为保证冷辐射吊顶板板块的复合，取消了原铝单板背后的加筋。原加筋情况如图9-42所示。

通过现场测试，冷辐射板在现场安装，通水条件下，出现板块下挠。下挠值超出了规范规定的2mm/m的质量验收要求。现场安装下挠照片如图9-43所示。如何解决下挠问题，直接影响到冷辐射吊顶板是否可以真正实现超大航站楼运营。

3. 冷辐射板与非冷辐射板色差

冷辐射空调系统的设计为隔一块板设置，原设计的无纺布颜色为黑色。在穿孔铝板区域，透过灯光可以观察到冷辐射吊顶板与普通穿孔铝板的明显色差。若取消黑色无纺布，铝翅片直接与铝板粘结复合，亦会出现明显色差，如图9-44所示。视觉差异的消除，成为冷辐射吊顶是否能够在大型航站楼工程中应用的关键。

9.2.3　解决方案

1. 增加穿孔铝板的穿孔率

为保证行李提取厅层间吊顶区域的排烟穿孔率，工程技术人员考虑了以下解决方案：

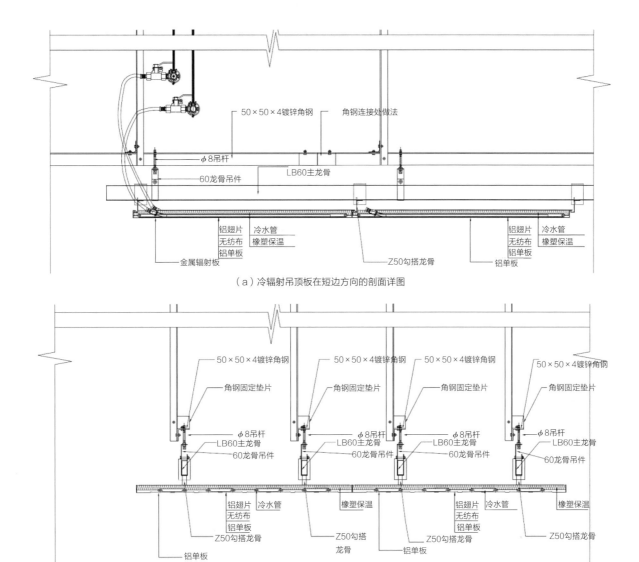

（a）冷辐射吊顶板在短边方向的剖面详图

（b）冷辐射吊顶板在长边方向的剖面详图

图9-40　冷辐射吊顶板构造剖面图

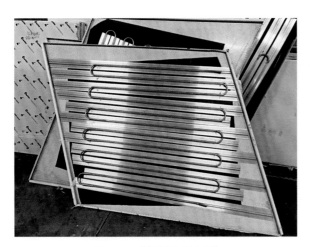

图9-41　冷辐射吊顶板照片

图9-42　穿孔铝单板长向加筋现场照片

（1）增加机械排烟；

（2）取消橡塑保温，增加吊顶内制冷，减少结露；

（3）提高铝单板的穿孔率，将橡塑保温覆盖区域的穿孔率按照0%计算，保证区域平均穿孔率大于等于30%。

结合北京大兴国际机场航站楼消防性能化研究报告，增加机械排烟的方案首先被否决，该区域的自然排烟率为消防性能化报告中的强制要求。

取消橡塑保温的方案也无法实施，航站楼中的冷源和制冷数量一定，增加冷源会造成投资成本、管道数量、通风机械设备的增加。吊顶板上方增加了冷气也会使楼内的气流紊乱。一些在吊顶层中的灰层飘散在公共空间中，造成二次污染。

最终工程技术人员确定提高铝单板的穿孔率至35%，将橡塑保温覆盖区域的穿孔率按照0%计

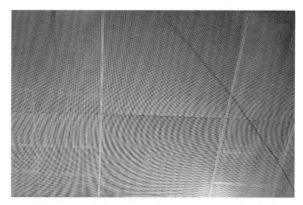

图9-43　冷辐射吊顶板试挂下挠时的现场照片

图9-44　冷辐射吊顶板中翅片直接与穿孔铝单板粘结视觉实验照片

算，保证区域平均穿孔率大于等于30%。这一方案虽从排烟角度解决了问题，但又减少了穿孔铝单板的材质强度，造成铝单板进一步下挠。工程技术人员更加需要通过其他技术手段解决下挠问题。

2. 翅片预起拱

与解决穿孔率的思路相同，工程技术人员首先确立了几种可能的备选方案，以解决铝单板下挠的难题。

（1）增加铝板厚度，以增加整强铝板抗下挠的能力；

（2）在铝板背面增加吊点；

（3）进行翅片的预起拱。

为了验证这三种方案在工程实施过程中的可行性及冷辐射吊顶的功能实现程度，技术人员在工厂进行了对比试验：

（1）增加铝板厚度至4mm、5mm，与3mm穿孔铝板对比，发现实践效果不理想。增加铝板厚度的同时，也增加了冷辐射吊顶板本身的重量荷载，使整个系统的重量增加，没有解决下挠问题反而增加了运营中吊顶板突然失稳的风险。该方案被否决。

（2）在铝板背面中部通过焊接小型背栓，通过混凝土楼板上增加吊杆与背栓连接，调节吊杆丝杆，使面板中部增加一个拉力抵抗下挠。该方案在试验过程中，调节精度要求高，工人需要站在吊顶转层上操作，安全风险高，效率极低。所以该方案不建议采纳。

（a）选取不同的铝翅片起拱值进行对比试验　（b）冷辐射吊顶板刚充水后，下挠值0.5mm/m（c）冷辐射吊顶板充水一周之后，下挠值无变化，仍为0.5mm/m

图9-45　铝翅片预起拱试验

（3）铝翅片预起拱的方案在工厂中反复试验，考虑各种板型和运营条件，毛细管充水静置一周后测量下挠数据均在1mm/m以内，满足规范要求。现场试验的照片如图9-45所示。

通过对比试验，工程技术人员最终采用了铝翅片预先起拱的解决方案，成功解决了冷辐射铝板下挠的难题。

3. 使用与混凝土楼板同色的浅灰色无纺布

为了消除冷辐射板与普通吊顶板的视觉差异，工程技术人员进一步在工厂进行视觉对比试验，参照灰色吊顶加筋视觉误差小的解决思路，使用浅灰色、深灰色的无纺布放置在翅片与穿孔铝单板之间，对比测试视觉效果，如图9-46所示。

经对比试验，最终确定使用浅灰色无纺布作为吊顶板之间的粘结材料。

（a）浅灰色无纺布工厂试验效果　（b）浅灰色无纺布工厂吊顶的效果　（c）深灰色无纺布工厂吊顶的效果　（d）浅灰色、深灰色、黑色无纺布在现场对比效果

图9-46　工厂和现场的无纺布对比试验效果

9.2.4　总结

冷辐射吊顶是首次在大型航站楼中使用，在实施过程中，在排烟穿孔率、面板的整体平整度、保温效果方面有很多技术难题。工程技术人员通过提出问题、提出解决方案、对比优劣、多次试验的方法，最终得到了令人满意的结果。首层行李提取厅的效果如图9-47所示。

图9-47　冷辐射吊顶完成后的现场照片

9.3 航站楼墙面三维扫描理论下单施工技术

9.3.1 航站楼公共区墙面工程概况

北京大兴国际机场室内墙面系统以美观、坚固、环保、易维护为设计出发点，主要以金属板组成连续的曲线墙面。墙的顶端统一留有设备带，主要用于射流风口和墙面其他设备安装；墙面底端统一留有踢脚和防撞杆。

在实体墙外侧安装金属饰板，分为铝单板、蜂窝铝板和搪瓷钢板墙面。实墙多为砌块墙体，有少数墙体为混凝土墙。所有金属板墙面的基层结构做法均为50×70×5竖向主龙骨（方钢）和L50×50×5水平龙骨，所有竖向主龙骨的固定方式均为下部与混凝土地面连接，上部与混凝土过梁连接。当装饰墙面高度超过过梁时，竖向龙骨向上延伸至混凝土楼板固定。竖向龙骨间距根据墙面分缝确定，固定时距离墙面平均面约30mm，用以找平。水平龙骨间距1200mm，采用贴于主龙骨表面的做法。饰面完成面距实墙平均面为200mm。在基层龙骨和饰面板完成面之间余50mm，作为金属饰面板自身安装尺寸的控制线。

墙面转角采用铝单板弯制成型，两端与铝蜂窝板找齐，在门洞处，采用蜂窝板作筒子板，与墙板的关系为墙板压筒子板。墙面检修门采用局部式暗门。在走廊洞口处，采用墙面板压洞内墙面板的做法。

玻璃安装在地面，采用50×40×50型槽钢：在吊顶处玻璃上部的U形槽下缘与吊顶完成面齐平，U形槽上部采用角钢焊制钢架与结构固定。背漆或彩釉玻璃墙面主要用于浮岛商业店铺间砌体隔断墙外侧的装修。北京大兴国际机场航站楼墙面完成效果如图9-48所示。

除了C形柱，层叠退台式的楼板是航站楼室内的又一典型的空间形象。所有的楼层暴露在室内的楼板边缘和楼板洞口边缘是重要的装修部位。其中，楼层板边和铝板墙面系统是两个邻近并彼此相关的系统。

楼层板边主要类型包括：①断面为折线凹槽的板边，采用外包楼板边缘，并在板侧设置一条连续光槽，作为装饰照明；②断面为平直线的板边采用铝板外包楼板边缘，并在板底设置一条连续的光槽，板底光槽则应具有较高亮度，可为下部区域提供部分功能照明；③特殊板边，二层中央板洞为板边和栏板整合成一体的全玻璃板边，另外三层主楼连接中指廊的坡道两侧也作为特殊板边处理。

图9-48 墙面完成效果

自动扶梯与楼层板边以曲线顺接的部位，楼层GRG外包板边在扶梯外侧和内侧仍然延续，与相应的楼层板边连续。自动扶梯与楼层板边以直角相连接部位，楼层GRG外包板边在扶梯外侧和底侧不再延续，扶梯改为垂直铝板外包。北京大兴国际机场航站楼板边系统完工后照片如图9-49所示。

图9-49　北京大兴国际机场板边完工后照片

9.3.2　航站楼公共区墙面三维扫描理论下单技术

1. 量尺下单的弊端

下单是装饰装修施工的专业术语，是指面板在加工生产前向工厂提供每一块面板的尺寸数据。要达到精装修美轮美奂的视觉效果，就必须做到下单数据的准确。传统的施工工艺是在面板的龙骨施工完成之后，由测量人员在现场量取每块面板对应龙骨的尺寸之后，结合设计院签认的深化图，绘制每一块面板的加工平面图。这个工作消耗大量的时间，龙骨施工完成后，从量尺到面板运至现场进行安装，需要消耗大量的等待时间，同时也造成机电末端无法在此期间定位。

2. 三维扫描理论下单技术

理论下单在三维扫描技术以前，不具有可操作性：即根据设计院签认的深化图纸中板块的尺寸，就进行工厂面板的生产，所有的结构误差和龙骨偏差都无法消化。随着三维扫描技术的完善，逆向工程将装饰装修的理论下单技术变成现实。三维扫描逆向生成面板基层的模型，在犀牛模型中调整面板的尺寸，直接发往工厂进行加工生产。墙面板三维扫描理论下单流程如图9-50所示，板边系统三维扫描理论下单流程如图9-51所示。

3. 三维扫描理论下单误差消除技术——标准板嵌补法

三维扫描理论下单技术能有效提升施工效率，减少人为因素误差，但三维扫描仪系统误差和工地不可测因素依然会导致面板与现场的实际情况产生出入。为此，工程技术人员探索出了利用嵌补段来消化理论下单中误差的方法——标准板嵌补法。

传统量尺下单施工，紧邻门洞位置的面板由于造型异型，有可能带圆弧，所以都作为最后加工下单的面板。这种面板生产复杂，生产周期长，将压制现场的收边收口的施工工序无法实施。

标准板嵌补法的实施原则：门洞异型收边板采用三维扫描理论下单，在工厂最早一批生产，到现场安装后可与其他系统提前收口。异型门洞收边板紧邻的一块标准板做嵌补带。待理论下单的面板完成安装之后，再现场量尺下单嵌补段的面板。大部分面板都已经安装的情况下，不影响机电设备的安装、调试。紧邻的门洞收边板尺寸较规整，生产时间短，返尺工厂后，也能很快补充到货，对项目整体工期没有影响。

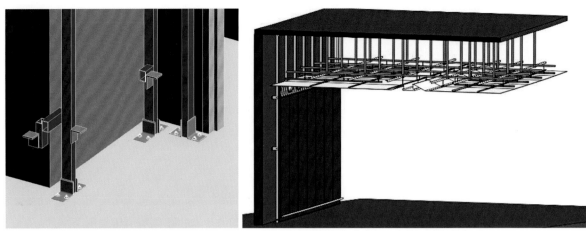

（a）在Revit中进行龙骨的节点深化　　　　　　　　　　（b）在Revit中进行面板的节点深化

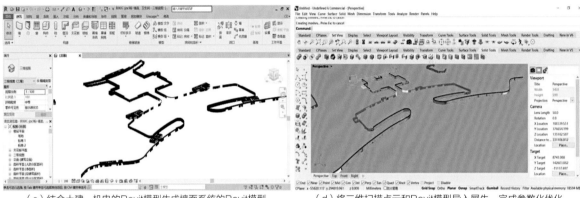

（c）结合土建、机电的Revit模型生成墙面系统的Revit模型　　（d）将三维扫描点云和Revit模型导入犀牛，完成参数化优化

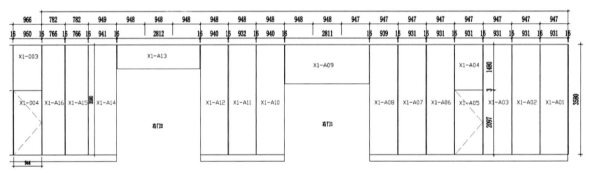

（e）生成墙面板的板块生产尺寸

图9-50　墙面板三维扫描理论下单数据生成流程

9.3.3　总结

采用三维扫描量尺下单技术，是实现装配式装修施工技术的基础。北京大兴国际机场部分层间标段在墙面、板边、层间吊顶施工中大胆探索三维扫描理论下单施工技术，取得了丰硕的实践成果。为今后在大型航站楼、大型公共建筑工程中，大面积推广装配式装修施工技术作出了表率。

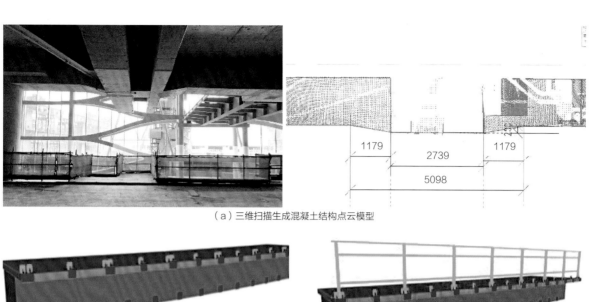

（a）三维扫描生成混凝土结构点云模型

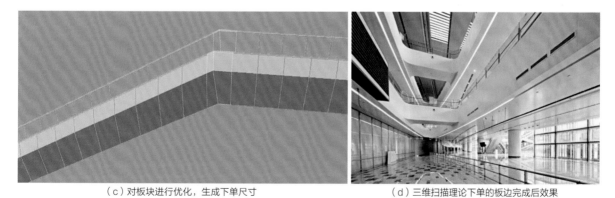

（b）分层生化出板边系统的模型

（c）对板块进行优化，生成下单尺寸

（d）三维扫描理论下单的板边完成后效果

图9-51　板边三维扫描理论下单数据生成流程

9.4 大面积拼花艺术水磨石施工技术

9.4.1 航站楼地面水磨石工程概况

北京大兴国际机场航站楼地面是建筑室内装修的重要部分，设计概念为"繁花似锦"，花岗石作为主要地面材料。在行李提取厅主要采用浅灰色现浇拼花艺术水磨石，通过拼花的变化形成"繁花似锦"的意向；在行李提取厅出口位置有一个航站楼标识的铜花。在卫生间和花岗石靠近墙面区域都采用深灰色的现浇艺术水磨石；在值机岛的行李称重台的外侧检修盖板上亦有航站楼标识的铜花，与行李提取厅的铜花造型上下呼应。如图9-52~图9-54所示。

水磨石厚度70mm。胶粘剂，采用普硅或者白色硅酸盐水泥。抗裂增强材料添加在水泥中，提高水泥的抗裂性、硬度、耐磨度、防水性。骨料，坚硬耐磨，不风化，含泥量低。表面处理材料，采用自生成晶体材料，进一步提高表面硬度。分隔条：采用10mm铝条。艺术水磨石的分格为5.5m长×2.7m宽，卫生间水磨石不设分隔条，波打线与花岗石之间设置分隔条，横向分隔条与石材伸缩缝对缝。

图9-52 拼花艺术水磨石完工后效果　　图9-53 二层行李提取厅出口的机场标识铜花　　图9-54 二层峡谷区C形柱下的艺术水磨石

9.4.2 现浇水磨石施工工艺

1. 浇筑和养护
定位放线→安装分隔条、基层清理→浇筑拼花水磨石→浇筑大面水磨石→压实→填补骨料→浇水养护→石材与水磨石交界位置贴保护薄钢板，工艺如图9-55所示。

2. 研磨和抛光
开面16号金钢刀头→粗磨30号金钢刀头→中磨60号金钢刀头→细磨50目树脂刀头→封浆（水泥砂浆填充气泡孔洞）→固化（固化剂与水磨石发生化学反应形成坚固晶体，静置24h）→细磨（300目、500目、1000目、2000目树脂刀头）→磨完地面后，用干尘推把地面处理干净。研磨抛光工艺如图9-56所示。

（a）定位放线

（b）安装分隔条、基层清理

（c）浇筑拼花水磨石

（d）浇筑大面水磨石

（e）压实

（f）填补骨料

（g）浇水养护　图9-55　水磨石浇筑养护工艺图

(a)刀头陈列　　　　　　　　　(b)开面　　　　　　　　　　(c)粗磨

(d)细磨: 150目树脂刀头　　　　(e)封浆　　　　　　　　　　(f)固化

(g)细磨: 300目树脂刀头　　　(h)细磨: 500目树脂刀头　　　(i)抛光: 2000目树脂刀头

图9-56　水磨石研磨抛光工艺图

9.4.3　总结

　　水磨石的起源可以追溯到16世纪的威尼斯，清末传入我国。20世纪60年代，中国第一条地铁北京地铁一号线就大量使用水磨石，至20世纪90年代，水磨石逐渐被石材、瓷砖所取代。北京大兴国际机场航站楼采用水磨石地面是对地面材料的一次大胆探索，为公共建筑中的地面材料提供了更多选择。水磨石运用的回归还急需工程技术从业人员深入研究和探索，将水磨石材料特性与建筑功能更加紧密结合，在合理的区间运用，会为建筑物增加美的韵味。

第 10 章

超大型多功能
航站楼机电工程
综合安装技术

10.1 章节概述

北京大兴国际机场航站楼人性、舒适、温馨的特点已被人们广为称道，作为世界规模最大的单体机场航站楼，机电工程安装数量之大，技术之复杂，标准要求之高，协调之困难，世所罕见（图10-1）。应对挑战，建造者迎难而上，忘我工作，攻坚克难，始终在建设过程中坚持技术引领、智慧建造、管理创新。结合航站楼超大型多功能的特点，本章节从以下三个部分对机电工程综合安装技术重点介绍。

首先，超长超宽以及超高的镂空设计是航站楼造型的主要特点，区别于一般建筑，如何使大平面大空间在满足机电功能和运行安全的前提下，实现人性化高品质舒适环境，本章从超大平面超大空间的不规则自由曲屋面雨排水、电气施工以及舒适环境建造三方面进行了阐述。

其次，智慧和绿色是航站楼的鲜明特征，同时也贯穿了航站楼设计、建造和运行的全过程，本章从管理创新、技术创新、设计创新的角度，对航站楼机电深化设计、模块化预制安装、辐射空调、保温技术等专项技术进行了重点介绍。

最后，民航和信息专业是航站楼的核心功能所在，作为航站楼独立承包单位，需在总包单位的牵头组织下与各专业共同配合完成，由于涉及多部门、多专业、多系统间共同作业，统筹协调难度极大。本章从界面管理、综合深化、工序交接等方面对行李系统、"一关三检"进行了经验介绍和技术总结。

图10-1　北京大兴国际机场夜景照片

10.2 超大平面超大空间航站楼机电工程综合技术

10.2.1 不规则自由曲屋面雨排水关键技术

10.2.1.1 雨排水系统设计

本工程屋面具有超大平面（568m×455m）、超高落差（50.9m）、不规则自由曲面等特点，需要采取特殊的雨排水设计方式以确保屋面雨水有序排放和整体安全可靠。依据雨水排水相关设计规范、工程所在地历年降雨数据以及工程的重要级别，本工程屋面采取了整体规划、分区组织、有序导流、划片汇集、虹吸排放的雨排水设计方案。

1. 整体规划

不规则自由曲屋面的坡度和坡向形式多样，加上超高的屋面落差，致使雨水流向异常复杂，受风力等外部因素影响，单位面积雨水径流量无法准确计算。屋面核心区等高线如图10-2所示。考虑到特殊强降雨天气尤其是暴风雨天气下屋面雨水排放风险控制，根据屋面雨水排放特点，采取四周就近外排、分级重点控制、整体溢流设计原则。

屋面雨水整体排放依据就近排放原则，五个指廊由指廊终端就近排至飞行区大市政，核心区北区2片就近排至北侧雨水收集池，核心区南侧4片就近排至空侧雨水沟。屋面雨水整体排放见图10-3。

屋面雨水采用分级重点控制、整体溢流设计原则，对于坡度较大、迎风面区域适当延长设计重现期，加大雨水排放量。屋面雨水排水系统设计重现期为20年[$t=5min$，$q=628.0$ $L/(s \cdot hm^2)$]；屋面采用溢流设施，采用高处区域向低处溢流，在低处集中设置溢流系统排放溢

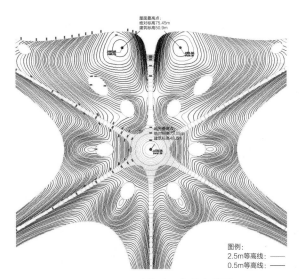

图10-2　屋面（核心区）等高线图

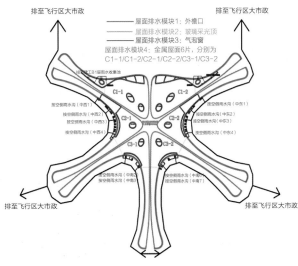

图10-3　屋面雨水整体排放图

流雨量，雨水排水系统与溢流设施的总排水能力不低于50年，按$P=50$年重现期的雨水量计算 [$t=5\text{min}$ ，$q=739.0\text{L/}(\text{s}\cdot\text{hm}^2)$]；局部天窗位置（气泡窗）设计重现期为100年 [$t=5\text{min}$ ，$q=822.0\text{L/}(\text{s}\cdot\text{hm}^2)$]；室外雨水排水系统设计重现期为10年 [$t=10\text{min}$ ，$q=464\text{L/}(\text{s}\cdot\text{hm}^2)$]，设计雨水流量16.7m³/s。

2. 分区组织

核心区屋面总体面积约18万m²，排水路径复杂，屋面总汇水量和各分区汇水量大，单一的天沟、集水井构造无法满足实际需求。为此，根据屋面功能特征，按照设计造型先将屋面排水分为金属屋面、条形天窗（含中央采光顶）和气泡窗三个部分，屋面主要功能分区如图10-4所示。再根据雨水径流量计算，将三个部分进一步细化分块，按块设计雨水排放系统，除整体考虑雨水溢流系统外，分块雨水排放自成系统，相对独立。

汇水区划分主要考虑以下因素：

①屋面的属性；②屋面水流方向；③屋面标高变化；④屋面最低点；⑤屋面坡度（≤0.3%的天沟视为平沟）；⑥屋面伸缩缝位置（大约30m设一道伸缩缝）；⑦将集水坑长度控制在4m之内，汇水面积一般不超过700m²。

根据汇水区域划分设置排水天沟和集水坑，必要时设置导水槽和挡水板，除溢流雨水外，尽可能确保按片区汇入相应的集水坑，实现独立排放。屋面雨水排放细化分区示意如图10-5所示。

图10-4 屋面主要功能分区图

3. 有序导流

由于屋面条形天窗整体标高低于两侧金属屋面，金属屋面散流至条形天窗将造成局部流量过大，集水井容积过大，因此，金属屋面按片区设置天沟导流，并相应增设集水井，天沟陡坡设置缓冲板，以减缓冲击力。

屋面条形天窗自屋面中心点至指廊末端路径约600m，为避免集水井容积过大，采取设置挡水板划段截流，设置集

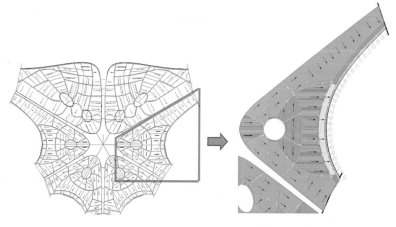

图10-5 屋面雨水排放细化分区示意图

图10-6 金属屋面和采光天窗天沟

水井分段收集形式。金属屋面和采光天窗天沟见图10-6。

（1）挡水台设置

本工程结合现场集水井及屋面伸缩缝布置情况，巧妙设计伸缩缝做法，作为拦截雨水的挡水台，既满足屋面伸缩要求，又满足部分雨水的拦截分流，同时实现雨水溢流要求。天沟伸缩缝挡水台示意见图10-7。

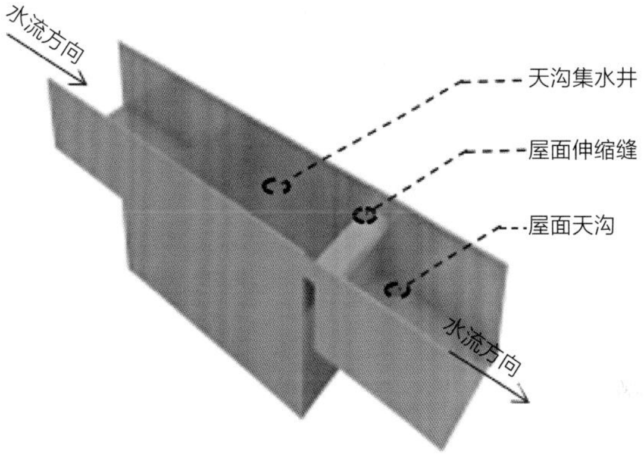

（2）缓冲板设置

图10-7 天沟伸缩缝挡水台示意图

缓冲板主要是减缓天沟坡度较大时水的冲力，并尽可能引导雨水流向天沟集水井内。缓冲板采用不锈钢格栅制作，天沟集水井缓冲板见图10-8。

4. 划片汇集

屋面雨水采用虹吸结合溢流排放原则，由于虹吸产生需具备一定的蓄水高度（一般大于30mm），受天沟坡度影响，大部分天沟均无法满足虹吸蓄水要求，为此，设置有金属屋面天沟集水井、采光天窗天沟集水井和气泡窗天沟集水箱。

（1）金属屋面天沟集水井

金属屋面天沟集水井一般设置在天沟排水最低点，集水井构造示意见图10-9。

（2）采光天窗天沟集水井

采光天窗天沟集水井设计与金属屋面天沟集水井设计基本相同，采用天窗下沉方式。当集水井受钢网架等影响不能在最低点设置时，通过局部天沟找坡和接管引流形式解决。采光天窗天沟找坡和接管引流见图10-10。

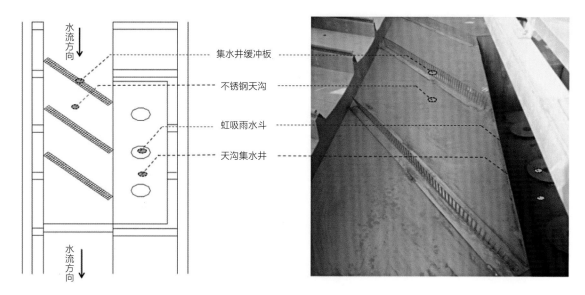

图10-8 天沟集水井缓冲板

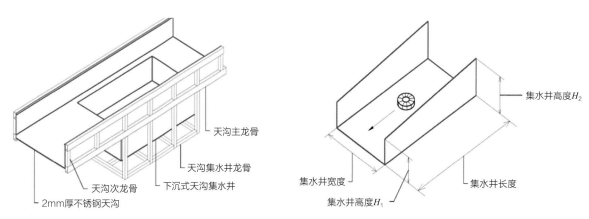

图10-9 天沟集水井构造示意图

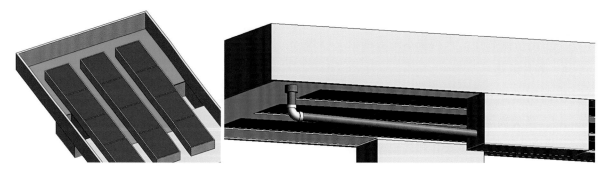

图10-10 采光天窗天沟找坡和接管引流示意图

（3）气泡窗集水箱

气泡窗区域为不规则自由曲屋面最为复杂区域，考虑风险因素，按照雨水重现期100年进行设计，气泡窗周边增设水箱，并在每个气泡窗最低点集水槽处增加溢流系统。由于气泡窗周边网架斜腹杆布置密集，集水井无法直接采用天沟下沉做法，需要避开斜腹杆，因此，需要根据现场实际情况安装异形集水箱。

1）气泡窗集水箱分布及形式

航站楼核心区屋面在8个气泡窗周边共设置42个集水箱，集水箱形状根据网架布置情况在腹杆空隙之间设置，并设置专门的水箱支架以满足水箱荷载。气泡窗集水箱分布及节点见图10-11。

2）气泡窗集水箱的组成

气泡窗集水箱由天沟雨水箅子、天沟连接段、集水箱顶板、集水箱侧板、集水箱底板、内置爬梯、消声装置、挡泥板或挡泥盒、通气装置、外置保温、槽钢底架、减振垫及吊耳组成。气泡窗集水箱大样见图10-12。

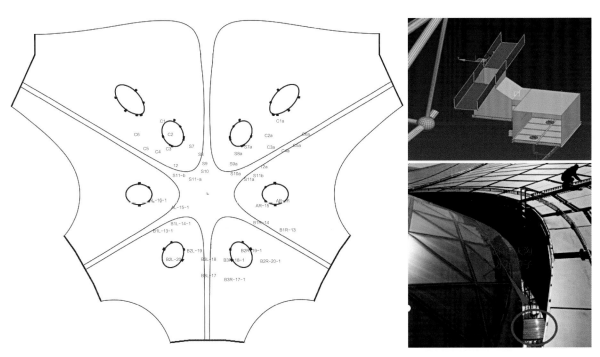

图10-11　气泡窗集水箱分布及节点图

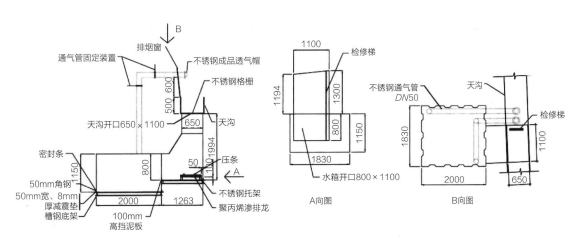

图10-12　气泡窗集水箱大样图

（4）集水井和集水箱容积计算

根据《虹吸式屋面雨水排水系统技术规程》CECS 183—2015中第3.2.6条：天沟的有效蓄水容积不宜小于汇水面积雨水设计流量60s（且不宜小于虹吸启动时间）的降雨量。

容积$V=Q \cdot TF$。Q为集水井所在分区内计算流量；TF为虹吸启动时间（s）。

先根据汇水面积、天沟坡度、60s之内的蓄水容积计算出所需集水井尺寸（理论值），待系统完善后，根据实际管道容积、启动时间，重新计算出集水井尺寸（实际需要值）。

5. 虹吸排放

根据汇水面积，计算出虹吸雨量及溢流雨量，从而确定每个集水槽内所用雨水斗的型号（尽量选用小排量的雨水斗型号）及个数。航站楼（核心区）屋面共采用290个虹吸系统，84个溢流系统，968个虹吸雨水斗，134个溢流斗。

虹吸雨水系统是利用屋顶专用雨水漏斗实现气水分离。开始时由于重力作用，使雨水管道内产生真空，当管中的水呈压力流状态时，形成虹吸现象，不断进行排水，最终雨水管内达到满流状态。在降雨过程中，由于连续不断的虹吸作用，整个系统得以快速排放屋顶上的雨水。虹吸排水系统管道均按满流有压状态设计，雨水悬吊管可做到无坡度敷设，当产生虹吸作用时，水流流速很高，有较好的自清作用。

10.2.1.2 雨排水系统施工

1. 屋面集水井和集水箱安装

（1）集水井安装

集水井安装与所在位置的金属屋面天沟或采光天窗天沟做法一致，均采用天沟下沉或天沟侧方下沉做法。金属屋面天沟集水井见图10-13，采光天窗天沟集水井见图10-14。

（2）集水箱安装

集水箱设置在气泡窗下，主体钢结构之上的马道附近，高度在20～40m不等，由于屋面钢网架纵横交错且与天沟接口处有一定距离，需因地制宜采用定制异形水箱，水箱安装位置见图10-15。

主要流程及施工措施如下：

1）三维建模和工厂预制

结合天沟排水位置和钢网架排布情况，建立精准的三维模型，生成工厂加工图后指导生产加工。

2）搭建临时施工平台

受密集钢网架影响，曲臂车不能同时到达水箱四周的各个施工点，为此搭建了临时施工平台。根据各个水箱需要的

图10-13　金属屋面天沟集水井　　　　　图10-14　采光天窗天沟集水井

集水箱安装位置

图10-15　气泡窗集水箱安装位置图

平台大小，按位定制尺寸，利用廊桥扶手作为支撑点，倒钩式固定、受重方式安装。平台主体框架采用50mm角铁焊接而成，平台侧面采用M14螺栓进行连接。脚踏部分采用木板铺垫。外围栏高度不低于800mm。外栏杆外围需要用密目网围挡。

临时施工平台采取工厂模块加工（图10-16）、现场拼装焊接形式，利用滑轮将平台吊运至马道位置，卡扣在马道上，并进行满焊处理，另一端用φ1.0mm钢丝绳固定在上部钢结构横梁上。平台下部焊接斜撑，以增强平台稳定性。施工采用高空曲臂车辅助登高作业。

临时施工平台只允许两个工人同时作业，制作前进行本身的承重计算，以及与钢网架和马道受力综合计算，通过设计确认后实施。

3）主要施工工艺流程

集水箱安装流程见图10-17。

2. 雨水斗安装

本工程虹吸雨水斗斗体为不锈钢，整流器、导流罩等要求采用金属制造。雨水斗出口尾管采用与系统管材同一材质（不锈钢），在60℃以上温度及紫外线照射的情况下具有与屋面系统相同

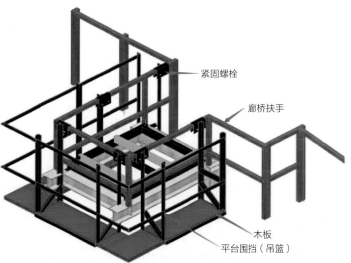

紧固螺栓

廊桥扶手

木板

平台围挡（吊篮）

图10-16　临时平台搭建

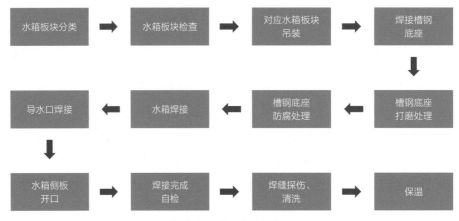

图10-17 集水箱安装流程

的使用寿命。雨水斗和管材的连接采用可靠的同种材质焊接连接。虹吸雨水斗的安装在天沟安装完成之后马上跟进安装。

（1）雨水斗安装方法

雨水斗安装示意见图10-18。

（2）溢流雨水斗安装

溢流雨水斗也采用虹吸排水形式，在虹吸雨水斗周围50mm处设置100mm高围挡，当虹吸雨水斗无法及时排放过多集水，水面高度大于100mm时，集水将漫过围挡，溢流雨水斗将同步发挥作用。溢流雨水斗安装见图10-19。

3. 钢网架内雨水管道安装

钢网架内的雨水管道工程量大，网架跨度大，且为高空作业。钢网架内雨水管道局部示意见图10-20。 虹吸雨水管道系统在网架内先集中敷设安装后分散向各集水井敷设安装。根据钢结构设计受力计算，雨水管道系统承重由上弦杆钢结构承担，在上弦球型受力点安装钢绞线用于系统承重。受特殊条件影响，采用临时马道结合吊篮施工，局部采用曲臂车操作平台形式。主要施工方法如下：

1）施工原则

①所有钢网架施工都需进行受力计算，并经钢结构设计审核方可实施。

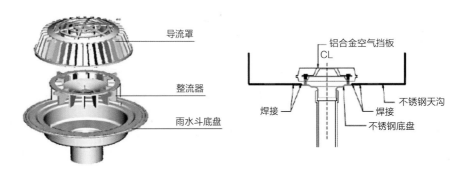

图10-18 雨水斗安装示意图

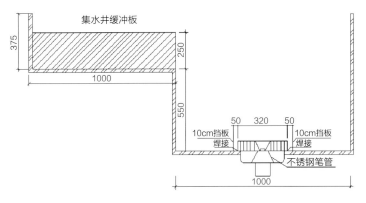

图10-19 溢流雨水斗安装图

②虹吸系统管道避免不规则转弯,无法避免的需用软件计算是否可行。

③根据《虹吸式屋面雨水排水系统技术规程》CECS 183—2015,悬吊管可无坡度敷设,但不得倒坡。通过提高上游标高、减小尾管高度、缩短网架内的管、降低排水立管高度方式统筹解决,方案确定前需进行虹吸排水计算。

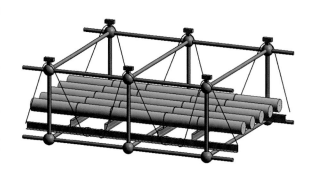

图10-20 钢网架内雨水管道局部示意图

④在满足钢网架承重前提下,管线尽量并排布置(经受力计算,不应大于5根管道),且顺着网架方向布置,需提前做好网架内施工方案。

⑤管线安装需定位准确,管道、弯头、变径、三通等处的定位均以管道中心为准,水平管的标高严禁任意变动,以免破坏虹吸条件。

2)施工流程

①找到网架球节点位置,测量相应的参数,根据实际空间情况加工支吊架。

②按照管卡间距要求,在上弦杆上固定支吊架。

③支架安装完毕后,在相邻支吊架横档上安装手拉葫芦吊装管道到支架下部,人工抬升到支架位置。

④管道就位后相邻管道做点焊固定,调节管道位置,用管卡固定管道。

⑤管道对口焊接后,紧固管卡。

⑥组对好的管道及管件的焊口,应便于施焊,减少横焊和仰焊,并应尽量扩大预制范围,减少固定焊口。

3)防晃支架安装

①利用上弦球节点,采用圆钢拉索的方式防晃,圆钢拉索防晃支架示意见图10-21。

②利用上、下弦连接型钢作为固定点,安装防晃支架,上、下弦连接型钢防晃支架示意见图10-22。

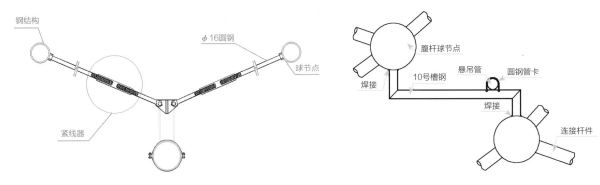

| 图10-21 圆钢拉索防晃支架示意图 | 图10-22 上、下弦连接型钢防晃支架示意图 |

4）成排管道安装

成排管道承重计算应先计算单根管道满水重量及单位支架自重，再进行成排管道及支架合重计算。单位支架自重计算见表10-1。

单根管道及支架自重计算表 表10-1

管道管径	满水自重（kg/m）	管道自重（kg/m）	管道满水自重（kg/m）	管道满水+桥架汇（kg/m）
DN300	70.65	39.86	110.51	140.51
DN250	49.06	33.38	82.44	112.44
DN200	31.4	21.42	52.82	82.82
DN150	17.66	15.44	33.1	63.1
DN125	12.26	12.06	24.32	54.32
DN100	7.86	10.36	18.22	48.22
DN80	5.02	6.43	11.45	41.45
DN65	3.21	5.23	8.44	38.44
DN50	1.96	4.04	6	36

虹吸雨水支架采用14号槽钢框架和12号槽钢横担组合而成，14号槽钢线重载荷为14.53kg/m，12号槽钢间距为2500mm，线重载荷为14.47kg/m，组合支架合重线载荷为29kg/m。成品管道及支架自重计算见表10-2。

成品管道及支架自重计算表 表10-2

管道并排数量	管架管径	管道及满水荷载	桥架荷载	汇总荷载
2根管+槽钢重量	DN200，DN125	77.14kg/m	30kg/m	107.14kg/m
3根管+槽钢重量	DN125，DN150，DN150	90.52kg/m	30kg/m	120.52kg/m
4根管+槽钢重量	DN150，DN200，DN150，DN250	201.46kg/m	30kg/m	231.46kg/m
5根管+槽钢重量	DN300，DN250，DN200，DN150，DN250	361.31kg/m	30kg/m	391.31kg/m

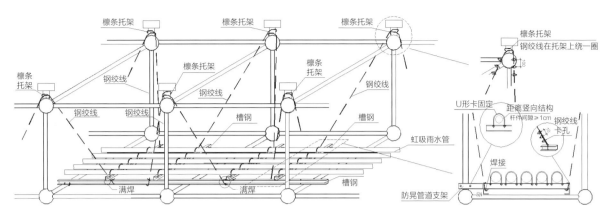

图10-23　钢网架内成排管道安装节点大样图

按照最重线荷载计算钢绞线受力，每6m设置两个悬挂点，经受力分解计算，按照2倍安全系数考虑，最终确定选择钢绞线规格为GJ-70（19根，直径2.2mm，钢截面72.2m²）。钢网架内成排管道安装节点大样见图10-23，钢网架内水平管道安装见图10-24。

4. 雨水立管安装

考虑到装饰效果，雨水立管主要安装在与屋面衔接的C形柱和外墙幕墙柱上，以达到包裹和隐蔽目的。

（1）C形柱立管安装

室内雨水立管主要由C形柱引下至各楼层，后经层间敷设安装排出室外。C形柱外由和屋面一致的装饰板包覆。C形柱安装管道应尽可能减少管道异形件安装，避免对虹吸效果产生影响。

施工采用吊车吊运管道，曲臂车作为施工操作平台。由于柱体弧度大，安装管道根据现场实际柱体弧度分段切割连接施工，保证管道与柱体平行安装，达到安装要求。C形柱雨水立管安装见图10-25。

（2）幕墙柱立管安装

航站楼外檐屋顶雨水系统立管安装在机场的玻璃幕墙上，为了达到玻璃幕墙的美观效果，雨水管道安装在幕墙柱与玻璃幕墙的缝隙当中。幕墙柱立管安装见图10-26。

（3）立管检查口

为避免虹吸管道进入杂物发生管道堵塞以及后期检修方便，每套虹吸管道系统立管在首层距地1m的位置设置专用检查口，如发生管道堵塞，打开检查口用疏通机进行疏通。

图10-24　钢网架内水平管道安装

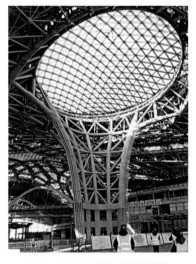

图10-25　C形柱雨水立管安装

5. 雨水管道伸缩补偿措施

根据设计图纸及工程特征，本工程在管道穿越主体沉降缝处、悬吊管与立管连接处，以及穿越结构隔震层处设置了复式波纹补偿器，按照设计参数横向补偿量均为 ± 250mm。

6. 出户管道安装

本工程所有虹吸雨水外墙出户套管全部采用钢制柔性防水套管，柔性防水套管具有抗震动、防水性能高的特点，一般室外存水不能随套管缝隙进入室内发生漏水事件。

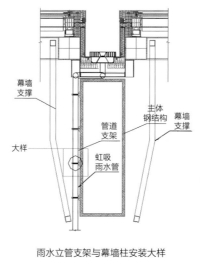

雨水立管支架与幕墙柱安装大样

图10-26　幕墙柱立管安装

虹吸雨水室外进消能井的管道，焊接施工安装完毕后，防止管道埋地后发生腐蚀现象，对管道进行三油两布防腐处理。虹吸和溢流管道室外出户标高在设计和施工中都需严格把控。首先，虹吸系统排出管与市政管道保持上水平，避免市政管网堵塞影响虹吸排水；再次，溢流系统排出管需在市政管道的上方，由于溢流系统设计雨量为100年，当溢流系统发生作用时，室外主管网的水均已是满流状态，如果溢流系统的出户标高低于主管网干管，则会影响溢流系统的排水量。室外雨水管道接入雨水井大样见图10-27。

10.2.1.3 雨排水系统试验及调试

1. 双层屋面板缝淋水试验

为确保金属屋面分区汇水效果，项目创新性地进行了屋面淋水实验，以1:1的样板验证板缝的过水性能，见图10-28。验证结果为，一定角度和缝隙范围内，缝隙水越现象不超过10%。

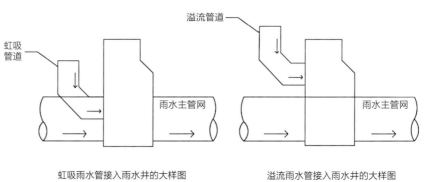

虹吸雨水管接入雨水井的大样图　　　　溢流雨水管接入雨水井的大样图

图10-27　室外雨水管道接入雨水井大样图

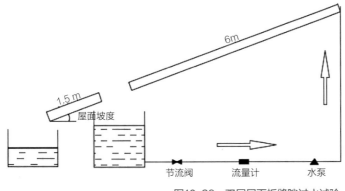

图10-28 双层屋面板缝隙过水试验

2. 雨排水试验

（1）雨水集水箱闭水试验

水箱及管道等均已按照图纸要求焊接完成，水箱底部与虹吸雨水斗交接处已进行封堵。将水灌至规定的水位，开始记录，对渗水量的观察时间不少于30min；观察期间不渗不漏方为合格。

（2）管道系统局部闭水试验

埋地管道、精装修包裹管道以及吊顶内管道须做闭水试验，试验时排水口堵严，由雨水进口处灌水做闭水实验，以不超过规范允许的渗透量为合格。

（3）单系统灌水试验

先对整个系统进行检查，要求支架牢固，系统焊接完成，末端管路已封堵。检查完毕后，向管内充水，检查系统每道焊口连接点有无漏水，1h后检查液面有无下降。液位不下降，接口无渗漏为合格。填写灌水试验及旁站记录交监理部门验收。

（4）排水能力试验

排水能力试验主要为验证系统功能，检测实际排量与设计排量的误差。由设计师根据现场的实际情况提出适合于现场的实验方法，项目按要求将临水引至屋面，分片区进行集水井汇水模拟，分系统进行虹吸试验，试验时长为15min，同步检查系统管道密封情况、支架受力情况、出户消能井排水情况。

10.2.2 电气施工关键技术

10.2.2.1 供电工程的设计及施工

1. 供电工程的设计

北京大兴国际机场航站楼（核心区）工程供电工程共计1个行李开闭站、4个行李变配电站、12个公共变配电站，其中公共变配电站10kV进线由4个指廊公共开闭站（KB1、KB2、KB3、KB4）引来。为满足供电的可靠性，行李开闭站为三电源进线，公共开闭站为双路双环网供电（其中KB1和KB2形成环网，KB3和KB4形成环网）。

本工程分别在AL、AR、BL、BR区各设置1个发电机房，提供应急电源。

低压供电采用放射式与树干式相结合的方式，核心区工程共计设置137个强电小间、40个MCC室。按变电站所辖区域分层分区进行供电。

2. 供电工程的施工

（1）电气管廊施工技术

本工程单层面积较大，用电负荷大且集中，加之航站楼内部结构复杂，给供电工程实施增加了难度。结合实际情况，在航站楼内沿结构通长设置集中电气管廊，便于强弱电主干管线布置。电气管廊主要设置在地下1层，局部上翻至首层或下翻至地下2层贯通。

1）电气管廊内管线综合

电气管廊内集中设置强弱电系统槽盒及缆线。强电系统槽盒包括高压、低压槽盒，弱电系统槽盒包括弱电主干、楼宇自控、安防、消防、电信运营商等系统槽盒。根据设计图纸，利用BIM技术进行电气管廊内管综排布，排布原则为强弱电槽盒分开设置，分别设置在管廊的一侧。

2）电气管廊综合支架深化及施工

在施工前，对电气管廊内综合支架进行深化，电气管廊内强电系统槽盒综合支架采用10号热浸锌槽钢龙门架落地安装。为节省管廊空间并经荷载核算，弱电系统槽盒综合支架采用托臂形式，每个托臂直接固定于管廊构造柱上。电气管廊槽盒安装整体效果如图10-29所示。

图10-29 槽盒安装整体效果

（2）高压电缆敷设

核心区变配电工程设置1个行李开闭站、4个行李变配电站、12个公共区变配电站，共计40台变压器，40个高压回路分别从行李开闭站（KB5）及指廊公共开闭站（KB1、KB2、KB3、KB4）引来，高压回路电缆规格为WDZA-YJY-8.7/10kV-3×150。根据设计方案，高压回路电缆主要敷设于地下1层的电气管廊高压槽盒内。由于航站楼体量较大，高压回路电缆普遍较长，公共变配电站32个高压回路电缆长度为550～720m，行李变配电站8个高压回路电缆长度为150～880m，为控制敷设质量，规避中间接头，采取以下技术措施：

1）电缆合理配盘

将40个高压回路电缆全数现场实地测量后，预留合理的冗余，与电缆供货单位技术进行沟通，进行高压电缆配盘。为便于后期运输及敷设，对单盘电缆长度进行控制（不超过2个回路或1200m）。

2）高压电缆敷设

本工程电气管廊部分位置紧邻地下1层汽车通道，汽车坡道边空间较大，便于电缆运输、中转和敷设，这些便利条件使较长电缆整根敷设、规避中间接头成为可能。

根据现场实际情况，高压电缆敷设采用人力牵引为主、机械牵引为辅的原则。高压电缆敷设前，根据电缆路由及周边实际情况，对每根电缆敷设方案进行规划，其中单根长度小于300m的回路直接敷设，单根长度300~500m回路采取中间至两头分批敷设，单根长度大于500m回路分多批中继敷设，敷设确保单回路电缆为整根、无中间接头。

（3）金属屋面低压干线施工技术

航站楼（核心区）工程金属屋面共分为6个单元，每个屋面单元由C形柱、外立面幕墙摇摆柱、钢结构支撑筒等支撑。金属屋面网架钢结构内设置钢马道，屋顶机电设备配电工程集中设置在钢马道上。每个金属屋面单元由变配电站或者电气小间，通过钢结构支撑筒上引低压干线电缆至屋面低压总配电柜。

该部位的槽盒安装，施工前通过BIM技术在钢结构支撑筒有限的空间内综合排布。在不影响结构及装饰效果的前提下，力求便于槽盒、电缆施工，同时满足电缆弯曲半径等各项技术要求。

槽盒综合支架为梯子型龙门架，龙门架立柱采用10号槽钢，立柱下端落地安装，上端采用抱箍的形式固定在屋面钢构件上，横担为50×5角钢，槽盒固定于角钢横担上。当龙门架立柱高于5m时，在立柱与结构间设置加固点，整个过程中，禁止直接在钢结构上焊接。

10.2.2.2 屋面电气工程设计及施工

1. 屋面电气工程设计

金属屋面电气工程包括两大类：一类是电气设备类，包括航空障碍灯、提前放电接闪杆、屋面检修电源箱等；一类是用电设备配电类，包括屋顶风机、屋面融雪系统、各类摄像机、机场专用设备等。

2. 屋面设备安装

金属屋面电气工程设备安装在满足功能的前提下，需综合考虑屋面结构、造型等因素，设备安装应尽量规避对屋面防水性能的影响。

（1）航空障碍灯安装

核心区工程航空障碍灯共计14个，障碍灯的安装需体现金属屋面的外轮廓，分别安装在金属屋面的四周及中央制高点上。经综合考虑，航空障碍灯安装于上述区域屋面装饰板条缝内，障碍灯基础栓接于屋面装饰板主龙骨上。航空障碍灯安装实体见图10-30。

（2）提前放电接闪杆安装

核心区工程提前放电接闪杆共计6个，分别安装在中央采光天窗与每段金属屋面交会处（金属屋面最高点）。安装方法同航空障碍灯。

（3）屋面检修电源箱安装

为便于后期金属屋面运维，核心区工程在金属屋面设置8

图10-30　航空障碍灯安装实体

个屋面检修电源箱（每段金属屋面至少一个）。屋面检修电源箱安装于屋面采光天沟侧面金属板上。在侧面金属板龙骨施工时，提前预留箱体安装支架螺栓，待侧面金属板安装完成后，将屋面检修电源箱安装于预留支架上。

10.2.2.3 钢网架电气工程设计及施工

航站楼（核心区）工程金属屋顶钢网架投影面积达18万m²，为不规则的自由曲面空间网格钢结构。为便于钢网架内机电设备安装及日常维护，在网架内通长设置马道。

1. 钢网架马道内电气工程设计

钢网架马道内电气工程包括屋顶用电设备电源及控制箱、槽盒及缆线等。

2. 马道内槽盒安装技术

鉴于马道宽度有限，为保证足够的检修通道，马道内各系统槽盒宽度均为100mm，对于线缆量较大的系统，采用多根槽盒上下并排布置，马道槽盒总工程量约25000m。

（1）深化排布及预加工

利用BIM技术与其他专业进行沟通协调，掌握槽盒施工中与钢网架、马道可能存在交叉的位置并进行深化。根据深化，将槽盒异型弯通、三通等配件在深化图中明确，由槽盒供货商配套加工或者在库房加工完成，以保证配件质量。

（2）施工放线定位

根据屋顶结构复杂以及土建定位轴线呈放射状等特点，马道槽盒安装测量定位放线难度极大，为了保证槽盒安装质量，选用"BIM模型放样机器人"替代常规的测量仪器对马道槽盒安装进行定位放线。

（3）槽盒支架施工

由于马道施工部位的特殊性，加之槽盒施工阶段，室内装修工程已同步展开，为减少焊接火灾隐患、高空坠物，同时提高施工效率，槽盒支架采用40×4镀锌角钢库房预制。支架采用自攻丝螺栓（2×φ8）固定在马道两侧钢栏杆立柱内侧。该方案具有施工现场零焊接、施工机具简单便捷、固定牢固可靠等优点。

（4）槽盒施工

水平桥架的端部、进出接线箱（柜）转角处、转弯及穿越变形缝的两端、水平三通的三个端点、水平四通的四个端点，均应设置支架或吊架，且离其边缘的距离不大于500mm。马道槽盒安装效果如图10-31所示。

图10-31 槽盒安装实体

3. 马道内箱柜安装技术

钢马道内配电箱柜包括照明配电箱柜AL（WDA、WDB）、应急照明配电箱柜（ALE）、动力配电箱柜（AP）、各类设备配电控制箱（包括屋面融雪系统配电箱）等。马道内配电箱柜安装分两种形式：

（1）机电单元内配电箱柜安装

根据统一规划，在屋面结构空间允许的情况下，屋面钢马道内间隔设置集中机电单元，机电单元内马道适当加宽，配电箱柜均采用落地安装方式安装于马道上。在配电箱柜下方设置马道夹层，夹层内设置分包箱，分包箱及槽盒的安装方式同马道分支处。各类配电总柜（ALZ、APZ等）集中设置在机电单元内。

（2）机电单元外配电箱安装

机电各系统根据配电及控制需求，在马道机电单元外设置部分配电箱。屋面大部分马道宽度1m左右，此处配电箱落地安装后期运维开关箱门十分不便；马道两侧设置各类槽盒、管线，与配电箱安装位置冲突。综合考虑，最终确定该类配电箱的安装方案为在钢马道外侧（护栏上方）焊接50×5角钢综合支架，角钢综合支架下方与钢马道立柱（不少于2根）可靠焊接，上方采用抱箍固定在钢网架结构件上，配电箱栓接于角钢综合支架上，配电箱面与马道侧面平齐。

4. 马道照明母线的安装技术

本工程在钢马道上设置照明母线为大屋顶吊顶内下射LED灯具配电，照明母线每间隔1m设置插孔，母线到灯具之间使用工业连接器连接。照明母线规格为单相25A、单相+单相25A。

钢马道呈不规则曲线、弧线形，尤其8个C形柱、中央采光顶等处马道曲率半径较小。照明母线安装在马道两侧，而母线的标准件为3m/根的直线段，与弧形马道安装环境矛盾。综合考虑，在母线连接处间隔设置柔性接头消除弧形马道与母线直线段之间的位置差异；订购部分1m/根的直线段，用于特殊区域，如C形柱、中央采光顶等处的马道安装。

10.2.2.4 防雷设计与施工技术

北京大兴国际机场航站楼（核心区）工程等效计算结果：长L=1200m，宽L=350m，高H=50m，按照建筑体量计算，年预计雷击次数为47.7次，为第二类防雷建筑物，电子信息系统雷电防护等级为A级。

本工程防雷接地系统采用传统法拉第笼式防雷体系，具体包括接地体、引下线、接闪器等，如图10-32所示。

1. 屋面防雷设计与施工技术

航站楼工程金属屋面板作为接闪器，通过固定座连接屋面板及衬檩，从而形成通导体，将屋面板（闪接器）与主体钢结构连接。突出

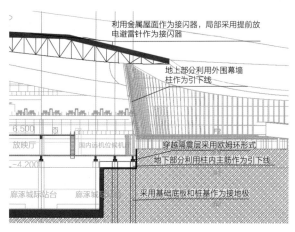

图10-32　航站楼防雷体系

屋面的金属设备设置避雷短针接闪，所有接闪器与屋面钢结构可靠连接。在中央玻璃天窗四周设置提前放电接闪杆接闪，引下线单独敷设至钢结构摇摆柱，引下线设置雷击计数器，通过标准总线接口经网络适配模块接入电力监控系统通信处理机。

（1）金属屋面防雷施工技术

本工程屋面系统装饰板采用25mm蜂窝铝板，满足《建筑物防雷设计规范》GB 50057—2010相关条文规定，屋面装饰板作为接闪器，连接件作为引下线，将电流引至主钢结构，形成避雷体系。雷电流传递方式：复合金属装饰板→装饰板骨架→板肋固定夹→直立锁边→固定支座→连接螺钉→次檩条→主檩条→主钢结构→混凝土柱内引下线→大地。典型屋面防雷节点如图10-33所示。

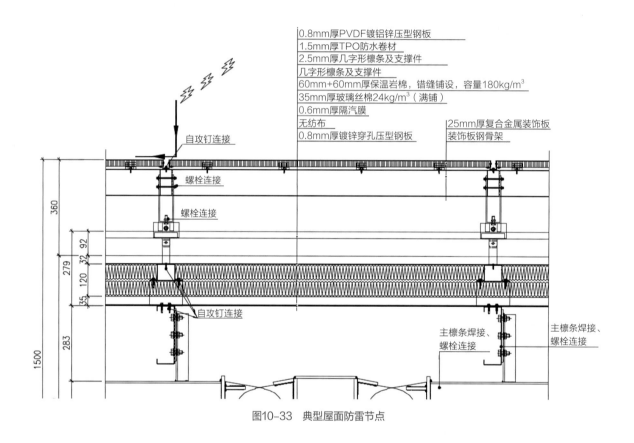

图10-33　典型屋面防雷节点

（2）采光顶防雷施工技术

航站楼（核心区）工程屋面共有8个采光顶，利用采光顶钢结构主龙骨作为避雷网格，每个采光顶单元周圈主钢龙骨采用引下线与主体钢结构连通，引下线间距不大于18m。采用编织铜导线导通避雷网格体系构件，引下线采用直径为12mm圆钢将钢龙骨与主体钢结构相连。

（3）中央采光天窗防雷施工技术

航站楼屋面直径为80m的中央采光天窗为屋面重点防雷保护区域。除采用采光顶防雷施工技术外，在中央采光天窗与每段金属屋面交会处（金属屋面最高点）设置1套提前放电避雷针对中央采光天窗进行防雷保护。

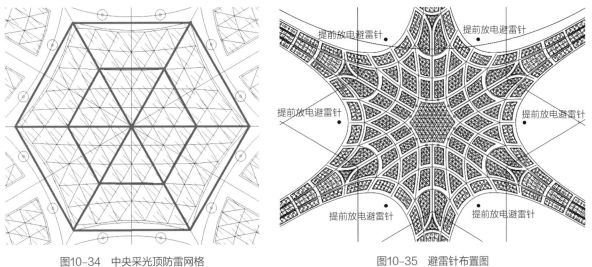

图10-34 中央采光顶防雷网格　　　　　　　图10-35 避雷针布置图

本工程采用DC+系列高压脉冲式提前放电避雷针，型号为DC+60，提前放电时间$\Delta T \geqslant 60 \mu s$，避雷针净高3m，有效保护半径为59m，6套避雷针可对中央采光天窗进行全覆盖保护。每个避雷针单独敷设接地干线，引至屋顶四周的防雷引下线。中央采光顶防雷布置如图10-34、图10-35所示。

2. 防雷引下线设计与施工技术

根据本工程的结构形式，核心区防雷引下线，地下部分利用混凝土柱内结构主筋，地上部分利用外围幕墙钢柱。外围幕墙钢柱布置如图10-36所示。

幕墙钢柱包括摇摆钢柱和球铰钢柱。幕墙钢柱上端距地面高度16.27～29.27m，施工作业面高度较高，同时各个钢柱间距较远，不能连续施工，施工难度大。

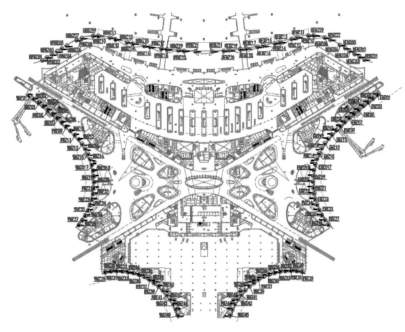

图10-36 外围幕墙钢柱布置

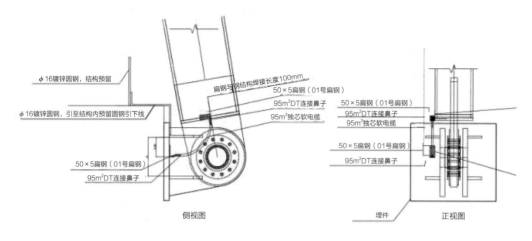

图10-37　摇摆柱防雷跨接线

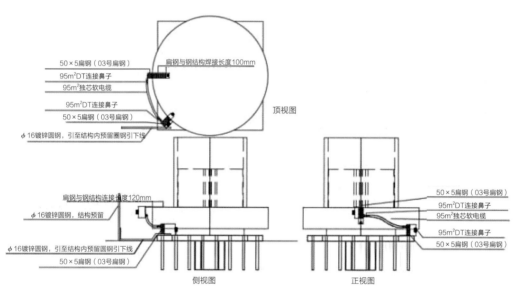

图10-38　球铰柱防雷跨接线

　　结合各种因素，最终确定施工方案为：在幕墙钢柱上下端轴承支座/球铰支座两侧钢结构上分别焊接带孔镀锌扁钢；支座两侧螺栓跨接95mm²铜芯软电缆。具体做法如图10-37、图10-38所示。

10.2.2.5 照明设计与施工技术

　　航站楼（核心区）工程室内照明光源包括自然采光、普通照明及应急照明等。金属屋顶自然采光系统包括1个中心采光顶、5个指廊采光顶、8个C形采光顶，具体见图10-39，最大程度兼顾结构及节能要求。

1. 照明设计

　　大平面大空间照明主要分为安装在大屋面

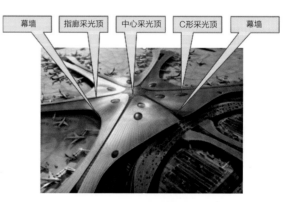

图10-39　采光顶示意

的下射直接照明、安装在地面的灯杆照明、安装在浮岛与值机岛顶的反射照明体系。经与业主和设计多次勘验大空间照明样板效果，最终将反射照明体系灯具色温统一调整为5000K（其他照明体系维持原色温4000K）。

2. 照明施工技术

下射直接照明体系灯具包括下射LED筒灯、偏配光下射LED灯等，主要安装在大屋面钢网架马道外侧边、屋盖吊顶设备带内。

（1）灯具专用综合提升装置安装

大屋顶吊顶内下射LED灯具安装需满足以下功能：

日常检修功能：灯具安装于大屋面吊顶，而日常检查维修只能在马道上进行，灯具安装高度在马道下方0.5~2.0m之间，灯具安装定位距离马道的水平距离为0.1~0.3m之间，检修时需将灯具提升至马道高度便于操作。

照度功能：灯具参数、排布间距及定位设计严格限定（比如采光天窗弧顶向指廊方向灯具布置间距由密渐疏，从2.2m到5.2m逐渐变化），而马道与大屋面吊顶设备带距离并未严格限定，故马道侧边与吊顶设备带的间距差别较大；钢屋面结构复杂，马道侧方球形节点众多，当灯具定位于球形节点下方时，灯具提升装置无法安装或无法满足提升功能。上述问题需通过灯具安装方案解决。

辅助功能：根据设计方案，大屋面吊顶设备带内下射LED筒灯与应急照明专用灯具同点位共架安装，每个LED筒灯与1~2个应急照明专用灯具共架安装。

综合考虑，最终确定的安装方案是选用特制灯具专用综合提升装置，该装置在灯具提升功能的同时，具备180°旋转功能，通过旋转，可有效解决灯具定位在球形支架下方、马道外侧与大吊顶设备带间距不一致等问题。

在提升装置的挑臂位置增加一个横担，应急照明专用灯具安装于横担上，综合安装效果如图10-40所示。

图10-40　灯具安装实体

（2）灯具配管配线

鉴于马道位置及灯具照明区域的特殊性（航站楼大平面大空间公共区），综合考虑运维检修等功能，在马道上设置照明母线为大屋顶吊顶内下射LED灯具配电，母线到灯具之间使用工业连接器连接。照明母线每间隔1m设置插孔，工业连接器紧贴灯具提升装置设置，工业连接器至照明母线之间使用阻燃型KVZ管，内穿阻燃耐高温硅橡胶电缆沿马道侧面或地面敷设，工业连接器至灯具之间使用石棉蜡管穿阻燃耐高温硅橡胶软电缆沿灯具提升装置敷设，其中阻燃耐高温硅橡胶软电缆导体为5类导体。

3. 照明控制系统及施工调试

（1）照明控制系统概况

本工程室内照明采用自然光与室内照明工程相结合的方式。采取基于DALI技术的实时采光检测+小分组灯具+明暗可调的应用方式，在保证功能前提下，力求节能、舒适。其他区域照明采用KNX/EIB控制系统。

相较传统智能照明控制方式，DALI控制系统具有以下先进功能：控制距离远、精准的调光比例、数据反馈功能、灵活控制分组、布线简单、传输可靠。DALI控制系统功能先进性完美地契合了北京大兴国际机场航站楼工程的需求，本工程DALI控制系统范围包括：室内大空间下射照明体系、反射照明体系及室内局部人性化照明区（如值机岛柜台区等）。

（2）照明控制系统施工调试

智能照明系统同时采用了KNX系统及DALI系统两种照明控制方式，其中DALI照明为独立照明控制系统，DALI总线通过KNX/DALI网关纳入KNX总线系统，再通过KNX/IP网关接入建筑设备网。DALI照明控制系统主要包括室内大空间下射照明体系、反射照明体系，灯具主要安装在马道外侧或值机岛、商业舱顶。

由于DALI灯具安装位置的不便性，为尽可能减少反复安装调试的次数，由精装单位提供灯具安装点位图，楼控单位根据灯具点位图编制DALI灯具地址编码平面图，灯具供货商根据地址编码平面图在灯具出厂前对其进行地址预分配，同时在灯具上标识明确。灯具进场后，精装单位根据灯具标识及灯具地址编码平面图进行点对点安装，楼控单位根据灯具地址编码平面图敷设DALI总线并调试。地址预编码和现场调试分别见图10-41和图10-42。

10.2.2.6 电气工程调试

本工程机电工程调试工期紧、规模大、专业工种多、参施单位多、难度大，电气工程调试是所有机电工程调试的前提条件，在规定的工期内完成电气工程调试是机电工程整体进度目标实现的基础。

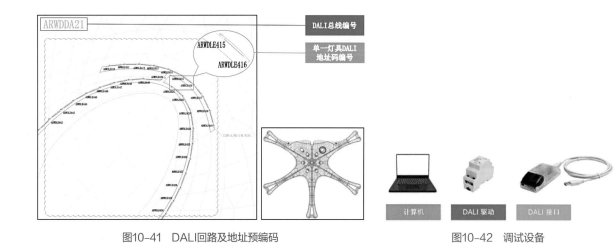

图10-41 DALI回路及地址预编码　　　　图10-42 调试设备

1. 电气工程调试内容

电气工程调试包括变配电工程调试和低压部分调试两大部分。

变配电工程调试包括电气设备交接试验、变配电系统试验。电气设备交接试验按照《电气装置安装工程 电气设备交接试验标准》GB 50150—2016进行。交接试验包括电缆试验、变压器试验、避雷器试验、断路器试验、互感器试验、隔离开关试验、直流屏蓄电池充放电试验、二次回路试验、接地装置试验等。变配电系统试验包括工频交流耐压试验、系统的联动试验、保护装置的系统试验、接地保护装置的系统试验、温度保护装置的系统试验、低压柜联动调试等。

低压部分调试包括接地电阻测试、绝缘电阻测试、电气设备空载试运行、建筑物照明通电试运行、漏电开关模拟试验、大容量电气线路结点测温、逆变应急电源测试、柴油发电机测试、低压配电电源质量测试、低压电气设备交接试验、接地故障回路阻抗测试、接地（等电位）联结导通性测试、建筑物照明系统照度测试等。

2. 电气工程调试重点

（1）行李开闭站三电源调试

本工程设置1个行李开闭站KB5、4个行李变配电站，负责行李系统供电。

1）三电源供电方案

行李开闭站KB5三路高压进线，其中1号进线断路器201由1号110kV变电站引来，2号进线断路器202由1号110kV变电站引来，3号进线断路器203由2号110kV变电站引来。三电源接线方式如图10-43所示。

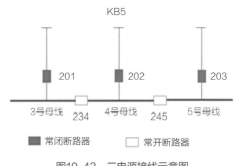

图10-43　三电源接线示意图

正常运行方式时，201、203进线电源分列运行，各带3号和5号母线段负荷，分段母联234、245开关处于分闸状态。第三路进线电源202开关处于合闸状态，作为201、203进线的热备用电源。备自投按N-1方式进行配置，分段母联加过流后加速（可经复压闭锁）和零序过流后加速保护功能。

2）三电源调试

在按照《电气装置安装工程 电气设备交接试验标准》GB 50150—2006进行电气设备交接试验的基础上，进行三电源联动试验：

①10kV自投试验

a. 正常运行方式：

201、202、203合，234、245断，234、245自投运行；

39PT（1号PT）无压且201线路PT无压，掉201投234；

59PT（3号PT）无压且203线路PT无压，掉203投245；

49PT（2号PT）无压且202线路PT无压，掉202，但234、245均不自投；

201过流动作闭锁234自投，203过流动作闭锁245自投。

投于故障线路有复合电压闭锁过流后加速。

b. 检修方式：

①任意进线或上级变电站出线检修，234、245自投不具备。

②合环选跳试验。

③过流等定值传动。

（2）发电机应急系统调试

北京大兴国际机场航站楼（核心区）工程地上一层在AL、AR、BL、BR区各设置1个发电机房GC、GD、GE、GF，共6台发电机组。

1）发电机应急系统方案

本工程发电机应急系统实行分区配电，发电机房低压柜馈出至变电站低压柜为BTTZ电缆和耐火型密集母线。发电机房均位于1层。

2）发电机应急系统调试

在按照规定进行发电机应急系统试验的基础上，进行发电机并机及联动试验，以GC发电机房为例。

①发电机并机试验

AL区发电机房GC为2×1600kW并机运行，发电机组完成单机试验后，进行并机调试，调试流程如下：

a. 手动空载运行测试；

b. 保护功能测试；

c. 单机带载荷测试；

d. 自动模拟单机运行测试；

e. 并机系统的其他每一台机组都必须按上述a～d的所有测试程序进行测试；

f. 设置并机系统机组的编号；

g. 手动空载并机测试：在1号和2号机组的控制屏查看机组的电流、有功功率和无功功率显示值，其值都应为零；

h. 手动并机带载测试：并机系统依次按带25%、50%、75%、100%额定负载测试，每一台发电机组电流、有功功率和无功功率基本一致；

i. 自动模式空载并机测试；

j. 自动模式带载并机测试：按次序给并机系统逐步加载直至满载（25%、50%、75%、100%）。让并机系统满载运行20～30min，在并机系统监控屏查看每一台机组的状态，以及各参数是否正常。然后逐步减载至停机（75%、50%、25%）。在并机系统监控屏查看每一台机组的状态和各参数是否正常，以及并机系统是否能按设定负载值减少机组工作的台数，是否按并机系统设定的停机次序进行停机。

②发电机联动试验

在GC发电机房电气间内设置1个失压信号端子箱，共敷设10路失压信号线至变配电站内变压器主进断路器失压信号端子，其中T1C变配电站2路、T1D变配电站4路、T1E变配电站4路。

在变配电站内变压器主进断路器失压信号端子处模拟失压信号，当双路市电失电时（模拟状态下），失压信号触发发电机启动，发电至变电站内应急柴油发电机电源柜互投断路器ATSE备用进线回路上口，ATSE切换备用电源至低压柜应急母线段（发电机单机调试阶段已核相）。

（3）消防泵电气调试

本工程消防系统分为室内消火栓系统、自动喷水灭火系统、大空间智能型主动喷水灭火系统、固定消防炮灭火系统等。在AL区地下1层设置1个消防泵房，负责整个航站楼消防水供应。

1）消防泵电气方案

消防泵房内集中设置消火栓给水泵3台（单台75kW）、喷淋给水泵3台（单台90kW）、主动扫描水炮给水泵3台（单台75kW）、固定水炮给水泵3台（单台110kW），各系统给水泵均为两用一备，可根据火灾次数逐台启泵。

室内消火栓系统、自动喷水灭火系统、大空间智能型主动喷水灭火系统、固定消防炮灭火系统水泵控制柜均为组柜，每组控制柜分为1个进线柜、3个出线柜，进线柜设互投开关，两路电源进线。消防泵电源取自消防泵房附近的变配电站T1D。消防泵房设置1台消防巡检控制柜，控制消防泵的低频自动巡检。

2）消防泵电气调试

在按照规定进行电气设备试验的基础上，根据消防验收规范，进行消防泵电气联动试验。

①备用泵自投试验

本工程室内消火栓系统、自动喷水灭火系统、大空间智能型主动喷水灭火系统、固定消防炮灭火系统水泵均为两用一备，需进行单系统备用泵自投试验（由于单个泵功率较大，泵从停到再次启动时间间隔不少于10min）。

a．就地控制备用泵自投

将消防水泵控制组柜设置在两用一备自动状态，手动逐台启动消防水泵1、2，待水泵运行平稳后，手动关消防水泵1对应的断路器，消防水泵3自投启动；手动合消防水泵1对应的断路器，手动关消防水泵2对应的断路器，消防水泵1自投启动；手动合消防水泵2对应的断路器，手动关消防水泵3对应的断路器，消防水泵2自投启动。

b．消防中控室控制备用泵自投

将消防水泵控制组柜设置在两用一备自动状态，消防中控室硬拉线逐台启动消防水泵1、2，待水泵运行平稳后，硬拉线关消防水泵1，消防水泵3自投启动；硬拉线关消防水泵2，消防水泵1自投启动；硬拉线关消防水泵3，消防水泵2自投启动。

②负荷冲击试验

消防泵电源取自变配电站T1D中变压器TM3、TM4对应的低压柜，其中TM3为主用，TM4

为备用，通过低压母联系统联结。TM3、TM4变压器容量为1600kVA（变压器额定电流为2309.4A），低压联络母线为3200A，母联开关为3200A。

以固定消防炮灭火系统水泵为例，进行负荷冲击试验。固定消防炮灭火系统水泵控制柜对应的变配电站低压柜馈出回路断路器为400A/3P的塑壳断路器，断路器整定为400A（长延时）/2000A（短延时）/4000A（瞬时）。

a. 单泵机械应急启动

根据消防规范，若继电器和弱电信号故障不能自动启动消防泵时，应依靠消防泵控制柜设置的"机械应急启动装置"直接启动消防泵。

固定消防炮灭火系统单个水泵功率为110kW，电机功率因数为0.9，额定电流为185.7A，机械直启电流为1299.9A（启动电流约为7倍额定电流）。

逐个对固定消防炮灭火系统水泵进行机械应急启动，对相应主、备电气回路进行负荷冲击，确保每台泵机械应急启动正常。

b. 两用降压启动

固定消防炮灭火系统水泵控制柜为组柜，每组控制柜分为1个进线柜、3个出线柜，水泵为两用一备。

固定消防炮灭火系统单个水泵额定电流为185.7A，星三角降压启动电流为742.8A（启动电流约为4倍额定电流），两台同时降压启动电流为1485.6A。

对水泵进行分组，组1（1、2泵）、组2（2、3泵）、组3（1、3泵）逐组对水泵同时进行启动，对相应电气回路进行负荷冲击，确保逐组两台泵同时启动正常。

10.2.3 舒适环境建造关键技术

1. 航站楼舒适环境概况

建筑环境评价是对建筑环境质量按照一定的标准和方法给予定性和定量的说明和描述，也称为建筑环境质量评价（Building Environmental Quality Assessment）。通过建筑环境评价，可以判断建筑环境质量的优劣，确定建筑环境与人们所希望达到的理想的环境目标之间的关系。建筑环境评价分为建筑热湿环境评价、空气品质评价、建筑声环境评价、建筑光环境评价。

通常所说的建筑环境是指建筑物的空气环境，包括空气温度、空气湿度、空气洁净度以及空气速度，简称为"四度"。航站楼空间剖面示意如图10-44所示。

图10-44　航站楼空间剖面示意图

（1）室内主要房间空调采暖设计参数见表10-3。

主要房间空调采暖设计参数表

表10-3

房间功能	夏季		冬季		人员密度（m²/人）	新风量[m³/（h·人）]	设备（W/m²）	室内风速（m/s）	噪声（NC）
	设计温度（℃）	相对湿度（%）	设计温度（℃）	相对湿度（%）					
值机大厅	25	55	20	35	5.5	30	25	0.2	50
安检大厅	25	55	20	35	3	25	25	0.2	50
候机厅	25	55	20	35	4	30	25	0.2	50
VIP、CIP	24	55	22	35	10	50	15	0.2	40
到达通廊	25	55	20	35	5	25	15	0.2	50
行李提取厅	25	55	20	35	5	30	25	0.2	50
国内迎客大厅	25	55	20	35	3	30	25	0.2	50
国际迎客大厅	25	55	20	35	7	30	25	0.2	50
餐厅	25	60	20	35	7	25	20	0.2	50
一般商业	25	55	20	35	5	30	60	0.2	50
办公	26	55	20	35	6	30	30	0.2	40

（2）航站楼集中冷热源夏季空调冷负荷空调面积指标为175W/m²，冬季热负荷空调面积指标为139W/m²；航站楼建筑面积指标夏季冷负荷为144W/m²，冬季热负荷为105W/m²。

（3）空调系统新风和回风经过滤处理，室内空气质量指数（AQI）达到《环境空气质量指数（AQI）技术规定（试行）》HJ 633—2012一级标准，系统配置可吸入颗粒物PM2.5监测装置。

（4）CO_2浓度上限、下限值为可设定值，初步确定上限值为1000×10^{-6}，下限值为800×10^{-6}。

2. 航站楼舒适环境设计、施工及调适技术

（1）空调采暖设计概况

空调采暖设计概况如表10-4所示。

空调采暖设计概况

表10-4

项目	内容
集中冷源	在停车楼地下设置集中制冷站，采用冰蓄冷技术，作为航站楼、旅客换乘中心及综合服务楼的集中冷源。蓄冷装置总蓄冰量为91200RT·h，采用钢制盘管内融冰方式，空调水系统供回水温度为4.5℃/13.5℃，按9℃大温差运行
热源	航站楼热源由北京大兴国际机场区域供热站供给。供热一次热水供回水温度为120℃/70℃，供回水压差约为250kPa。航站楼核心区共设置4个热交换站，站内按照空调热水系统、供暖热水系统，分别设置板式热交换器和热水循环泵。 热交换站内按照空调热水系统、供暖热水系统和飞机空调热水系统分别设置板式热交换器和热水循环泵，热水循环泵采用变频调速控制方式。供暖热水系统和飞机空调热水系统供回水温度为75℃/50℃，空调热水系统供回水温度为60℃/40℃

续表

项目	内容
散热器供暖系统	供暖系统采用水平双管系统，外区卫生间、设备机房等采用铸铁散热器供暖，公共区域外围护玻璃幕墙下部设明装式幕墙散热器，减少沿高大玻璃幕墙下降冷气流。房间内散热器设置恒温控制阀，公共区幕墙周边散热器分组集中设置恒温控制阀
热风幕系统	行李机房出入口和公共区旅客出入口等处安装热风幕，行李机房处采用热水热风幕，旅客出入口采用电热风幕，热水风幕系统水温度为75℃/50℃
空调水系统	空调水系统制式采用两管制，供应空气处理机组（AHU）、新风处理机组（PAU）、热回收机组（HRP）、就地空调机组（PRCU）以及风机盘管系统（FCN及FCK）。空调冷水供回水温度4.5℃/13.5℃，空调热水供回水温度为60℃/40℃，冬夏工况分设循环水泵
辐射供暖、供冷系统	B1层交通厅，首层迎客大厅设置地面辐射供暖系统。水系统与散热器供暖系统合用，通过供暖系统混水获得。地板辐射供暖系统供回水温度为50℃/40℃，在换热站内按区域设置混水泵和混水阀，供水总管设电动温控调节阀。控制末端分集水器环路的压力损失≤30kPa。 B区四层高舱位、A区五层餐厅区域设置地板辐射供冷，供回水温度为18℃/21℃。首层、二层、三层及四层的安检、联检、行李提取厅等公共区域设置吊顶辐射板供冷系统，供回水温度为16℃/19℃。辐射供冷系统与空调水系统合用，按使用区域设置混水泵和混水阀，由冷水系统串接，控制末端分集水器环路的压力损失≤30kPa，供水总管设电动温控调节阀
空调风系统	航站楼内出发候机大厅、行李提取大厅、远机位出发（到达）大厅、联检大厅、商业及餐饮等旅客公共区域设置一次回风区域变风量全空气空调系统，空气处理机组采用送风温度为13℃、温差为12℃的大温差送风。 航站楼内舱体送风不能送达的区域设置就地空调机组。航站楼内距离室外较远的区域在靠近室外的机房设置变频调速的新风风机箱（OAU），其内设置初中效及静电过滤，过滤后的新风接至室内空调机房内的空气处理机组的新风口，新风风机箱对应设置排风机（EAU），与新风风机箱连锁变频运行。 办公及附属用房等采用风机盘管加新风系统，新风系统除承担新风负荷外，与风机盘管共同承担室内负荷，内区办公房间采用热回收机组
全年供冷系统	航站楼内全年供冷系统采用螺杆式热回收冷水机组，冷水供回水温度为11℃/16℃，回收冷凝废热得到的热水作为生活热水热源，供回水温度为55℃/50℃，采用HFC134a环保冷媒
多联机空调系统	消防控制中心、楼宇控制中心、行李监控中心、电力监控中心、VIP/CIP区域采用多联机空调系统（冷媒采用R410a），压缩机变压缩容量采用变频控制技术
恒温恒湿空调系统	计算机房和通信机房等设置恒温恒湿机组，主机房采用风冷、水冷双冷源恒温恒湿机组

（2）气流组织控制技术

1）旅客公共区域设置一次回风全空气变风量空调系统，航站楼开放式大空间设计采用分层空调、下送风等合理的气流组织形式，提高通风效率，减少供冷量和送风量。

2）大空间开放区域，在内墙侧壁布置射流喷口侧送风，喷口和回风口布置在同一侧，顶部和下部回风，整个空调处于回流区，使空调区获得较均匀的温度场和速度场，使室内工作区空气的温度、相对湿度、速度和洁净度最大限度地满足旅客舒适性要求和工艺设备热环境要求。

3）当空调房间高度较低又有吊顶区域，采用吊顶设散流器活叶条缝风口进行平送，风口布置在吊顶上，位置避开散流器的送风方向。

4）航站楼内舱体送风不能送达的区域设置就地空调机组，就地空调机组实景如图10-45所示。

（3）温度控制技术

1）设计模拟分析结果显示，航站楼大空间温度场基本达到设计要求，夏季时气温25～26℃的范围基本覆盖了活动区域，空间温度分布呈明显分层状态，上部空间温度偏高，下部（地上4m以下区域）温度分布在设计范围内，基本实现了分层空调设计思想。大空间区域夏季温度场如图10-46所示。

图10-45　就地空调机组实景图

冬季模拟结果表明，温度场也呈现分层分布，受玻璃幕墙的影响，紧邻外墙的区域温度较低，大空间区域人员活动区温度在20～21℃之间，靠近地面区域（1m以下）温度约19.5℃。大空间区域冬季温度场如图10-47所示。

2）航站楼空气处理机组（AHU）采用送风温度13℃、温差12℃的大温差送风，以降低风机能耗。空气处理机组示意如图10-48所示。

①温度监测记录

机组新风温度、机组回风温度、送风机出口温度、被控区域温度。

②设备运行时间控制

根据预先设定的程序，机组自动在预定时间启停机，也可根据航班动态信息或根据需要随时

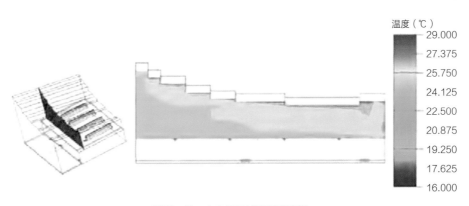

温度（℃）
- 29.000
- 27.375
- 25.750
- 24.125
- 22.500
- 20.875
- 19.250
- 17.625
- 16.000

图10-46　大空间区域夏季温度场

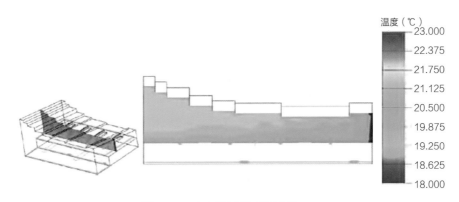

温度（℃）
- 23.000
- 22.375
- 21.750
- 21.125
- 20.500
- 19.875
- 19.250
- 18.625
- 18.000

图10-47　大空间区域冬季温度场

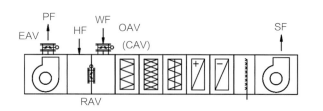 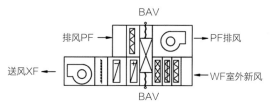

图10-48 空气处理机组示意图　　　　　　　　　图10-49 热回收新风机组示意图
PF-排风；HF-回风；WF-室外新风；SF-送风

改变和设定设备运行时间。

③季节和室内温度参数的转换

a. 根据制冷站的供给情况和室外干球温度确定供冷季和过渡季；

b. 按季节改变室内（回风）温度设定值并可人工整定。

④工况转换要求见表10-5。

工况转换要求表　　　　　　　　　　　　　　　　表10-5

季节	工况转换点	新风阀控制	冷水阀控制
夏季	室外温度升高至>21℃	最小新风比	开度增大至全开
	室外温度降低至≤21℃	100%新风	开度减小至全关
过渡季/冬季	全新风运行状态下室内温度≤18℃	最小新风比	水阀关闭
	最小新风比状态下室内温度≥24℃，室外温度≤21℃	100%新风	水阀关闭

⑤室内温度控制要求

a. 用户可设定室内温度，温度不低于18℃。

b. 室内温度的测点≥3个，位置安装在测控区域的典型位置。

c. 变风量系统送风温度用户可调节，设计状态为14℃，根据送风管上温度传感器的测量值与送风温度设定值的偏差值，按PID规律控制水路电动阀开度；根据室内温度调节送风机转速改变送风量，全新风工况运行时排风机转速同步调节，以保证送排风量差值不变。风量变化范围为50%~100%，风量低于50%时提高送风温度设定值。

⑥夜间通风模式

利用室外空气对航站楼通风降温，空气处理机组回风阀全闭，新风阀和排风阀全开，冷水电动阀关闭，采用新风直流模式运行，按时间和室外温度控制运行。

3）风机盘管加新风系统，新风系统除承担新风负荷外，与风机盘管共同承担室内负荷，部分新风机组带热回收装置，对排风进行热回收。热回收新风机组（HRP）示意如图10-49所示。

4）吊顶辐射板供冷系统作为区域全空气系统的补充，消除部分显热负荷，改善局部环境舒适度，本工程吊顶辐射供冷系统辐射板安装总面积约1.2万m²，负荷指标为90W/m²。吊顶辐射板

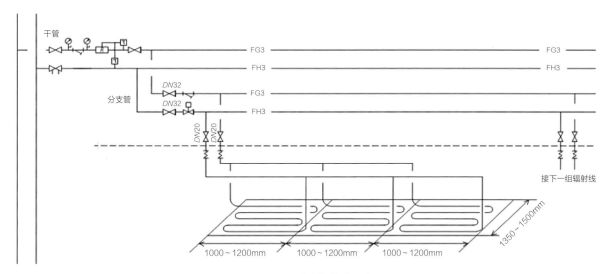

图10-50　吊顶辐射板接管示意图

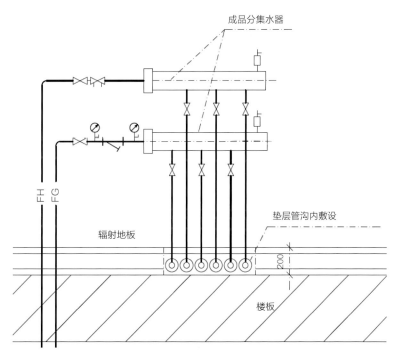

图10-51　地面辐射系统接管示意图

接管示意如图10-50所示。

5）地面辐射系统接管示意如图10-51所示。

（4）湿度控制技术

1）设计模拟分析结果显示航站楼大空间夏季湿度场上下分层明显，湿度分布与温度分布相反，呈下高上低的分层分布，大空间区域人员活动区的相对湿度较低，范围为45%～55%，较设计值55%低，空气更干爽。大空间区域夏季湿度场如图10-52所示。

2）航站楼旅客和办公人员区域的空气处理机组和新风处理机组采用空调加湿装置。每个空

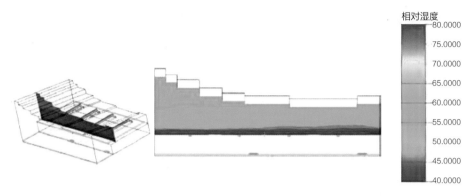

相对湿度
80.0000
75.0000
70.0000
65.0000
60.0000
55.0000
50.0000
45.0000
40.0000

图10-52 大空间区域夏季湿度场

调机房设置高压微雾加湿主机1~2台，加湿水采用经软化及净化处理后的自来水，加湿系统由净水设备、泵站单元和雾化单元组成，采用陶瓷微雾喷头。

高压微雾加湿系统根据组合式空调机组设置的位置为一带多方式。高压微雾主机采用变频恒压调节配置，高压微雾系统采用恒压稳定控制，可以实现送风相对湿度的精确控制，达到±5%或更高。

（5）噪声控制技术

1）设备的噪声和振动控制满足《民用建筑隔声设计规范》GB 50118—2010、《声环境质量标准》GB 3096—2008等有关规定要求。

2）水泵房、空调机房等均采用吸声和隔声处理措施。

3）风机采用高效率、低噪声型，并设有减振装置。

4）冷水机组、水泵进出口水管处设柔性接管，在受设备振动影响的（在距上述设备15m以内的）管道上设弹性支吊架。

5）空调机组、新风机组、风机等设备进出口与风管连接处设柔性接管，设备落地安装时采用减震基础。

6）空调、通风管道设消声器，满足室内外环境对噪声的要求。

（6）空气指数控制技术

1）空气过滤器空气处理机组和新风处理机组空气过滤器采用"初效板式过滤器（G4）+中效电子过滤器（F8）"两级过滤形式，空气总过滤效率达到F8（EN779标准）级水平。初效过滤器终阻力按100Pa，中效电子过滤器终阻力按50Pa。

2）人员活动区域的空气处理系统设置PM2.5电子空气净化装置，与初、中效两级过滤器复合式配置，对送入室内的空气进行三级过滤净化处理。

3）主回风管道上的CO_2浓度超过设定值时优先运行变频器工频状态下的最小新风模式，以保证变风量系统的最小新风量，具体控制为：系统按最小新风比模式运行（变频器变频状态）时，送风量随室内负荷变化减小，室内CO_2浓度检测值高于0.10%（1000×10^{-6}），按变频器工频（100%）状态运行，新风阀连锁开至最小新风模式下最大开度，水阀全开，稀释室内空气，直至室内CO_2浓度检测值降为0.08%（800×10^{-6}），恢复系统正常运行模式。

（7）空调各系统水质控制技术

1）为保证系统的热交换效率，本工程所有水泵前均设置过滤器。

2）系统设离子交换软水器，对补水进行软化。

3）系统设全自动循环水加药处理，通过pH值在线检测仪控制加药量和排污，保证系统水质。

（8）系统调适

对建筑机电系统来说，通过检查、测试、调整、验证、优化等程序和方法，使其满足设计和使用要求，可以达到全工况高效、舒适的工作效果。

1）空调工程系统调试包括：设备单机试运转及调试、系统非设计满负荷条件下的联合试运转及调试。主要项目有：设备单机试运转，空调水系统的测定和调整，空调系统风量的测定和调整，自动调节和监测系统的检验、调整和联动运行，室内参数的测定和调整等，空调系统调试流程如图10-53所示。

2）地下一层至地上五层均布置空调参数测量点，例如一层空调参数测量点布置如图10-54所示，空调参数测量实景如图10-55所示。

3. 舒适环境效能分析

北京大兴国际机场在绿色建筑方面实现了三个第一：国家第一个按照《绿色建筑评价标准》GB 50378—2014最高要求三星进行设计的绿色航站楼；国家第一个按照新《公共建筑节能设计标准》DB11/ 687—2015的要求进行设计，实现建筑节能不低于65%的目标；国家第一个同时满足《绿色建筑评价标准》GB 50378—2014三星级与"AAA"级标准的绿色航站楼。

1）包括制冷机组、多联机、风机、水泵等设备选用达到国家I级能效标准的产品，制冷机性能系数满足《公共建筑节能设计标准》DB11/ 687—2015要求。

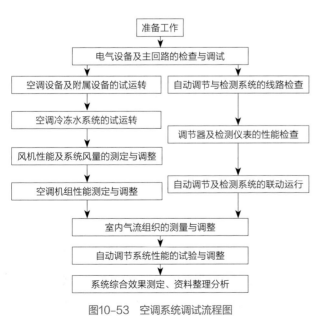

图10-53 空调系统调试流程图

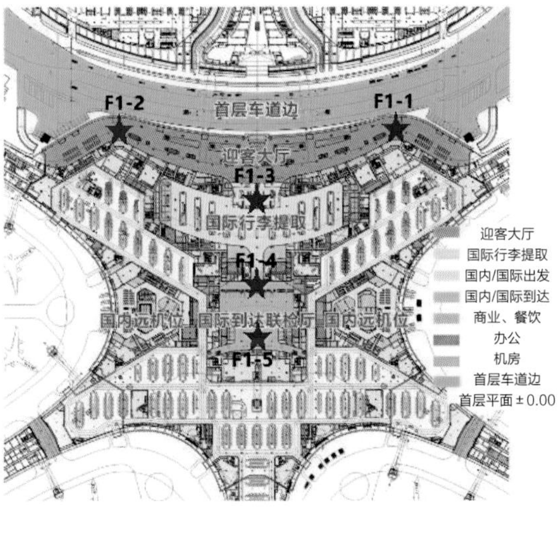

图10-54 一层空调参数测量点布置图

2）空调末端设备、冷热源设备和空调（供暖）水系统设有
能量调节的自控装置。冷水机组采用由冷量优化控制运行台数
的方式。

3）空调冷水二次泵、空调供暖热水循环泵采用变频调速
水泵。

4）空调冷水采用4.5℃/13.5℃大温差运行，空调热水采用
60℃/40℃大温差运行，减少系统流量，节省水泵电能。

5）供暖热水循环泵的耗电输热不大于0.0035，空调热水循
环泵的耗电输热比不大于0.0041，空调冷水循环泵的耗电输热
比不大于0.0191，符合节能规范要求。

6）空调通风系统

①全空气空调系统和内区新风机组过渡季可加大新风运
行，利用新风作冷源。

图10-55　空调参数测量实景图

②部分新风系统设有排风热回收装置，回收效率均不低于
65%，满足节能规范要求。

③变风量空调系统中，空气处理机组的风机根据系统需求的变化，进行变频调速运行。

④全空气变风量系统空气处理风机、总排风机、总新风机根据系统所需风量，进行变频调速
控制。

⑤高大空间采用分层空调、下送风等合理的气流组织形式，提高通风效率，减少供冷量和送
风量。

⑥高大空间过渡季采用开启上部电动窗等方式进行自然通风，节省空调能耗。

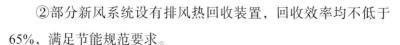

10.3 超大型多功能航站楼机电工程专项技术

10.3.1　基于BIM技术的机电深化设计

1. 概况及重难点

受到建筑轮廓造型不规则弧形影响，机电管线呈不规则交叉；双出发双到达，行李系统遍布
地下一层至四层，行李区综合难；管线交错层数多，支吊架设计难；机电系统末端种类多，布置
难；机房位置集中，内外区功能接力，空间狭小系统复杂，排布难；结构隔震导致机电管线隔震

最大位移量达600mm，缺乏国内先例和规范标准。

2. 实施前准备

（1）确定实施内容及实施目标

结合项目管理需求，基于BIM技术的深化设计内容及目标见表10-6。

实施内容及目标 表10-6

序号	实施内容	实施目标
1	标准及规范编制	编制超大型项目基于BIM技术的机电深化设计标准和规范，并不断修改完善
2	模型模板创建	创建出符合管理需求的模型样板文件，包括管道族文件、分类、颜色等
3	真实族库创建	中标供应商的设备、材料等实际信息创建族文件组成族库，用于深化设计
4	全专业模型创建	创建出各专业模型，根据变更文件等对模型进行修改维护，直至模型交付
5	全专业碰撞分析	全专业模型碰撞检查，出具报告，完成优化，协助图纸会审和设计变更工作
6	综合深化设计	完成60万㎡的机电管线综合深化设计，满足现场施工要求
7	二次结构预留	管线深化完成后，完成预留洞口深化设计，提前预留，减少剔凿作业
8	支吊架深化设计	管线深化完成后，完成支吊架深化设计，原则上根据具体情况采用综合支吊架
9	抗隔震深化设计	管线深化完成后，完成抗震支吊架及隔震补偿单元的选型、计算和安装位置
10	机房深化设计	研究出一套适合大型机房的机电深化设计流程和技术
11	吊顶机电末端布置深化设计	综合喷淋头、烟感、温感探测器、广播、灯具、风口、排烟口、安防摄像头、信号放大器、人体感应传感器、检修口等末端设备，完成吊顶多专业综合排布
12	基于模型出图	完成BIM模型向施工图纸转化，形成基于BIM模型的深化设计图纸出图标准

（2）建立组织机构

组建以项目经理为主管，机电和BIM主管为领导小组，包含各专业工程师和BIM工程师的深化设计团队。各专业成员均具有专业的施工管理经验及丰富的BIM应用经验。数量依阶段需要调整，组织机构见图10-56。

（3）编制实施标准及规范

为与现场安装严密结合，突显系统性、标准性、连贯性、前瞻性，项目建立了包括BIM应用

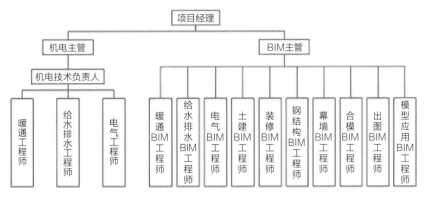

图10-56 机电深化设计团队组织架构图

策划、实施规范、建模标准、模型应用标准、模型交付标准等四大类共17册标准规范，确定参与方工作标准化及深度，保证进度，设备、管线、支吊架、抗隔震系统等同步协同，模型同步转换为2800余张施工图纸指导现场施工。BIM标准规范的内容见表10-7。

BIM工作规范			表10-7
序号	规范类别	规范具体内容	规范价值
1	BIM工作制度规范	团队组织、工作职责分配、专业间工作流程、例会制度、培训机构、总体流程图	指导BIM团队整体实施工作
2	BIM建模标准	建模策略、建模流程、建模工作计划、命名规则、模型定位及拆分、校审及安全、数据交换及整合	指导项目具体建模操作
3	BIM模型应用标准	碰撞检查及优化、可视化应用、工程算量、各专业协调应用、BIM系统应用、总体应用流程	指导项目专项及综合BIM应用
4	BIM交付标准	交付流程、验收表格、竣工BIM资料整理标准、总体交付流程	指导项目BIM成果交付方式方法

（4）基于BIM技术的深化设计流程

流程分为：应用策划→组织机构建立→标准及规范编制→深化设计流程→深化设计内容及原则→成果输出，具体流程见图10-57。

3. 模型搭建

（1）项目模板及族库创建

本工程主要采用Revit进行模型创建、深化设计以及图纸出图等工作。针对软件自带系统族不能正确反映实际的情况，根据国标文件创建管系、阀部件、真实设备、末端设备等族文件（图10-58）和系统样板文件（图10-59）。

（2）模型搭建

1）公共信息：建模须先明确项目公共信息的设置要求，确保模型能整合。以轴网中的X/Y轴交点为项目基点；项目单位设置为"mm"；使用相对标高，以±0.000作为Z轴坐标原点；确定项目北方朝向。

2）建模依据：模型搭建依据设计文件、总进度计划、规范和标准、其他特定要求，以及模型更新依据、设计变更单、变更图纸等变更文件进行。

3）模型等级标准：整体模型精度需求LOD400，信息根据实际需要进行调整和添加。机电模型搭建精度参照表10-8。

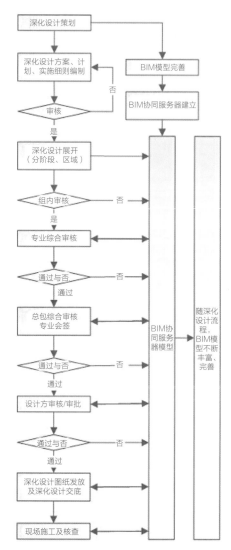

图10-57 机电综合深化设计流程图

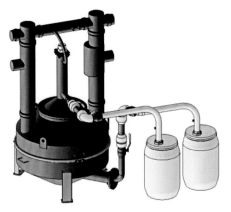

图10-58　隔油器族文件

图10-59　模板文件

模型精度表　　　　　　　　　表10-8

专业	构件类别	几何属性
给水排水系统	管道	按照系统绘制管线，管线有准确的标高、管径尺寸，添加保温
	阀门	按阀门的分类及主要的具体几何尺寸（直径、长度）绘制
	附件	按类别绘制
	仪表	统一规格的仪表
	卫生器具、设备	具体的类别、形状及尺寸
暖通风系统	风管道	按照系统绘制管线，管线有准确的标高、管径尺寸，添加保温
	管件	绘制所有管线上的管件
	附件	绘制所有管线上的附件
	末端	有具体的外形尺寸，添加连接件
	阀门	有具体的外形尺寸，添加连接件
	机械设备	具体几何参数信息，添加连接件
暖通水系统	水管	按照系统绘制支管线，管线有准确的标高、管径尺寸，添加保温和坡度
	管件	绘制所有管线上的管件
	附件	绘制所有管线上的附件
	阀门	有具体的外形尺寸，添加连接件
	设备	具体几何参数信息，添加连接件
	仪表	有具体的外形尺寸，添加连接件
电气工程	设备	基本族、名称、符合标准的二维符号，相应的标高
	母线桥架线槽	具体路由、尺寸标高
	管路	基本路由、根数

4）模型拆分标准

本项目机电专业拆分原则如下（从先到后）：按建筑分区，按施工缝，按单个楼层，按构件或系统。

5）命名要求

①通用规则命名见表10-9。

通用规则命名表   表10-9

项目	规则	项目	规则
项目代号	XJC	系统代号	与施工图命名保持一致
专业代号	机电：MEP 给水排水：S 暖通：N 电气：D	图纸代号	与施工图保持一致
时间代号	2016年7月8日：20160708	绘图员代号	王维：WANGW（姓全拼+名首字母）
楼层代号	地下一层：B1 地上一层：1F 地下一层夹层：B1J		

②机电专业命名见表10-10。

机电专业命名表   表10-10

项目	命名规则	举例
样板文件	项目代号_专业代号_部门代号	机电样板：XJC_MEP_BMY
中心文件	项目代号_专业代号_部门代号	机电模型：XJC_N&D_BMY
本地文件	项目代号_专业代号_部门代号_绘图员代号	土建模型：XJC_N&D_GLD_WANGW
备份文件	项目代号_专业代号_部门代号_时间代号	土建部分：XJC_N&D_GLD_20160708

6）模型颜色

系统、构件划分标准化后，颜色设置也标准化，方便模型整合和调试。形成统一的模型颜色表，部分参照表10-11。

模型颜色对照表   表10-11

系统类型	系统缩写	系统配色及图案
PD-生活给水管	J	0.255.0
PD-生活热水给水管	RJ	255.0.0
PD-重力污水管	W	128.51.51
PD-重力雨水管	Y	0.255.255
PD-通气管	T	0.0.255
PD-膨胀水管	P	0.153.0
FS-消火水炮	SP	120.120.230
FS-消火栓管	XH	255.0.0

続表

系统类型	系统缩写	系统配色及图案
FS-自动喷淋	ZP	168.0.168
FS-高压雾水雾管道	XSW	100.100.255
FS-气灭管道	Q	0.255.0
HVAC-排风兼排烟	PF/PY	255.153.0
HVAC-厨房排油烟	PYY	128.51.51
HVAC-排烟	PY	179.32.32
HVAC-送风/补风	SF/SA	0.0.255
HVAC-冷冻水供水管	CS	80.80.255
HVAC-冷却水供水管	CWS	103.153.255
EL-照明桥架	照明桥架	255.0.0
ELV-弱电桥架	弱电桥架	0.255.0
ELV-消防桥架	消防桥架	255.0.255

7）标高体系的建立

标高体系保持一致，以确保各专业模型基点一致；确保链接文件参照位置的正确性。构件（除竖向构件外）都按照楼层绘制，不在楼层间新增标高。

8）样板文件的处理

视图样板区分：为满足模型可出图指导施工原则，模型在最初建立时需要对各专业管线按照专业名称进行视图的区分。控制各视图管线系统的可见性。视图命名体现楼层、专业等信息。图10-60为F1层给水排水平面图样板文件处理样例。

9）机电模型的处理

深化之后，清除未使用项，删除参照线、剖面等影响查看的线条及模型。

10）过滤器的处理

根据项目统一建立综合视图样板，需包含管线及机械设备的过滤规则。完成后，建立综合视图样板，以便为之后分专业视图做铺垫，要求如下。

给水排水：类别选择为喷头、管件、管路附件、管道、占位符、隔热层、卫浴装置、机械设备。过滤条件：系统类型。投影表面：线与填充图案均为系统颜色。

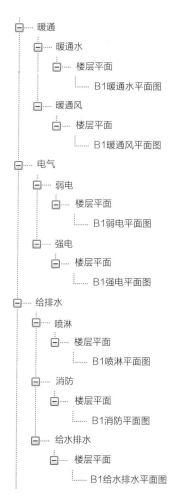

图10-60 样板文件处理样例

暖通：类别选择为风管、风管管件、风管附件、风道末端、占位符、隔热层、机械设备。过滤条件：系统类型。投影表面：线为当前系统颜色，填充图案为无。

电气过滤器：类别选择为电缆桥架、电缆桥架配件。过滤条件：类型名称。投影表面线为当前颜色，填充图案为无。

11）机电模型绘制明细

①按照项目流水段分区绘制模型。

②提供模型时，将相应的系统表、材质表一并提供。

③各类构件绘制过程必填字段与明细，参见表10-12。

构件绘制要求一览表　　　　　　　　　表10-12

专业	构件	必填字段	Revit对应位置	绘制要求
给水排水及采暖	管道（水）	名称	族类型	对于不同类别的构件，分类命名构件名称，含有中文字段
		直径	机械—直径	
		保温层材质	绝缘层—隔热层类型	对材质进行统一命名，材质中含有中文字段
		保温层厚度	绝缘层—隔热层厚度	
	阀门、设备	名称	族类型	对于不同类别的构件，分类命名构件名称，含有中文字段
		系统	机械—系统类型	同类别系统的进行统一命名，并建立系统表，含有中文字段
电气、智能化	电线导管（电）	名称	族类型	对于不同类别的构件，分类命名构件名称，含有中文字段
		系统	标识数据—注释	同类别系统的进行统一命名，并建立系统表，含有中文字段
通风空调	通风管道（通）	名称	族类型	对于不同类别的构件，分类命名构件名称，含有中文字段
		尺寸	尺寸标注—高度、宽度等	
		材质	机械—管段	建立材质表，对材质进行统一命名，材质中含有中文字段
		直径	机械—直径	
	风、水管通头（通）	名称	族类型	对于不同类别的构件，分类命名构件名称，含有中文字段
		系统	机械—系统类型	同类别系统的进行统一命名，并建立系统表，含有中文字段

12）模型搭建方式

本工程模型搭建体量巨大，为满足进度要求，采用在同一局域网内设置服务器协同多人机电模型搭建的方式。按建模要求和流程完成。

4. 全专业模型碰撞分析

通过将建筑、结构、机电、钢结构、幕墙、装修等专业模型集成，如图10-61所示，进行碰撞检查分析，并生成碰撞检查报告，检验不同专业间的协同度。包含：碰撞类型、碰撞位置、专业类别、系统类型、构件类型、图元ID、碰撞点三维图像、审核意见。各专业针对碰撞节点，进行协同修改。

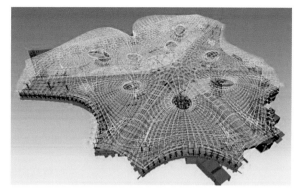

图10-61 多专业BIM模型集成示意图

5. 综合深化设计

机电深化设计需要在保证功能的前提下，解决管线标高、位置问题，同时兼顾安装和检修的需求，做到满足功能、节材、节省人力和时间。本工程设计图模型碰撞点达205万余处。编制模型和图纸调整原则，见表10-13。

机电综合排布原则表 表10-13

序号	原则
1	管线尽量暗装于管井、管廊、吊顶内。沿墙、梁、柱走向成排、分层敷设布置。尽量共用支吊架，管线贴墙排布时需考虑墙面做法
2	管线平行顺直，间距合理，交叉翻弯少。减少沿程阻力，避免产生气阻、水击；节省空间，节省管材，节省人力
3	深化结构、装饰工程预留预埋图，确定剔凿开孔等工作
4	符合规范安装和检修间距需求。先完成重力排水管和截面较大的风管水管布置
5	强弱电之间距离合理，避免干扰，分两侧排列，母线和大电缆要少翻弯；强弱电间不进入水系统管路，内部设备水管设隔绝措施。机房内设计设备运输、安装及检修通道和空间
6	小管避让大管，有压管避让无压管，水管避让风管，电管、桥架应在水管上方
7	从机房、走廊、管井、管廊等管线密集区域开始排布
8	依据空间和吊顶标高要求，确定管线排列层次控高，尽量少占用
9	预制化和装配式深化设计：管井、机房、走道管线、公共设备

图10-62为局部区域深化完成后的模型和预制化装配式模型。

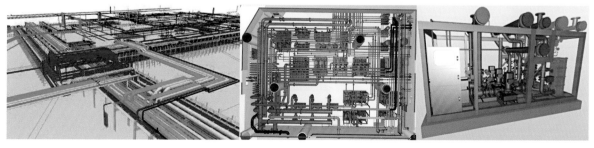

图10-62 局部区域深化完成后的模型

6. 二次结构预留洞口深化设计

本工程机电综合深化设计集成二次结构和机电专业模型，通过创建自适应的洞口族文件直接在BIM模型中管线穿越的二次结构上快速创建管线洞口。编写了二次结构开洞原则与洞口族文件进行挂接，包括各专业单管线洞口尺寸、成排管线洞口尺寸、相邻洞口合并原则等，具体见表10-14~表10-17。

预留孔洞偏移量设置规则表　　　　　　　　　表10-14

序号	类型	风管（mm）	水管（mm）	桥架（mm）
1	矩形预留孔洞侧面、底部偏移量	50	—	50
2	圆形预留孔洞侧偏移量	—	50	—
3	孔洞上方偏移量	50	—	50
4	孔洞合并的最小间距	100		
5	忽略圆形管线最大尺寸	25		
6	取整规则	10		

桥架预留孔洞偏移量设置规则表　　　　　　　　　表10-15

序号	宽度（最大）（mm）	高度（最大）（mm）	侧面、底部偏移量（mm）	上方偏移量（mm）
1	200	100	25	25
2	500	300	50	50
3	1200	800	100	100

水管预留孔洞偏移量设置规则表　　　　　　　　　表10-16

序号	直径（最大）（mm）	侧面偏移量（mm）
1	65	17
2	100	25
3	300	50
4	>300	100

风管预留孔洞偏移量设置规则表　　　　　　　　　表10-17

序号	宽度（最大）（mm）	高度（最大）（mm）	侧面、底部偏移量（mm）	上方偏移量（mm）
1	500	300	50	50
2	800	600	80	80
3	1200	800	100	100
4	>1200	>800	120	120

洞口标注族文件，可对二次结构洞口自动生成标注，包括：所在机电系统名称、洞口外形尺寸、洞口标高（底标高或中心标高）等。使二次结构砌筑一次成活，保证准确性，二次结构预留洞口深化见图10-63。

7. 支吊架深化设计

本工程体量庞大、各专业各系统劳务队独立，需要合理排布和安装工序，支吊架的深化设计和模拟安装，尽量采用综合支吊架，节材、节空间、节人工。

国内有关支吊架的标准图集为《室内管道支架及吊架》03S402、《金属、非金属风管支吊架》08K132、《电缆桥架安装》04D701-3、《室内管道支吊架》05R417-7，管径300以上的参考标准、综合支吊架的参考形式以及计算依据罕见。本工程利用MAGICAD支吊架设置软件对机电管线进行综合支吊架设置，软件内置国标要求和支吊架校核计算规则，保证了选型和安全性，并可生成计算书。图10-64为走廊支吊架深化设计方案，图10-65为支吊架校核计算结果。

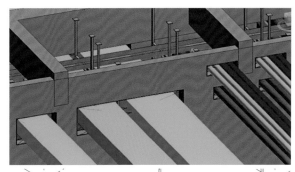
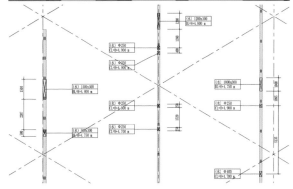

图10-63 二次结构预留洞口

8. 抗震、隔震措施深化设计

（1）抗震深化设计关键技术

本工程管线密集，空间狭小；消防水管线标高较低，抗震支吊架竖杆较长，与各系统之间存在交叉作业协调配合；B1层隔震层设置需考虑隔震，部分需在侧墙布置。图10-66~图10-69为各类抗震支吊架形式。

抗震支吊架设计最大间距参见表10-18。

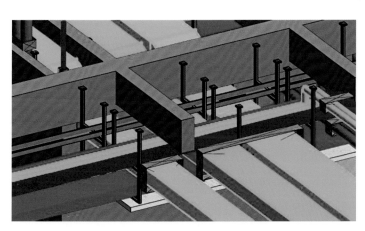

图10-64 走廊支吊架深化设计方案图

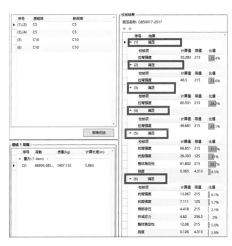

图10-65 支吊架校核计算结果

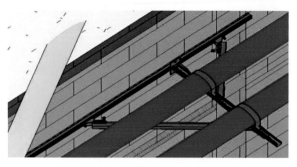

图10-66 圈梁处消防水管道

图10-67 吊装消防管道

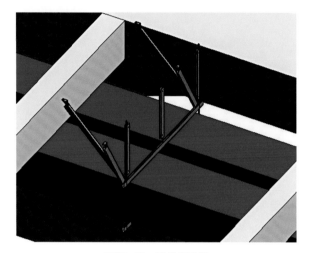

图10-68 防排烟风管

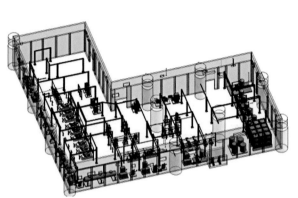

图10-69 复杂机房内管道

抗震支吊架最大间距要求表　　　　　　　　表10-18

管道类别		抗震支吊架最大间距（m）	
		侧向	纵向
消防管道	新建工程刚性连接金属管道	12	24
防排烟管道	新建工程普通刚性材质风管	9	18

（2）隔震深化设计关键技术

机电抗震设防要求实现"小震不坏，中震可修，大震不倒"，同时列车最高速通过时产生的振动不会对上部结构造成影响。由于地震位移量远超轨道区列车最高速通过时的振动幅度，故统一按照隔震考虑。按图纸要求，跨隔震结构需设置隔震补偿，管道隔震各项主要参数如下。口径范围：20～450mm；设计压力：≤1.6MPa；设计温度：0～130℃；输送介质：常温及非常温水；地震水平位移量：中震±250mm，大震±600mm。一般类管线按中震考虑，消防类管道按大震考虑。

隔震补偿单元是固定在隔震层两端结构上的机电管道柔性件（各类补偿器、软管及橡胶管等相关连接件）和支撑体系的组合，满足管线系统最大地震设计位移量，工厂预制化生产，称之为

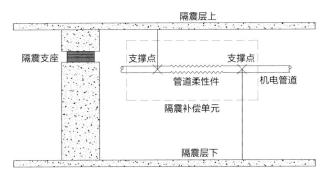

图10-70 隔震补偿单元

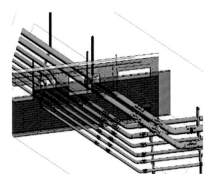

图10-71 管道出管廊处管道隔震

隔震补偿单元，如图10-70所示。

由于隔震补偿单元安装空间要求较大，排布复杂，通过创建真实的支吊架和隔震单元模型插入到机电模型中，配合管线优化选取安放位置和安装形式。

典型示例：B1层管廊支架均为地面桁架固定，分支出管廊管道在隔震层上方与顶板生根，隔震结构间管道固定转换采用隔震补偿单元，如图10-71所示。

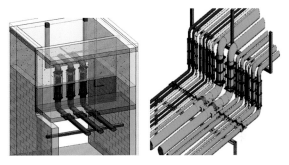

图10-72 成排管道隔震

B1隔震层机房内设备在地面固定，与设备相连的管道支架在与隔震层上方顶板结构生根，之间的管道连接需采用隔震补偿单元，如图10-72所示。

9. 大型机房深化设计

现以航站楼核心区热交换机房为例进行说明。

（1）设备尺寸核对

招标完成后，通过设备选型及审批（包括设备外形尺寸、设备参数、厂家信息、具体型号），约束中标厂家提供实际设备参数并核对，将各种设备进行1∶1建模，保证深化设计设备模型与实际设备尺寸统一。

（2）换热机房深化设计原则

1）一般避让原则和方便原则

避让原则基本同机房外管线。另需要使机房管线呈直线布置，减少相互交叉，并留出足够的平面和垂直空间，保证管线安装、调试及后期维修的方便性。设备间距合理，使机房空间得到有效利用。检修通道应确保所有设备和阀门检修方便，并与机房出入口连贯畅通。

2）美观原则

设备定位时应考虑整体美观，设置应成排成列，检修通道一侧应水平对齐。支架成模数，阀门和各类仪表安装在一条线上；管线综合考虑由下向上看的美观性，将同层管道最终完成面保持

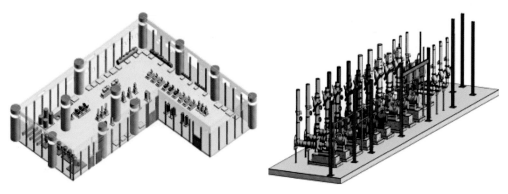

图10-73 换热机房深化示例

底平齐，竖向管道保持支架固定面平齐，起到一定装饰作用。各机电系统安装后，外观整齐有序，间距均匀。

3）管综排布原则

①加药装置等附属设备设置在离服务管道系统近处，减少浪费。

②按照系统分区，对循环水泵和板式换热器进行排布，负荷越大，管径越大，建议靠近集、分水器设置。

③结合外围平面布置图，确定好机房主要进出管道的位置和路由，以此确认集、分水器设置位置，减少主管道交叉和翻弯，确保平顺，减少阻力。

④结合保温厚度、安装和检修空间综合考虑，深化设计示例如图10-73所示。

（3）机房深化设计要点

1）检修通道和大设备运输通道要求

检修空间对设备以及以后的运维非常重要，须充分考虑设备检修空间。

①检修通道应从门的位置开始和结束，保持完整，要照顾到机房内所有设备，保证设备有足够的空间进行检修与维护，如图10-74所示。

②通道上不要有落地支架。

③通道应避开机房内排水沟位置，原则上不将排水沟作为检修通道和大设备运输通道使用，当出现时，应加固通过处的排水沟及箅子。

④设备运输通道应以最大设备规格尺寸为参考，如集分水器、循环泵等。

⑤出图时应保证出图尺寸标注齐全，通道位置明确。

2）机房内抗震综合支架

①换热机房设置于隔震层，要求设备及管道应考虑减隔震。

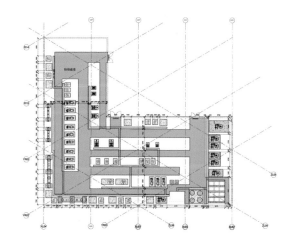

图10-74 检修通道布置图

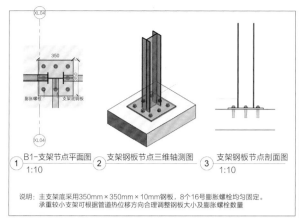
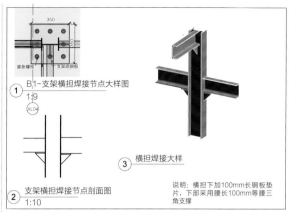

说明: 主支架底采用350mm×350mm×10mm钢板, 8个16膨胀螺栓均匀固定。承重较小支架可根据管道热位移方向合理调整钢板大小及膨胀螺栓数量

说明: 横担下加100mm长钢板垫片, 下部采用腰长100mm等腰三角支撑

图10-75 支架节点详图

②综合支架与结构固定牢固,连成一体,支架之间和支架与结构柱之间设置牵连槽钢,满足抗震、承重和抗应力变形等多项需求。

③每品抗震综合支架均有自己的编号和详图,上部管线标注清晰。

④立柱设置成模数,结合最小管道间距要求以及结构模数,间距均按照4.5m考虑。经计算,立柱型钢采用H16工字钢,图10-75为支架节点做法。

⑤支架横担设置牵连槽钢,直径DN150以上的主要管道密集区域采用不小于H16工字钢或16号槽钢对拼,其他管径区域横担采用不小于12号槽钢。

⑥立柱不得生根于排水沟,应避开门,排布应横平竖直,保证视野开阔。

⑦支架按照抗震等级要求进行受力计算,增加加固连接,满足抗震要求。

10. 吊顶机电末端布置深化设计

（1）吊顶机电末端概况

在办公室、走廊、卫生间、旅客公共大空间区域,设置的主要末端设备有:喷淋头、烟感、温感探测器、广播、灯具、风口、排烟口、安防摄像头、信号放大器、人体感应传感器、吊顶检修口等。除满足规范外,还应满足以下原则要求。

1）喷淋头深化设计要求,见表10-19。

喷淋头深化设计要求 表10-19

序号	要求
1	喷头间距不超过3.6m,不小于2.4m。喷头离墙边的距离不大于1.8m,最小距离为0.6m
2	按照原设计系统平面布置图布置,保证喷淋头间距均匀、居中
3	有造型吊顶区域,密闭吊顶保持喷头溅水盘与吊顶板底平。喷头溅水盘与吊顶板底最大垂直距离要求: 当吊顶间隙为300≤a<600mm时,不超过90mm;600≤a<900时,不超过190mm,并按照规范要求设置聚热板罩
4	距离灯具原则上不小于0.5m
5	距离风口（排烟口、送风口、排风口等）原则上不小于0.5m
6	距离温、烟感探测器原则上不小于0.3m

2）烟感、温感探测器深化设计要求，见表10-20。

烟感、温感探测器深化设计要求   表10-20

序号	要求
1	应按系统平面布置图布置，间距可适当调整，须满足设计规范、系统设计说明及消防性能化报告的要求
2	周围0.5m内，不应有遮挡物，至墙、梁边水平距离，不应小于0.5m
3	至空调送风口边的水平距离不应小于1.5m，并宜接近回风口安装。探测器至多孔送风顶棚孔口的水平距离不应小于0.5m
4	宽度小于3m走道顶棚上宜居中布置。感温探测器间距不应超过10m；感烟探测器间距不应超过15m；至端墙距离不应大于安装间距的1/2
5	温感探测器和灯具的间距不小于0.2m，距高温灯不小于0.5m
6	距不突出的扬声器净距不应小于0.1m
7	与各种自动喷水灭火喷头净距不应小于0.3m
8	探测器与防火门、防火卷帘的间距，一般在1~2m的适当位置

3）扬声器和安防摄像头深化设计要求见表10-21。

扬声器和安防摄像头深化设计要求   表10-21

序号	要求
1	扬声器间距不超过25m，任意位置至最近扬声器距离不大于25m
2	走道内最后一个扬声器至走道末端距离不应大于12.5m。数量应能保证一个防火区内的任何部位都能听到
3	安防摄像头按安防图纸布置，考虑到吊顶板面的美观和间距要求，可在间距1.2m范围内进行调整

4）灯具、风口、排烟口、人体感应器深化设计要求见表10-22。

灯具、风口、排烟口、人体感应器深化设计要求   表10-22

序号	要求
1	普通灯具、消防应急照明灯具、风口、排烟口按照设计平面布置图布置，保证间距均匀、居中
2	考虑板面美观和间距要求，均匀、居中。可在间距1.2m范围内进行调整
3	人体感应传感器末端点位按楼控专业智能照明平面图平均布置。走道内间距一般按12m布置，最远不超过16m间距。实现任意位置有人不间断开启。按智能照明模块开启区域要求，在间距范围内设置
4	采用红外和超声波柱向感应人体
5	卫生间内间距一般按照7m布置。最远不超过8m间距。采用红外和超声波发散感应人体

5) 信号放大器、吊顶检修口深化设计要求，见表10-23。

信号放大器、吊顶检修口深化设计要求

表10-23

序号	要求
1	按信号放大器的功率、传输信号的距离进行全楼布置
2	由通信运营商配合，在最终排布图纸出来之前进行布排和调整
3	吊顶内有阀门、设备的区域下方应设置检修口，或者采用可拆卸式吊顶
4	阀门包括消防类信号蝶阀、防火阀、排烟阀、排烟防火阀、普通给水排水阀门、暖通阀门
5	设备包括走道内风机、卫生间排风扇、电动卷帘门控制箱、电动挡烟垂壁控制箱、卫生洁具变压器、风机盘管等
6	检修口可设置成走道内或者房间内统一风格的假风口。应将风口选择成可方便拆卸安装的风口，并将此类风口进行显著贴标

（2）吊顶机电末端设备排布顺序

1）总体顺序

根据影响程度和调整难易程度，参照排布顺序如下：

排烟风口→送、回风口→灯具→喷淋头→烟感、温感→人体感应传感器→摄像头→广播喇叭→信号放大器→检修口。

2）排布方法，见表10-24。

机电末端排布注意事项

表10-24

序号	机电末端	内容及注意事项
1	排烟风口	排烟风口是硬管连接，追位调整困难。排烟风口点位数量少，间距大。对后续点位影响较小，优先排布
2	送、回风口	送、回风口可采用软管追位，追位难度相对小于排烟风口，故安排在排烟风口之后排布。在使用风机盘管时，盘管需要接水管，水管追位调整余地较小，所以风机盘管安装时注意区分空调水管接入左右式，盘管水管接入的阀门位置要设置检修口
3	灯具	灯具排布是吊顶排布的重点。要求各区域内分布均匀。竣工前需要测试照度，所以灯具数量尽量与原设计数量相同。避免出现局部照度不足的情况
4	喷淋头	喷淋保护半径通常在1.8m左右，调整余地较小
5	烟感、温感、扬声器、人体感应器	保护半径较大，调整余地较大
6	摄像头	走廊摄像头必要时可以靠走廊一边布置，靠边布置可以获得更好的视野。每个摄像头都需要检修口
7	信号放大器	在非金属材料吊顶（例如矿棉板、石膏板）范围内安装，和专业单位协调，在不影响设备性能的前提下，隐蔽在吊顶内
8	检修口	各专业风阀、水阀、线槽拐弯、线槽上翻处均需要检修口

（3）典型区域吊顶设备点位排布

1）办公室吊顶设备排布

办公室吊顶材质为矿棉板，所有点位居中均匀排布，注意烟感、喷淋与灯具、送风口的间距。表10-25为办公室吊顶设备统计。

办公室吊顶设备统计   表10-25

序号	单位	图例	名称	安装方式	开孔尺寸（mm）	高度尺寸（mm）	设备图片
1	照明	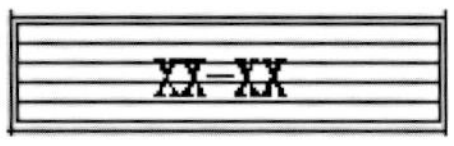	荧光灯	嵌入	1185×285	30	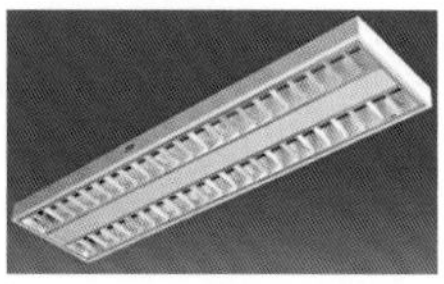
2	通风	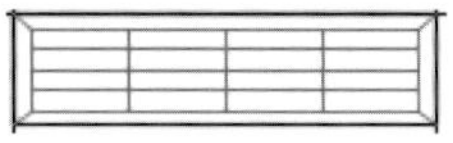	活页条缝风口	嵌入	1200×3条		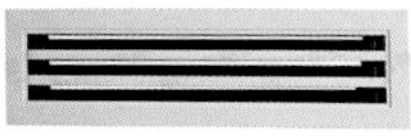
3	消防		喷淋	嵌入	×65	82	
4			烟感	吸顶	×30	104	
5	弱电		广播	嵌入	×172	89	

2）走廊吊顶设备排布

非公共区走廊吊顶材质为矿棉板或石膏板，所有点位居中均匀排布，信号放大器在矿棉板内暗装，石膏板区域注意设置检修口。表10-26为走廊吊顶设备统计表，走廊吊顶见图10-76。

走廊吊顶设备统计   表10-26

序号	单位	图例	名称	安装安装方式	开孔尺寸（mm）	高度尺寸（mm）	设备图片
1	照明		LED灯	嵌入	1197×295	30	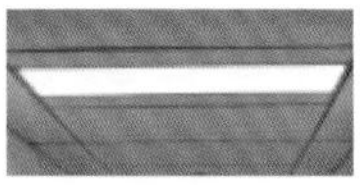
2			专用疏散照明灯具	嵌入	ϕ110	119	
3	通风		排烟风口	嵌入	600×600		

序号	单位	图例	名称	安装安装方式	开孔尺寸（mm）	高度尺寸（mm）	设备图片
4	消防		喷淋	嵌入	×65	82	
5			烟感	吸顶	ϕ30	104	
6			人体感应	吸顶	ϕ50	75	
7			广播	嵌入	ϕ172	89	
8			监控	吸顶	ϕ80	133.5	
9	弱电	电	电信信号放大器	暗装	60~65圆孔	43.6	
10		移	移动信号放大器	暗装	60~65圆孔	40	
11		联	联通信号放大器	暗装	60~65圆孔	40	

图10-76　走廊吊顶图

3）卫生间吊顶设备排布

卫生间吊顶材质多用石膏板。与洁具对应的点位（例：镜前灯），根据洁具定位，成行成列；不与洁具对应的点位，按照门洞，排布在一条线上；石膏板吊顶需要设置检修口。表10-27为卫生间吊顶设备统计。图10-77为卫生间吊顶。

卫生间吊顶设备统计   表10-27

序号	单位	图例	名称	安装方式	开孔尺寸（mm）	高度尺寸（mm）	设备图片
1	照明		射灯	嵌入	$\phi 75$	100	
2			筒灯	嵌入	$\phi 75$	100	
3		 5S	专用疏散照明灯具	嵌入	$\phi 110$	119	
4	通风		圆形散流器	嵌入	$\phi 630$		
5			圆形回风口	嵌入	$\phi 320$		
6		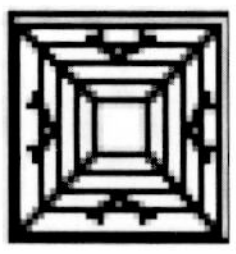	固定百叶风口	嵌入	210×210		
7	消防		喷淋	嵌入	$\phi 65$	60	
8			烟感	吸顶	$\phi 30$	104	
9			温感	吸顶	$\phi 30$	104	

序号	单位	图例	名称	安装方式	开孔尺寸（mm）	高度尺寸（mm）	设备图片
10	弱电		人体感应	吸顶	ϕ50	75	
11			广播	嵌入	ϕ172	89	

图10-77　卫生间吊顶图

4）大空间吊顶设备排布

大空间吊顶材质为金属板。所有点位根据精装造型或设备带成行成列排布；注意烟感、喷淋与灯具、送风口保持距离；信号放大器在金属吊顶板上吸顶安装；金属材质吊顶需要设置检修口。表10-28为大空间吊顶设备统计表。图10-78为大空间吊顶。

大空间吊顶设备统计　　　　　　　　　　　　　表10-28

序号	单位	图例	名称	安装方式	开孔尺寸（mm）	高度尺寸（mm）	设备图片
1	照明		射灯	嵌入	ϕ75	100	

序号	单位	图例	名称	安装方式	开孔尺寸（mm）	高度尺寸（mm）	设备图片
2	照明		筒灯	嵌入	$\phi 75$	100	
3		5S	专用疏散照明灯具	嵌入	$\phi 110$	119	
4	通风		活页条缝风口	嵌入	1200×3条		
5	消防		喷淋	嵌入	$\phi 65$	60	
6			烟感	吸顶	$\phi 30$	104	
7			广播	嵌入	$\phi 172$	89	
8			监控	吸顶	$\phi 80$	133.5	
9	弱电	电	电信信号放大器	吸顶	60~65mm圆孔	43.6	
10		移	移动信号放大器	吸顶	60~65mm圆孔	40	
11		联	联通信号放大器	吸顶	60~65mm圆孔	40	

图10-78　大空间吊顶设备实际图

（4）与其他专业间的协调

1）在金属吊顶范围内安装信号放大器，为避免信号被屏蔽，无法隐蔽在吊顶内。需要专业协调，与精装造型配合嵌入式结构，或与其他设备末端整合。

2）吊顶里有控制箱的设备，对应位置需要检修口，操作检查太困难的区域，应积极与设计沟通，移至邻近墙面或机房。

3）各专业点位的数量不能擅自更改。如果增减数量，需经设计同意。

11.　基于BIM模型的深化设计图纸出图

为配合出图需要，对BIM样板文件进行处理，实现利用Revit软件直接出图，基于BIM模型的深化设计图纸出图的具体方法如下：

（1）出图区域拆分

按设计院的图纸拆分进行机电深化设计图区域拆分工作，将原来每一个图纸区块拆分成四块，并依次按"X-1"至"X-4"命名。图10-79为图纸分区示意图。

（2）视图创建

1）管线综合平面图

每层创建管线综合平面图，选用"XJC-机电深化设计-平面图"视图样板，视图名称为"BR-B1-综合平面图"（例），在视图中套用详图族"XJC-常规注释-图纸分割线"，以明确图纸拆分边界，在大平面视图下创建相关平面。调整剪裁区域，将子视图调整到一个拆分区格，要求子区域边框到图纸拆分线距离不少于500mm，大分区框的边线到裁剪框的距离

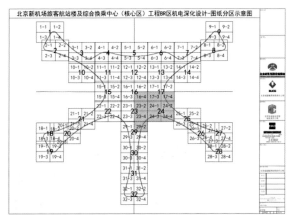

图10-79　图纸分区示意图

为0。根据区格名称将子视图命名为"BR-B1-16-4-综合平面图"（例），以此类推。图10-80为综合平面图示例。

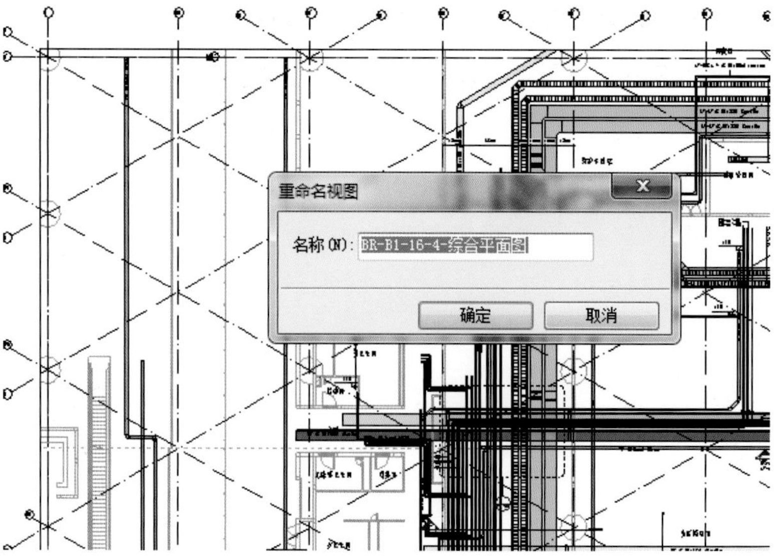

2）管线综合平面大样图

在平面标注不清的部位用详图索引中的"楼层平面"创建大样，选用"XJC-机电深化设计-平面大样"视图样板，根据大样所在区格将大样视图命名为"BR-B1-16-4-1号平面大样"（例）。

3）视图范围

通常视图范围设置：剖切深度为本层标高1200mm；顶部高度为上层标高-200mm；底部深度本层-200mm。

4）管线综合轴测大样图

创建三维视图，将视图定向到对应的平面大样，使用"XJC-机电深化设计-三维轴测大样"视图样板，按照视图方向并根据对应的平面大样将视图命名为"BR-B1-16-4-1号轴测大样右侧图"（例）。

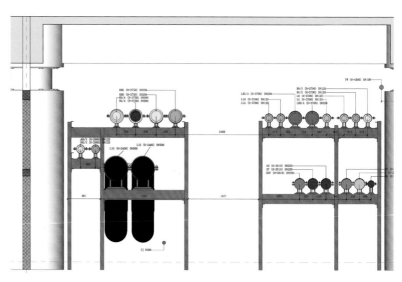

图10-80　综合平面图视图示例

图10-81　综合剖面图视图示例

5）管线综合剖面图

用剖面中的"剖面"创建剖面图，使用"XJC-机电深化设计-剖面图"视图样板。剖面名称改为"带图纸编号的剖面"，剖面标头采用"XJC-剖面详图标头"，剖面末端采用"XJC-剖面末端"。剖面图范围应超出上层建筑面层200mm，超出下层结构板200mm。图10-81为综合剖面图视图示例。

（3）标注原则

1）平面图标注

使用"XJC-管道标注"进行注释，无坡度管道使用"系统标高管径"类型，有坡度管道使用"系统管径"类型，立管使用"立管标注"类型。

管道标注尽量使用无引线标注，并标注在管道正中，双层管、标注密集区域、管上标注不清晰的地方，可采用引注方式，标注箭头设置为"对角线1.5mm"，平面图无法通过标注表达完整的部位需出剖面图进行表达。标注需错开，不能有遮挡，且尽量按一定规则排列，保持图面整洁。立管标注要求立管编号与CAD施工图中一致，立管编号在立管的"注释"参数中输入。图10-82为标注示例。

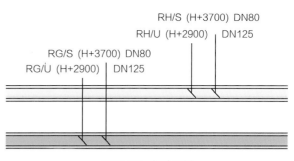

图10-82 标注示例

2）剖面图标注

剖面标注均为引线标注，标注需错开，不能有遮挡，且尽量按一定规则排列，保持图面整洁。如平面图中能够表达重力管高程，则剖面图中不需要进行注释。

3）定位尺寸标注

标注应表达机电深化设计所涉及构件的全部定位，标注参照应优先考虑轴网，若周边无参照轴网，则参照至墙边。剖面图中应表达出梁底、板底及其他土建参照性构件的标高和位置，以便安装定位。标注中有遮挡情况的，需调整数字至清晰处。

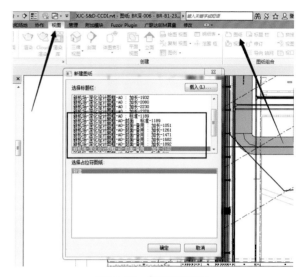

图10-83 新建图纸截图

（4）出图实施细则

1）新建图纸，将需要用的图纸载入项目，图10-83为新建图纸截图。

2）修改图纸编号及图纸名称（命名规则参照平面图）。

3）将平面视图载入图纸中，调整图纸比例1：80。图10-84为载入视图截图。

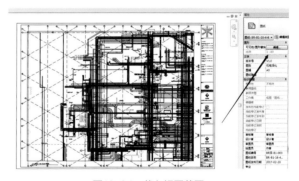

图10-84 载入视图截图

4）平面视图设置：视图样板选用XJC-机电深化设计-平面图视图样板，平面图中选择机电模型，将其中管道线宽设置成1，管道透明度设置成70%。图10-85为视图可见性设置。

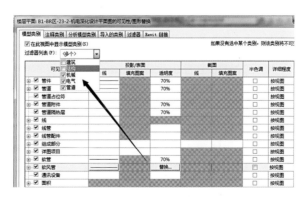

图10-85 视图可见性设置

（5）图纸导出

图纸打印采用Pdf Factory Pro软件，阅读采用Adobe_Acrobat_XI_Pro软件。图10-86为综合深化设计平面图示例。

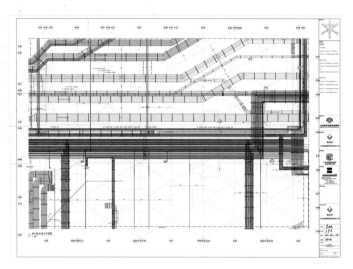

图10-86　综合深化设计平面图示例

10.3.2　机电工程模块化预制安装技术

1. 模块化预制安装概况

（1）国内发展现状

随着国内建筑业的快速发展，建筑工业化发展的趋势越来越明显。但大多数建筑机电安装工程仍处于将材料和配件运到安装现场，在现场进行管道及构件加工，然后进行安装的传统施工工序。这种方式能源消耗高，劳动生产率低，不能适应建筑工业化的发展趋势。

为适应新时期建设发展的需求，近几年国家推行了工厂化预制加工及装配化施工，机电安装工程也逐步引入工厂化预制和模块化装配，大大提高了劳动生产率，改变了作业人员的工作环境，降低了安全事故发生率和工程成本，提高了工程质量。

（2）项目应用情况

本工程积极响应国家政策号召，大力应用和推广住房和城乡建设部《建筑业10项新技术》，其中机电安装模块化预制-装配式施工技术采用了"机电安装工程新技术"中的基于BIM的管线综合技术和机电管线及设备工厂化预制技术两项。

工程选取核心区地下一层AL区换热机房进行机电安装模块化预制-装配式施工实践，机房平面位置及机房轮廓见图10-87。换热机房面积约900m²，设备91台，其中主要设备包括：水泵29台，分、集水器4台，板式换热器6台，定压补水6套，真空脱气机8套；机房内各专业机电系统共计52套，AL区换热机房空调冷负荷20644kW，采暖及空调热负荷16545kW，生活热水热负荷882kW，轨道交通冷负荷4200kW，轨道交通热负荷2200kW。

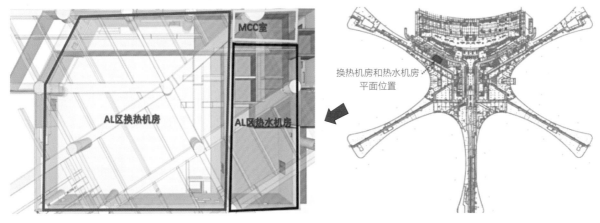

图10-87　机房平面位置及机房轮廓

2. 模块化预制实施流程

为确保机房模块化预制安装工作落地，项目会同深化、技术、生产、物资以及加工厂人员，共同编制了19项标准实施流程，机房模块化预制安装流程见图10-88。

图10-88　机房模块化预制安装流程图

3. 模块化预制主要关键技术

（1）模块化创新设计

1）模块化集成原则

模块化集成原则是依据设计院提供的图纸，充分考虑系统的完整性，对机房内的设备进行合理组合并重新排布，将机房内同一系统的设备及管道组合形成一个或几个整体。功能完善，布局合理，有利于组合预制、有利于装配施工是模块化设计的基本出发点。

在系统图中选取一个系统上的阀部件、水泵等作为一个模块进行集成，如果系统涉及的设备过多或过大时，可以分成两个模块完成一个系统的功能，两个模块之间用预制管道连接。图10-89为模块集成示意图。

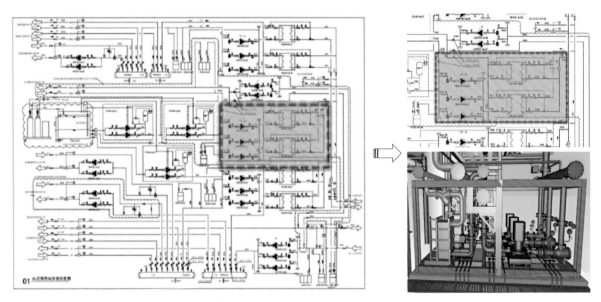

图10-89　模块集成示意图

2）优化模块排布

本机房内空调及采暖系统包括一次冷水循环系统、高温冷水循环系统、辐射吊顶冷水循环系统、空调热水循环系统、供暖热水循环系统、辐射供暖热水系统、全年供冷冷水循环系统、租户冷却水循环系统、生活热水热源侧循环系统、京雄城际冷水系统、京雄城际热水系统，共计11套系统。项目团队基于BIM技术进行深化，最终将其优化组合形成13个模块，由工厂进行预制加工。

采用独立基础的大型设备直接运到施工现场安装，如一次冷水循环泵、分集水器、水箱、加药及定压补水装置，但与机房系统管道的连接管段根据机房深化模型由工厂预制。图10-90为原设计的机房平面布置；图10-91为模块化集成后形成的平面布置，黄色为单独大设备，红色为集成的模块。模块化集成后节约机房面积约20%。

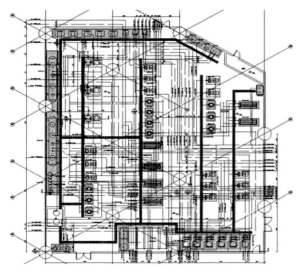

图10-90 原设计机房平面布置

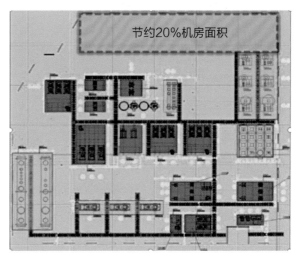

图10-91 模块化集成机房平面布置

3) 模块化集成注意事项

① 模块化尺寸控制

模块化深化设计时要综合考虑模块的尺寸，第一是考虑模块内设备的运行操作与检修需求；第二是需要考虑模块整体通过性的需求，方便场地内使用机械设备的转运，如叉车、吊车等；第三是所有的通道及门洞等对设备尺寸有限制的部位，要全数掌握，并提前做预留。

② 模块运输

模块运输要提前考虑限高与限宽等问题，运输过程包括加工厂到施工现场的公路运输，及施工现场进入机房的运输。

首先由工厂到工地，这部分主要采用汽车运输，模块集成深化时要考虑模块运输的限高与限宽问题。其中限高限宽包括两部分：一个是道路上的，比如高速公路限高4m、限宽2.55m；另一个是施工现场建筑物内运输，不得超过建筑物内已经完成的结构的标高，由于本工程中换热站内有行李输送设备的钢平台，且钢平台底部标高为3.3m，准备在预定路线采用叉车协助机房内模块运输。故综合考虑后设定模块的最大高度不超过2.8m，宽度限定在2.5m以内。机房内模块的运输路线见图10-92。

由于运输过程中可能产生震动，模块内的主要设备采用固定限位器措施来保证运输过程中设备在模块内的相对稳定与安全。

③ 仪器仪表等接口预留

模块内仪器仪表设置要整体协调、安装位置一致，以便于观察读数、易于检修为宜。与

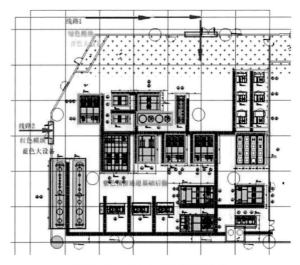

图10-92 机房内模块的运输路线

楼控连接的各类压力、温度、流量传感器等需提前梳理清楚并建立台账，工厂化预制时一并开孔，避免后期动火焊接。

（2）模块化工厂预制

1）建模及三维扫描复核

由于目前基于BIM应用的模型软件多，模型设计前项目建立统一的协同工作平台机制，在深化精度及使用目的不同的情况下，模型文件均可提供相互读取接口，确保机房内外信息兼容互通，无缝衔接。

模型建立后，需要对现场管线及结构构件进行现场复核，以减少因结构模型与现场实际情况不符，造成模块安装时不必要的碰撞及拆改。本工程采用三维扫描复核技术，三维扫描图像见图10-93，现场实际照片见图10-94。

图10-93　三维扫描图像　　　　　　　　　　图10-94　现场实际照片

2）图形分解及加工料单

机房模型深化完成后形成机房大样图，经过设计院审核批准签字后，模型发往工厂进行工厂预制化管段分解，形成管段分解详图及加工料单，开始进入加工流程。管件分解见图10-95。

3）工厂化预制

场外工厂化预制，能够提高制作质量水平。预制加工的管段、支架等是车间加工制造而成，生产过程采用车间的质量控制标准，依据类似机械制图标准的加工图，加工工人操作技能远比现场施工工人稳定可靠，在这种情况下，预制加工质量非常稳定可靠。工厂加工可以使用各种先进设备，如：机器人自动焊接、五轴等离子相贯线切割、自动液压冷煨弯机等，先进设备的使用大大提高了加工精度及效率。

工厂预制化加工全部采用焊接机器人自动化焊接，焊接质量高、焊接速度快且观感良好，图10-96为管件焊接，图10-97为工厂管段焊接图。

部分管件及异型弯头预制工厂可自行加工。模块中系统内各设备排列整齐一致，设备之间连接管道距离变短，减少管道的损耗，图10-98为顺水三通开孔及现场安装，图10-99为管道预制煨弯。

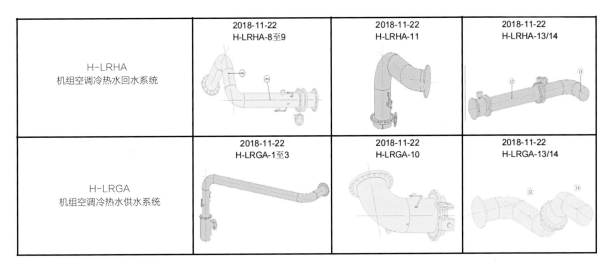

H-LRHA 机组空调冷热水回水系统	2018-11-22 H-LRHA-8至9	2018-11-22 H-LRHA-11	2018-11-22 H-LRHA-13/14
H-LRGA 机组空调冷热水供水系统	2018-11-22 H-LRGA-1至3	2018-11-22 H-LRGA-10	2018-11-22 H-LRGA-13/14

图10-95　管件分解详图

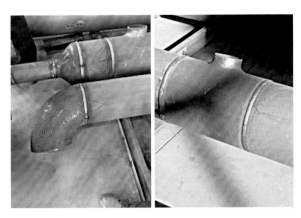

图10-96　管件焊接

图10-97　管段焊接

图10-98　顺水三通开孔及现场安装

图10-99　管道预制煨弯

（3）机房装配式施工

现场装配式施工，减少现场登高作业的安全隐患和现场焊接的环境污染，使用栓接工艺（主要为法兰连接），减少以往施工中出现的切割、焊接、油漆等工序，从而减少了火灾安全隐患、噪声污染与气体污染，改善施工人员的现场作业环境。

1）装配式施工工序

装配式施工前，需提前筹划好施工工序，可以采用BIM技术进行三维工序模拟。原则上，管段分为上下层顺序展开施工，先安装排布在上层管段，如遇到管径较大、管段较长部分也应优先安装，安装时注意同一支吊架上的成组管道要一起安装；大设备与集成模块应由里及外，靠墙设置的设备应先安装。本工程装配式施工工序见图10-100。

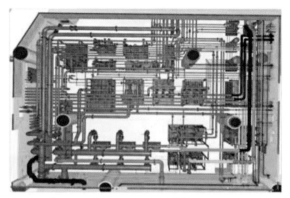
装配式安装—A区

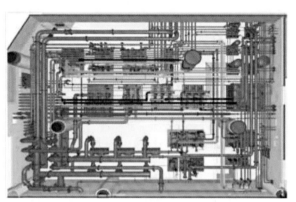
装配式安装—B区

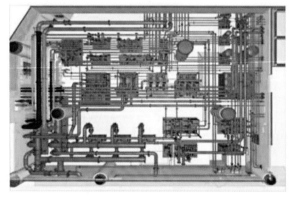
装配式安装—C区

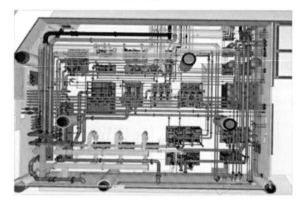
装配式安装—D区

图10-100 装配式施工工序

2）装配式施工定位

装配式施工定位采用放线机器人结合三维扫描与BIM模型对照的方式，根据施工工序由上及下，由里及外，逐层逐个定位每一段靠墙或与机房外管道对接的管段的三维坐标，其他管线根据模型上管道与管道的相对位置关系进行定位；每一个模块定位框架上四个角的坐标，对模块整体进行定位。

模块及连接管段在机房模块深化与管段分解时全部进行二维编码，加工完的模块及管段统一粘贴二维码，保证所有模块及管段在运输及进场拼装时都能找到各自的唯一位置。现场装配时直接扫描二维码即可在机房模型中知道被扫描管段或模块的相应位置。

3）施工误差控制

①模块定位误差控制

模块根据建筑物及构造物的相对位置信息进行三维扫描，并结合放线机器人定位，但是由于建筑墙体、设备基础本身可能存在位置误差，或者机房内有柱子等遮挡物体时，放线机器人定位时就会出现偏差，所以需要采用变换架设放线机器人位置的方法，以确保每一个模块的定位信息准确无误，初步确定模块的位置。

②模块连接误差控制

模块与模块之间、模块与管段之间栓接时，应确保管段间和管段与设备之间受力均衡，避免误差产生的额外剪切力和扭矩。为此，模块固定需在模块管道连接完成后进行，施工中可对模块位置进行微调。

③管道连接误差控制

由于模块及分段管组由多个法兰组成，安装过程中不可避免地在装配过程中产生累积误差，解决办法是根据安装顺序，最外侧最后完成安装的位置采用预留段，现场实测后由工厂单独加工，最后拼装。

④法兰连接误差控制

法兰对孔采用十字线定位法，管道与设备连接时，第一个法兰要以设备上法兰孔为定位依据，其他在同一系统内的所有法兰，要保持有一个螺栓孔十字线正上或正前。

（4）模块化预制装配式施工验收

1）原材料及设备工厂验收

原材料进入工厂加工时需进行原材料检验、试验，包括管道、管件、阀门等；设备进场时进行开箱检验。严格控制材料的质量关，进厂材料拍照登记，进厂设备要核对技术参数是否与供货商提供的图纸一致，接口信息是否与模型一致。上传工厂预制加工协同平台，所有物料信息进行全程跟踪。

2）模块出厂验收

工厂预制加工完成后，形成若干个模块及若干管组，出厂前请监理工厂内验收，验收内容包括模块的整体组成是否符合设计及验收规范的要求，观感是否达到要求，抽检管段的压力试验，检查各加工环节的加工过程是否合格，例如打坡口、除锈、切割、自动焊接、管道刷漆等。检查过程需形成质量检查的相关资料。在得到监理认可后方可运到施工现场。

3）模块化安装的最终验收

模块现场装配完成后，配合强弱电等与模块相关联系统安装，全部完成后需对各系统的安装质量及压力试验进行全部检查，对于隐蔽检验项目，在没有得到监理检查认可前不得进入下道工序。

4）其他系统验收

大型设备等单独运到施工现场安装的部分参照常规验收方式验收。

10.3.3 吊顶辐射空调系统设计及安装技术

10.3.3.1 系统原理及概况

1. 系统原理

辐射空调系统主要利用热传导三种方式中辐射传导原理，通过提升或降低围护结构内表面中的一个或多个表面的温度，形成热或冷辐射面，依靠辐射面与人体、家具及围护结构其余表面的辐射进行热交换。模拟自然环境运行，改变环境温度，与太阳热效应一致，给人自然的舒适感，辐射供冷、供暖示意图分别见图10-101、图10-102。本工程采用了吊顶冷辐射空调技术。

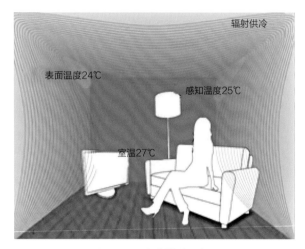

图10-101 辐射供冷示意图

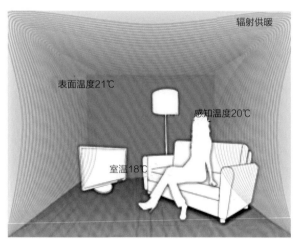

图10-102 辐射供暖示意图

2. 系统概况

设置在首层、二层、三层及四层的安检、联检、行李提取厅等公共区域，共计12350m²/11530片。总制冷量为1111kW，负荷指标为90W/m²。系统所服务区域总面积约为4.5万m²。吊顶辐射板供冷系统作为区域全空气系统的补充，消除部分显热负荷，改善局部环境舒适度。

换热站内提供的一次供回水温度为4.5℃/13.5℃，吊顶辐射板空调供冷系统的供水温度在此条件的基础上通过混水获得，供回水温度为16℃/19℃。系统由换热站二次泵提供动力后经竖向及平面路由送至末端与辐射单元连接。系统动力泵及换热设备设置热交换站内，系统竖向和平面管路为无缝钢管和镀锌钢管，系统末端为吊顶辐射板单元。换热站内辐射空调供冷系统见图10-103，吊顶辐射板接管见图10-104。

航站楼内辐射空调服务区域均设置有全空气系统送回风口，通过控制系统装置实现联动运行的要求，保证系统运行热湿处理达到舒适度要求。吊顶辐射空调见图10-105。

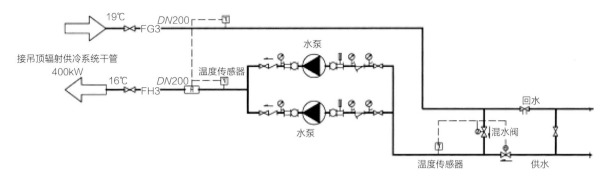

图10-103　换热站内辐射空调供冷系统图

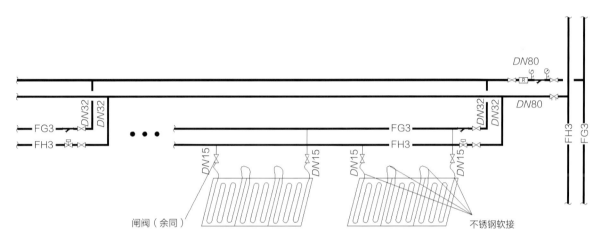

图10-104　吊顶辐射板接管示意图

图10-105　吊顶辐射空调系统

3. 系统特点

吊顶辐射空调系统特点见表10-29。

吊顶辐射空调系统特点　　　　　　　　　　　　　　　　　　　　　表10-29

序号	特点	介绍
1	安装空间小	冷辐射板和管道总高仅需250mm，对比大范围安装空调送风管节约占高近300mm，显著提高建筑净高
2	安装便利，外观整洁	控制及循环水主管道提前穿插安装，辐射板和吊顶集成工厂预制，同步安装吊顶，减少大量风口开孔

序号	特点	介绍
3	维护成本低	智能监控运行调节,测试和试运行完成后,几乎不需要大的维护
4	节能	输送冷量介质散热面小,过程损耗极少;辐射传导直达表面,供冷损耗小;节省了空气剧烈扰动、流动所需动能;节能约达到40%
5	舒适度高	模仿自然环境,新风系统配合环境除湿,湿度控制在55%以下,空间CO_2等有害气体浓度控制更好,显著提升空气环境质量

4. 系统组成

吊顶辐射空调系统主要由冷源主机和新风处理设备、水系统设备及部件、辐射单元(辐射板)、控制系统装置四部分组成。

(1)冷源主机和新风处理设备,包含冷水机组、新风处理机组等。

(2)水系统设备及部件,主要包含水泵、板式换热器、过滤器、混水设备、分集水器、管道、保温材料、阀部件、连接件、连接软管等。

(3)辐射单元(辐射板),即管路系统所连接的辐射换热末端,主要包含导热铜管、传热翅片、隔热网、导热涂层、吸声层、保温层、连接软管等,辐射单元板见图10-106。

(4)控制系统装置包括能量计、温度传感器、湿度传感器、水流探测器、控制器(包括软件与硬件)、电源、控制箱、控制面板、传输线缆及附件等。控制箱及温度、湿度传感器见图10-107。

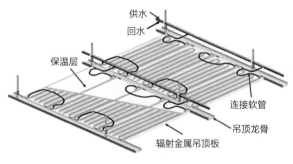

图10-106 辐射单元板

图10-107 控制箱及温度、湿度传感器

10.3.3.2 深化设计

1. 整体排布

(1)根据单元负荷(因厂家而异)和区域内总设计负荷计算需求面积。

(2)根据吊顶布置图进行吊顶辐射板初步排布。设计各层的吊顶辐射单元水管布置图。因不同生产厂家辐射板单元负荷不同,需对图纸面积进行复核计算。

2. 吊顶板深化

根据设备机房图和辐射空调系统图,结合吊顶辐射板等相关参数,对系统进行针对性深化。

需对原图纸预留主管道管径进行复核，同时设计各层的辐射末端支管、连接阀门及分区内支管布置等。

根据各区域吊顶辐射板面积计算负荷（在设计工况及供回水温度16℃/19℃条件下，冷辐射板供冷量为90W/m²），各区域再划分小分区，确定支管的流量及尺寸，优化走管方向和排布。

根据产品参数以及设计要求，本工程吊顶辐射板末端形式为不少于3块辐射板串联成一串板，多串板并联连接组成一个分支路，分支路的进出水总阻力≤0.5MPa，分支路中冷辐射板表面温度偏差≤1℃（标准工况下，首尾板平均表面温度差值）。吊顶辐射板末端连接软管见图10-108。

图10-108　吊顶辐射板末端连接软管

3. 吊顶综合优化

吊顶辐射板经过初排后需充分结合土建、装修、机电等各专业进行综合优化，以确保功能实现。

（1）吊顶板综合优化排布：吊顶机电末端设备较多，包括风口、灯具、喷淋、烟感、温感、广播、天线、摄像机等，基于吊顶辐射板辐射功能以及不宜开孔等特点，各类末端设备应避开吊顶辐射板安装。

采用在吊顶区域设置机电设备带，将末端安装在设备带区域内，或吊顶辐射板与常规吊顶板间隔排布。航站楼核心区层间吊顶按东西向长弧线预留出600mm宽灯槽铝单板以及300/200mm宽设备带，并据此划分吊顶平面，满足照明和喷淋等功能间距要求。设备带间距约3m，采用铝合金百叶，与下送风口材质规格一致。

（2）吊顶内空间及安装要求：为保证正常安装操作，考虑吊顶辐射板厚、软管连接，以及后期运维检修，安装空间不宜少于250mm，与吊顶的安装厚度基本相同。辐射板上方应尽量避免安装风阀、水阀、灯头盒以及其他需操作和检修的设备。

（3）吊顶板穿孔率及排烟风口设置：吊顶辐射板与普通吊顶板采用同材质板材，由于吊顶辐射板背面采用了保温棉遮挡，排烟风口、烟感探测器的安装位置（安装在吊顶内或吊顶板上）需计算整体穿孔率以满足消防排烟要求。

（4）检修口设置：检修口应设置在普通吊顶板区域，满足阀部件运维、检修要求。深化设计时，吊顶内机电管线应综合吊顶排布进行，避免后期拆改和运维困难。当检修位置无法避开吊顶辐射板时应采用活动吊顶辐射板，并预留足够长（一般为2m）的铜管连接软管，本工程采用了活动勾搭吊顶辐射板形式。

4. 龙骨承重和大板面辐射板骨架承重计算

（1）吊顶辐射板相比普通吊顶板在板背面增设了导热铜管、传热翅片、隔热网、保温层等，增加重量约3kg/m²，运行满水状态增加重量约3.5kg/m²，为确保吊顶承重安全，施工前应进行龙骨承重计算。

（2）为确保大板面辐射板不会因为本身的重量而使变形偏差超出范围，需要对单边超过600mm的冷辐射单元板进行骨架加固、连接设计及粘结试验。长条形的板面，盘管应沿长边敷设设置，减少自重弯曲。

（3）多孔板区域应对板面颜色和辐射单元内部材料颜色进行设计和设计放样，以达到与建筑效果一致。

5. 避免吊顶辐射板色差

为避免吊顶辐射板色差，采用吊顶辐射板面板由精装单位提供，由吊顶辐射板生产商协同组装、生产、安装。同时采用抗氧化更强的面漆，解决吊顶辐射板可能因温差而导致饰面板面漆颜色提前氧化的问题。

10.3.3.3 安装方法

1. 安装流程

参见图10-109。

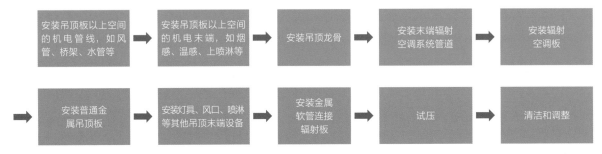

图10-109 吊顶辐射板安装节点图

2. 注意事项

（1）盘管安装的方向应平行于铝板勾搭折边，防止因龙骨与盘管位置冲突导致吊顶板无法安装。

（2）安装样板，与精装单位相互确认安装方法，确定检修口尺寸、位置和安装方式，确定排版及检修口生产制作。

（3）考虑冷辐射吊顶板型材热胀冷缩，预留伸缩缝，确定缝宽和间隔长度。

（4）吊顶辐射板安装时为密缝安装，调节量很小，生产应严格控制板块接口之间连接配件精确度，保证配件对接密实。辐射空调板安装示意见图10-110。

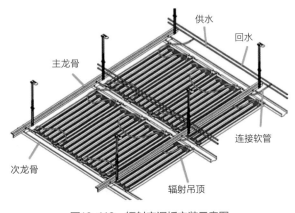

图10-110 辐射空调板安装示意图

10.3.3.4 控制及调试

1. 系统控制

系统集中控制区域舒适度与防结露，可调节室温，设置独立露点控制。

（1）温度控制

监测各区域温度，通过设定温度传感器和温控面板来调节控制系统回水阀开启度，供冷区域当温度大于设定温度时，开大回水阀，反之关小。

（2）辐射板结露点控制

使用关键问题之一是露点控制。防止结露途径主要从辐射板材、辐射板结露点、空气湿度控制三方面考虑。

①辐射板材：辐射板背面覆盖保温材料，减少铜管直接与空气接触。

②结露点控制：吊顶辐射板铜管表面设置贴片式温度传感器测量铜管表面温度，贴片式温度传感器见图10-111。通过室内温、湿度传感器探测的参数，控制器计算出室内露点温度，表面温度与室内露点温度进行比较，监测各区域结露开关状态，当辐射吊顶结露开关报警时，关闭辐射吊顶的进、回水阀；当结露开关报警解除时，打开辐射吊顶的进水阀，由温度控制回水阀。确保运行板表面温度高于室内露点温度。露点控制原理见图10-112。

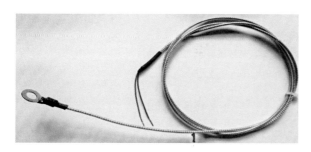

图10-111 贴片式温度传感器

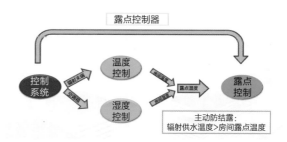

图10-112 露点控制原理图

③湿度控制：除吊顶辐射系统自身调节板面温度控制和结露点控制外，新风系统进行空气除湿有两种控制手段，一种是调节送风参数，另一种是调节送风量。本项目新风系统安装表面冷却式换热器，具备热回收功能，可达到有效除湿。也可通过露点温度取最不利需求，控制风量。

为避免或减小系统启动阶段的结露问题，采用新风系统预除湿软启动控制措施。使用新风机组系统针对每个区域设置变风量末端，调节送入各区域的新风量。风量根据总风管静压进行控制，水阀控制送风参数。

④自动控制及调节：自控系统集成信息，通过标准通信接口将自身监控数据上传至楼宇自控系统，如运行故障信号、运行状态信号、环境温度、湿度信号。

2. 系统调试

（1）水系统压差点的测量

当水系统完成平衡调试后，开启末端设备电动阀，水系统满负荷运行。然后测量供回水压差，以测得的实际数值为依据，设定二次变频水泵的最大输出功率。

（2）温度和防结露检测

系统正常运行状态下，用点温仪（图10-113）测试每块吊顶板的温度，验证末端水路通畅情况。控制系统防结露调试，确保水阀执行器及时动作。使用红外成像仪观测整体板面温度分布，观测辐射温度是否均匀（图10-114）。

| 图10-113 点温仪 | 图10-114 红外热像仪图像 |

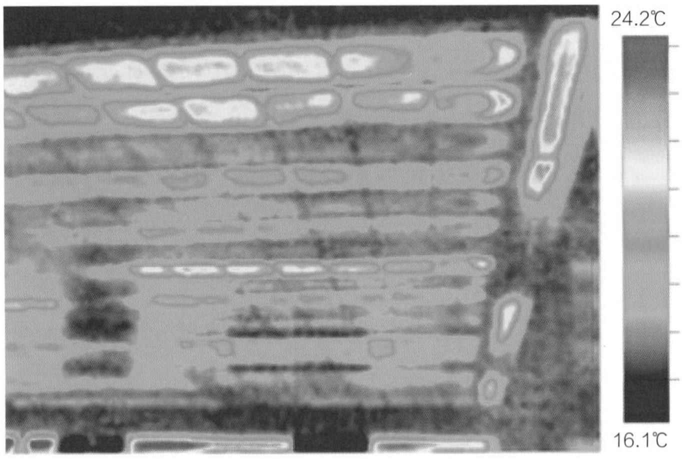

10.3.4 空调系统保温安装技术

10.3.4.1 大温差空调系统保温安装技术

1. 大温差空调系统保温概况

航站楼供冷系统空调供回水温度分别为4.5℃和13.5℃，采用9℃大温差运行（通常为5℃），供热系统空调供回水温度分别为60℃和40℃，采用20℃大温差运行（通常为10～15℃），航站楼空调系统保温参数见表10-30。

航站楼空调系统保温参数		表10-30
名称	**保温材料**	**保温厚度（mm）**
空调风管	环保离心玻璃棉板	40
空调供回水管	柔性泡沫橡塑保温壳	28～40
空调冷凝水管	柔性泡沫橡塑保温壳	10

2. 大温差空调系统主要保温安装技术

（1）复杂机电安装空间风管保温

由于空间狭窄，系统繁多，一旦拆改将导致大面积返工，因此，施工中必须做到安装一次成

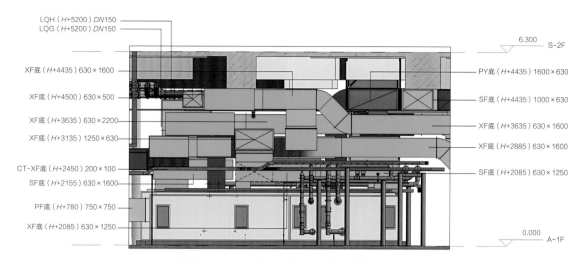

图10-115　复杂机电安装空间风管安装典型剖面图

活，确保零返工和零维修，复杂机电安装空间风管安装典型剖面见图10-115。

1）复杂机电安装空间风管保温深化技术

利用BIM技术三维建模，综合排布，合理优化，风管保温以减少交叉施工、方便后道工序为原则。

2）复杂机电安装空间风管保温工序安排

为确保复杂机电安装空间风管保温质量可控，成品保护到位，避免出现风管就位后保温无从进行的困局，风管保温采取先保温后整体安装的方式进行，组装风管根据现场实际情况，一般不超过4节，约4.8m。

（2）环保玻璃棉保温施工技术

1）适当增加底层保温钉数量

项目结合环保玻璃棉柔软特征，适当增加底层保温钉数量至20个/m²，采用梅花形或井字形排布。对于超大型尺寸风管，施工人员在现场对风管放线后排布保温钉，保温棉接缝处也增加保温钉数量。

2）风管保温增设保温护角

本工程采用镀锌铁皮通长包角措施，护角采用宽30mm×30mm、厚0.6mm镀锌钢板制作，镀锌钢板护角见图10-116。风管安装完成后棱角分明，整齐美观。风管保温护角效果见图10-117。

（3）风管防火板包覆处保温施工

1）保温风管穿过防火隔墙、楼板和防火墙时，穿越部位采用提前保温整体安装方式，确

图10-116　镀锌钢板护角

保穿越处保温连续，保温风管穿越防火墙处节点做法见图10-118。

2）防火板包覆时单独设置支吊架。为防止U形轻钢龙骨框对保温破坏，在U形轻钢龙骨框与保温接触处受力部位增设2倍U形龙骨宽度的镀锌钢板（或PVC条）衬垫，加大受力面积，减少玻璃棉保温外力挤压，防火板包覆节点做法见图10-119。

图10-117 风管保温护角效果图

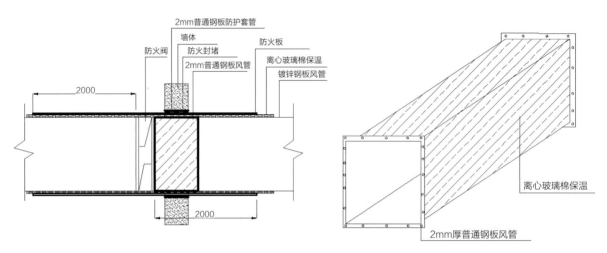

图10-118 保温风管穿越防火墙处节点做法

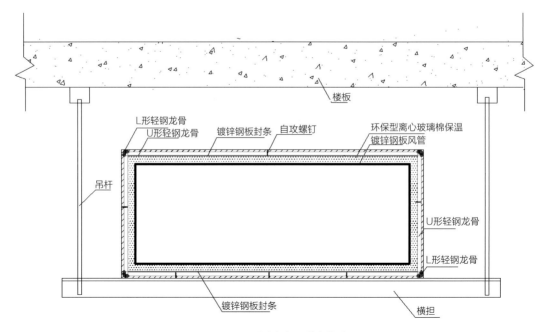

图10-119 防火板包覆节点做法

（4）空调水系统固定支架防冷桥保温施工

固定支架由槽钢龙门架、钢板底座、钢板承力环、平底成品管座、四边角钢立柱组成，龙门架采用槽钢制作；钢板底座采用10mm厚钢板制作，底座边界距角钢外侧距离应不小于50mm，钢板底座与龙门架横梁接触面采用满焊连接；钢板承力环采用10mm厚钢板制作，与管道满焊连接成同心圆，其直径小于成品管座外径20mm；平底成品管座为硬质发泡聚氨酯绝热型，在钢板承力环左右各安装1副，安装时需紧贴钢板承力环；四边角钢规格采用L40×4，底部与钢板底座满焊连接，顶部高度与钢板承力环上端高度相当，安装时角钢内侧应与成品管座紧贴。平底成品管座应在四边角钢立柱焊接完成后安装，避免型钢焊接时对其损伤。钢板承力环和成品管座之间的间隙采用橡塑保温材料填充严密。固定支架防冷桥施工节点见图10-120。

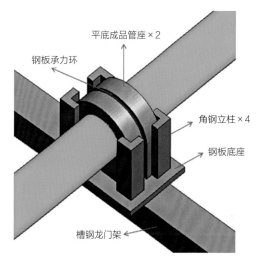

图10-120　固定支架防冷桥施工节点

10.3.4.2 大截面结构新风管廊保温安装技术

1. 大截面新风管廊概况

传统的空调新风一般直接从室外引入，机房距离室外较近，实施起来比较容易。对于超大型建筑物或无法在周边设置通风机房的建筑物，为保证内区新风需求，经常采用结构新风管廊输送形式。随着人们对空气品质需求以及节能意识的提高，本项目采用"结构风道内保温+内衬镀锌钢板"的形式。

航站楼AL、AR区新风管廊沿南北中轴线东西向对称分布，长度均为150m，BL、BR区新风管廊同为对称分布，长度均为130m，截面

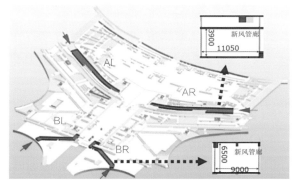

图10-121　航站楼（核心区）新风管廊分布图

均为矩形，其中最大截面处尺寸宽×高为11050mm×3900mm，航站楼（核心区）新风管廊分布见图10-121。

2. 保温形式及材料选择

（1）保温形式选择

经与设计沟通和对比分析，采用"结构风道内保温+内衬镀锌钢板"形式，选用复合硅酸盐保温砂浆替代离心玻璃棉保温。

（2）金属风管加固

采用5号槽钢框架作为镀锌钢板的加固支撑龙骨，槽钢规格与结构风道保温层厚度一致，避

免空鼓。按纵向和横向网状布置，横向槽钢龙骨间距为1200mm（结合镀锌钢板出厂宽度，减少现场裁剪加工），纵向槽钢龙骨间距为800mm，槽钢龙骨与结构墙顶地面之间采用专用金属角码固定，角码间距1500mm，角码与槽钢之间采用M10镀锌螺栓连接，角码与结构墙顶地面之间采用M10膨胀螺栓固定。热镀锌钢板采用M4×16燕尾螺钉在槽钢龙骨上固定，螺钉间距按200mm布置。支撑龙骨节点做法见图10-122。

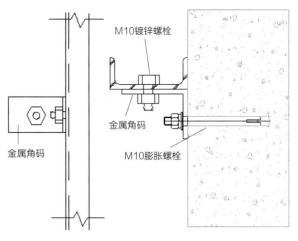

图10-122 支撑龙骨节点做法图

（3）防冷桥做法

槽钢龙骨与基层接触面为防冷桥的薄弱部位，按照上述金属风管加固方案，槽钢龙骨与基层接触面占比约为8.6%，潮湿地区需根据新风温度进行漏点分析，可以在槽钢与镀锌铁皮之间粘贴10mm厚防结露橡塑保温棉。

3. 大截面结构新风管廊保温技术

（1）工艺流程

施工准备→基层清理→镀锌槽钢龙骨安装→复合硅酸盐保温砂浆抹灰→镀锌钢板安装→验收。施工断面示意见图10-123。

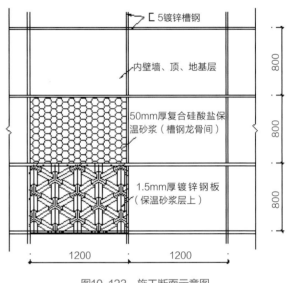

图10-123 施工断面示意图

（2）操作要点和关键技术

1）镀锌槽钢龙骨安装

根据定位控制线将镀锌槽钢纵向和横向网状布置，横向槽钢龙骨间距1200mm，纵向槽钢龙骨间距800mm，槽钢龙骨与结构墙顶地面之间采用专用金属角码固定，角码间距1500mm，角码与槽钢之间采用M10镀锌螺栓连接，角码与结构墙顶地面之间采用M10膨胀螺栓固定。在结构分缝处的槽钢龙骨需断开处理，并预留10cm的间隙。镀锌槽钢龙骨安装见图10-124。

2）复合硅酸盐保温砂浆抹灰

在基层表面均匀涂刷界面砂浆，并用滚刷、抹刀进行毛面处理。灰饼和冲筋采用复合硅酸盐保温砂浆制作，灰饼大小为40mm×40mm，冲筋宽度与保温同厚，两筋间距不大于1.5m，抹完冲筋后用硬尺找平并检查垂直度。抹灰前对基层浇水湿润，复合硅酸盐保温砂浆配制需严格按照材料说明书要求进行，安排专人进行搅拌。对复合硅酸盐保温砂浆进行分层抹灰，浆料应至少三遍施工，每遍间隔应在24h以上，后一遍施工厚度应小于前一遍，最后一遍施工厚度以15mm左右为宜，最后一遍施工时达到冲筋、灰饼厚度并用大杠搓平。保温砂浆抹灰见图10-125。在面层复

图10-124　镀锌槽钢龙骨安装

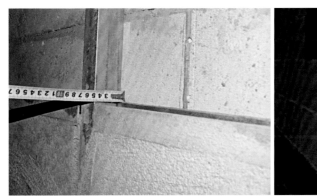

图10-125　保温砂浆抹灰

合硅酸盐保温砂浆初凝前收光时，把玻纤网格布用抹子直接铺压在面层砂浆表面，同时收光，严禁漏铺。在通风条件下自然养护3～7d。

　　3）镀锌钢板安装

　　在复合硅酸盐保温砂浆面层上安装热镀锌钢板，镀锌钢板厚度不小于1.5mm，镀锌层厚度以设计要求为准，热镀锌钢板采用M4×16燕尾螺钉在槽钢龙骨上固定，螺钉间距按200mm布置。镀锌钢板铺装时边界处采用50mm上下搭边压。新风管廊内衬镀锌钢板安装见图10-126。

图10-126　新风管廊内衬镀锌钢板安装

10.3.5　屋面融雪系统设计及安装技术

1. 屋面融雪系统概况及设计方案

（1）屋面融雪系统概况

北京大兴国际机场航站楼（核心区）工程金属屋面约18万m²，屋面的天沟内设置融雪系统，屋面天沟包括采光顶天沟和金属屋面钢制天沟。采光顶天沟包括指廊内的天沟、中央采光顶内的天沟、8个气泡窗底部的不锈钢天沟等，其余均为金属屋面不锈钢排水沟。

本工程屋面融雪系统分别属于3个专业分包，分别是金属屋面一、二标段，屋面幕墙标段。

（2）融雪系统设计方案

1）系统构成

融雪系统构成及功能如表10-31所示。

屋面融雪系统构成　　　　　　　　　　　　表10-31

序号	部件名称	功能
1	融雪电缆	系统的发热部件，自调控融雪电缆
2	温度控制器	控制系统自动运行，要求带故障报警
3	温度、湿度传感器（含控制器）	为控制器提供温、湿度信号
4	电源接线盒	用于连接融雪电缆与电源线
5	两通接线盒	用于连接两根融雪电缆
6	三通接线盒	用于连接三根融雪电缆
7	尾端	用于融雪电缆线路末端的密封
8	配电箱	系统供电设备
9	动力电缆	用于配电箱与电源接线盒之间的连接
10	电缆固定卡	用于融雪电缆在天沟中的固定
11	专用胶	用于电缆固定卡在天沟中的固定
12	其他专用工具	其他用于系统安装的特殊工具

2）融雪电缆选型

①融雪电缆是融雪系统基本材料，本工程融雪电缆外护套采用进口氟塑料材料，具有抗极寒（-40℃）、耐高温（205℃）及防紫外线辐射等明显特征，十年内融雪电缆发热功率衰减不超过10%。

②产品参数见表10-32。

型号	GM-2X（T）
工作电压	220V 50Hz
发热功率	33W/m（在冰雪融水中）
启动电流	0.25A/m（-10℃）
尺寸	宽度：14mm；厚度：6mm；重量：137kg/km

3）系统工作原理

本工程融雪系统采用自发热电缆，可根据现场环境自行调整输出负荷，保证系统最大程度节能，系统工作原理见图10-127。

4）方案设置

①根据天沟宽度，决定融雪电缆数量。

②融雪电缆铺设以天沟雨水口位置为中心，用专用的固定卡子将伴热线固定在天沟表面，卡子用专用胶粘剂粘在天沟表面。

③配电电缆沿屋面下表面的网架铺设，并且从天沟侧壁穿孔出屋面进入室外天沟，穿孔处用密封胶密封处理。

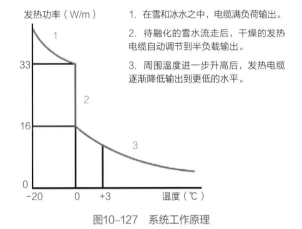

1. 在雪和冰水之中，电缆满负荷输出。
2. 待融化的雪水流走后，干燥的发热电缆自动调节到半负载输出。
3. 周围温度进一步升高后，发热电缆逐渐降低输出到更低的水平。

图10-127　系统工作原理

5）温控系统工作过程及要求

①温控系统（EMDR-10）工作过程：

a. 控制器（EMDR-10）带有温度及湿度探测器，启动过程：

空气温度低于设定值（一般为3℃）时湿度探测器10min后启动；

如果湿度传感器探测到雨雪信号，发热电缆开始启动。

b. 融雪电缆断电：

空气温度升高超过设定值；

湿度传感器探测到雨雪信号消失；

空气温度低于设定的最低温度（一般为-15℃）。

②温控器防护等级IP20，启动温度-3～6℃。

2. 屋面融雪系统施工技术

（1）施工流程

施工流程：材料进场—天沟表面清洁—安装融雪系统—安装控制系统。

1）材料进场准备

施工前应将融雪系统用发热电缆及其相关构配件准备齐全，并检验质量是否符合相关标准。

材料需要码放在干燥的库房，并配备足够的消防器材，避免阳光暴晒。

2）施工机具准备

施工前应准备齐全必要的施工机具，确保施工机具完好。

3）技术准备

①做好技术交底工作：工程开工前由项目工程师组织参建的全体施工人员、质安人员、班组长进行针对性技术交底。

②资料准备：施工技术人员必须熟悉施工规范，准备施工所需各种资料、表格及电子文档，明确检查验收程序及"三检"制度。

③天气条件：施工应在良好的气候条件下进行，不应在雨、霜和五级及以上大风天气下施工。现场温度低于−20℃时应停止施工。

（2）施工机具

1）灰刀：用于清除热塑性聚烯烃（TPO）表面顽固附着物体。

2）手持老虎钳：用于将发热电缆放进固定卡卡口后，将卡口夹紧。

3）一些机电安装的基本工具：用于安装控制系统（控制箱、线槽、线管、电缆等）。

（3）基层清洁处理

在安装融雪系统发热电缆前，首先应将天沟TPO表面进行有效的清洁处理，以保证胶粘剂在TPO表面粘结的牢固，从而保证固定卡的粘结牢固以及发热电缆在天沟内的固定牢靠。

（4）融雪系统的安装

1）融雪电缆安装

①将自粘结TPO裁剪成80mm×80mm的小方块，如图10-128所示。

②将装好卡子的TPO块粘结在原TPO表面后再将融雪电缆卡住即可，安装节点见图10-129。

2）自粘结TPO在屋面融雪系统上受力计算

①计算依据：风洞试验报告、各类规范等。

②风荷载计算：根据规范计算结果和风洞试验报告的最大值得到负风压荷载标准值。

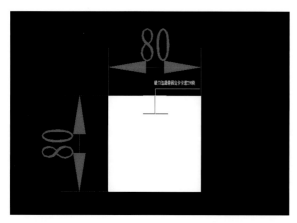

图10-128 TPO预制

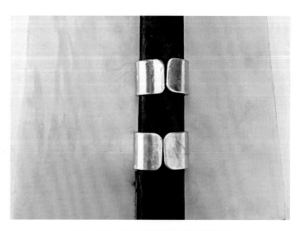

图10-129 TPO融雪电缆安装节点

$W_{k1} = 1.5 \text{kPa}$

③受力计算：

a. 线缆宽度13.5mm，融雪线缆单点受负风压$T' = 1.5 \times 1.4 \times 13.5 \times 1000 = 28.35\text{N}$；

b. 自黏性TPO卷材的接缝剥离强度国标为≥4.0N/mm或者卷材破坏，经检测，接缝剥离强度达到卷材破坏强度，卷材即使破坏了接缝还没有剥离，这也表明其剥离强度至少等于4.0N/mm。

c. 在屋面上使用的自黏性TPO片的面积为$80 \times 4.0 = 320\text{N}$。其剥离强度为$T = 80 \times 4 = 320\text{N}$，远远大于融雪电缆的单点受压压力28.35N。

通过计算得知$T > T'$，所以采用自粘结TPO固定融雪电缆及卡子是可行的。

TPO融雪电缆安装实例见图10-130。

图10-130　TPO融雪电缆安装实例

（5）融雪系统构配件的安装

融雪系统的构配件主要包括：末端盒、直通接线盒、电源接线盒三大部分。末端盒用于发热电缆的末端封堵，直通接线盒用于发热电缆本身的连接，电源接线盒用于发热电缆与供电电缆的连接。

末端盒与直通接线盒在处理完毕接头后，均需要灌注704绝缘防水硅胶以防止水汽进入进而导致漏电、短路等现象的发生。电源接线盒的安装考虑到整体的美观性以及工艺要求和防水等要求，在安装时通过外加工的支架将其固定在天沟外侧（室内马道一侧），支架与铁板之间采用燕尾钉固定，电源接线盒与支架的固定采用不锈钢扎带绑扎固定。

（6）控制系统的介绍及安装说明

本项目共设置81个控制箱，分别属于3个专业分包：

1）金属屋面一标共设计20台控制箱，金属屋面二标共设计22台控制箱，幕墙标段共设计39台控制箱，每台控制箱12～24回路不等，每回路满载负荷为4kW。

2）TPO天沟融雪系统控制箱安装在检修主马道上，不锈钢天沟（气泡窗底部）融雪系统控制箱安装在天沟底部周围的马道上。

3）每个控制箱配备一套温控装置，温度湿度传感器置于距配电箱最近的室外天沟处。

10.3.6　智能楼宇控制系统应用技术

1. 智能楼宇控制系统概况

智能、人性、便捷是智慧机场的鲜明特征，一个超大型复杂建筑需要一个聪明的"大脑"进行指挥和控制来达到智慧目标，智能楼宇控制系统就是其中不可或缺的重要部分。本工程智能楼宇控制系统考虑到创新及后期运维等，采用了IBMS技术（传统楼宇控制系统结合三维BIM信息技术）以及设备机电一体化技术，个性化、智能化、绿色化、系统化、网络化、柔性化是北京大兴国际机场智能楼宇控制系统的主要特点。

2. IBMS系统技术应用

（1）IBMS系统概况

本工程智能楼宇集成管理系统（IBMS系统）是通过对各子系统采集数据来构建航站楼的IBMS系统。IBMS系统集成建筑设备监控管理系统、智能照明监控管理系统、电力监控管理系统、电梯扶梯步道监控管理系统等，见图10-131，其中建筑设备监控系统监控空调机组、循环泵、送排风机、污水泵、电动阀门、定压补水装置、热风幕机、气动窗、屋面融雪装置等共3000余台设备，总点位约70000多点；智能照明监控系统控制40000多盏灯具，包括DALI灯具6000多盏及9000多个开闭回路；电力监控系统监控4000多台配电箱柜，9000余个各类表计；电扶梯步道监控管理系统共监控电扶梯步道337部。完善的智能楼宇管理系统使得航站楼设备运营更加节能、高效、安全，提升了航站楼运营管理水平，使北京大兴国际机场成为名副其实的智慧型机场。

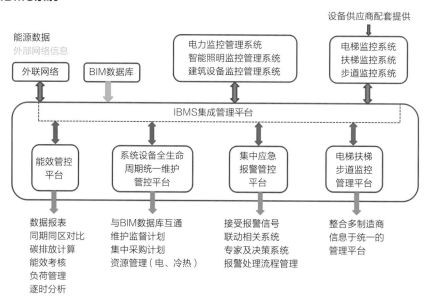

图10-131　IBMS系统主要集成内容

（2）IBMS系统在施工过程中的重难点分析

1）三维模型处理

BIM模型是整个IBMS系统的支撑，是整个运维系统运行的基础，初始阶段需对BIM模型做出以下处理：

①模型检查

考虑到本项目的重要性，我们需要对模型进行检查比对，检查的重点按照建筑各专业分项逐一进行查缺检漏，确认模型的完整性。

②模型轻量化处理

本项目全专业的建筑模型体量较大，根据IBMS系统对模型的要求以及以往实际项目经验，在应用中并不是模型中的每个参数都对运维管理系统有价值。因此，在模型轻量化处理的过程中，我们重点关注建筑模型中的主要设备、部分管网信息，对于建筑结构等非变动性参数信息进行剔除，按照运维系统需要的参数进行导入，使得模型能够减小到计算机可以自由调用的程度。

③模型分组

在模型处理的过程中，我们需要对模型进行分组处理，按照模型的不同专业类型（如：建筑、楼层、房间、系统等）、管理功能应用要求进行拆分、排列、命名、组合关联等一系列处理工作，保证后续管理应用中对模型的操作。

④模型材质贴图

我们会根据模型材质进行不同部位贴图处理，同时针对一部分模型材质细节进行现场二次确认，保证模型尽量接近实体效果。

⑤模型渲染

对建筑模型进行灯光及颜色处理，因为模型中不同部位对于灯光及颜色的要求不尽相同，需要根据模型要求及现场实际光影效果逐一进行烘焙渲染，保证整体模型预期效果达到模型精细化处理的要求。

⑥场景优化

场景优化分为内外场景优化。内场景优化包括项目红线内场景优化，道路、绿化等制作，并根据模型的不同精细化程度进行分区优化完成；外场景优化主要涉及项目周边建筑及整体环境。

2）数据对接

IBMS系统的功能以需要建设的各种子系统为基础，如智能化系统、机电系统等，在这些系统建设完成后，对系统数据进行接入，以实现对设备状态的监控及部分设备的控制。明确现有系统数据接口及通信协议、数据接口协议编写、现有系统数据接入测试、集成系统联调。

（3）IBMS系统部分功能展示

1）能效管控平台

能效管控平台是对机场内的能源、环境、节能策略、照明等进行监控管理，管理人员可以通过报表打印功能生成相应的能耗报表。能效管理平台操作页面见图10-132。

2）集中应急报警管控平台

集中应急报警管控平台主要

图10-132　节能策略结构图

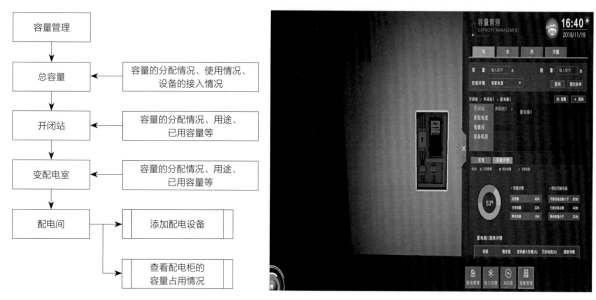

图10-133　容量管理系统结构及监控界面

是通过报警管理和应急管理功能，将机场在发生报警事件时的处理过程通过系统进行记录，同时可以协助管理人员将处理流程标准化，缩短报警事件处理的响应时间，主要分为报警管理及应急管理。

3）设备全生命周期管控平台

本平台将机场内的设备，从使用、维护到报废变更进行了全生命周期的管理。该平台主要是通过配电系统的容量监控、设备管理、备品备件管理、维修维保以及人员管理来体现设备的全生命周期管控理念。容量管理是针对机场内配电系统的配电结构以及容量使用状况进行监控管理，同时管理人员可以进行配电设备的添加，避免容量的大量剩余。容量管理系统结构及监控界面见图10-133。

设备管理功能是通过将设备的台账信息、设备的运行参数信息以及设备影响区域等信息进行监控，协助管理人员掌握设备在使用过程中的状态，方便管理人员及时发现异常、准确有效地处理异常。设备管理的目的，是为了增加设备的使用寿命，避免因设备故障引发重大事故。设备运行参数监控界面见图10-134。

4）电梯、扶梯、步道管控平台

电梯、扶梯、步道管控平台是对机场内的直梯、扶梯、步道的运行状态与运行策略等进行监控管理的平台，根据电梯类型的不同，表现形式会有不同。根据需要，可以定位查看某直梯、扶梯、步道的运行状态、运行方向、当前运行策略等信息。直

图10-134　设备运行参数监控界面

图10-135 直梯、扶梯运行管理界面

梯、扶梯运行管理界面见图10-135。

3. 机电一体化技术应用

（1）机电一体化系统概况

将机电设备与控制系统有机整合，形成一套根据末端需求自行调节运行的智能化设备单元，我们称之为机电一体化。以空调机组为例，一般而言，一台空调机组要能正常地运转，需要有充足的电力供应和适用的控制设备，电力部分由配电柜和电力线缆组成；控制部分则包含了各类传感器（温湿度传感器、空气质量传感器、压差传感器等）、执行器（风阀执行器、水阀执行器）、控制设备（DDC）以及相关的控制线缆等。

（2）机电一体化系统优点

以空调机组机电一体化为例进行介绍，机电一体化空调机组见图10-136。

1）优化施工界面

智能化专业有许多的传感器需安装到空调机组上，有些甚至需安装到空调机组内，例如，防冻开关的取源部件、风机压差开关的取源部件等，这样就会在空调机组上进行钻孔、固定等施工，容易因成品保护、安装质量等与空调施工单位产生矛盾。机电一体化组合由厂家直接成套提

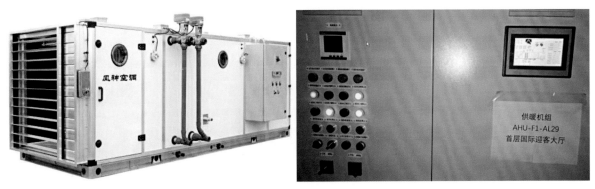

图10-136 机电一体化空调机组

供，减少了施工界面衔接和施工现场配合难度，使施工变得更为简单。

2）简化调试程序

按工序而言，需先进行空调机组的施工，再进行其他专业的施工，智能化专业不仅安装的设备杂而多，并且系统调试的时间要远大于机组的开机调试时间，通常前期延误的工期会通过压缩智能化的调试时间来弥补。机电一体化的理念，把空调机组的配电和控制都集成到空调机组上，使得每个空调机组不再是一个孤立的设备，而成为一个小的系统，不再依赖于其他专业就能正常运转，机组可以在工厂制造阶段就完成单机的调试工作，一旦空调机组安装完毕就具备了单机单系统的运转条件，可简化调试程序、节约智能化系统的调试时间。

3）方便交圈管理

对于一个大型建筑项目，因房间功能和热负荷调整进而对空调机组进行变更的现象常有发生，空调机组变更可能涉及电气专业容量调整、变频器调整、部分传感器调整等，由于设计和施工人员一般按专业划分，经常会因个别专业滞后或遗漏导致系统无法运行。机电一体化集成后，责任主体更加集中和明确，极大地提高了交圈管理效率。

10.3.7　航站楼消防系统设计及安装技术

10.3.7.1　消防系统概述

航站楼消防系统是保障航站楼人员及财产消防安全的重要措施，系统设计需结合航站楼建筑特点、功能分区、消防疏散、防护等级等要求进行，相比常规工程消防系统，航站楼消防系统更为复杂。本节主要介绍火灾自动报警系统、防排烟系统以及消防水系统。

10.3.7.2　火灾自动报警系统

1. 控制室设置

本工程火灾自动报警系统（FAS）采用控制中心报警系统，消防总控制室设在航站楼西北指廊（图10-137）。为达到有效的管控半径及便捷的管理，在东、南两个方向再分设两个消防分控制室负责相关区域的消防报警及联动管理。

2. 网络构架

采用控制层及管理层两层网络架构。控制层网络：报警控制主机之间采用专用光纤环网连接；消防系统与广播系统、安防系统、IBMS互联。管理层网络：联动服务器、工作站及控制主机之间管理层构建标准化的千兆以太网络平台，支持TCP/IP、Modbus、OPC等标准通信协议；通过防火墙光纤接入机场核心交换机MSI信息集成，网络互联采用TCP/IP协议，并预留与航站区消防综合管理系统接口。消防网络构架见图10-138。

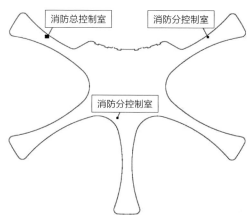

图10-137　消防控制室分布示意图

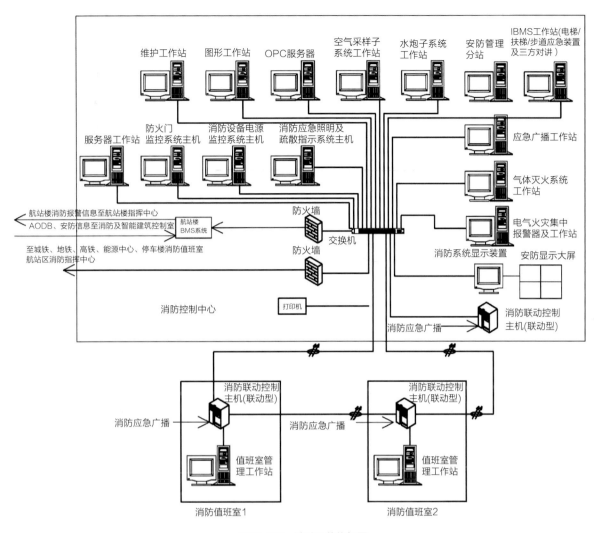

图10-138　消防网络构架图

3. 系统组成

本工程火灾自动报警系统包括消防报警及联动控制系统、消防专用对讲电话及通信系统、电气火灾监控系统、故障电弧探测系统、防火门监控系统、消防设备电源监控系统、气体灭火控制系统、消防应急照明及疏散指示系统、水炮灭火控制系统、可燃气体探测报警系统、公共广播系统（消防应急广播系统）等。

（1）消防报警及联动控制系统

本工程通过由53台消防报警联动控制器连接光电感烟探测器、感温探测器、红外对射探测器实现火灾24h自动探测。并通过I/O接口监测可燃气体系统、空气采样系统、水流指示器、报警阀组的报警信息。并在通道、出入口明显部位设置手动报警按钮接收人工报警。在建筑疏散分区的主要出入通道及疏散楼梯出入口附近便于操作的位置设置重复显示屏，显示相关区域报警状态信息。

（2）电气火灾监控系统

电气火灾监控系统是由系统主机、区域控制器、漏电探测器、漏电互感器、温度探测器及相关缆线等组成，消防主控制及电工总值班室各设1台电气火灾监控集中报警主机，双主机并列运行，具有相同管理等级。

（3）故障电弧探测系统

故障电弧探测系统是由系统主机、区域控制器、故障电弧探测器及相关缆线等组成，消防主控制及电工总值班室各设1台电气火灾监控集中报警主机，双主机并列运行，具有相同管理等级。集中监控管理，分散控制。

（4）消防设备电源监控系统

消防设备电源监控系统分为管理层及现场控制层两层网络结构。管理层系统主机设置在消防总控制室。根据变电室及功能分区规划设置区域控制器，区域控制器设置在弱电小间内，系统管理层主机通过专用总线与区域控制器相连。

4. 防火分区

（1）性能化设计范围

本工程非性能化设计区域主要位于首层的各个指廊区域，其功能为后勤、机电用房、办公用房等。非性能化与性能化区域之间采用防火墙进行分隔，设置独立的疏散体系；性能化设计区域主要为公共区、行李处理区、机电管廊等。

（2）防火控制区及独立防火单元

本工程防火控制区之间以防火墙、防火卷帘和防火隔离带进行分隔，并通过辐射模型来计算隔离带需要的有效宽度。独立防火单元主要针对大空间内局部集中的具有围护结构的商业或餐饮区进行特殊的防火分隔，该集中区域外围的围护结构采用2h防火隔墙、1.5h耐火极限的楼板进行保护。

10.3.7.3 防排烟系统设计及施工技术

1. 系统概况

本工程根据消防性能化要求，烟气控制策略分为如下系统，见表10-33。

防排烟系统划分表 表10-33

序号	系统	适用范围
1	自然排烟系统	适用于开放大空间，大空间屋顶设置排烟窗
2	防火舱机械排烟系统	适用于商业、高舱位休息室等服务性用房
3	独立防火单元机械排烟系统	适用于办公用房
4	行李区域机械排烟系统	适用于行李系统及行李处理机房
5	货运服务车道机械排烟系统	适用于货运及服务车道
6	APM隧道机械排烟系统	适用于APM隧道
7	管廊机械排烟系统	适用于地下一层水、电管廊
8	楼梯间正压送风系统	适用于各楼梯间

防排烟系统各风口末端采用排烟阀并设置手动和自动开启装置，就地手动以及由火灾探测报警

系统和消防控制室控制，并联锁打开风机。平时通风和排烟系统合用风道，分别设置排烟阀和排风口；排风支管上设置常开电动阀，火灾时由火灾探测警报系统和消防控制室关闭。防火分区内无可开启外门窗时，采用机械补风送风至火灾发生的防火分区内，补风量大于相应区域排烟量的50%。

2. 新规范应用

本工程防排烟系统根据《建筑机电工程抗震设计规范》GB 50981—2014强条要求，防排烟风道采用了抗震支吊架；根据《建筑设计防火规范》GB 50016—2014强条要求，风管穿过防火隔墙、楼板和防火墙时，穿越处风管上的防火阀、排烟防火阀两侧各2.0m范围内的风管采用了防火板包覆，满足耐火极限要求。

（1）抗震支吊架应用

相对于普通支吊架系统，抗震支吊架考虑管路的水平地震作用，能将水平方向上产生的最大地震作用及时传递给建筑结构，以保证震后防排烟系统的正常运行。

（2）深化设计及受力计算

根据现场勘查及设计说明等资料，结合《建筑机电工程抗震设计规范》GB 50981—2014，对抗震支吊架深化设计，项目采用了全过程BIM深化技术，利用项目制定的编码规则、三维建模技术等，有效地解决了复杂管线空间排布问题，见图10-139。

根据规范要求结合现场实际空间情况，采用侧向和纵向抗震支吊架形式，节点大样见图10-140。

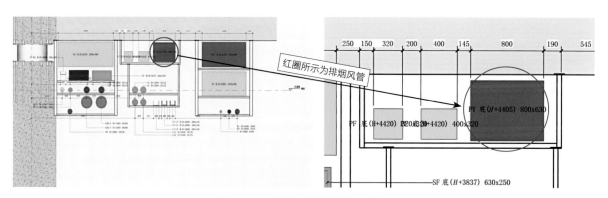

图10-139　排烟风管综合剖面示意图

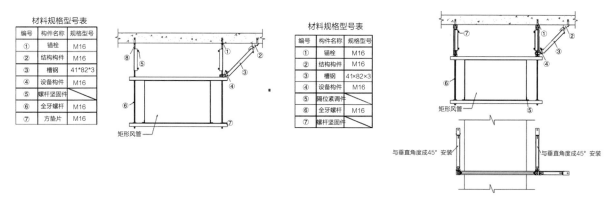

图10-140　排烟风管侧向及纵向抗震支吊架大样图

根据抗震支吊架的选型对所选抗震支吊架进行侧向及纵向受力计算，见表10-34和表10-35。

防排烟系统风管侧向受力计算书　　　　　　　　　　　　　　表10-34

项目信息		节点信息			
系统名称	防排烟系统	构件参数	规格	数量	单位
设防类别	乙类	锚栓	M16	3	PCS
设防烈度	8度	结构连接构件	M16	2	PCS
地震加速度	0.2	抗震斜撑槽钢	$41\times82\times3$	1	PCS
节点位置	地下一层	设备连接构件	M16	1	PCS
设计间距	9	限位紧固件	DN16	2	PCS
设备型号	800×630	全牙螺栓	M16	2	PCS
支撑类型	侧向支撑	螺杆加固件	M8	2	PCS

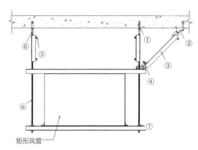

矩形风管

最大安装高度（mm）	2100	安装角度	$45°$（$\pm2°$）
α_{EK}计算值	0.303	α_{EK}取值	0.5
管线每米重（N）	308	抗震重力荷载G（N）	2772
重力荷载分项系数γ_G	1.2	水平地震作用分项系数γ_{Eh}	1.3
F：水平地震作用标准值（N）		$\alpha_{EK}\cdot G$	1386
S：地震作用综合效应设计值（N）		$\gamma_G\cdot S_{GE}+\gamma_{Eh}\cdot S_{Ehk}$	1109+1802＝2911
风管侧向抗震支吊架荷载值（N）		5370	满足$S\leqslant R$

部件名称	计算参数S	额定荷载R	验算结果
抗震构件抗拉荷载（N）	4212	12300	√
斜撑抗拉荷载（N）	4212	42966	√
斜撑抗压荷载（N）	4212	6880	√
斜撑锚栓抗拉荷载（N）	2978	23000	√
斜撑锚栓抗剪荷载（N）	2978	10538	√
吊杆抗拉荷载（N）	2405	42966	√
吊杆抗压荷载（N）	573	13970	√
吊杆锚栓抗拉荷载（N）	2405	23000	√
吊杆长细比l/r	81	≤100	√
斜撑长细比l/r	104	≤200	√
验算结论	以上各部件计算结果符合：《建筑机电工程抗震设计规范》GB 50981—2014要求		

368　凤凰之巢 匠心智造——北京大兴国际机场航站楼（核心区）工程综合建造技术（工程技术卷）

项目信息		节点信息			
系统名称	防排烟系统	构件参数	规格	数量	单位
设防类别	乙类	锚栓	M16	3	PCS
设防烈度	8度	结构连接构件	M16	6	PCS
地震加速度	0.2	抗震斜撑槽钢	$41 \times 82 \times 3$	3	PCS
节点位置	地下一层	设备连接构件	M16	3	PCS
设计间距	18	限位紧固件	$DN16$	2	PCS
设备型号	800×630	全牙螺栓	M16	2	PCS
支撑类型	侧纵向支撑	螺杆加固件	M8	2	PCS

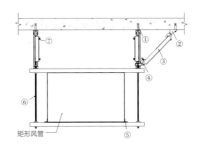

最大安装高度（mm）	2100	安装角度	$45°（\pm 2°）$
α_{EK}计算值：	0.303	α_{EK}取值	0.5
管线每米重（N）	308	抗震重力荷载G（N）	5544
重力荷载分项系数γ_G	1.2	水平地震作用分项系数γ_{Eh}	1.3
F：水平地震作用标准值（N）	$\alpha_{EK} \cdot G$		2772
S：地震作用综合效应设计值（N）	$\gamma_G \cdot S_{GE} + \gamma_{Eh} \cdot S_{Ehk}$		1109+3604＝4713
R：风管侧纵向抗震支吊架荷载值（N）	10740		满足$S<R$
部件名称	计算参数S	额定荷载R	验算结果
抗震构件抗拉荷载（N）	4212	12300	√
斜撑抗拉荷载（N）	4212	42966	√
斜撑抗压荷载（N）	4212	6880	√
斜撑锚栓抗拉荷载（N）	2978	23000	√
斜撑锚栓抗剪荷载（N）	2978	10538	√
吊杆抗拉荷载（N）	3894	42966	√
吊杆抗压荷载（N）	2061	13970	√
吊杆锚栓抗拉荷载（N）	3894	23000	√
吊杆长细比l/r	81	≤100	√
斜撑长细比l/r	104	≤200	√
验算结论	以上各部件计算结果符合：《建筑机电工程抗震设计规范》GB 50981—2014要求		

（3）风管的防火板包覆

本工程防排烟系统使用镀锌钢板风管，最长耐火极限为3h，项目采用耐火极限3h的12mm厚防火板包覆做法，确保防排烟系统管道满足消防要求。

3. 机械正压送风系统测试与调整

本工程正压送风系统区别于以往余压阀设计，采用压差传感器和旁通电动调节阀自动余压调节功能。机房内正压送风机送风管的旁通管上设置电动调节阀，进行楼梯间及前室的余压值的控制，楼梯间及前室均设置压差传感器，压差传感器在火灾发生时持续检测楼梯间及前室的余压值，同时将检测数据反馈回消防分控室，消防分控室根据各压差传感器反馈回的数据自动调整正压送风机的旁通管上的电动调节阀的开度，从而达到自动调整楼梯间及前室余压值的效果。

10.3.7.4 消防水系统设计及安装技术

1. 系统概况

本工程消防水系统包含消火栓给水系统、自动喷水灭火系统、固定消防炮系统及大空间智能型主动喷水灭火系统。消防泵房内装设12台消防主泵及固定消防炮稳压设备。两个屋顶水箱间装设2台50m³稳压水箱及其他三个系统稳压设备。

2. 消防泵房综合排布

利用Revit软件基施工图纸建模，再利用三维扫描仪对现场已经完成的地面、基础、梁高、套管等进行扫描校核，获取各项实物数据。与厂家沟通，确保厂家所提供的设备符合现场安装条件，核对每个设备进出口形式及尺寸。消防泵连接安装局部节点大样见图10-141。支架在满足承重要求的情况下成模数，阀门及各类仪表安装整齐划一。管线综合排布时，尽量减少无用的返弯。消防泵房现场效果见图10-141。

3. 管道系统安装

（1）消火栓系统"永临结合"

"永临结合"即利用正式管线，为施工现场提供施工期间临时生产用水及临时消防用水，本工程利用地下一层正式消火栓系统主管道，采用局部增加临时管线的方式进行接驳，形成闭合环

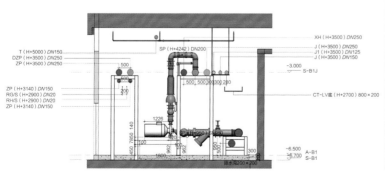

图10-141　消防泵房深化设计节点及现场效果

状布置。结合正式消火栓主管道路由，由楼梯间内正式消防立管引出临时消防支管，再按照临时消防间距要求（按30m考虑）与临时消火栓相连。"永临结合"减少了临时架设管道工程量，极大地提高了施工运输效率，避免了后期大量的临设拆改以及专业间的协调配合量。

（2）复杂管线施工工序优化

由于本工程机电管线密集，安装位置空间狭小且各专业管线多层重叠排布，根据管线综合排布原则，有压管道应避让无压及其他专业大型管线，在其他专业施工完成后，吊顶内已基本满敷且部分位置已无支吊架生根的空间。考虑到消防水管道敷设量大（约30万延米），为避免消防管道无法安装及工期压缩情况，项目采取自动喷水系统主管优先敷设，将管道敷设于结构柱梁与次梁高差内，支管在风管和桥架空隙中合理穿插施工。

4. 末端设备安装

（1）暗装消火栓箱

为避免占用内走廊及公共区域的空间要求，暗装消火栓箱外立面需与二次装修墙面持平。经与设计及建筑专业沟通，在墙体砌筑时先预留900mm宽结构洞口，消火栓箱正面突出墙体5mm，箱体背部用硅酸钙板隔墙进行封堵，以达到防火分隔的要求，暗装消火栓大样图见图10-142。

（2）明装消火栓箱

根据精装专业给出的明装消火栓箱外形概念，我们对消火栓箱内部尺寸进行细化，确保消火栓及灭火配件可以放置于箱体内部并满足规范要求。明装消火栓箱大样图见图10-143。

（3）喷淋末端安装

本工程隐藏型喷头主要应用于办公区及旅客公共区，吊顶板采用铝扣板、格栅板、设备带等形式。喷头安装的施工方法和节点根据吊顶板形式各有不同。

1）隐藏型喷头安装

格栅板主要应用于通透性吊顶的场所，本工程格栅类吊顶通透面积占比大于70%，喷淋头需增设集热罩，经过深化及与设计沟通，在喷头格栅处放置可覆盖面积0.12m²的集热罩进行集热

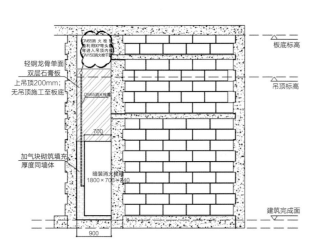

图10-142 暗装消火栓大样图及安装效果图

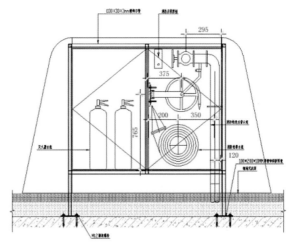

图10-143 明装消火栓大样图

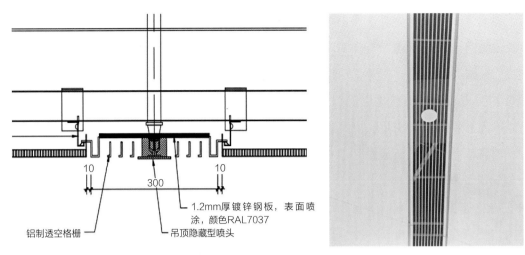

图10-144　格栅板集热罩做法图

并喷涂颜色为RAL7037色号面漆以满足整体精装效果要求。格栅板集热罩做法见图10-144。公共区空间采用大量的定制弧形板，喷头定位难度大；板材尺寸大，安装后不可拆卸。喷淋头安装以精装装饰板作为基准，每一块装饰板中点作为基准点进行放线，喷淋头设备带定位安装见图10-145。

2）预作用喷淋末端安装

本工程预作用喷淋系统主要应用于地下一层汽车服务车道区域，此区域设备机房多，管线密集。安装时应注意，宽度大于1.2m风管及成排桥架水管下方，增设相应口径的喷头，见图10-146。

3）行李钢平台喷淋末端安装

行李钢平台用于安装行李传送设备，其形式主要分为两种：实心钢板平台及格栅钢平台。钢平台覆盖面积大，敷设于顶部结构梁底的湿式喷淋系统已不能满足钢平台下消防要求，需在钢平台下增加喷淋末端管道及喷头，以满足消防要求。施工需要考虑的因素包括：钢平台承重（本工程为≤25kg/m²）、钢平台下方净空（本工程为≥2.6m）、多层钢平台管道生根位置。项目采取了

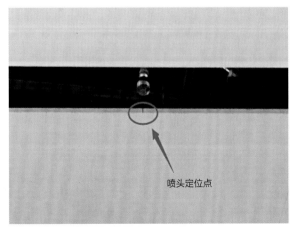

图10-145　喷淋头设备带定位安装

图10-146　大于1.2m成排管线下方增设喷头

如下措施：

①经过计算，DN65及以下满水管道可以满足钢平台承重要求，据此将DN80及以上的管道固定于墙、结构梁等位置，减少钢平台下的吊点。

②行李处理机房部分区域为三层钢平台，消防立管高度为6.5m，无固定点，通过管道路由进行优化，将主管进行分支并沿墙安装，支管伸入钢平台下吊装，在满足主管道安装的同时，确保了固定于钢平台下方支管管径≤DN65。

③对于钢平台下方净空的问题，同设计沟通，将原设计直立型喷头改为边墙型喷头，并将管道敷设于钢平台结构梁的内侧，管道的整体标高可提高3cm。

5. 水炮安装

本工程消防水炮分两种：自动消防炮及自动扫描射水高空水炮。自动消防炮为座装水炮，自动扫描射水高空水炮为吊装水炮。水炮的安装既要保证水炮在喷射过程中产生的后坐力的稳定性，又要满足装饰装修专业建筑的美观性。水炮安装节点见图10-147。

6. 罗盘箱内消防设备的安装

本工程在高大空间区域内设置若干个竖向机电单元（简称"罗盘箱"），罗盘箱设置消火栓箱及消防水炮以满足消防覆盖距离要求。

消火栓箱位于罗盘箱两侧，利用罗盘箱的结构立柱进行箱体的固定。罗盘箱装饰门应采用全开或不小于120°的开启角度。

消防水炮安装于罗盘箱的顶部正中心。将水炮阀门组设于检修门口处，安装高度设定在距地面0.6m，方便维修操作。水炮安装高度需根据厂家提供的水炮射水角度、视频可视范围结合罗盘箱顶部截面尺寸确定（图10-148）。

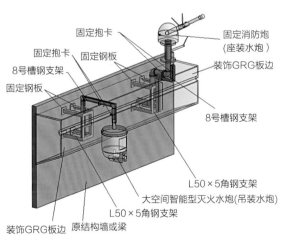

图10-147 水炮安装节点图

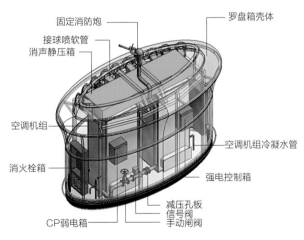

图10-148 罗盘箱BIM模型

10.4 超大型多功能航站楼民航、信息专业施工技术

10.4.1 行李系统与机电综合施工技术

10.4.1.1 行李区域机电系统介绍

三层出发双层到达设计理念注定行李系统分布面广，本工程行李系统分布在航站楼B1层至F4层，主要集中在分拣区、值机区、提取区、行李判读室、开包间、城市航站楼行李联络处等。

行李系统区域机电安装施工难度体现在深化设计、施工组织、施工工序等各方面，机电系统（包括民航信息）需与行李系统深度融合，互为协调，互相创造条件。行李区域主要施工内容见表10-36。

行李区域主要机电施工内容　　　　　表10-36

分部名称	主要机电施工内容
建筑给水排水及采暖	各类流体管道、管道保温、喷淋头、消火栓等
通风与空调	各类风管、风口、防火阀等
建筑电气	各类桥架、线管、母线、线缆、照明灯具等
智能建筑	各类桥架、线管、线缆、烟感、温感、疏散指示、广播、摄像头等
民航信息	安检、离港、时钟、航显、航班、自助值机等

10.4.1.2 行李与机电综合设计

1. 行李与机电信息对接

行李系统一般采用业主分包模式，需尽早招标，就关键信息进行技术对接。

（1）预留预埋对接：行李系统结构预埋件和预留孔洞多，结构施工前应提请业主组织设计或中标单位进行交底，确保准确。

（2）施工图纸对接：行李和机电系统应互相确定好施工图纸版本号，以便基于共同图纸信息进行深化，应及时向对方提供变更信息，并履行收发手续。

（3）模型信息对接：行李区域与机电综合系统复杂，双方模型和信息对接界面和协议应彼此兼容，便于综合深化、施工、调试、运维等阶段信息共享。

（4）空间需求对接：行李传送带、行李车运输通道、行李检修等对空间需求严格，行李与机电综合深化中应一并考虑。行李系统相关空间需求见表10-37。

行李系统空间需求   表10-37

行李区域	要求高度
行李传送带	传送带上方净空≥900mm
检修通道	≥800mm
行李车运输通道	≥2500mm
行李车卸货区	≥2850mm

（5）特殊部位对接：行李系统涉及安检、海关、边检、航空公司等部门的特殊需求，如值机柜台、安检区域、开包间、判读室等区域需进行重点对接，以满足施工及功能需求。

2. 行李与机电管线综合深化

（1）深化原则

以行李路由为主线，以实现功能为前提，行李分拣区机电管线合理穿插，支吊架统筹策划；值机区、提取区与装修、机场系统等互创条件，精准定位；开包间、判读室优先考虑行李设备布局，合理规划机电系统功能。由于行李分拣区涉及面积最为广泛，与机电之间关联最为复杂，下面重点介绍行李分拣区深化要求。

（2）行李分拣区综合深化

1）各系统深化要求：行李区域机电系统深化要求见表10-38。行李分拣区经常采用多层钢平台设计，在综合深化中，要注意多层钢平台形式下喷淋的保护面积以及照明照度，以满足消防和功能需求。

行李区域机电系统深化要求   表10-38

序号	名称	内容
1	消防水	主管道沿顶板梁间敷设或预留孔洞穿梁安装，以节省安装空间；管道尽量避开行李传送带正上方，减少漏水安全隐患；要注意多层钢平台形式下喷淋的保护面积，以满足防火要求
2	通风与空调	截面积大的风管需综合考虑行李平台支吊架模数间隔，尽量保证大型风管顺直以减少风阻，否则需要计算风量和风速，必要时通过设计调整风管长宽比例，或调整行李支吊架形式、转换梁位置等，以满足功能要求；注意避免穿墙和穿梁洞口与行李支吊架冲突，深化设计时应提前综合考虑，行李传送带上方及安装难度较高的位置，应采用预制风管，对于施工难度较高的位置，可以节省施工工序，方便安装
3	给水排水	任何情况下都需先考虑重力排水管道的坡度
4	强弱电	桥架、大口径电缆安装，需要尽量顺直，并保证操作空间；多层行李平台应考虑照明布置及照度，建议沿结构柱分层布置；消防报警系统以及机场系统内的CCTV、PA等在行李区内的墙体、钢架或者柱体上安装需符合行李运行和安全要求；机场系统、楼控系统、消防系统管线深化需避免过多绕弯导致的信号衰减

2）行李与机电支吊架深化：采用BIM技术对钢平台支吊架进行模拟定位，再进行机电管线的综合排布，避免碰撞。行李支吊架经常采用多层转换支架形式，占据的层间高度大，在行李空

图10-149 支吊架深化与施工图

间穿越的机电管线受此影响，标高进一步降低，进而对行李传送带上方（本项目要求≥0.9m）净高造成影响。解决措施为：在满足机电功能的情况下，与设计协商更改管线路由；对行李支吊架形式进行优化，采取多种支吊架形式组合，合理选用。支吊架深化与施工见图10-149。

3）行李系统空间需求控制：传送带上方、检修区域等对高度和空间要求严格，需要注意的有：深化中减少机电管线在行李空间尤其是行李平台和传送带上方穿越；机电末端，如灯具、喷淋以及各类探测器等避开行李传送带上方安装；注意防火隔墙与行李传送带上方净空；行李运输通道及行李车装卸位置必须满足控高要求，必要时通过设计更改管线路由。行李分拣厅空间需求见表10-39。

行李分拣厅空间需求　　　　　　　　　　　　　　　　表10-39

行李平台位置	图示	内容
底层		行李运输车的运输及装卸高程
中间层		设备运行高程，输送带上方高度满足标准箱包通过要求

续表

行李平台位置	图示	内容
上层		结构、机电到行李设备的高程。包括行李支架模数对建筑和机电管线的影响

3. 行李综合支架承重荷载计算

机电管线及末端设备等应避免利用行李钢平台进行固定，以利于减轻行李钢平台承重和降低运行中的振动对机电管线的损害。需要借用固定时，如喷淋末端、线管、灯具、防火包封等，在行李支吊架承重中应综合计算。

4. 行李区域防火设计

行李系统需满足建筑防火消防需求，跨越不同防火分区或有特殊防火要求的区域，需进行行李系统防火包覆，行李系统防火包覆示意见图10-150。

防火包覆将行李平台隔离成一个独立的空间，综合支架设计时，需要将行李平台、防火板和机电管线统筹考虑。为满足支架间距要求，行李平台下方机电管线经常采用地面支撑支架或局部与平台共架等形式。

10.4.1.3 行李与机电综合施工

1. 施工组织及注意事项

对值机区、分拣区、提取区、行李判读室、开包间等区域，按照总体计划分阶段，制定详细的施工计划安排。

（1）值机岛行李托运区域以柜台定位为导向，各机电系统合理穿插施工，重点关注行李传送带、行李称重台、X光机之间的定位关系，以及行李地面支撑架与地面线槽、地面接线端子间的定位关系，合理安排工序，避免交叉施工。

（2）行李分拣区面积大，与机电系统交叉施工多，应按照施工总体进度计划制定详细的分片

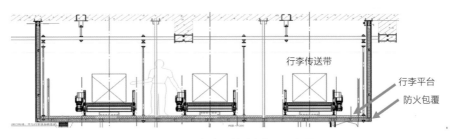

图10-150　行李系统防火包覆示意图

施工计划，确保按照工序展开流水施工，本工程分拣区工序为：

行李预埋件安装（结构预留）→行李转换梁安装→行李导轨梁安装→机电支吊架安装→楼板顶无机喷涂（如有）→机电管线安装→行李钢平台安装→行李设备安装→机电末端设备安装→系统调试。

（3）行李提取区为人员较为集中的公共区域，对空间净高和舒适感要求高，提取区转盘应在上部吊顶安装完成后进行，避免交叉施工。

（4）行李判读室、行李开包间集中了大量行李和安检设备，施工中优先考虑行李相关设备支架、运输、安装、检修等因素，如机电管线需避开行李升降检修台等。静电地板满足地面线槽、等电位连接，预留精密空调及管线安装位置等。

2. 多层平台的组织施工

多层行李钢平台主要集中在行李分拣区，需要特别关注施工工序，本工程行李分拣大厅净高12.5m，钢平台最多为三层。三层钢平台区域，先进行顶层钢平台的安装，利用顶层钢平台进行机电管线安装，从而避免高空作业。一层和两层钢平台区域，无法借助行李平台施工，在行李钢平台安装之前，利用升降车将行李区域最顶部机电管线施工完毕。多层行李钢平台施工见图10-151。

3. 施工精度的控制

行李系统采用了大量定型产品，小的偏差可能导致大的拆改和返工，施工中应严格把关，可以采用机器人放样测量、红外定位等高科技手段，各方严格按照深化图纸组织施工。图10-152为行李平台钢梁与机电风管的典型综合图，钢梁和风管必须做到准确定位安装才能避免返工。

4. 装配式施工

行李区域机电管线较为复杂，交叉作业和高空作业多，成品保护难度大，鉴于此，复杂位置机电安装尽量采用预制化装配式施工，以减少现场施工量，同时避免焊接动火带来更大的隐患。如空调风管采用成品内保温金属风管；流体管道采用沟槽和法兰连接，提前做好管道工厂煨弯和

图10-151　多层行李钢平台施工

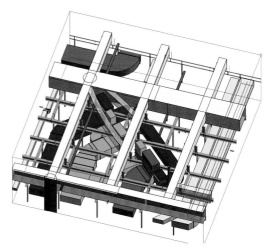

图10-152 行李平台钢梁与机电风管的典型综合图

图10-153 空调水管道工厂预制现场整体拼装图

焊接工作；采用成品综合支架多专业拼装施工等。图10-153为空调水管道工厂预制现场整体拼装图。

10.4.1.4 行李系统与机电系统综合调试

行李系统调试前应做全面的检查和确认工作，每台设备先单独调试，运行合格后才能做系统的调试。必须设置运行安全区域，采取有效的信号联络系统，防止可能发生的意外事故。设备应运行平稳，无摩擦产生的振动或过大的声音，输送带运行处于直线状态，跑偏量符合要求且松紧适度。各项控制及设定功能应动作灵敏、可靠，安全装置有效。

行李系统综合调试时需机电系统（含民航信息）多专业协同作业，各专业相互关联，部分系统互为前提，综合调试之前各系统单机调试均应完成，单系统调试完成、检测完成。行李系统与机电系统综合调试逻辑关系见表10-40。

序号	机电系统名称 （含民航信息）	逻辑关系
1	供电系统	供电系统供电后行李系统开始调试
2	照明系统	照明系统供电后行李系统开始调试
3	消防系统	消防系统向行李系统发出火警信号，行李系统关闭行李设备，向消防系统反馈信号，消防系统关闭防火卷帘门
4	安检系统 （含CT、海关）	安检系统向行李系统发送行李安全状态信息，行李系统按信息状态跟踪分流行李
5	离港系统	离港系统向行李系统发送行李信息、旅客信息，行李系统按信息分配设备资源、分拣旅客行李
6	时钟系统	行李系统连接时钟系统进行系统校时
7	航显系统	行李系统向航显系统发送分拣转盘分配信息，航显系统按信息正确显示转盘信息；航显系统分配进港提取使用信息，行李系统按信息启用对应设备资源
8	航班系统	航班系统向行李系统发送航班信息，行李系统按信息分配设备资源、分拣旅客行李
9	自助值机系统	根据自助值机系统信号，接收自助值机的行李，并把行李系统状态反馈给自助值机系统
10	安检信息系统	在开包间接收安检信息发送的行李信息，实时记录开包行李信息，并产生提示报警

10.4.2　"一关三检"综合施工技术

1. "一关三检"概况

航站楼旅客出入境需经过海关、边检、安全检查以及卫生防疫和动植物检疫检查，简称"一关三检"。北京大兴国际机场"一关三检"主要功能区有三部分：

（1）国际出发区域（F4层）：检验检疫、安检、边检、海关等功能区。

（2）国际到达区域（F1层）：检验检疫、边检、海关等功能区。

（3）国际中转区域（F2层）：包含国际转国内、国际转国际、国内转国际三种形式，有检验检疫、边检、安检、海关等功能区。

分布见表10-41。

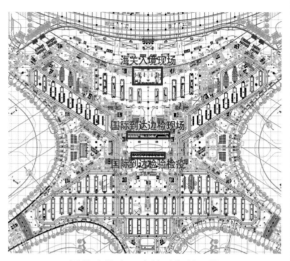

F1层检验检疫、边检及海关入境区

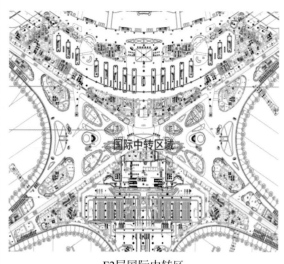

F2层国际中转区

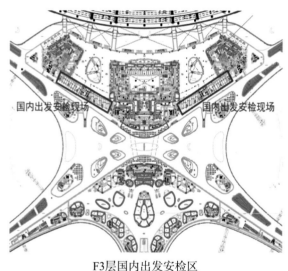

F3层国内出发安检区

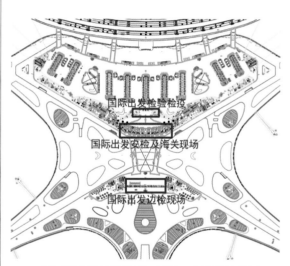

F4层国际出发检验检疫、安检、海关及边检区

2."一关三检"主要施工内容

为实现"一关三检"功能，功能区需配备监控、广播、信息、安检、服务咨询等一系列设施设备以及为这些设施设备提供运行能力的电气设施，该部位的机电安装以此为核心展开。主要施工内容见表10-42。

"一关三检"主要施工内容 **表10-42**

序号	名称	主要施工内容	位置	图示
1	海关	市政电源、UPS电源、综合布线点位、信息点位、广播系统、安检机、柜台、闸机、摄像头、定位仪、显示屏等设备安装	一层 四层	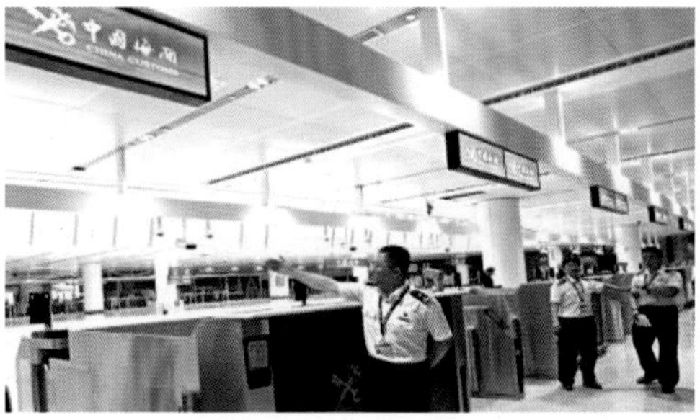
2	边检	市政电源、UPS电源、综合布线点位、信息点位、广播系统、柜台、闸机、摄像头、显示屏、定位仪等设备安装	一层 四层	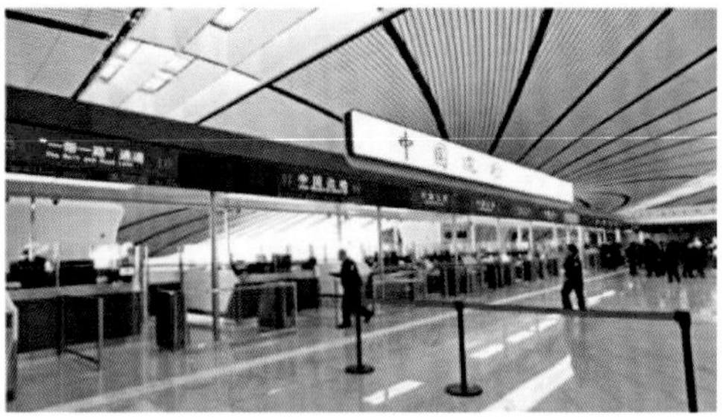
3	安检	市政电源、UPS电源、综合布线点位、信息点位、插座箱、安检机、X光机、回筐设备、闸机、摄像头、拾音器、防爆检测、核物质检测等设备安装	负一层 二层 三层 四层	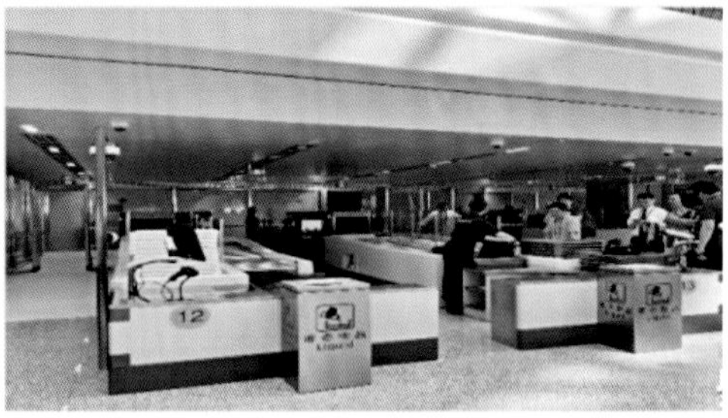
4	检验检疫	市政电源、UPS电源、综合布线点位、信息点位、广播系统、柜台、闸机、摄像头、显示屏、核素定位仪、红外测温仪等设备安装	一层	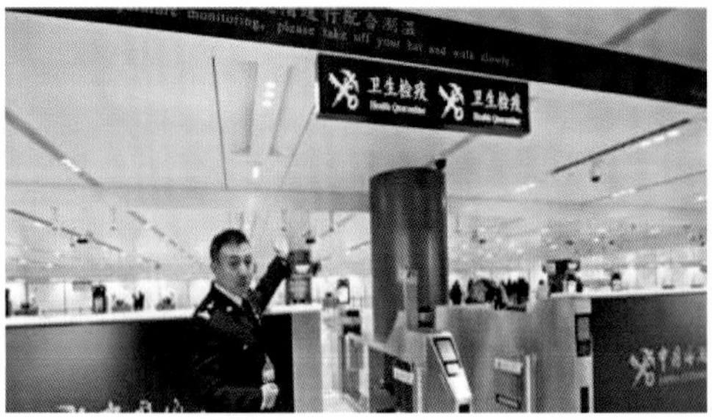

3. 施工难点及解决方案

"一关三检"通道在航站楼内属于相对独立且功能复杂的区域，涉及建筑、装修、电气、暖通、智能建筑、民航弱电等分部分项工程，包括30多个子项的施工工序，加之空间相对狭小，施工难度大；功能区需满足海关、安检、边检和检验检疫四大职能部门的需求，同时人流密度较大，在保证各种设备安装合理且运行可靠的同时，需兼顾功能便捷、整齐美观；此外，由于各职能部门的设备对安装环境要求较高，职能部门进场时间较晚，工期紧，协调困难，为现场施工增加了难度。针对该区域施工的难点特点，采取以下措施：

（1）制定专项施工方案。理清各专业的施工界面、工序安排、各专业之间的交叉工序衔接及对前置工序的完成要求和时间等，同时需明确各专业施工的前置条件，避免因工序混乱造成不必要的拆改。以柜台安装为例：柜台安装前各类线缆敷设到位，电源线做好绝缘摇测及线盒安装，并做好防护，后续可按照设备安装要求将线缆引至指定位置。

（2）重点抓好深化设计。"一关三检"区域施工前，各分包单位、各专业承包商和设备供应商在总包统一组织下进行深化设计。为提高施工精确度，深化设计采用1：1真实模型建模，设备模型及规格尺寸由设备供应商提供，设备定位由设计院和使用单位现场校核确定，机电管路及建筑综合协调以三维节点大样图展示，见图10-154。

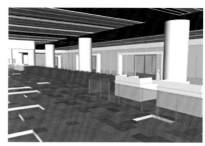

图10-154 "一关三检"深化设计图

（3）建立科学的进度协调管理机制。"一关三检"涉及专业繁多，海关、边检、安检等职能单位以及闸机、柜台、安检机等设备进场时间靠后，各专业各工种互相交叉，工作面往返移交，安排合理则相互促进，反之则相互制约。要做到有序运作需建立科学的计划体系，其目的是使总目标与分目标明确，长目标与短目标结合，以控制性计划为龙头，支持性计划为补充，为控制提供标准。

在正式施工开始前，由总包统一组织成立"一关三检"技术及现场联络小组，各相关单位指派技术负责人、现场负责人及联络人，统一在总包的管理体系下工作，明确分工职责，确定行动规则，制定施工流程图，使各项工序衔接有序。

设立专门的部门对工程进度进行总控制，安排计划工程师负责进度计划的管理和协调工作，各专业分包和独立承包人也成立进度计划管理机构，并安排专人协助总包管理自己单位的施工进度，设立节点目标，对每个关键工序以及影响其他专业施工的工序设定时间节点，是减少重复拆改，进行科学高效管理"一关三检"区域施工的关键一环（图10-155）。

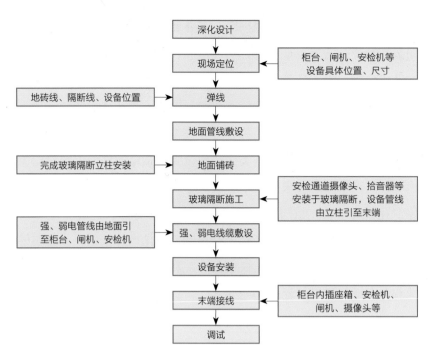

图10-155 "一关三检"施工流程图

第11章
§

超大平面航站楼智慧建造技术

北京大兴国际机场航站楼工程规模巨大，平面面积超大，结构节点形式复杂多样、屋面钢结构跨度大曲线多变、机电系统繁多协同困难，给施工建造带来了极大的挑战。针对施工过程中的种种困难，项目以信息化手段为抓手，通过科技攻关和技术、管理创新，实现了项目信息化协同办公、工地管理的数字化与智能化、BIM等新技术应用的落地化与实用化，同时提炼出大型机场航站楼智慧建造技术，指导北京大兴国际机场航站楼的优质、高效建造。

BIM技术为项目全过程精细化管理提供了强大的数据支持和技术支撑，不仅能对项目的各个节点进行精细化管理，同时利用协同平台可以大大提高工作效率，减少不必要的返工和浪费。结合本项目施工难点，对BIM技术应用进行策划，在深化设计、方案模拟、场区管理、项目管理、预制加工、成果管理六个方面应用了BIM技术。例如：建立了劲性混凝土结构节点模型，解决了复杂节点钢筋与钢结构的连接及排布问题；施工前利用BIM技术提前模拟施工过程，优化施工工序，提高施工效率，节省施工成本。基于BIM技术，规划和研发了北京大兴国际机场智慧工地信息化管理平台，为项目实现信息化、精细化、智能化管控提供了支撑平台，平台主要包括集成劳务实名制管理系统、可视化安防监控系统、施工环境智能监测系统、资料管理系统、塔吊防碰撞系统、OA平台和BIM 5D系统等功能。

11.1 数字化施工准备

11.1.1 数字平面管理

施工场地的布置与优化是项目施工的基础和前提，合理有效的场地布置方案在提高场地利用率、减少二次搬运、提高材料堆放和加工空间、方便交通运输等方面有重要意义。项目利用BIM技术进行现场布置，根据不同施工特点以及对现场道路、材料堆放区、设备运输、吊装等要求，结合现场场地大小与现场施工手册的要求，对现场临设、道路、材料加工区、塔式起重机等进行场地布置，使平面布置更合理，可及时调整，提前发现问题，避免重复施工，使现场临设符合标准化施工，如图11-1所示。BIM技术辅助将施工临时设施、安全设施等实现标准化、模块化、工厂预制化加工，实现功能快速达标。现场利用机械和人工，能够快速实现拼装、拆移、工厂回收。解决北京大兴国际机场远离城区，大面积施工对临设、安全、运输交通、文明施工标准化的考验，节省了成本。

为保证北京大兴国际机场航站楼及综合换乘中心工程的顺利施工，需要在施工现场设置必要的管理人员的办公区、生活区和工人生活区，并提供各项生活辅助设施。按照相关要求，现场布置的临建设施分为项目总承包部办公区及生活区、监理办公区、发包人办公区、施工作业人员生活区（容纳8000人）。本项目利用BIM技术进行场地布置，综合考虑办公楼、宿舍楼、食堂、活动区、道路、给水排水、排污系统、供电方案、空调系统、弱电方案等，最大限度地利用场地空间，如图11-2所示。

图11-1　施工现场布置图

11.1.2　数字化图纸会审

本工程依靠BIM技术辅助图纸会审，按照业主下发的2D施工图纸，利用Revit软件创建项目60万m²的结构、建筑、机电、幕墙、钢结构、屋面、装修等专业的模型。模型创建的过

图11-2　项目办公区布置图

程等同于对施工图纸进行了一次2D图纸会审，可检查出2D施工图纸图面的错漏落项、平面图与系统图不符等问题。

模型创建完成后，利用BIM模型的可视化优势，依靠Revit、Navisworks、Fuzor等软件对各专业模型进行模型内漫游和可视化会审，发现单专业问题和方案不合理处，提出合理解决方案，有效规避了施工过程中发现问题、方案讨论、解决问题导致工期延后的风险。

单专业模型会审后，对各专业模型进行整合并会审，对多专业交接、穿插的节点、区域进行重点审核，可直观性地检查出复杂节点、区域单专业缺漏和多专业重叠等问题，由此编写图纸会审，可有效避免缺漏专业施工中和施工完成后造成的拆改、返工和质量、安全事故等问题；可由设计明确多专业重叠处的专业取舍问题，有效减少后期因图纸不完善等问题导致的设计变更。BIM+图纸会审应用流程如图11-3所示。

由以上几点，可知BIM+图纸会审让图纸会审更完善、更准确、更有针对性，BIM+图纸会审与普通图纸会审相比，可进一步减少施工图纸不完善造成的技术问题，如现场拆改、返工、质量、安全、工期延误以及后期的设计变更数量等。

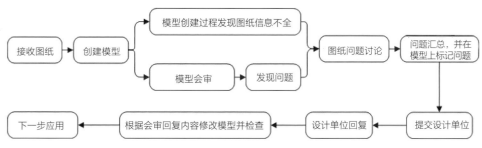

图11-3　BIM+图纸会审应用流程

11.1.3 数字化施工组织设计方案交底

本工程依靠BIM技术辅助施工方案和技术交底编制，改善传统交底文字叙述较多、附图可读性差等问题。针对方案和交底内容创建相应BIM模型，并根据BIM模型对方案和交底进行论证和改进，最终将方案和工艺模拟动画、各安装工序三维图片与传统施工方案、交底结合形成可视化交底记录，下发各施工单位并进行宣贯，使方案和交底更易读、易懂，使方案和交底更明确，减少因交底内容不清等原因造成现场拆改、返工以及扯皮现象，进而在很大程度上保证施工质量和施工进度。

11.1.3.1 栈桥施工模拟

为了加快施工进度，针对项目平面尺寸大、塔式起重机运力有限，项目部经过研究创新性地采用栈桥工法进行水平运输，在钢栈桥施工前，利用BIM技术的可模拟性，在软件中对钢栈桥进行了预拼装，如图11-4所示，检验拼装工序的合理性，为钢栈桥在完成后的使用过程中的安全、能效提供了保障。

本着节约成本、优质建造的原则，钢栈桥在方案策划和设计的过程中利用BIM三维模型进行方案的比选，对钢栈桥的生根形式、支撑体系、构件选择以及货运小车在运行中的受力情况进行了详细的模拟和验算。

11.1.3.2 隔震支座施工模拟

航站楼核心区共设置1152个隔震支座，整个航站楼地上结构全部由隔震层与地下结构隔开，增强旅客换乘舒适度，为全球最大的隔震支座建筑。每个隔震支座工序达到20道，现场工人的理解能力及操作性有限，给施工、验收带来了巨大挑战，通过制作BIM模型（图11-5），增强技术交底的可视性和准确性，提高现场施工人员对施工节点的理解程度，缩短工序交底的时间。

11.1.3.3 劲性混凝土结构施工模拟

本工程劲性钢结构的体量大、分布广、种类多。劲性结构内钢结构节点复杂，钢结构、钢

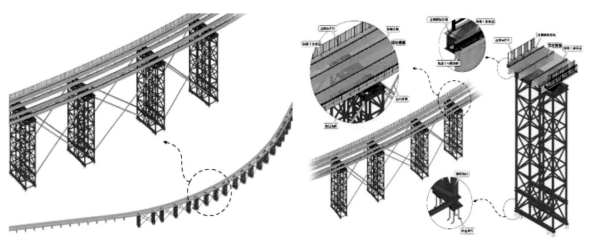

图11-4　栈桥BIM模拟图

图11-5　隔震支座部分工序分解模型

筋、预应力筋交叉关系错综复杂。平面设计图难以表达出各构件之间的相对位置关系，且平面设计图需要人工立体想象思维。采用BIM技术进行深化设计，通过利用Tekla Structures软件对全部结构进行三维建模。模型立体全角度可视化，可立体表示出各构件交叉关系，并按具体情况选择连接形式，解决各构件之间的位置冲突。

劲性结构钢筋直径较大、数量多、间距小，柱筋均为$\phi40$，梁筋为$\phi32$、$\phi40$。梁多向

图11-6　快速连接节点的模型

交叉，最多为6向梁交叉。多向梁钢筋相交，需进行分层排布。梁筋与柱筋多向相交，需进行空间交叉排布。劲性结构钢骨与钢筋交叉较多，故连接节点较多。劲性结构钢骨及钢筋在深化、排布完成后，需按照钢筋与钢骨的具体位置关系，根据连接节点优势选择连接方式。通过BIM技术，在施工前就将所有劲性钢结构和钢筋进行放样模拟，确定钢骨与其周边钢筋的排布及连接方式，并自主研发快速连接节点等专利技术，如图11-6所示。

劲性结构深化完毕后，对钢骨的安装进行施工模拟，对安装施工时的现场施工状态进行模拟，从而方便选择运送路线、吊装方式。对劲性结构钢骨安装完毕后的现场施工状态进行建模，动态模拟现场施工顺序，选择最优的施工工序，指导现场施工。通过BIM技术的可视化功能对劲性结构的每道施工过程进行分解和交底，确保了复杂节点钢筋安装质量，提高了工效，如图11-7所示。

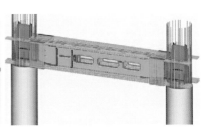

（a）安装上铁　　　　　　　　　（b）安装外箍筋　　　　　　　　　（c）安装下铁及竖向拉钩

图11-7　劲性结构钢筋安装施工模拟

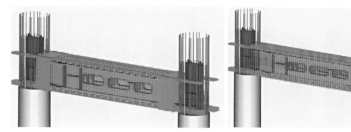

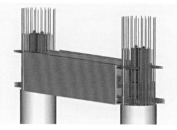

（d）安装腰筋及水平拉钩　　　　（e）布置外箍筋　　　　　（f）支设模板

图11-7　劲性结构钢筋安装施工模拟（续）

11.2　数字化结构工程施工

11.2.1　超大跨度自由曲面钢结构网架数字化施工

航站楼核心区屋盖结构为不规则自由曲面空间钢网架，建筑投影面积达18万m²，如图11-8所示。由于曲面位形控制精度要求高，下方混凝土结构错层复杂，施工难度极大，通过BIM技术的多方案比选（图11-9），以及对各个施工工况采用多尺度模型进行的受力和变形分析（图11-10），最终确定了"分区施工，分区卸载，变形协调，总体合拢"的技术方案，建立了屋盖钢结构预起拱的施工模型，63450根架杆和12300个球节点依据预起拱模型进行加工安装。

通过BIM模型、工业级光学三维扫描仪、摄影测量系统等集成智能虚拟安装系统，确保了出厂前构件精度满足施工要求。通过物联网、BIM技术、二维码技术相结合，建立钢构件BIM智慧管理平台，构件状态可在BIM模型里实时显示查询。在施工过程中，采用三维激光扫描技术与测量机器人相结合，进行数字化测量控制，建立高精度三维工程控制网，严格控制网架拼装、提升、卸载等各阶段位形，确保了最终位形与BIM模型的吻合。实现了2570m长合拢线、1836个合拢口高精度对接。

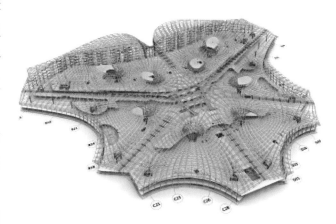

图11-8　屋盖钢结构模型

图11-9　钢网架屋盖施工方案模拟图

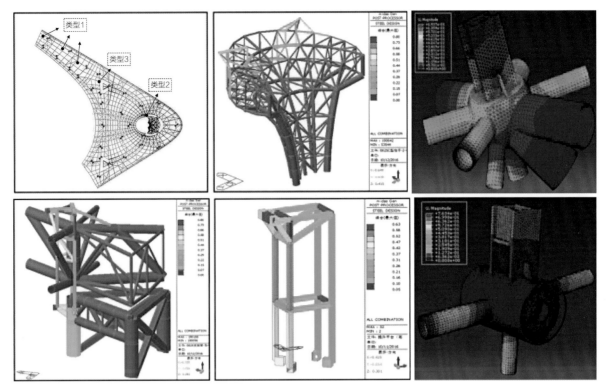

图11-10 节点计算过程截图

11.2.2 超大自由曲面复合屋面体系数字化施工

在屋面和幕墙工程部分，4个月内完成了18万m²、由12个构造层组成、安装工序多达18道的自由曲面屋面的施工。采用三维激光扫描技术和BIM技术相结合的方式，通过三维激光扫描仪对12300个球节点逐一定位三维坐标，形成全屋面网架的三维点云图，仅10d就精确确定了主次檩拖的安装位置，而如果采用传统的测量方式，完成这样的工作至少需要一个月，网架三维扫描原始图形如图11-11所示。

另外，在檐口不规则渐变曲面，装饰板分格双向弯弧，对应面板和骨架均需双向弯曲，加工难度大，现场安装定位困难，采用BIM技术进行深化设计和加工下料的方式，保证了施工质量和安装效果，檐口施工过程模拟如图11-12所示。

C形柱采光顶龙骨为铝合金网壳结构（图11-13），铝结构空间节点允许变形小，需要极高的空间定位精度，BIM技术可以实现安装全过程模拟，依据三维模型进行铝合金结构及玻璃下料加工，通过模型对节点板和螺栓孔等关键部位的三维坐标进行控制，确保C形柱采光顶的精确合拢。

11.2.3 如意祥云曲面曲线空间吊顶体系数字化施工

核心区屋盖吊顶为连续流畅的不规则双曲面，通过8处C形柱及12处落地柱下卷与地面相连，

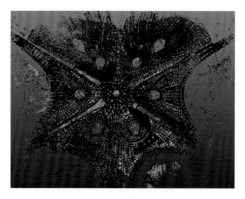

图11-11　网架三维扫描图

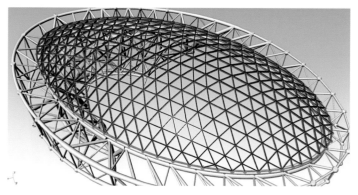

图11-13　C形柱采光顶龙骨模型

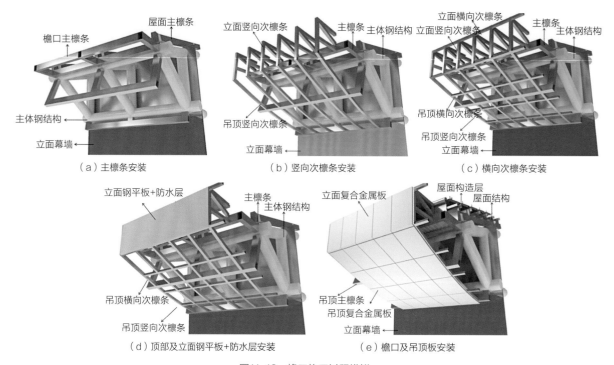

（a）主檩条安装　　　　　　　　（b）竖向次檩条安装　　　　　　　（c）横向次檩条安装

（d）顶部及立面钢平板+防水层安装　　　　　　（e）檐口及吊顶板安装

图11-12　檐口施工过程模拟

板边系统采用流线多曲面GRG板。在BIM技术与三维激光扫描仪、测量机器人等高精设备的组合下，现场结构实体模型融合设计面层模型，通过碰撞分析与方案优化，对双曲面板和GRG板进行分块划分，建立龙骨、面板以及机电等各专业末端布置的施工模型，并根据模型进行下料加工和现场安装。

11.2.3.1　三维激光扫描建模

装饰装修阶段施工，第一件重要工作就是勘查现场土建结构，核对图纸与现场的偏差。采用三维激光扫描技术，对施工现场进行信息采集工作，从现场真实的点云数据中提取施工区域的平面图，通过比对设计提供的平面图和提取的现场平面图，核对修改施工图纸。下面为现场扫描情况，具体的流程如下（注意：扫描时要准确清晰地采集导线点信息，以备扫描数据的拼站处理以及后期的点云数据与现场的匹配处理）：

（1）现场控制点测设，如图11-14所示。

（2）现场扫描，如图11-15所示。

（3）模型对比分析，如图11-16所示。

（4）平面图提取导出CAD图，如图11-17所示。

（5）图纸尺寸匹配：

图纸以布设的控制点和标靶纸为准，再根据配准后结果进行图纸调整。

（6）现场数据测量，如图11-18所示。

（a）现场测点照片　　　　　　　　　　　　　（b）标靶纸照片

图11-14　现场控制点测设

 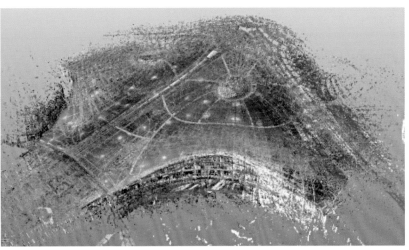

（a）现场扫描照片　　　　　　　　　　　　　（b）扫描点云阶段成果

图11-15　现场扫描形成点云

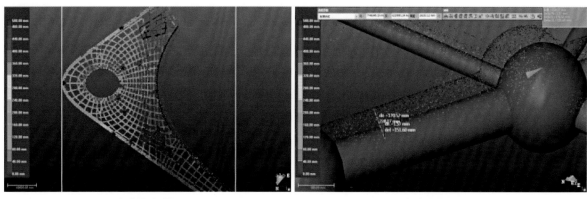

（a）模型对比   （b）偏差值显示

图11-16　模型对比分析

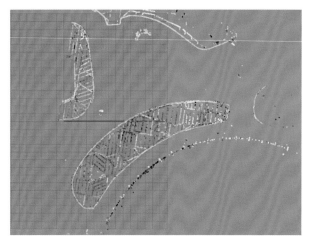

图11-17　点云导出的轮廓图片

图11-18　点云数据的简单测量

11.2.3.2 数字化模拟施工安装

大吊顶系统的施工利用现场采集的精准数据结合三维可视化原理，在电脑里对施工过程进行仿真模拟，将现场问题100%消除在策划阶段，实现后期零返工。利用三维建模深化进行施工模拟，确定施工方案。整个施工的策划都在电脑上模拟完成，现场的工作就是按照定好的尺寸和位置进行安装，大大降低了施工难度以及出错的几率。

与普通吊顶相比，复杂吊顶单元定位困难、型材长短不一、面板呈非标准几何形状，给构件加工和管理带来困难，导致成本上升，BIM的工作模式改变了这一流程，首先在建模的时候对"用户自定义特征"中的单元面板、龙骨框架、非常规型材这类构件依据数据规划进行唯一的编码，计算机根据几何条件自动计算输入参数，装配出整体建筑的吊顶模型，然后通过程序提取相应数据进行安装。

11.2.3.3 数字化加工下料

大吊顶系统和板边栏板隔断系统等造型的材料下单，通过数字化施工策划，生成高精度的电子文档交付厂家下单，取代现场测量或制作模板等传统下单方式，实现下单过程数字化。后期配合全站仪定点等技术进行放线和安装定位。

图11-19　3D打印C形柱模型

图11-20　海关大厅VR效果图

11.2.3.4　3D打印技术

通过3D打印，实现BIM模型的实体化，可以通过3D实体模型对复杂结构的装饰装修节点进行实体分析。利用3D打印技术打印的C形柱模型和划分好的不规则双曲面吊顶板，在模型上进行预拼装，可在安装前及时发现问题，如图11-19所示。

11.2.3.5　VR技术

随着VR技术的兴起，将BIM技术和VR体验深度融合，建立BIM+VR互动式操作平台，可以通过互动方式实现在VR环境下的方案快速模拟、施工流程模拟，并可直接生成720°全景.exe文件，无须安装任何专业软件即可随意查看全景视图。VR效果的直观与轻便，能够让复杂信息的抽离与凝练更加容易，互动交流更加通畅，最终起到实时辅助决策的效果，图11-20为海关大厅的VR效果图。

11.3 数字化机电工程施工

11.3.1　超级复杂机电系统数字化安装调试技术

本工程机电专业系统共计108个，且空间狭小、管道密集、各类构件的连接方式多样。因Revit软件内置的系统族文件均与国内标准有差异，在项目初期，为满足施工工艺的要求，BIM工程师根据设计图纸说明和实际管材工艺标准，创建机电专业所需的各类系统族文件，保证模型创建的标准化。

本工程单层面积最大可达20万m²，考虑到单层模型体量之巨大和硬件设备的数据处理能力有限等因素，在团队协同方面，采用分区分专业建模、深化的方式，并通过BIM服务器中心文件对模型进行协同，保证超大平面的机电深化设计能有序、高效地进行。在这样的协同方式下，BIM工作室完成了60万㎡全区域的机电深化设计，包括机房外全区域全专业机电深化设计、241间大小机房的全专业机电深化设计、全区域的抗震支吊架深化设计、全区域消声器深化设计、全区域隔震补偿深化设计。深化设计图纸包括综合平面图、剖面图、三维轴测图、局部大样图等，图纸数量达2400余张。在深化设计过程中，BIM工程师综合考虑各专业碰撞、专业间避让规则、工艺要求、设计标准和现场可实施性，将Revit深化设计功能运用到极致，将现场施工过程中的拆改问题、资源浪费问题、工序不清问题出现的几率降到了最低。图11-21为机电综合深化设计图纸，图11-22为部分区域机电深化设计效果。

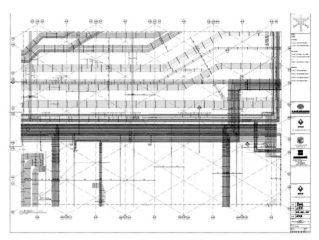

图11-21 机电综合深化设计图纸

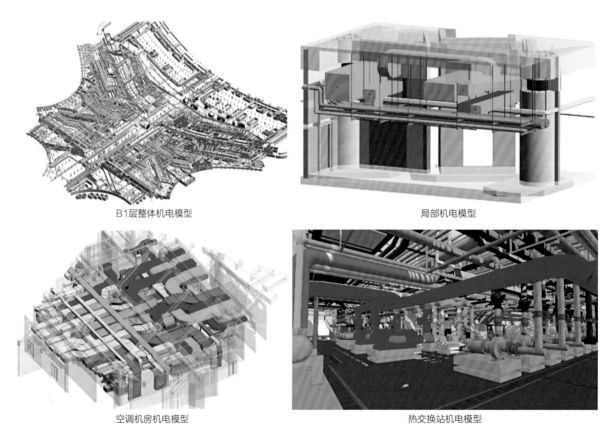

B1层整体机电模型　　　　　　　　　　局部机电模型

空调机房机电模型　　　　　　　　　　热交换站机电模型

图11-22 部分区域机电深化设计效果

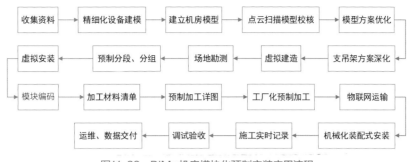

图11-23　BIM+机房模块化预制安装应用流程

11.3.2　核心机房机电设备管线预制数字化安装技术

为了响应国家号召，推进机电工程模块化预制加工及装配式施工，本工程B1层AL区换热机房和生活热水机房采用了模块化预制安装技术，BIM+机房模块化预制安装应用流程如图11-23所示。暖通换热机房：888m², 总换热量24000kW。生活热水机房：278m²，设计小时制热量822kW，小时供水量14m³。

机房模块化预制安装计划分为17个标准流程，通过数据管理协同平台全过程进行数据收集、共享、传递。

施工前对实际建筑结构进行三维扫描形成实体模型，结合实体模型对机房进行深化设计形成BIM模型，依照BIM模型进行标准件划分、工厂预制化以及物流信息管理，最终进行现场快速装配。

优化设计方案方面，机房模块化深化根据系统、平面图修正模型错误。完善管线、桥架模型。解决碰撞点，空间管线合理优化。并分系统进行设备及附件集成，节省机房面积。预制加工中对监控点进行预留，避免现场二次加工。机房经设计优化后，有节地、节材、完善设计未尽之处、观感及质量俱佳等优点。图11-24为机房模块化设计方案。

图11-25为机房模块工厂预制加工图片，图10-26为热交换站分系统模块组装完成后的照片，通过粗略测算，预制化模块技术比传统的安装技术节省机房面积140m²，节省工期、管材、型材等约三分之一。

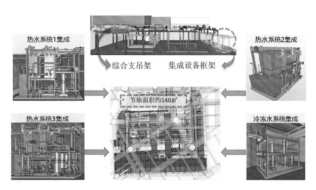

图11-24　机房模块化设计方案

图10-25　机房模块工厂预制加工

图11-26　热交换站分系统模块组装完成效果

11.3.3　IBMS智能数字楼宇管控系统

针对大型国际机场运维难度大等问题，项目研发了基于BIM模型的IBMS智能楼宇管理系统，通过集成各子系统信息，集中监控，统一管理，构筑四大管控平台：能效管控软件平台、电梯/扶梯/步道集中管控软件平台、系统/设备全生命周期统一维护管控软件平台、集中应急报警管控软件平台，存储历史记录。

能效管控软件平台可进行能耗关联度分析，可对任意区域进行能源消耗对比，能效分析评估是根据数据采集存储的历史数据，通过各种对比方式实现相应的对比显示，同时可以根据天气、预设工作安排信息等进行智能化能效分析、评估与预测。

系统/设备安全生命周期统一维护管控软件平台可使BIM管理系统通过数据交互实现不同系统内的设备数量、指标参数、相关资料和供货商等信息进行后台实时同步与更新，即BIM平台数据更新后可在软件平台中即时同步更新，自动生成工单、电子标签和派送管理并且支持云部署，实现设备维保信息记录和预防性维保报警功能，信息展示功能，设备总体信息管理、更换维修记录、使用效率、维护率等统计和分析功能等，电力能源、冷热能资源、水能资源管理功能。

集中应急报警管控软件平台可以将IBMS集成的全部子系统报警信息，通过BIM模型数据，采用3D形式经渲染后进行符号报警显示、颜色报警显示、弹出报警显示等，并可以根据后台配置和权限管理，实现分角色和工作站分类报警集中显示功能。图11-27为IBMS智能楼宇管理系统。

图11-27　IBMS智能楼宇管理系统

11.4 数字化项目管理与集成化信息平台

随着经济的高速发展，我国正在进行着世界最大规模的基础设施建设，全国各地建筑工地数量持续增长，工程规模也越来越大。与此同时，建筑工地的安全问题、工程的质量问题、施工场地环境问题、扬尘噪声扰民问题也突显出来，给施工管理带来很大的挑战。如何落实安全施工、绿色施工、文明施工，对建筑工地和工程项目进行实时有效的管理是亟须解决的问题，同时，工程现场的管理层和决策层也需要及时把握项目宏观情况，识别局部变化对整体目标的影响。

采用信息化手段，搭建智慧工地集成平台，帮助施工企业对建筑工地和工程项目进行全方位的检查、监管，实时掌握施工环境、施工进度、施工安全生产情况、工程质量水平，对重点部位和安全隐患进行实时监控。

通过技术研究，基于BIM技术，利用互联网、物联网、云计算等先进技术，融合BIM数据、GIS数据以及物联网数据，搭建北京大兴国际机场智慧工地集成平台，实现机场工地的信息化、精细化、智能化管控，打造国内智慧化工地新标杆。平台集成劳务实名制管理系统、可视化安防监控系统、施工环境智能监测系统、塔式起重机防碰撞系统、资料管理、OA平台和BIM 5D系统等功能。

11.4.1　数字化项目管理与集成化信息平台开发及管理

北京大兴国际机场智慧工地集成平台最主要目的是为项目各级管理者提供一站式数据融合、可视化展现、综合分析及预警推送等服务。各级管理者只需使用一个平台系统即可直观地获得所关注的各类关键信息和分析结果。平台为管理者提供一个生动直观、实时更新、智慧决策、风险预警的管控工具。通过多种技术的研究与应用保障管理平台运行和使用。

11.4.1.1 平台策划

（1）多终端信息研究分发技术

基于网络技术和移动互联网技术，结合北京大兴国际机场现场管理各应用场景的不同需求，研究开发信息化管理系统多终端信息分发技术，各类终端包括大屏指挥端、手机移动端、桌面管理端和触屏展示端，满足不同层次用户不同场景的需求。

（2）数据共享与协同工作技术研究

平台定位于北京大兴国际机场整体信息化系统的共享与协同，通过建立标准管理规范、统一制作数据接口，实现各子系统的"数据共享"与"协同工作"，将具有不同功能的子系统进行集中化管理、标准化管理，实现智慧工地各子系统的统一管理、统一运行、统一维护、全面监控、集成展现等。

（3）物联网数据融合技术研究

研究塔机防碰撞、视频监控、混凝土测温、噪声扬尘监测等物联网设备的数据规范与接口技术，研究数据融合技术。

（4）智慧工地数据库研究

研究智慧工地数据融合与数据分析模型，建立北京大兴国际机场智慧工地管理数据库，有序管理BIM模型数据、合同数据、成本数据、安全数据、质量信息、人员信息、工程资料、监控资料等助力北京大兴国际机场工程施工管理，并为后续智慧工地的智慧运维提供数据支持。

（5）智慧工地数据分析预警研究

结合现行规范标准和北京大兴国际机场现场管理制度，建立数据综合分析预警体系，综合数据库中各类BIM、物联网数据源，进行多元数据综合分析和联动预警。

11.4.1.2 平台系统和架构

北京大兴国际机场智慧工地集成平台是根据相关标准，结合施工现场实际情况，依托物联网、云计算、BIM等创新性技术手段，整合工地信息化行业优质资源，旨在为政府职能部门提供信息化监管手段，为施工企业提供信息化管理支撑。智慧工地集成管理平台通过一个BIM可视化平台，集成多个业务应用子系统，借助于多种应用终端，最终实现施工信息化、管理智能化、监测自动化和决策可视化。本章中的智慧工地集成管理平台，则以GIS-BIM作为数据动态可视化展示的技术支撑，运用计算机图形学和图像处理技术，将GIS环境信息、各类物联网信息等多源数据充分结合，依托现有管理体系和技术支撑，梳理工地管理关键业务需求，建立智慧工地管理体系和技术标准，形成"采集融合—动态展示—分析预警—决策反馈"闭环业务流，以信息化手段支撑工地现场管理。

该平台基于BIM技术，利用移动宽带互联网、物联网、云计算、大数据等先进技术，融合BIM数据、GIS数据以及物联网数据，如图11-28所示，实现智慧工地相关业务应用系统，提供智慧工地应用。

该平台是以BIM技术为核心技术思想的智慧建造物联网管理信息平台，采用Java EE及基于OSG的GIS引擎的开发平台，面向对象的构架及客户端的技术方法，具有良好的系统稳定性、环境适应性、安全可靠性和高效的数据交换能力。

该平台采用四层架构设计，分别为应用表现层、业务逻辑层、资源访问层和硬件层，架构设计如图11-29所示。

应用表现层处于平台架构的最顶层，负责提供外部访问接口。使外部程序（浏览器和手机端）能够访问系统业务逻辑功能，应用表现层的所有业务功能均通过调用业务逻辑层接口来实现。

业务逻辑层主要负责进行BIM模型展示、自动化监测、视频监控、物料管理等业务逻辑的计

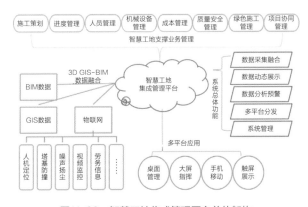

图11-28 智慧工地集成管理平台总体架构

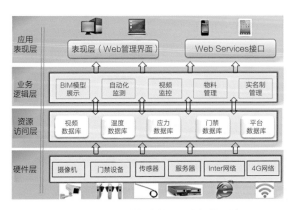

图11-29 智慧工地集成管理平台架构设计图

算和处理，以实现具体的业务管理逻辑功能，进行事务控制等操作，并对上层提供完整的业务功能接口。

资源访问层主要负责从底层获取虚拟化的资源，从特定数据库获取数据，并将数据转换为易于处理的内部对象，供上层更加方便地进行处理，同时实现对网络资源的访问和控制管理。

硬件层代表系统平台运行所需的硬件支撑，包括计算机网络、硬件平台、传感器设备、通信设施等基础设施。

11.4.1.3 平台接口和数据集成

智慧工地中各种业务应用系统和信息化管理平台仍处于独立状态，相互之间没有交集，相对比较零散，这样的独立业务体系在安全和隐私方面有一定优势，但是各个单独的业务应用系统或信息化管理平台之间缺乏交互和联动，每个业务应用系统不仅要部署物联网硬件设备，还要部署相应的支撑系统的接口设备，信息化平台也相对独立地承担部分管理职能，这样的情况既不利于业务的整合开发，也将导致整体资源的浪费。而且，对于单个业务而言，由于独立的业务应用系统无法便捷获取其他相关业务和环境资源，单个业务的应用价值无法实现更大提升。

为实现业务应用系统与智慧工地集成管理平台的集成，首先定义平台接口协议，平台接口设计主要采用Http+JSON协议进行数据传输，在连接上采用Http协议，内容上采用JSON的编码方式。其次要遵循三个原则，接口URI设计原则、接口上传原则、接口调用安全原则。

（1）接口URI设计为如下形式：

http://ip:port/api/appid/operationName/parameter1/value1/parameter2/value2，其中http://是指采用的协议是Http协议，ip:port表明服务器地址和端口号，api说明在这之后都是接口服务，appid表示调用的接口来源，operationName表明当前执行的具体操作，parameter和value是参数和参数值。

（2）工地中各种业务应用系统和信息化管理平台必须对智慧工地集成管理平台开放接口，按照统一的规范标准，智慧工地集成管理平台能够获取相应的数据。

（3）所有对平台接口的调用都需要进行授权，保证接口调用的安全性。

平台的数据集成，主要是指基于建筑工地分散的各类信息化系统的业务数据进行集中、综合、统一管理的过程，这个过程贯穿整个工地建设的全生命周期，是一个渐进的过程，一旦产生新的、有差异的数据，就需要按步骤执行数据集成。目前，随着智慧工地的发展，工地信息化建设也越来越多样化，杂乱、复杂、各异的数据接踵而至，在信息化资源共享上存在着数据分散、标准各异、难以集成共享的问题，如何将多源海量的数据充分利用，充分挖掘数据的价值，成为当前亟待解决的问题，数据集成的空间与需求更加迫切，需要一个数据中心来集中交换、分发、调度、管理企业基础数据。

对于数据中心的建立，首先，需要建立一套严谨的统一标准的数据管理框架，从数据项目、数据属性、数据交互结构上进行统一规范；其次，要建立数据共享与数据安全管理机制，通过严格的权限分配实现对信息的共享，对多机构、多层面同时又相对独立的应用部署模式的整体规划，实现对数据流向的统一管理；再次，在以上基础上建立数据统一管理、信息集成实现机制，从源头对数据集成共享进行管理，建立灵活的集成传输模式。

11.4.1.4 平台功能

该平台以项目工地实际业务为依托，将项目工地各个环节的业务进行集成化、数字化，为相关人员提供一站式、全方位的服务。从功能来说，智慧工地集成管理平台包括数个模块，涵盖了施工策划、进度管理、人员管理、机械设备管理、成本管理、质量安全管理、绿色施工管理、项目协同管理等各个环节，满足项目工地对人员、设备、流程等环节的管理，保证项目平稳有序地开展。

（1）施工组织策划功能

应用BIM技术对现场平面布置、施工道路、材料堆场、垂直运输设备建立模型及设备参数，通过可视化模拟的方式辅助处理标段间及标段内的场地布置问题。标段间的平面协调问题，如航站楼核心区标段与指廊标段、综合服务楼标段之间的场地协调问题。标段内的平面协调问题，如航站楼核心区内的场内运输、大型设备的进场及调运、钢构件进场及拼装场地等各专业协调问题。

通过BIM可视化协调做到现场平面管理的合理性，如减少场内搬迁等。根据不同阶段的变化、专业插入情况等，动态合理有效地进行平面布置与管理，避免因施工场地的问题导致施工阻滞。

在该平台中，可以利用虚拟构件表达工作面模型，从而实现工作面与进度计划对应层级的映射关系，实现工作面与进度计划的自动关联。同时，综合进度信息及工作面布置信息，动态显示工作面的管理分配计划，实现工作面布置与进度计划的关联。同时，系统支持对公共资源冲突的预警功能。从而解决多家分包同时使用施工资源、工作面冲突问题。

（2）施工进度管理

在进度管理过程中将BIM模型与施工进度计划进行关联，通过可视化的BIM模拟，分析与优化建筑、钢结构、机电、屋面及其他专业协同施工安排，通过BIM模型展示形象进度。

（3）人员管理

人员管理包含两个方面的内容：劳务实名制管理和人员定位。

劳务实名制系统主要是对施工现场实行全封闭管理，对劳务人员实施实名制管理。在出入口安装门禁闸机设备，所有劳务人员实名制刷卡进出现场，避免因非法外来人员进入施工现场而带来的麻烦；实时读取闸机数据信息，并进行整理统计；实时统计现场劳务人员数量，查看劳务队和个人考勤、教育等情况。劳务实名制管理功能模块包括：人员信息管理、闸机门禁管理、劳务考核管理、入场教育管理、统计分析等。

人员定位主要是通过无线网络和物联网标签，实现工地劳务施工人员考勤、区域定位、安全预警、灾后急救、日常管理等功能，使管理人员能够随时掌握施工现场人员的分布状况以及每个人员和设备的运动轨迹，便于进行更加合理的调度管理以及安全监控管理。人员定位系统主要实现施工现场的人员、机械设备的实时定位、轨迹追踪、紧急报警以及查询统计。功能模块包括：标签管理、实时定位、轨迹回放、电子围栏、紧急求助等。

（4）机械设备管理

综合利用信息管理系统（MIS）、电子标签（RFID）、卫星定位终端（北斗/GPS）和手持终端设备（APP）实现工地各类机械设备的备案、查询、出入库、巡检、定位等管理功能，包含如下模块：机械设备台账、机械设备巡检、机械设备监控、机械设备领用和综合查询统计。

（5）成本管理

在项目成本管理过程中，BIM模型为项目管理人员提供按进度、按流水段等多维度工程量统计功能，为施工过程的商务管理提供可靠数据支撑，也为项目的施工作业人员安排、材料采购进场安排等提供高效的分析手段，避免产生劳动力和施工材料等浪费问题。

（6）质量安全管理

在质量管理过程中，通过移动应用和BIM信息集成平台，建立施工质量问题过程管控平台，实现对施工过程质量问题点的跟踪和监控。同时，应用BIM模型展示关键的施工方案及质量控制措施，通过可视化的方式，准确、清晰地向施工人员展示及传递技术质量信息，帮助施工人员理解、熟悉施工工艺和流程，避免由于理解偏差造成质量问题。另外，BIM可为钢结构、屋面、幕墙等预制构件的加工提供准确的加工数据，提高加工构件的质量。

安全文明施工中将重要的安全防护措施进行建模，应用BIM模型安全漫游、BIM动画等技术进行安全技术交底。通过基于三维模型的浏览，在施工过程中动态地识别危险源，加强安全策划工作，减少施工中不安全行为的发生。基于BIM模型建立应急方案模拟，通过动态的分析优化应急处理方案。

（7）绿色施工管理

绿色文明施工管理包括对施工区域噪声、粉尘、污水排放的监控及生活区用电综合管理。

工地施工范围大，随着后续不断地扩大建筑规模，避免彻夜加班赶工造成的噪声过大、扬尘四起现象，可利用现代科技、优化监控手段，实现实时的、全过程的、不间断的安全监督。每个施工点放置一台噪声扬尘监测仪器，该仪器通过GPRS/3G网络与机场智慧工地管理平台进行数据交换，实时获得数据并对建筑工地周围环境的影响进行监测。当粉尘、噪声超过定值后就会实时提醒管理人员对施工情况进行处理，逾期不处理即将报警数据上传到管理平台。可以根据传感器获取的数据进行实时数据分析，并绘制专题图。

系统架构主要以常见施工工地情况为基础，采用污水排放监测终端获取污水数据，利用COD在线分析仪进行实时监测，将监测数据通过网络实时传输到3D GIS-BIM云管理平台，通过管理平台进行数据分析。最终实现生活区流量、污染值实时显示，污水池库容量实时显示，流量、污染、容量超限报警，水闸控制。

本着以人为本的原则，为提高工人生活待遇和水平，允许核定范围内的空调、电热设备、电脑等进入生活区。在此基础上，必然导致生活区用电越来越多。通过工地管理平台可以对用电管理公寓柜进行管理、控制，可以实现用户过载保护、调换房间数据交换等一系列管理功能。

（8）项目协同管理

工程文档协同管理是工程项目管理的重要组成部分。结合云技术，拟采用云文档管理系统对本项目的各类工程文档进行协同管理，解决工程文档资料存储分散、版本管理难、文件丢失、检索查询费时费力等难题。利用统一的云端服务器，对项目的海量信息、资料、文档进行综合管理，并针对项目的不同参与单位或个人，设置不同的访问权限，实现信息的安全存储、集中管理、快速分发和多方共享协同等功能；通过网页端、移动端等各类终端，可以随时访问工程项目文件，了解项目进展，辅助项目决策。

在平台或者移动端，利用虚拟构件表达工作面模型，从而实现工作面与进度计划对应层级的映射关系，实现工作面与进度计划的自动关联。同时综合进度信息及工作面布置信息，动态显示工作面的管理分配计划，实现工作面布置与进度计划的关联。移动端系统支持对公共资源冲突的预警功能，从而解决多家分包同时使用施工资源、工作面冲突等问题。

基于BIM技术，综合时间维度，可以进行虚拟施工模拟，以实现BIM的协同应用。随时随地直观快速地将施工计划与实际进展进行对比，同时进行有效协同，使施工方、监理方甚至非工程行业出身的业主领导都对工程项目的各种问题和情况了如指掌。这样通过BIM技术结合施工方案、施工模拟和现场视频监测，大大减少了建筑质量问题、安全问题，减少返工和整改。

11.4.1.5 平台应用

根据北京大兴国际机场项目部信息化建设的现状，结合行业信息化发展方向，北京大兴国际机场智慧工地集成管理平台的总体功能规划包括以下四个方面：可视化数据展现、应用业务系统集成导航、平台数据管理、平台系统管理。

（1）可视化数据展现

智慧工地集成管理平台能够将北京大兴国际机场的应用系统数据和仪器设备采集数据，通过可视化手段集中展现，通过两级页面的方式体现。

第一级，首页集成关键应用系统数据。

将关键应用系统的数据接口开放给平台，数据能够穿入智慧工地平台首页，智慧工地平台以多种表现形式将数据合理展现。同时，所有应用系统以功能列表形式排列，点击相应应用系统，可以跳转至二级页面。

第二级，各个应用系统数据单独展现。

需要各个应用系统的数据接口对智慧工地平台开放，智慧工地平台能够实时获取数据，针对每个应用系统的各类数据，智慧工地平台单独设置二级页面对应用系统进行数据展示，但是不体现业务。

1）首页

首页页面，顶部为Logo，顶部左上角为北京城建集团，顶部右侧为登录账号、设置等；左侧栏最上边为安全生产时间和交付倒计时，左侧栏中间为八个应用的业务系统链接，包括劳务管理、视频监控、资料管理、二维码系统、塔机监控、OA平台、环境监控和BIM 5D系统，点击相应链接，将跳转至应用平台自身的业务系统；左侧栏最下面为相关劳务数据的展示；中间位置为项目的航拍图、BIM展示、视频监控、介绍视频，通过顶部四个按钮可以随时切换，中间底部按钮是数据的展示页面链接，包括视频监控、混凝土质量监控、钢网架监控、混凝土温度监测、三维扫描仪，通过点击相关按钮，可以链接到该应用的数据展示页面；右侧栏最上边为通知，中间是塔机监控数据展示，塔机分布动画演示，最下面是扬尘噪声系统平均值数据，如图11-30所示。其中，航拍图、BIM展示、视频监控、介绍视频能够在首页切换。

2）视频监控

平台能够获取视频监控实时数据，获取摄像头位置、通道信息等，在平台二级页面进行直观展示。

视频监控二级页面，左侧为视频监控列表，中间区域体现摄像头安装部署图，点击图中具体某个摄像头，右侧影像区域能够随时切换至当前摄像头画面，右侧底部为云台控制，如图11-31所示。

3）混凝土质量监控

平台能够获取混凝土质量监测的数据，在平台二级页面进行直观动态展示。

混凝土质量监控二级页面，左侧按月份排序，月份底下包含视频列表，中间区域为视频画面，能够进行快进、快退、暂停播放等操控，如图11-32所示。

4）钢网架实时监控

平台能够获取钢网架监测的实时数据，在平台二级页面进行直观展示。

钢网架监控二级页面，左侧按测区排序，共18个测区，测区下面是测杆，点击测杆中的点，右侧展示该点的数据，每根杆有4个传感器，以表格形式呈现，表头为监测杆名称，下面的监测值分四行，每个传感器的数据，按时间天数累加记录数据，如图11-33所示。

5）混凝土温度监测

平台能够获取北京大兴国际机场对大面积混凝土的温度监测数据，将采集到的变化数据，在平台二级页面进行直观展示。

图11-30　平台首页展示

图11-31　视频监控页面

混凝土监测二级页面，左侧为温度，按8个区划分的列表，区下面是具体的监测点名称，点击某个监测点，右侧展示该点的监测数据；以表格形式呈现，表头为监测点名称，下面的监测值分三行：大气温度、表层温度、中心温度，按时间天数累加记录数据，相邻两个数据做差值，大于25，标红预警，如图11-34所示。

图11-32 混凝土质量监控页面

（2）集成导航

智慧工地平台，针对每个具体的应用系统，提供应用系统数据展示的同时，也能够导航链接到该应用的业务系统，实现集成导航。智慧工地平台的一级页面和二级页面均能够跳转至该应用业务系统，并且跳过登录页面直接进入系统首页，若配置用户名和密码不正确，系统会默认进入系统登录界面，登录后系统会自动保存用户名和密码，下次免登录。但是，为了实现智慧工地平台对各个应用业务系统的一键登录和定制不同用户名密码的一键登录，需要对被集成应用业务系统进行改造。

图11-33 钢网架监控页面

需要被集成导航的业务系统有：劳务实名制系统、塔机防碰撞系统、视频监控系统、OA平台系统、资料管理系统、二维码系统、扬尘噪声系统、BIM 5D系统。

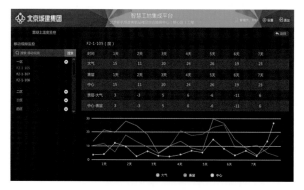

图11-34 混凝土温度监测页面

（3）数据管理

智慧工地平台实现对平台第一级和第二级页面获取到的数据进行集中存储和管理，平台每天获取的数据集中存储，实现数据的统一集中管控，为后期平台和用户的使用分析提供支持。

（4）系统管理

项目管理员对智慧工地集成管理平台进行用户设置，各个子系统须统一用户名与密码，保证与智慧工地平台一致，并且各个子系统需进行改造，实现通过智慧工地平台链入子系统无须再次输入用户名和密码，能够直接登录，实现单点登录。具体来说，通过平台点击各个子系统，能够跳过子系统的登录页面直接进入系统首页，若配置用户名和密码不正确，系统会默认进入系统登录界面，登录后系统会自动保存用户名和密码，下次免登录。

11.4.2 劳务实名制一卡通系统

北京大兴国际机场航站楼项目施工现场面临着环境复杂、人员杂乱等诸多问题。具体表现如下：项目现场危机潜伏，工人施工环境有一定的危险因素，遇到突发事件时如无法准确知道受困人数以及所在区域，将拖延救援工作；施工现场与生活区没有隔离和安全防护措施，外来人员擅自出入工地，进城务工人员家属及子女随意进出工地，使项目正常施工受到干扰；由于施工环境的限制，设备与材料的安全管理不完善及部分工人的防范意识薄弱，为犯罪分子提供了可乘之机；建筑工地，工人杂乱，安检部门很难监督施工人员的工作量以及工作效率，人员管理困难；随着社会经济的不断进步、发展，人们对安全生产的要求也越来越高，尤其是近几年建筑安全事故时有发生，如何才能安全、高效地生产已越来越受到社会的关注。

结合北京大兴国际机场航站楼项目施工现场环境及劳务用工情况的调查结果，通过对劳务实名制信息化管理进行探索研究，特采用广联达劳务实名制一卡通信息化系统，主要包含工人实名制登记、工人考勤、门禁、监控、信息发布、食堂消费、超市消费，并实现与现场视频监控系统集成等。另外，本系统结合物联网技术，通过智能化的管理模式对工人进出施工现场、起居生活等进行全方位的管控，项目上管理人员的工作效率得到显著的提高。同时满足公司总部及项目现场管理人员通过远程监控视频实时监控生产现场，大大降低了项目的劳务用工风险。

11.4.2.1 系统设计

为实现工地管理信息化、自动化，让生产达到安全、高效的目的，本工程一卡通系统集计算机信息安全技术、通道闸门自动化控制技术、网络通信技术、数字信号模拟技术、射频识别技术、人脸拍照采集、视频传输技术于一体，以中控自主研发的安防管理平台为载体，前端设备接入通道闸，射频感应读头，联动设备（包括摄像机、显示屏等），后端通过统一数据库进行数据云存储管理。

劳务实名制信息化管理平台使用混合C/S、B/S模式的多层体系架构，如图11-35所示，以"平台+应用"的1+N架构，即一个平台（一卡通平台），N个应用（一卡通管理及应用子系统）；在此平台上，各种应用子系统以"可插拔"的方式进行接入，这为将来新增的应用提供了无限的接入扩展。

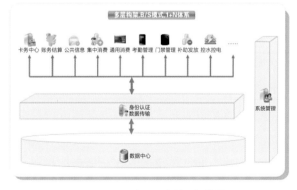

图11-35 一卡通平台体系架构图

（1）一卡通系统平台功能

一卡通系统采用多层B/S与C/S混搭架构，通过中间件对系统进行多级分层。每个层级功能明确、结构稳定，最大限度地保障了各层级的运行可靠与数据通信安全。系统采用"1+N"（1个平台+N个子系统应用）的体系架构，统一规划功能、数据库结构、卡片结构和通信协议，在平台上根据需要以组件的形式增加用户应用子系统扩展，而不需要改变平台，所构建的系统不仅可以满足当前一卡通应用的要求，还将满足未来数字化建设的需要，真正实现了可扩展的卡通、库通、网通。

劳务管理系统平台是一卡通系统的核心平台，它包含对一卡通中心主机系统的管理和维护，数据交换、交易及同步，用户及设备的管理、系统参数的设置和环境的设定，系统各模块的工作状态监控和工作模式的设定等功能。通过一卡通平台及各子系统能够完全实现下述功能：

1）支持分级、分类多种管理角色，实现对系统内各个角色的授权管理。

2）实现对系统内子系统的授权；保证各个子系统具有统一的数据接口。

3）实现对系统内各个科目的管理及设定。

4）实现对部门的管理，以及部门下终端设备的管理。

5）实现对硬件终端设备的认证模式的自由设定，可自由设定"联机认证模式"或"脱机认证模式"。以保障机器在各种网络状态下可正常刷卡使用。

6）实现对硬件设备管理、监控，接入控制、状态检测、数据查询等。完成对实名制卡片的方便、系统、全面的查询、管理、维护界面（含卡片使用情况统计表）。

7）系统要求详细、全面的设备运行日志的维护与管理；详细、全面的应用系统日志和方便、友好的界面查询、管理、报表功能。

8）制卡、读卡设备的发放，系统内部的授权开通等应当有详细的电子日志。

9）完成对持卡人资料、权限、密码等的管理。

10）完成用户卡的批次管理；可设定各种批次，并对人员按批次管理，通过批次对人员进行批量操作，如注销、退卡等功能，使系统使用更方便、快捷、有效。

11）完成对系统基本参数设置：用户单位基本信息，单位建设、管理人员信息等。

12）实现管理平台参数设置：各子系统的添加和卸载，系统主数据库的备份、整理等；子系统参数设置：子系统类型、预注册信息等。

（2）一卡通系统架构

劳务管理系统是一卡通平台的核心业务组件，主要由数据传输、系统管理及数据库管理三个部分组成，并且负责对整个一卡通平台系统的事务进行设置及管理。另外，劳务管理系统独立于其他系统，但又是其他系统运行的基础。

一卡通平台对系统的所有数据流进行控制和管理，所有关于一卡通应用所产生的数据都会通过平台汇聚到中心服务器上，且注入各数据库中，其中包括在一卡通终端上的金融数据、时间数据、日志等。此外，根据各应用系统的特征，一卡通系统可分发相关数据，以实现其账户信息、消费信息、财务数据、身份认证信息、身份识别信息、日志审计信息的全网统一。同时，服务器的各种设置、数据录入均会通过该平台进行数据广播或数据分发，保障整个系统数据的统一性、完整性。

11.4.2.2 现场部署标准化

实现项目施工现场全封闭管理。设立门禁闸机通道进出，无卡人员禁止出入，同时配合保安及视频监控设备，有效防止其他社会人员进入，保证施工现场的安全。整个项目分为施工区、生活区以及办公区，施工区采用4通道5台翼闸设计，共六门区，生活区采用

图11-36　施工区现场照片

5通道6台翼闸设计，共4门区，办公区2通道3台翼闸，共一个门区。

由于现场环境因素，施工区现场设计采用单门区可单独独立工作，独立配置操作台、工控机、不间断电源、42寸LED电视信息显示、高清拍照兼录像摄像头等，见图11-36。生活区共分为两个区域，现场全封闭，人员只能通过刷卡进入，生活区人员刷卡数据不计入考勤，总包单位的施工人员可以在两区之间相互通行。办公区为单独一个门区设计，在门区规划上区分施工区与生活区，办公区门区只限办公人员持卡进出。

11.4.2.3 业务管理标准化

（1）实名制认证进场

分包队伍进场，要求三证齐全：入场教育并考试合格的人员持考试试卷、身份证以及劳务合同办理入场登记。登记人员信息通过身份证阅读器，同时上传特殊工种证书和照片，保证人员信息准确，也减轻了劳务管理员的工作量。对黑名单人员和年龄不符合要求的人员，系统会自动拦截，降低项目的人员风险。

（2）考勤记录功能

工人一人一卡，现场要求刷卡进出，系统考勤记录，可实时监控进出场频次、作业时间、工种，采集出勤数据后，根据队伍、班组、个人姓名等关键字检索统计当日、当月或者某一时间段作业人员出勤信息。考勤记录功能的应用，一是为恶意讨薪提供查询依据，降低企业风险；二是可监控各队伍及班组实际出勤人数，为生产计划安排、工种配比、劳动效率分析、工人成本分析提供依据，见图11-37～图11-39。

（3）队伍班组综合实力分析

队伍班组综合实力分析功能，主要是通过考勤数据对队伍和班组人员流动情况、人数规模、劳动效率等方面进行综合分析，统计某一时间节点队伍及班组综合实力，对于综合实力较差的队伍及班组进行预警，提示风险，慎重使用或者不用，减少管理隐患，见图11-40。

（4）安全培训教育

保证每个上岗工人安全培训到位一直是项目头疼的问题，应用劳务系统以后，可以通过刷卡

图11-37 工人考勤表

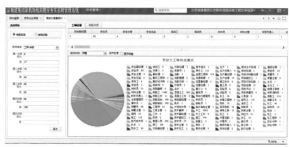

图11-38 在场工种分布

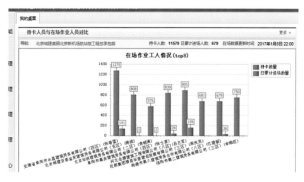

图11-39 在场人数

图11-40 综合实力分析

进行签到，系统自动跟踪每个人参加的培训情况，不参加培训的人不能进入现场，保证了安全培训的效果。

11.4.3 大规模群塔作业防碰撞系统

目前建筑行业施工安全形势严峻，国家和行业政策对施工安全管理要求越来越严格，在施工领域越来越多的企业采用新技术对施工现场进行安全管理，采用物联网技术对现场塔式起重机、升降机等现场机械进行安全管理，取得了不错的效果。

北京大兴国际机场核心区项目共有27台塔式起重机集中作业，体量庞大，碰撞关系复杂，最少有3台发生碰撞关系，最多可达到与7台同时进行交叉作业。采用常规的人工监控方法存在塔臂之间相互碰撞等巨大的安全风险，同时施工效率低下，提高施工效率的同时又能有效地保证塔式起重机的安全运行，采用先进的信息化塔式起重机防碰撞系统。

11.4.3.1 系统构成

群塔作业防碰撞系统由三大子系统构成：塔式起重机监控平台、数据传输与存储系统、塔式起重机黑匣子监控硬件设备。

（1）塔式起重机监控平台

塔式起重机监控平台由远程监控云平台和地面实时监控软件组成。

远程监控云平台包含电脑PC端监控和手机客户端两部分。施工企业通过分级授权远程登录云平台账号，实现公司或项目部对塔式起重机的运行状况进行远程监控，主要包含实时监控、报警及违章信息查询、统计报表分析等功能，采用云平台模式，客户无须部署软件，直接登录云平台账号即可查看，支持海量数据。

地面实时监控系统包含地面监控软件和硬件设备两部分。项目部可以通过地面监控软件实时监控现场塔式起重机运行状况；可对既往的现场塔式起重机运行状况进行记录及回访；硬件设备安装在项目部监控室，和现场塔式起重机距离不能超过600m。

（2）数据传输与存储系统

数据传输与存储系统采用GPRS数据传输模块（DTU设备），安装在主机里，用于将黑匣子硬件设备采集和处理的数据发送至监控云平台。

（3）塔式起重机黑匣子监控硬件设备

塔式起重机黑匣子监控硬件设备包括主机控制模块、显示器、无线通信模块（433模块）、吊重传感器、变幅传感器、回转传感器、高度传感器、风速传感器。

主机控制模块是整个系统的大脑和中枢，是核心设备，主要包含核心板、主板、截断控制、防雷模块、电源控制等模块，系统的各种算法和控制指令均通过本设备进行，安装在塔式起重机司机驾驶室。

显示器为工业级彩色触摸屏，标配为7寸，用于实现系统的调试、塔机运行状况的数据显示等功能，安装在司机驾驶室。

无线通信模块（433模块）用于塔式起重机防碰撞计算时不同塔式起重机之间的数据传输、与现场地面实时监控软件的数据传输，根据施工现场工况针对性开发的一款无线通信设备，绕射能力强，安装在塔式起重机上。

重传感器分为销轴式传感器和S形拉力器，测量塔式起重机的吊重数据，参与系统力和力矩的超限控制，一般安装在塔帽或大臂上。

变幅传感器用于测量小车的幅度值，参与系统的幅度限位控制和塔式起重机的力矩超限控制，安装在塔式起重机自身幅度限位器旁边。

回转传感器，分为绝对值编码器和电子罗盘两种，用于测量塔式起重机的回转角度值，参与塔式起重机的回转限位控制，以及确保区域保护、精准吊装、群塔防碰撞等功能的实现，安装在塔式起重机回转台。

高度传感器用于测量塔式起重机的吊钩高度值，参与塔式起重机的高度限位控制，安装在塔式起重机自身高度限位器旁边。

风速传感器用于测量塔式起重机现场的风力值；当风速超过六级时进行风力报警。

11.4.3.2 系统主要功能

塔式起重机安全监控系统在项目的实际应用中可以实现基本功能、高级应用功能、监控记录功能等。其中，基本功能主要包括超载限制功能、小车幅度限位功能、超力矩限制功能、吊钩高度限位功能、回转限位功能、风速报警功能；高级应用功能主要包括区域保护功能、精准吊装功能、群塔作业防碰撞功能；监控记录功能主要包括黑匣子记录功能、云平台远程监控功能、地面实时监控功能。

（1）超载限制功能

通过在塔式起重机上安装吊重传感器可以测量塔式起重机每吊重物的实际重量（误差率5%），根据塔式起重机自身的荷载表，当重物的重量超过系统设置的预警值（该值可根据项目实际情况调整，一般为额定荷载的百分比）时，监控系统会进行声光和语音预警，当重物的重量超过系统设置的报警值时，监控系统会进行报警，并禁止重物起吊。

（2）小车幅度限位功能

通过在塔式起重机上安装变幅传感器可以测量塔式起重机小车的行程距离，根据系统预设的限位值，当小车的行程值达到系统设置的预警值时，系统发出声光和语音报警，并自动将小车由高速状态切为低速状态，当小车的行程值达到系统设置的报警值时，系统自动禁止小车行进。

（3）力矩限制功能

塔式起重机安装了吊重和变幅传感器后，根据力矩＝力×力臂，系统会自动计算小车在不同位置的力矩值，随着小车的行进，当力矩值达到系统设置的预警值（额定力矩的百分比）时，系统会发出声光和语音报警，并自动将小车由高速切为低速，当力矩值达到系统设置的报警值时，系统禁止小车行进。

（4）吊钩高度限位功能

原理及功能同小车幅度限位功能。

（5）回转限位功能

通过在塔式起重机上安装回转传感器可以测量塔式起重机的回转转角，根据塔式起重机操作规程，塔式起重机回转禁止在一个方向超过540°，系统设置±540°的转角值后，当司机操作塔式起重机回转值达到系统设定的额定值时（该值设定时要考虑塔式起重机回转断电后的自由旋转值），系统自动禁止塔式起重机转动。

（6）风速报警功能

通过安装在塔式起重机顶部的风速仪，测量塔式起重机工作现场的风速值，当风速值超过规定值时，监控系统自动报警，并在云平台对项目管理方进行报警提醒。

（7）群塔防碰撞功能

碰撞是施工现场最大最危险的安全隐患之一，通过使用监控系统的防碰撞功能，可以有效地避免施工现场群塔作业的碰撞安全隐患。

通过安装无线通信模块（433模块），将现场的塔式起重机控制系统组成一个通信网络，塔式起重机通过安装的变幅传感器和回转传感器采集塔机的实时数据，发送至主机及相邻碰撞关系的塔式起重机，通过三维防碰撞计算模型，系统自动计算塔式起重机间的距离，并根据设定的碰撞的角度和幅度预报警值发出控制指令，实现群塔作业的防碰撞控制，见图11-41。

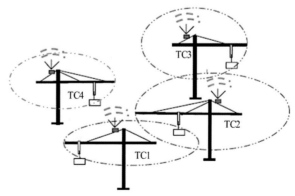

图11-41 群塔防碰撞监测原理图

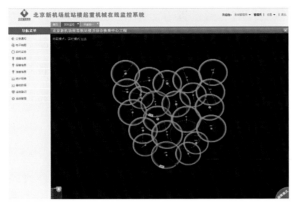

图11-42　实时监控界面

图11-43　塔机工作统计

（8）黑匣子记录功能

塔式起重机黑匣子核心硬件设备以ARM作为核心控制单元，成熟工业产品，性能稳定，抗干扰能力强，硬件设备可存储2万条工作记录，2s一条的实时记录，可存储56h，且黑匣子记录可通过通信模块实时传输至地面监控软件，便于事故回放。

（9）云平台远程监控功能

为了满足施工各主体方的远程监管需求，开发了远程监控云平台和手机监控客户端，施工企业或项目部可通过平台账号实现对现场塔式起重机作业情况进行远程监控和管理，通过监控平台，可以实现实时监控、电子地图、违章信息、报警信息、提醒信息、统计报表等功能。

实时监控功能：通过该功能，可实现对项目现场的塔式起重机进行监控状态查看、塔式起重机模拟监控、运行数据查询、运行时间查询、吊重数据查询等，见图11-42。

违章信息查询：通过该功能，可以查看现场塔式起重机的违章记录并支持回放。

报警信息：通过此界面查看相关报警信息，如风速和倾斜报警等。

提醒信息：通过此页面，可以查看现场塔式起重机设备发出的超载、限位、碰撞、限行区域保护等各种提醒信息的统计及详细数据分析及回放。

统计报表：系统提供塔式起重机工作等级统计表、设备离线时长一览表、司机作业情况统计一览表、力矩百分比统计一览表、群塔统计一览表等多种报表分析，便于企业对现场塔式起重机工作状况进行统计管理，见图11-43。

（10）地面软件实时监控功能

该监控功能只针对项目使用，正常有效距离600m，施工项目部可通过地面监控软件实时观看现场塔式起重机的作业情况。由于监控方式原因，此监控功能实时性比云平台更及时，且可通过该平台对现场塔式起重机监控系统的各种参数远程设置和调整。

11.4.4　可视化安防监控系统

北京大兴国际机场航站楼项目施工现场作业面大，结构平面最大投影面积达18万m²，无法通过人工巡查的方式，对生产现场人员、机械、物料做到及时有效的监管。采用视频监控的方式，对施工现场进行监督，为管理人员提供实时的施工作业情况，对现场进行全方面实时监控。

北京大兴国际机场设置了视频监控系统，规划了硬件部署和软件设计，完成了硬件设备的采购、安装、调试和交验，定制开发了软件系统，实现了PC/手机对工程现场121个点位视频监控的实时查看与控制，加强了北京大兴国际机场工程的安防管理，提升了工程的信息化水平。

11.4.4.1 系统功能需求

视频监控平台以物联网、云计算、移动宽带互联网技术为基础，将现场视频监控传感器通过本地项目部署的无线/有线网络组建局域网，通过互联网接入云服务器，实现远程视频监控，实现对建筑施工现场的实时监控。便于集团和项目管理人员随时掌握建筑工地施工现场的施工进度，远程监控现场生产操作过程，远程监控现场人身和财产的安全。

使用视频监控系统，集团公司及监管部门可随时掌握建筑工地施工现场的施工进度，远程监控现场生产操作过程，远程监控现场人员和财产的安全；项目部可实时掌握施工进度、施工质量，实时了解施工现场基本情况、安全动态及重大危险源控制等，提升自身的管理水平。解决了施工人员的人身安全，以及工地的建筑材料、设备等财产的保全问题。完善了工地的安全管理措施。

（1）信息可视化

工地部署的视频监控，数据通过互联网接入云服务器，平台基于云服务器进行定制开发，借助平台，能够看到实际生产情况，可及时获取工地信息。

（2）传输实时化

通过工地部署的有线/无线网络，能够将视频数据实时传输到后端，实现平台数据的实时性和精确性。

（3）监管远程化

平台不仅能够在局域网内获取工地视频监控数据，还可以通过互联网实现对工地的远程监控。

（4）历史可回溯

对于以往的历史视频数据，通过平台能够随时调取、预览、下载，实现视频数据的历史回顾和追溯。

11.4.4.2 系统总体设计

北京大兴国际机场视频监控总体设计主要涉及两方面内容，即系统的结构设计和硬件的选型实施。

（1）系统结构设计

离散的各个区域的视频监控，通过局域网串联，统一通过云端的方式共享，集团和公司内部通过可视化安防监控平台实现协同调度。通过该平台，能够随时随地地查看视频数据，通过桌面PC、手机和平板电脑查看任意区域的视频监控。

可视化安防监控平台的拓扑结构见图 11-44，首先在项目上部署视频监控硬件设备，通过有线或者无线组建项目自有的局域网，将设备接入局域网中，录像机一方面通过本地交换机可以接入本地服务器，通过部署有可视化安防监控平台的本地PC端即可进行监控；另一方面，通过本地交换机接入互联网，能够接入相对应的云服务器，可视化安防监控平台基于互联网从云服务器中获取该项目的视频监控，即可实现远程监控，包括远程PC端和手机端。

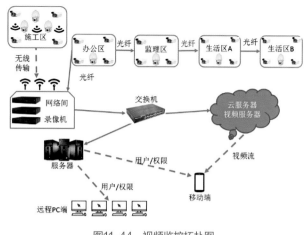

图11-44 视频监控拓扑图

（2）硬件选型

1）网络环境设计

北京大兴国际机场施工区域到后端网络机房不仅距离传输远，而且间隔中环境复杂多变，无法通过有线形式进行数据传输，需通过无线传输；民工生活区则通过有线方式传输，通过无线/有线混合传输方式，实现数据的稳定传输。

2）摄像头

北京大兴国际机场选择图像清晰真实、适应复杂环境、安装调试简便的摄像头，且针对不同场所选用不同的摄像头。宽阔公共区域、人员集散地采用网络高清一体化高速球，网络高速球可通过云台转动、变焦变倍，更适合大范围内的监控，根据球机工作定位，合理选择是否需要带红外夜视功能；室外周界或狭长区域的监控则采用枪式摄像机，根据监控范围的灯光状况选择是否需要带红外功能。

视频服务器由视频压缩编码器、网络接口、视频接口、RS422/RS485串行接口、RS232串行接口构成，具有多协议支持功能，可与计算机设备紧密结合。

网络枪机为海康威视DS-2CD3T45D-I5 400万高清摄像头；网络球机为海康威视DS-2DC4220IW-D 200万高清摄像头；网络录像机为海康威视DS-8616N-E8 16路硬盘录像机NVR。

（3）硬件部署

为了实现机场项目全覆盖，施工区安装21台球机、13台枪机，实现10个通道口、全部料场以及施工现场的全覆盖。两个生活区共安装10台球机、44台枪机，实现生活区、餐厅的全覆盖。办公区和监理区安装枪机31台、球机2台，实现办公区的全覆盖。总计安装33台球机、88台枪机，共121个视频点位。

1）施工区部署方案

施工区面积大、设备众多，为视频监控部署的重点区域，总计布置21台球机、13台枪机，具体布置方案见图11-45。18台球机部署在塔式起重机上，监控施工现场和料场，3台球机部署在场

第 11 章　超大平面航站楼智慧建造技术　| 415

地东侧，监控料场；10台枪机分别部署在10个主要出入口处，3台枪机部署在5号、10号通道，以及17号塔式起重机南侧。球机及枪机均通过无线网桥与办公区后端无线基站连接。

2）生活区部署方案

生活区居住工人众多，为视频监控部署的重点区域，总计布设10台球机、44台枪机。10台球机部署在两个生活区主要通道交叉口以及食堂；44台枪机分别部署在两个生活区主要出入口处以及主要道路两头，以实现全覆盖。球机和枪机均通过光纤接入方式与办公区后端无线基站连接。

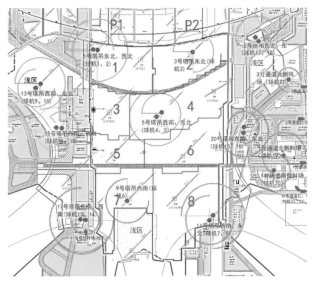

图11-45　施工区部署图（图中红点为监控布点）

3）工作区部署方案

工作区项目管理人员众多，存在大量重要设备和资料，为视频监控部署的重点区域，总计布设球机2台、枪机30台，2台球机部署在项目部办公区，30台枪机分别部署在两块场地主要出入口处、道路两头以及停车场，以实现全覆盖。球机和枪机均通过光纤接入方式与办公区后端无线基站连接。

11.4.4.3　视频监控系统功能

（1）系统功能概述

系统的主要功能有以下几点：

1）实时监控工地现场情况，科学减少安防巡视等方面的人工工作量，降低现场安全事故的发生率。

2）有效保存历史图像，随时调取图像，对工程现场发生时的事故进行合理取证，形成相关部门处理问题的合理依据。

3）对设备进行综合管理，根据现场情况进行修改。

4）对用户进行管理，根据平台使用的实际情况，对使用用户进行增删改查等。

5）根据用户对现场关注度不同，进行用户角色权限管理，不同角色用户所能看到的区域有所不同，根据实际需要，可以允许一部分角色用户对摄像头具有操作权限，部分角色用户则没有该权限。

6）用户初始密码与账号一致，可以对密码进行修改。

（2）系统功能界面

系统的主界面由左侧的导航栏和右侧的窗口栏构成，导航栏包括视频监控、视频管理、用户权限管理等，右侧的窗口栏对应导航栏的所有内容。系统的首页如图11-46所示。

（3）视频监控

视频监控功能面板主要包含了视频监控和视频回放，视频监控是指，可以实时查看每个摄像头，监控摄像头照射的区域；视频回放是指可以对摄像头的历史记录进行查看，回溯过去时间拍摄的影像。视频监控界面左侧是控制面板，右侧是摄像头拍摄区域的实时影像，可以通过控制面板控制窗口显示的摄像头的数目，控制摄像头的焦距、方向等参数，通过控制面板的摄像头列表可以清楚地观测到具体有哪些摄像头，如图11-47所示。

视频回放功能可根据实际需求选择摄像头、回放时间段，并可以对录像进行常规的控制，如图11-48所示。

（4）视频管理

视频管理功能面板主要包含了设备管理、通道管理和视频组管理。

通过设备管理，可以对每个录像机进行管理，可以对录像机进行增加、修改、删除等操作。

每台录像机对应着多台摄像头设备，每台摄像头占用录像机中的通道，通道管理即是对摄像头进行管理。通过更新通道功能，可以更新录像机中的摄像头，通过通道列表，可以查看每台录像机中每个通道的具体信息。

图11-46　系统界面

图11-47　视频监控界面

图11-48　视频回放

将所有摄像头按照所在区域划分成组，通过视频组管理，对每个组进行具体信息查看，根据实际变动可以对组进行增加、删除。

（5）用户权限管理

用户权限管理功能面板主要包含了用户管理、角色管理和资源管理。通过用户管理，可以对平台的使用者进行管理，如创建新用户、查询用户信息等。

角色管理主要对用户角色进行编辑、增删改等管理。可以通过列表查看每一个角色，以及当前角色的具体信息，也可以在平台中创建新角色、对不同角色的权限进行设置等。

（6）手机端简介

北京大兴国际机场智慧工地手机客户端包括Android和IOS两个版本，主要模块包括视频监控、环境监控、设备监控、物料管理、人员管理和系统设置等，见图11-49。

在手机端可以实时进入视频监控系统查看现场情况。在视频监控功能里，可以选择监控区、摄像头，并进行旋转，在界面中还可以完成截图、录像、回放、全屏展示等功能，见图11-50。

11.4.5 智能安全管控平台

随着大量分包单位不断进场，专业分包、劳务分包及业主分包达60余家，且施工面积大、作业点分散，使安全管理工作增加较大压力，同时本工程制定的安全条件验收、动火管理、自查自纠等制度的运行都需分包单位每日进行资料的上报，每天必须设专人花费大量时间去统计、核实QQ群里上报的信息，特别是安全隐患数据的统计及分析，人工统计极其繁琐、不方便，容易出现信息失真、遗漏等现象。不能完全对隐患的闭合进行有效管理，难以全面把控。以北京大兴国际机场作业施工安全管控为核心，以安全技术为支撑，融合互联网及移动互联等现代信息技术，项目研发安全管控平台，如图11-51所示，实现安全管理的系统化、信息化、标准化。系统包含日常管理、隐患排查、自查自纠、任务派发、制度管理、动火审批、黑名单管理、权限管理、统计分析、绩效管理等功能。

（1）日常管理：要求各分包单位每天10点前将安全条件验收表、班前讲话记录、安全技术交底及相关影像资料进行上传，超过上午10点未上报视为未履行每日安全活动，施工单位相关人员未履职，予以停工处理。

图11-49　手机客户端

图11-50　视频监控功能

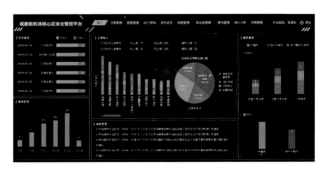

图11-51　安全管控平台

（2）隐患排查：当总包安全管理人员在现场发现隐患时，直接通过手机APP上传，软件根据输入的隐患级别自动下发至相关管理人员，其中一级重大安全隐患必须由分包项目经理安排整改并上传整改照片，二级重大安全隐患下发至分包生产经理，由分包生产经理安排整改并上传整改照片，涉及一般安全隐患安全管理人员回复整改照片。

（3）分析统计：软件系统根据每周上传的隐患情况进行自动分析，分专业、分区域、分单位形成图表，安保部根据隐患统计分析情况，对隐患较多的单位、区域及专业研讨具体改进措施，实施闭环管理。

（4）自查自纠：要求各分包单位每周上传自查自纠情况，由总包安保部对分包上传情况进行记分考评。

（5）任务派发：当总包需分包单位上交相关资料或需下发各项指令时，通过该软件下发指令，分包单位接到指令上传相关材料，软件自动考评任务回复情况。

（6）动火作业公示：根据动火作业分级，由分包安全管理人员每日对动火点位置、看火人及灭火器、水桶情况照片进行上传，总包安保部对照上传情况开展针对性检查。

（7）黑名单管理：当总包安全管理人员发现工人存在个人严重违章时，通过手机APP列入黑名单管理，当第二次输入该人员时，系统会自动辨识，建议该人员予以清退处理。

（8）记分考核管理：每周软件系统根据分包单位日常管理、动火作业情况、任务派发、自查自纠等情况，对分包相关责任人员进行记分考核。

（9）施工安全数据统计与分析：系统根据每周上传的隐患情况进行自动分析，分专业、分区域、分单位形成图表，安保部根据隐患统计分析情况，对隐患较多的单位、区域及专业研讨具体改进措施，实施闭环管理。同时每周软件系统根据分包单位日常管理工作的完成情况，对分包相关责任人员进行记分考核。

11.4.6　施工环境智能监测系统

施工环境智能监测系统以物联网、云计算、移动宽带互联网技术为基础，通过工地部署的无线网络组建的施工环境智能监测系统，实现对建筑施工现场噪声、扬尘实施监控，项目安装了6套扬尘噪声监控系统，24h监控施工场界扬尘及噪声污染，到达临界值及时报警，项目部相关责任人针对重点部位重点治理。

11.4.6.1　系统功能概述

系统的主要功能有以下几点：

（1）实时监测施工场界噪声、扬尘情况，并对数据进行科学分析。

（2）对历史数据进行保存分析，为同类项目同类施工工序提供绿色施工依据，有目的地对重点项进行防治。

（3）对用户进行管理，根据平台使用的实际情况，对使用用户进行增删改查等。

图11-52　系统首页界面

图11-53　LED显示端

图11-54　数据分析

图11-55　BIM 5D项目管理平台

（4）根据用户对现场关注度不同，进行用户角色权限管理。

（5）用户初始密码与账号一致，可以对密码进行修改。

11.4.6.2 系统界面

系统的主界面由左侧的导航栏和右侧的窗口栏构成，导航栏包括监控点位、LED屏显示、历史数据下载管理等，右侧的窗口栏对应导航栏的所有内容。系统的首页如图11-52所示。

在主出入口安装LED屏幕，实时显示监测的噪声、PM2.5、PM10、大气温度、大气湿度等信息，还可以自定义编辑文本（如欢迎词等），见图11-53。

11.4.6.3 数据分析

数据分析功能包含明细表数据、平均值数据、噪声监测记录、噪声测定原始记录，并可依据历史时间进行下载，如图11-54所示。

11.4.7　基于BIM 5D项目管理平台

BIM 5D项目管理平台是基于BIM模型的施工项目精细化管理工具，如图11-55所示。为项目的质量、安全、进度及商务管理提供准确信息，协助管理人员基于数据进行有效决策。BIM 5D基于云平台共享，PC端、网页端、移动端协同应用，以BIM平台为核心，集成土建、钢结构、屋面、幕墙、机电等全专业模型，并以集成模型为载体，关联施工过程中的进度、成本、质量、安全、图纸、物料等信息。利用BIM模型形象直观、可计算分析的特性，为项目的进度、成本管控、物料管理等

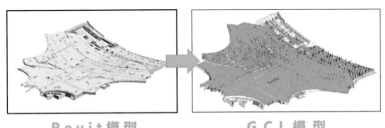

图11-56　商务管理应用

提供数据支撑，实现快速决策和精细化管理，有效控制成本、提升管理效率。

11.4.7.1 基于BIM的工程商务管理

商务管理方面，通过BIM信息模型和广联达算量模型同步信息技术，实现同步生成各专业工程量清单，工程量统计、材料分配有效数据，避免材料浪费和紧缺。根据不同阶段各专业的施工范围、管理内容及管理细度等需求，为项目解决工程监管和每个月的工程款支付等工作提供及时的信息数据支持，基于BIM技术实现模拟和实际对比每天项目进度和资源动态链接管理。项目部商务部门根据工程实际需要，明确各专业需要由BIM模型导出的工程量清单项目表。本工程通过GFC接口将BIM模型导入算量软件（图11-56），直接生成算量模型，实现模型的算量功能，避免了重复建模增加的人力和时间投入，大大提高了各专业的算量效率，并为多家参施队伍的结算提供了有效保障。

商务部门根据算量规则，对技术部门提交的模型进行审核，并出具模型审核报告。通过应用BIM 5D管理平台，商务部门对总计划、月计划、产值统计、领料计划进行实时跟踪，掌握材料、资金、人工等变化情况。

11.4.7.2 基于BIM的物料提取

将模型直接导入BIM 5D平台，软件会根据所选的条件，自动生成土建专业和机电专业的物资计划需求表，提交物资采购部门进行采购，如图11-57所示。

11.4.7.3 基于BIM的进度及资金资源曲线分析

通过基于BIM模型的流水段管理，对现场施工进度、各类构件完成情况进行精确管理，如图11-58所示。

图11-57　BIM 5D物料提取

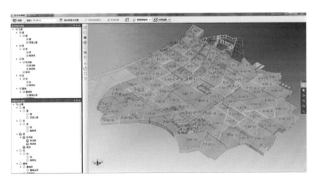

图11-58　BIM模型的流水段管理

通过将模型构建与进度计划相关联，实现对施工进度的精细化管理，并可进行资金、资源曲线分析，如图11-59所示。

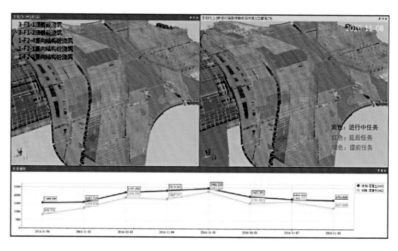

图11-59　资金、资源曲线分析

11.4.7.4 BIM 5D质量安全管理

施工现场发现的质量安全问题通过手机端将问题照片及问题描述上传至平台BIM模型的相应位置，如图11-60所示，并可以标记问题责任单位和整改期限。除可以输入文本信息外，该平台还支持手机拍照图片实时上传，更加直观地反映现场的质量问题。通过移动采集信息，实时记录问题，下发和查看整改通知单，整改状态实时跟踪，问题复查方便，有理有据方便追溯。通过先进的图形平台技术，将各专业软件创建的模型在BIM平台中转换成统一的数据格式，极大地提升了大模型显示及加载效率。

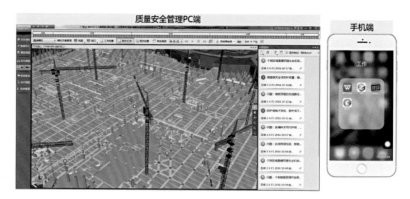

图11-60　质量安全管理

11.4.8　桩基精细化管理系统

基坑项目中BIM应用在国内起步较晚，对基坑工程的降水工程、土方工程、桩基工程的BIM技术应用在国内也是鲜有案例。本工程基坑面积达16万m²，其中深槽轨道区平面面积达10万m²，混凝土灌注桩8000多根，工程管理难度大，项目部结合桩基管理的难点特点，自主研发出"桩基精细化管理软件"对本工程进行精细化管理。

在投标阶段通过建立基坑工程BIM模型，利用BIM模型的可视性、可协作特性，优化施工方案的部署，优化各项生产资源的配置，并且为投标的答辩过程积累素材，建立本项目区别于其他投标方的竞争力。

在施工前，通过利用BIM方针模拟，优化各项目管理目标，实现对工程的预先控制。土方工程、桩基工程、降水工程是本项目重中之重，通过利用BIM技术，在土方工程中能够精确地控制挖运的工程量及可控制施工误差。在降水工程中能够有效地降低水位，保证现场土方工程的进展。在桩基工程中通过建立过程管理信息与BIM模型的集成，实现基于BIM模型的总包现场管理。针对基坑项目中土方工程、桩基工程、降水工程等主要的分项工程，建立了基于BIM模型的多项复合应用。

11.4.8.1 基坑施工方案模拟

通过应用BIM模型，进行场地布置模型、措施模型的有效整合，建立进度计划与整合模型的关联，通过基于BIM模型的施工方案模拟优化桩基施工方案及施工部署，提高方案的合理性、科学性。在施工过程中，通过施工进度模拟提高施工项目各方之间协调管理工作的质量和效率。土方工程施工模拟如图11-61所示。

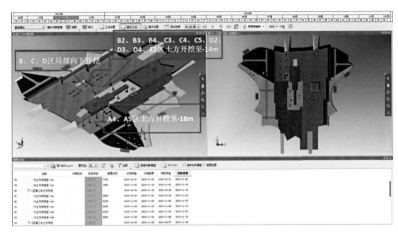

图11-61　土方工程施工模拟

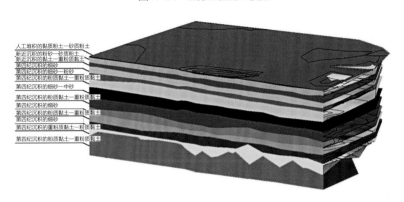

图11-62　土层模型及对应土层列表

11.4.8.2 土方工程量控制

运用BIM技术生成原始地形数字模型并在此基础上进行土方量计算，不但计算结果更加准确，时间上也仅仅需要几天即可完成。各种土方量计算结果能够以表格或报表方式输出。

（1）土方开挖工程量的计算流程

1）依据地质勘测报告，创建地下地质土层模型，真实反映地下土层状况，如图11-62所示。

2）根据施工方案建立土方开挖的BIM模型，如图11-63所示。

3）将土方开挖的BIM模型与地质土层模型进行对比，如图11-64所示。

4）生成各土层开挖土方量清单表。

通过结合BIM技术和三维激光扫描技术，用三维激光扫描现场施工状态，建立实测实量的模型，基于该模型与BIM施工模型的对比，可以分析挖方与施工方案的一致性，可以直观地显示问题和偏差，方便对潜在的质量问题进行及时监控和解决。

（2）检测土方施工误差的过程

1）根据施工方案建立土方开挖的BIM模型，如图11-65所示。

2）使用三维激光扫描仪，扫描现场的土方施工状态，形成点云模型，如图11-66所示。

3）使用Revit软件导入点云数据的插件，根据点云模型自动生产施工现状模型。

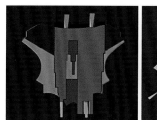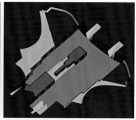

图11-63 创建土方开挖BIM模型

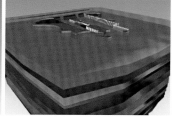

图11-64 土方模型与地质模型重叠对比计算

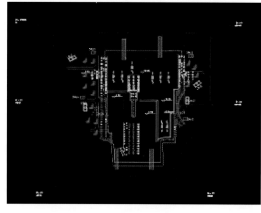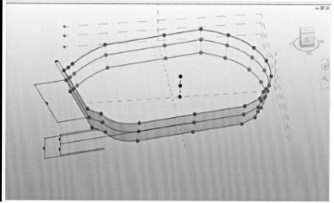

图11-65 建立BIM模型

图11-66 点云模型　　　　　　　　　　图11-67 BIM模型与点云模型
对比分析

4）通过模型的对比，直观地显示出现场施工状态与设计方案的对比情况，如图11-67所示。

11.4.8.3 桩基施工管理

根据基坑施工BIM模型，对BIM模型中桩构件按照区段划分，为每根基础桩、围护桩建立施工进度、质量信息库，通过移动端设备采集现场施工进展和质量验收情况，通过基于BIM大数据的统计和分析，实现桩施工过程中的精细控制和管理。

按照桩施工工艺过程，选择7个关键的控制节点，即测量放线、成孔、测孔深、钢筋笼子吊放、测沉渣、灌注混凝土、压浆。对每个节点的进度、质量验收信息进行及时、准确的跟踪，建立施工过程大数据模型。

精细化桩基施工过程的应用如下：

（1）根据建模规则，建立桩基工程BIM模型，每个基础桩、护坡桩，具有唯一的编码，根据该编码可以查询桩施工过程中的关键进度、质量数据。

（2）BIM模型支持按照施工部署和现场协调安排进行区域划分，方便进行进度计划与BIM模型的关联。

（3）通过移动端设备，跟踪每根桩的施工开始、完成时间，如图11-68所示。在施工过程中可以按照施工工序录入该节点的完成时间、施工班组、施工设备和质量验收的信息。当每根桩施工完成时，需要点击完成按钮，如果有关键工序没有通过验收或者未点击完成，系统会给出提示。

图11-68　控制点进度、质量信息移动端收集

（4）桩基进度查看

通过BIM模型查看各区域的施工状态、质量过程的检验信息。基于桩基施工过程中的关键进度、质量控制点的大数据收集，系统统计各工序的进度完成情况，统计各工序的质量完成情况。在各控制节点支

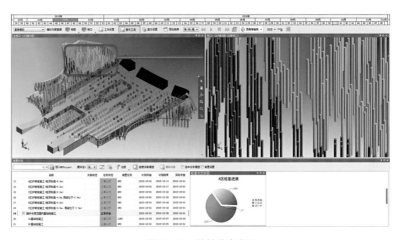

图11-69　桩基进度查看

持进行实际工程量统计，如钢筋笼数量的统计，桩基进度查看界面如图11-69所示。

（5）施工提醒及预警

当施工进展和计划出现偏差时，根据内置的提醒和预警规则，系统进行自动预警，并将预警通知发送到相关责任人的手机上。对现场施工计划和质量管理工作，系统通过提醒的方式提示管理人员，避免因工作忙乱导致遗漏。

11.4.8.4　降水工程BIM仿真应用

在降水施工前，利用数值分析和信息化手段对降水方案进行监测、BIM仿真和预测，以及时掌控基坑核心区、基坑周边在施工过程中的降水面和降水井抽水量。由于土的性质、土层厚度等复杂的地质情况，造成很难取得渗透系数的实际值。本项目在通用数值分析软件的基础上，建立降水的数值分析模型，对基坑降水设计方案进行数值仿真模拟。在施工过程中，根据实际降水监测数据与模拟效果对比，反演和修正渗透系数等降水关键参数。图11-70给出了模拟单井降水工况下地下水位下降过程的示意结果，施工过程中按照实际基坑和降水方案建模进行仿真模拟和反演计算。

在降水施工过程中，建立数值计算模型，依据反演修正后渗透系数等参数，对设计中的降水方案进行模拟分析，对于可能存在诸如由承压水导致的坑底隆起和暴雨等异常工况，通过数值模

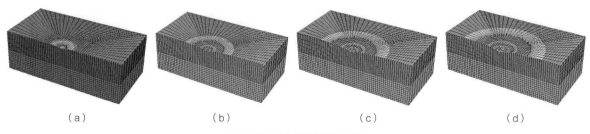

| （a） | （b） | （c） | （d） |

图11-70　BIM模型仿真应用

拟进行事先预测。这个分析过程随着降水过程多次进行，以实现降水过程中的动态分析，提前采取有效措施，指导后续降水。

根据计算分析结果，结合水位监测数据，当水位降深超过设计降深时，适当调整开关水泵的数量，在不影响土方、护坡、基础桩施工的前提下，减少地下水的抽取量。在降水井内安装水位继电制动抽水装置，设置一定的高度，当水位升至该液面时水泵自动开启，可以有效控制地下水位标高。

通过"桩基精细化管理软件"的施工模拟，项目部能够直观地观察到整个施工工艺流程，及早发现施工过程中可能存在的风险和缺陷，从而优化施工工艺以达到减少风险的发生、缩短施工工期、提高安全防范意识、减少施工成本的目的。该项目的实施也提高了技术人员的业务水平，积累了仿真项目的经验水平，为以后其他项目开展积累了知识经验。

11.4.9　基于二维码的信息管理系统

11.4.9.1　基于二维码的装饰施工信息查询系统

本系统将数据预先收集上传至服务器，在APP内设定了WIFI网络自动更新数据库，现场扫描的二维码作为一个超链接，链接手机里已缓存内容，链接文件包含房间名称、房间CAD图纸、做法、质量验收要点等内容，给施工检查带来了方便，这样就解决了施工现场没有WIFI无法及时查阅资料的困难。图11-71为现场张贴二维码图片。

图11-71　施工现场二维码

图11-72　钢结构二维码管理　　　　图11-73　蜂窝铝板二维码　　　　图11-74　氟碳喷涂铝板二维码

11.4.9.2　基于物联网二维码的物料管理系统

本项目工程量巨大，以钢结构为例，屋盖网架杆件总数量约63450根，球节点约12300个。管理如此多的物料，物料堆场准确，减少二次搬运，材料可准确查找及安装位置准确是本项目的重点和难点。

针对该问题，项目部开发了物料管理系统，在深化设计阶段对物料进行编码，做到一件一码、一车一码，从设计、出厂、进场验收、现场安装做到有迹可查。图11-72为钢结构物料管理照片。

在装修阶段，将大吊顶、墙面铝板、地面石材等材料，深化设计后按区域分组、编制号码，材料进场后准确地就近施工位置堆放，避免二次倒料、找料。图11-73和图11-74为蜂窝铝板和氟碳喷涂铝板的二维码示例图。

11.4.10　冬期施工温度自动监测系统

冬季气温下降，不少地区温度在0℃之下（即负温），土壤、混凝土、砂浆等所含的水分冻结，建筑材料容易脆裂，给建筑施工带来许多困难。为保证工程质量，就要采取冬期施工措施。对室内的环境温度进行实时在线监控，监测系统如图11-75所示。及时掌握施工现场温度，及时调整供暖、施工方案，为现场施工进度提供科学有力的保证。

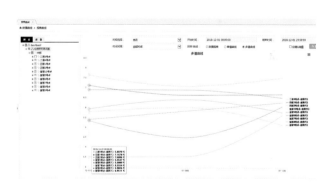

图11-75　温度监测系统界面图

由于现场全天候施工，且所有参与施工的单位都在施工，施工干扰大，测点分散，不具备有线传感器布线条件，无法使用有线数据采集设备集中采集，每个温度采集点不具备供电条件，不适合采用有线采集设备；加之前述供电条件的限制也给常规大功率无线数传电台传输带来困难。因此，选择了无线数据采集系统，该系统具有穿透能力强、功耗低、电池供电、安装拆卸方便等功能。采集系统由基于4G传输的无线网关、基于Lora的无线数据采集终端及温度计组成。

根据现场各个区域实施监测传回的温度数据，对各个施工区域内的温度进行调整，监控中某个区域温度低于材料特性温度，相应的加大供暖力度，达到施工所需温度。采取相应的保暖措施，保证施工顺利进行。同样监控中发现某个区域温度过高，调低供暖温度，做到节约能源。通过对环境温度的实时掌控，及时科学地调整供暖及采取防寒措施，科学有效地安排施工顺序，避免了施工中出现的返工。很好地保证了整个工程的顺利完工，起到了运筹帷幄的作用，对大空间结构冬期施工提供了有力的科学依据。

11.4.11 钢筋自动加工

为解决钢筋加工供应问题，现场集中设置了钢筋加工场，引进了多套钢筋自动化加工设备，如图11-76和图11-77所示。弯箍机可每小时加工箍筋1800个，一个工人每台班可加工箍筋7t左右；大直径钢筋直螺纹连接接头钢筋加工切断，数控钢筋剪切生产线可批量加工，25mm直径的钢筋一次可锯切16根，比传统砂轮锯切割提高了10倍以上工作效率。

图11-76　箍筋自动加工

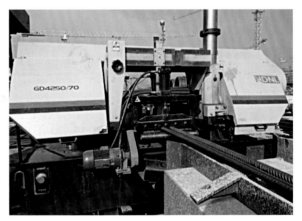

图11-77　直螺纹钢筋自动下料

第12章

§

超大平面航站楼
绿色施工技术

12.1 绿色施工重点难点

作为全世界平面面积最大的机场，北京大兴国际机场航站楼核心区工程因"大"而引起了各种绿色施工难题。北京城建大兴国际机场建设团队，针对这些难题，结合北京大兴国际机场的工程特点，采取了各种有效措施，同时也运用了许多当今先进的科学手段。由工程特点分析工程绿色施工控制重点，有以下几个方面：

1. 现场扬尘控制

工程占地面积大，开挖面积大，且周围为站坪区，场地较为空旷，现场扬尘控制，扬尘治理是基础施工阶段的重点。

工程施工期间除运用传统的硬化、覆盖、绿化、洒水等抑尘措施外，采用新型雾炮车、雾炮机、围挡外喷雾系统、钢网架上喷雾系统、专业抑尘剂等先进的新技术解决现场扬尘问题。

2. 污水处理及水资源综合利用

北京大兴国际机场场区原为农田，场区周边市政基础设施不完善，无市政排水管线。工程的施工周期约4年，工程施工期间的作业人员数量在高峰期超过8000人，工程施工期间办公区、生活区将产生大量的生活污水，如采用抽排，将耗费大量的车辆及费用。为有效解决污水排放问题，现场建立了污水处理中心，实现生活污水的无害化处理，达到中水标准，处理后的中水可用于现场洒水降尘、厕所冲洗、绿地浇灌等，实现污水就地处理及综合利用。

3. 加强机械管理，采取合理措施解决材料运输难题

本工程体量大，施工工期紧，施工投入的各类机械数量较多，为保证工程的顺利实施，并充分提高各种机械的工作效率，降低机械能耗，采用如下措施：

1）选用能耗低、性能好的机械设备，如塔式起重机全部选用变频塔式起重机；

2）严格进行机械设备的进场验收，禁止高能耗设备进场；

3）合理组织施工，提高机械设备利用率，提高整体工程施工效率。如在基坑内设置南北贯穿通道，机械设备直接开到作业面区域，提高工作效率；在基础底板及结构楼板上设置通道，安装型钢构件；在轨道区施工期间，暂缓轨道区两侧浅区结构施工，将其作为材料加工厂及倒运场地，提高整体工程施工效率。

4. 建筑垃圾的再生利用

本工程材料用量巨大，施工中产生的垃圾数量也较多，合理优化方案，材料节约、周转利用和施工产生垃圾的回收再利用也是绿色施工的重点。选材上优化施工方案及材料种类，避免材料浪费。钢筋、模板、混凝土等材料废料再利用，周转材料增加重复利用次数。本工程桩基施工阶段，将废桩头回收破碎后制成强度低的混凝土再利用，大大减少了材料的浪费。

5．空气源热泵系统应用

工程施工期间将经历多个寒暑季，期间需要为办公区、生活区提供夏季的冷气和冬季的暖气，提供相对舒适的生活条件。为降低能耗，现场为生活区、办公区装配了目前最清洁的"中央空调"——空气源热泵系统，空气源热泵系统相对于传统的分体空调、锅炉等具有显著的优点：安全、舒适、节能高效、低碳环保。

6．BIM技术综合应用

北京大兴国际机场航站楼工程造型新颖，结构复杂，采用了多种创新设计，如航站楼下的轨道交通设计、楼前双层高架桥、不规则自由双曲面的屋面钢结构、隔震层设计等；工程的各专业系统设计复杂，传统的技术很难完成工程的深化设计，施工现场的管理难度也非常大。在工程施工前，综合应用BIM技术，对各专业工程进行建模，应用BIM模型进行方案深化、节点设计、管线综合排布以及建立基于BIM技术的5D项目管理平台等，采用可视化的深化设计并进行可视化的交底，指导现场施工，显著提高工作效率。

7．施工机械、人员管理

工程体量大，施工工期紧，施工投入的各类机械数量较多，工程施工人员较多，对施工机械、施工人员的管理是各个阶段的难题。

8．工程就地取材

工程施工材料种类多，用量大，工程材料地点就近选择、运输过程中的节能环保也是绿色施工实施的重要因素。

9．材料节约及垃圾再利用

工程材料用量巨大，施工中产生垃圾数量也较多，合理优化方案，材料节约、周转利用和施工产生垃圾的回收再利用也是绿色施工的重点。

10．基坑降水的综合利用

工程地下水丰富，基础施工阶段和地下结构施工阶段会产生大量基坑降水，对降水的综合利用和水资源保护是前期策划的重点。

11．现场平面管理

工程占地面积大，周围和其他标段存在大量交界，施工过程中的现场平面管理及材料堆放场区、材料加工场区、施工道路等的布置是重中之重，同时还要兼顾与其他标段的场地移交，及各个专业的场地交替。

12.2 绿色施工管理制度

12.2.1 绿色施工目标管理制度

（1）按岗位、部门分解绿色施工管理目标；

（2）将绿色施工目标分解到各阶段施工中；

（3）将"四节一环保"指标进行量化，并落实到各工序工作中；

（4）在分包合同中明确绿色施工的目标。

12.2.2 施工组织设计及绿色专项方案审批制度

（1）施工组织设计包含的绿色施工章节由项目部负责编制、审核，公司总工程师审批并加盖公章；

（2）绿色施工专项方案严格执行编制、审批手续；

（3）施工组织设计和绿色施工专项方案经审核通过后实施。

12.2.3 绿色施工技术交底制度

（1）项目部组织对全体管理人员进行绿色施工方案交底；

（2）项目部各部门负责人组织对分包单位交底；

（3）分项工程施工作业前，项目部专业工程师负责对各工种进行针对性的技术交底；

（4）交底以书面形式进行，绿色施工技术交底的交底人、接受交底人、审核人签字齐全，签字完备的交底在项目部备案。

12.2.4 绿色施工教育培训制度

（1）每月编制绿色施工培训计划，内容包括施工组织设计中绿色施工的章节、绿色施工专项方案和有关绿色施工的法律法规或新技术等，并按计划实施教育培训，形成记录。

（2）各作业队施工人员入场前必须接受入场绿色施工知识教育，上岗前要进行岗前绿色施工教育。定期进行专题绿色施工教育，提升作业人员绿色施工的"四节一环保"意识。

（3）对绿色施工指标相关密切的人员和岗位定期不定期进行绿色施工知识考核，并要认真评卷、打分。

（4）利用板报和宣传栏等形式宣传有关绿色施工的信息、政策等。

12.2.5 "四新"应用制度

（1）从"建设事业推广应用和限制禁止使用技术公告"中的推广应用技术、"全国建设行业科技成果推广项目"或地方住房和城乡建设行政主管部门发布的推广项目等先进适用技术以及"建筑业10项新技术"，选取适合的"四新技术"在本工程中进行推广。

（2）开展技术创新，不断形成具有自主知识产权的新技术、新工艺、工法，并由此替代传统工艺，提高绿色施工的各项指标。

12.2.6 绿色施工措施评价制度

（1）每月定期自检，并对落实的措施或技术提出整改方案。
（2）每月定期对项目部上报的检查结果和整改措施进行核查。

12.2.7 资源消耗统计制度

（1）加强施工现场用能管理，采取技术上可行、经济上合理的措施降低能源消耗，减少、制止能源浪费，有效、合理地利用能源。

（2）实行能源消费计量管理，对水、电等能源消耗实行分类、分项计量，并实时监测，及时发现、纠正用能浪费现象。

（3）编制施工和生活区用水用电计划、用款计划、建设进度计划。

（4）施工现场、办公区、生活区用水、用电分别计量统计。

（5）大型机械设备、电气设备用电分别计量统计，并建立台账。

（6）项目部由专人负责能源消费统计，按生产、生活要求做好用水用电指标的分解，如实记录能源消费计量原始数据，建立统计台账。

（7）定期核对水、电等能源消耗计量记录和财务账单，评估总能耗、单位建筑面积能耗，分析现场能耗节约或超标的原因，并及时向项目部主管领导进行反映，对现场能源使用进行调整、改进，确保施工能源消耗在可控范围之内。

12.2.8 绿色施工奖惩制度

（1）绿色施工奖励：各施工作业队要尽职尽责管理好各自辖区内的绿色施工设施，切实做好绿色施工管理工作，成绩突出的，依据项目部的相关规定，给予奖励。绿色施工检查中三次被评为前两名的单位，奖励单位500～1000元，奖励个人200元。

（2）绿色施工处罚：对于玩忽职守、绿色施工管理工作不到位造成环境污染、破坏或被政府有关部门、新闻媒体曝光或通报批评的施工作业队，项目部将视情节轻重，给予相应的经济处罚、停工整顿直至清出施工现场。

项目部制定多项绿色施工管理制度，包括绿色施工教育培训制度，项目厕所、卫生设施、排水沟及阴暗潮湿地带定期消毒管理制度，施工扬尘控制管理制度，施工噪声控制管理制度，夜间施工管理制度，现场进出场车辆及机械设备废气排放管理制度，现场厕所化粪池定期清理管理制度，工地厨房隔油池定期清理管理制度，污水排放制度，建筑垃圾控制及再生利用管理制度，有毒物质控制管理制度，有害气体排放控制制度，材料限额领料管理制度，现场主要耗能生产设备节能制度，施工机械维修保养制度，办公室用水、用电管理制度，生活区用水、用电管理制度，施工现场、办公区、生活区卫生管理制度，空调使用管理制度，施工用地保护管理制度等。

12.3 绿色施工管理措施

12.3.1 绿色施工规划管理措施

12.3.1.1 控制措施

制定防止土壤侵蚀及空气、环境等污染的控制措施，制定从源头、从过程中控制污染的措施。

12.3.1.2 环境保护措施

制定环境管理计划及应急救援预案，采取有效措施，降低环境负荷，保护地下设施和文物等资源。

12.3.1.3 节材措施

在保证工程安全与质量的前提下，制定节材措施。如进行施工方案的节材优化，建筑垃圾减量化，尽量利用可循环材料。

12.3.1.4 节水措施

根据工程所在地的水资源状况，制定节水措施。

12.3.1.5 节能措施

进行施工节能策划，确定目标，制定节能措施。

12.3.1.6 节地与施工用地保护措施

制定临时用地指标、施工总平面布置规划及临时用地节地措施等。

12.3.2 培训管理

（1）绿色施工教育培训贯穿于施工生产的全过程，教育培训包括计划编制、组织实施、培训考核、记录归档等工作内容。

（2）安全教育和培训的类型包括进场前绿色施工教育、日常教育等，各分包单位每月至少对全体作业人员进行一次绿色施工教育培训。

（3）所有参施人员必须经绿色施工教育并考试合格后方可进场作业。项目每月进行一次全员绿色施工教育，各分包单位每天开展的班前讲话活动要涉及绿色施工内容。

（4）分包单位负责作业人员的日常绿色施工教育，教育资料上报总包归档。

12.3.3 评价管理

绿色施工评价是衡量绿色施工实施水平的标尺，贯穿于整个施工过程，是一项系统性很强的工作。

评价阶段按地基与基础工程、结构工程、装饰装修与机电安装工程，依据环境保护、节材与材料资源利用、节水与水资源利用、节能与能源利用、节地与土地资源保护五个方面进行。

在绿色施工实施过程中根据《全国建筑业绿色施工示范工程申报与验收指南》及《建筑工程绿色施工评价标准》GB/T 50640—2010，按照地基与基础工程、主体结构工程、装饰装修与机电安装工程三个阶段进行自评，项目部将绿色施工评价要求分解到各部门，并对评价结果与创优目标进行对比分析，采用质量管理中"PDCA"循环的方法，针对薄弱环节加强技术攻关和强化管理等措施进行持续改进，确保各项指标完成（图12-1）。

三个阶段：每个阶段每月评价1次，每个阶段应不少于1次。

五个要素：四节一环保。

评价指标：按重要性分控制项、一般项和优选项，每个项下设若干评价指标。

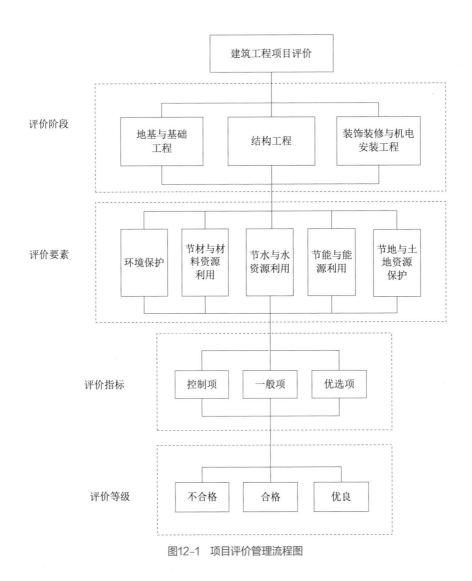

图12-1 项目评价管理流程图

12.4 绿色施工过程控制措施

12.4.1 环境保护

1. 环境污染主要类别

施工现场环境污染主要分为土壤侵蚀、空气污染、噪声污染、光污染、水污染、固体废弃物污染等。

2. 资源保护

（1）在临时道路两侧进行种植绿化。

（2）基坑施工阶段，严格控制降水范围，防止破坏地下水形态。

（3）现场存放的油料、化学品等物品，设立定型化库房，见图12-2。

3. 人员健康

（1）施工作业区和生活区分开布置。

（2）生活区有专人负责，有消暑或保暖措施。

（3）生活区设置医务室，满足施工人员日常就医需要；并制定《卫生防疫突发事件急救专项预案》。

（4）生活区内设置洗衣房，洗衣机采用节能电器。

（5）从事有毒、有害、有刺激性气味和强光、强噪声施工时，施工人员佩戴护目镜、面罩、绝缘服等防护器具，见图12-3。

（6）现场危险品存放处设置醒目安全标示，存放柜可有效防毒、防污、防尘、防潮。

（7）厕所、卫生设施、排水沟及潮湿地带，安排专人定期喷洒药水消毒和除四害，见图12-4。

图12-2 危险品存放柜

图12-3 作业防护

图12-4 专业保洁人员日常清洁

（8）食堂设置打饭窗口，杜绝非炊事员直接接触食物。

（9）食堂内张挂卫生制度，严格要求食品卫生和作业人员的卫生，保证职工的健康饮食。

（10）熟食留样食品保存48h以上，每个品种留样量应满足检验需要。

（11）现场设置可移动环保厕所，并定期清运、消毒，见图12-5。

4. 扬尘控制

（1）现场建立喷水雾降尘设施与洒水清扫制度，并派专人每天定时对场地洒水、清扫。

（2）项目部购买一台16t多功能抑尘车，有效降低现场PM2.5和扬尘污染（图12-6）。

（3）项目部购买一辆多功能洗扫车，洗扫车具有路面清扫、路面洗扫、喷雾降尘等多种功能（图12-7）。

（4）固定式雾炮机在现场重点部位布置，在检测值超标时进行雾炮降尘处理（图12-8）。

（5）现场围挡外侧道路采用喷雾系统降尘，见图12-9。

（6）屋面钢结构网架设置马道整理喷淋系统，见图12-10。

（7）现场裸露土采取100%覆盖、种植绿化等措施处理，见图12-11。

（8）土方、渣土和施工垃圾的运输使用密闭式运输车辆。

（9）设专业洗轮设备及吸湿垫，门岗设专人监督检查出场运输车辆冲洗情况，并留有冲洗记录。确保运输车辆"三不进、两不出"，见图12-12。

（10）现场施工采取多种防止扬尘措施，见图12-13。

（11）现场垃圾及时清理，垃圾运输全封闭。

图12-5 可移动环保厕所　　　　图12-6 扬尘雾炮机　　　　图12-7 多功能洗扫车

图12-8 雾炮机　　　　　　　　　　图12-9 围挡喷雾降尘

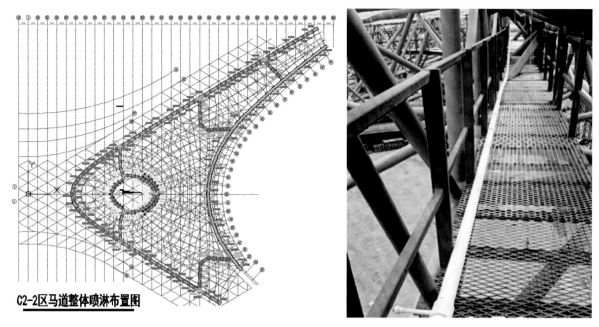

图12-10　马道喷淋系统

土方防尘网覆盖

施工现场景观路绿化

工程专用抑尘剂

垃圾站内设置喷淋系统

图12-11　抑尘措施

图12-12　出入口配置车辆冲洗设备及吸水垫

砖材、块材切割设置防尘罩

模板清理采用吸尘器

木工棚内锯末收集　　　　　　　　　　　　砂浆罐设置抑尘棚

图12-13　施工作业防止扬尘措施

图12-14　厨房油烟处理装置

5. 废气排放控制

（1）要对进出场车辆及机械设备进行检查，查验其尾气排放是否符合国家年检要求，并进行登记记录。

（2）与各分区、分包单位签订施工机械、车辆尾气排放达标承诺书，指定专人负责车辆、机械的日常检查，确保达标排放。

（3）现场使用天然气或液化石油气等清洁燃料，工地食堂在操作间油烟机出口处设置油烟净化装置，避免油烟直接排入大气中，见图12-14。

6. 建筑垃圾处理

（1）建筑垃圾分类堆放，并有明显的标识。

（2）废电池、废墨盒等有害物质分类集中回收，并做好记录。

（3）现场设置可分类封闭垃圾站，定期派人分拣重复利用；建筑垃圾回收利用率达到50%。

（4）现场设置封闭式钢筋分拣站，定期收集处理，见图12-15。

图12-15　钢筋分拣

7. 污水排放控制

本工程水污染源主要有以下几种：生活污水（洗漱污水、厨房污水、厕所污水）、生产污水（设备设施清洗用水、养护用水、油料稀料等化学溶剂）。水污染控制主要采用源头控制和污染源防扩散控制。

（1）现场道路和材料堆场周边设置排水沟，将生产污水有组织地排到三级沉淀池内。

（2）办公区设置冲水式厕所，在厕所下方设置化粪池；现场设置可移动式环保厕所。化粪池及移动厕所进行定期抽运、清洗、消毒，并做好记录。

（3）生活区食堂设置隔油池，食堂产生的含有油污的废水经隔油过滤后再排入化粪池。每天清扫、清洗，每周清理一次隔油池，做好记录。

（4）食堂、盥洗室、淋浴间的下水管线应设置过滤网，并连接至污水处理池，保证排水畅通。

（5）大门口设置三级沉淀池，清洗混凝土泵车、搅拌车的污水通过排水沟排入沉淀池，清洗水重复使用。污水沉淀池定期清理，随清随运。

（6）通过沉淀、过滤泥沙等有针对性的处理方式，水质达到现行国家和行业标准。污水排放的水质按阶段由有资质的检测单位或部门出具的检测报告认定。

（7）基坑降水阶段对降水进行pH检测，做好记录。

（8）工程排水定期检测，以其pH值在6~9之间为合格，并做好记录。

（9）基坑降水采用封闭式降水井降水。

8. 光污染控制

本工程光污染源主要有以下几种：施工现场的照明、电焊机等的使用。

（1）工地周边设置大型罩式LED灯（图12-16），随施工进度的不同随时调整灯罩反光角度，保证强光线不射出工地外。

（2）统一施工现场照明灯具的规格，使用之前配备定向灯罩，使夜间照明只照射施工区，照明灯采用节能灯。

（3）电焊机等强光机械作业时，设置遮光罩棚。

9. 开挖土方应合理回填利用

本工程土方开挖先将土方堆放在场区附近宽阔的堆土区域，部分土方用于本工程的肥槽回填、基坑回填等；部分用于施工临时用地、配套设施办公区、生活区的基础回填；绝大部分土方由站坪施工单位用于站坪基础回填。

图12-16　罩式LED灯

图12-17　作业隔声棚

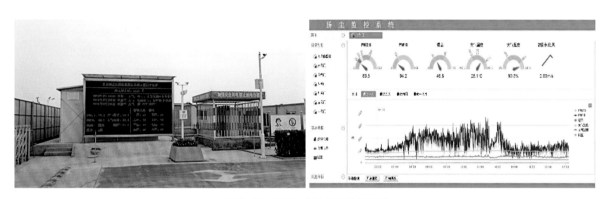

图12-18　噪声、扬尘自动监控系统

10. 噪声振动控制

（1）采用先进机械、低噪声设备进行施工，机械、设备定期保养。

（2）在混凝土输送泵、电锯房外围搭设隔声棚（图12-17）。

（3）塔式起重机、吊车指挥配套使用对讲机。

（4）现场设置连续、密闭、能有效隔绝各类污染的围挡。

（5）现场设扬尘、噪声自动监控系统，实时监控现场扬尘、噪声污染情况，发现数据超标时，立即通知相关单位，采取相应降尘、降噪措施（图12-18）。

12.4.2　节材及材料资源利用

1. 材料选择

（1）根据就地取材的原则进行材料选择并实时记录。

（2）项目制定机械保养、限额领料、建筑垃圾再生利用等制度。

（3）选用绿色、环保材料。

（4）临建设施采用可拆迁、可回收、可重复利用的定型化房屋、彩钢板房。

（5）本工程使用预拌混凝土和商品砂浆，利用粉煤灰、外加剂等新材料降低混凝土和砂浆中的水泥用量。掺量、使用要求、施工条件、原材料等因素通过试验确定可行。

（6）工程钢筋接头采用直螺纹技术连接，尽量避免使用搭接方式，节省了钢筋绑扎搭接长度。

2. 材料节约

（1）工程支撑体系使用管件合一的盘扣架和碗扣架体系（图12-19）。

（2）正交框架梁区域采用钢包木和方钢等材料，加快模板周转，减少木材的损耗，见图12-20。

（3）工程选用栈桥穿结构的方式解决大平面水平运输的问题，大大减少运输中的损耗。

（4）钢筋利用电脑放样，提高原材的使用率。

（5）二次结构墙体进行深化排版，减少切砖产生的损耗。

（6）现场临建设施、安全防护设施应定型化、工具化、标准化，见图12-21。

3. 资源再生利用

（1）将废料钢筋加工成马镫作为钢筋支架，较细的钢筋加工成工具式吊钩，用于吊挂灭火器，废钢管加工成可利用的预埋件等，进行综合利用；双F卡、支模棍、梯子筋等辅助钢筋也使用废旧钢筋加工。

（2）对每次浇筑混凝土后的余料进行合理利用，利用混凝土搅拌运输车及泵管内的余料制作保护层垫块以及对临时道路进行加固修补等。润泵砂浆出管后统一收集到料斗内，吊至场外制作水泥垫块等，既保证混凝土施工质量又可废料利用。

（3）桩头回收破碎后进行再生混凝土利用，见图12-22。

（4）现场旧模板进行重新加工、切割，用作临边洞口的盖板、柱子与楼梯踏步的护角、地下室排水沟模板等（图12-23、图12-24）。

（5）现场办公用纸分类摆放，纸张双面使用，废纸定期回收。

图12-19　盘扣式模架体系

图12-20　采用钢包木、方钢管减少木材的损耗

图12-21　标准化安全防护设施

图12-22　桩头破碎回收再生利用

图12-23　后浇带防护

图12-24　木方回收整理再利用

12.4.3　水及水资源利用

1. 节约用水

（1）项目在签订标段分包合同或劳务合同时，应将节水指标纳入合同条款。

（2）在施工的各阶段应定期进行计量考核，并留存计量考核记录。

（3）施工方案交底中应采用先进的节水施工工艺。

（4）施工现场生产、生活用水全部使用节水型生活用水器具。盥洗池、卫生间采用节水型压力阀门、光控阀门、节水型水龙头，大便器采用低水量冲洗便器或缓闭冲洗阀等，小便器采用节水型感应自动冲便器。

（5）实行用水计量管理，严格控制施工阶段的用水量。在办公区、生活区、施工生产区、食堂分别装设水表，以月为单位安排专人登记记录每个功能区水表的读数及总水表读数。

（6）绿化系统中使用中水及节水喷头进行灌溉养护。

（7）结构养护节水措施：

1）施工工艺采取节水措施，结构墙、独立柱混凝土采用包裹塑料布养护保湿。

2）结构柱养护，在结构柱表面设置塑料管，上开多个出水孔，养护用水通过塑料管、出水孔及模板与构件表面缝隙流至构件表面，确保构件表面保持湿润。

（8）项目不定期对现场、生活区用水设备管线等进行排漏检查。

2. 水资源利用

（1）现场设置雨水收集系统，利用场地内三级沉淀池，收集施工区内地表雨水及部分场外地表水，经过沉淀过滤后作为洗车用水、绿化用水、养护用水、现场消防用水、防扬尘用水。

（2）将基坑降排水产生的地下水以及下雨时产生的雨水收集到沉淀池内（图12-25），经沉淀后汇入蓄水池，在蓄水池设抽水泵，经相应的管网送至冲车台和厕所，供冲洗车辆和冲厕。

图12-25 基坑降水收集系统

图12-26 污水处理后再利用

（3）施工现场设置废水回收设施，对废水进行回收后循环利用。

冲车池及洗车池设沉淀池及清水池，对洗车、冲车污水进行重复循环利用。

（4）施工现场设置污水处理系统，将生活污水经无害化处理后进行循环利用（图12-26）。

（5）污水处理厂处理的再生水经第三方检测单位检验合格后再使用。

12.4.4 节能及能源资源利用

1．临时用电设施

（1）施工现场照明采用高效的LED投射灯，并安装自动限时供电控制器（图12-27）。

（2）办公区和生活区及现场照明均采用节能灯，室外路灯采用太阳能照明灯具。

（3）室内照明灯具全部为节能型，本工程节能照明灯具按照95%的比例配置。

（4）办公区楼道采用LED节能灯照明，声控光控开关，杜绝长明灯。

（5）生活区走廊采用触摸式延时照明开关。

（6）基坑及危险区域安放太阳能警示灯。

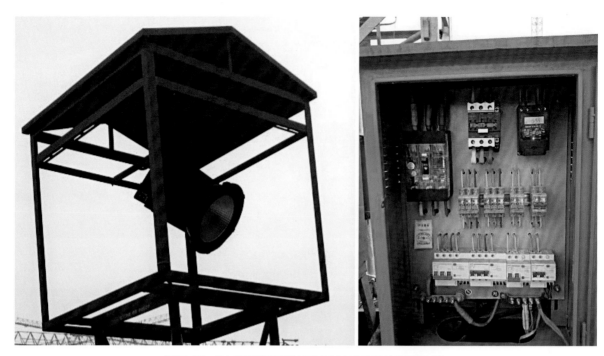

图12-27　施工照明采用高效LED灯配备自动限时供电控制器

图12-28　新型钢筋自动化加工设备

（7）对主要耗能施工设备定期进行耗能计量核算。

2. 机械设备节能措施

（1）钢筋加工采用新型自动化设备集中加工（图12-28）。

（2）现场及生活区消防泵房使用节能型消防泵。

（3）选用变频塔式起重机，并优化方案，减少塔式起重机数量。

（4）现场电伴热设置电伴热控制箱及各种变频设备（图12-29）。

（5）机械严格按设计图放置，达到不同作业区共享机械资源，节省机械台数。

（6）定期监控重点耗能设备的能源利用情况，并做好相应记录。

3．临时设施节能措施

（1）办公区采用定型式集装箱。生活区采用组装式彩钢板房。房间内均采用吊顶，减少夏天空调、冬天取暖设备的使用时间及耗能量。

（2）为满足施工人员手机充电需求，在工人宿舍区设置USB插座。

（3）使用具有节能标识的节能电器，粘贴节能宣传牌。

（4）生活区使用太阳能热水系统，满足工人日常所需，并做好用电统计（图12-30）。

（5）办公区、生活区制冷、取暖系统采用绿色环保的空气源热泵系统（图12-31）。

4．材料运输与施工的节能

（1）施工过程中材料运输车辆由地下室坡道和结构边搭设钢栈道进入施工现场内，将材料直接卸到使用区域，减少二次运输所消耗的能源。

（2）现场钢结构采用工厂化加工，减少现场拼接焊接的耗能。

（3）合理安排施工工序、施工进度，尽量减少夜间作业和冬期施工的时间。

12.4.5 节地与施工用地保护

1．节约用地措施

（1）施工场地布置合理并实施动态管理。

1）施工总平面图布置紧凑。

2）施工场地均在经相关部门批准的临时用地范围内。

3）施工现场道路形成环形通路，提高利用效率，减少道路占用土地。

4）施工现场仓库、加工厂、作业棚、材料堆场等布置靠近已有交通线路或即将修建的正式或临时交通线路，缩短运输距离。

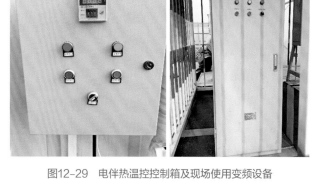

图12-29 电伴热温控控制箱及现场使用变频设备

图12-30 太阳能热水系统

图12-31 空气源热泵

5）桩基施工阶段平面布置同时考虑主体施工阶段的平面布置，尽量做到一次投入多次利用。

（2）现场钢板路下沿用原有道路作为路基，充分利用土地原有资源。

（3）现场所有临时道路、临时用地施工均采用商品混凝土。

（4）临时办公和生活用房采用节材、经济、美观、占地面积小，适合于施工平面布置动态调整的多层轻钢活动板房、钢骨架水泥活动板房等标准化装配式结构。

（5）职工宿舍满足2.5m²/人的使用面积要求。

（6）现场钢筋采用自动化设备集中加工，节省用地。

2. 保护用地措施

（1）对深基坑施工方案进行优化，精确测量放线，减少土方开挖和回填量，最大限度地减少对土地的扰动，保护周边自然生态环境。

（2）基坑开挖阶段结合后期回填材料的选用，肥槽回填采用桩头破碎后的再生混凝土代替灰土回填，开挖留置的肥槽空间狭窄，减少对原状土的破坏，减少土方开挖量与回填量。

（3）停车场利用原有土地，铺上石子、硬化砖或植草砖，避免车辆破坏原有土质。

（4）施工场地进行种植绿化，以减少覆盖面积。场内绿化面积不低于临时用地面积的5%。

（5）现场采用远程视频监控系统平台，便于集团管理人员和项目管理人员随时掌握建筑工地施工现场的施工环境指标，并对超标项进行重点防治（图12-32）。

图12-32　视频监控系统

12.5 绿色施工关键技术应用

12.5.1　施工栈桥应用

12.5.1.1　工程概况

北京大兴国际机场航站楼核心区工程混凝土结构施工阶段主要依靠塔式起重机作为材料水平、垂直运输机械，现场共布置了27台塔式起重机。但由于航站楼核心区混凝土结构超长、超宽（565m×437m），其中B2层的轨道区宽度为280m，中间部分的塔式起重机没有喂料口，如使用

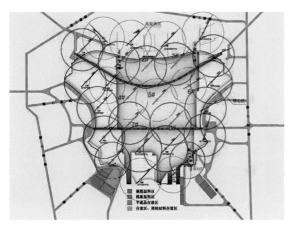

图12-33 栈桥布置图

图12-34 栈桥及运输平台

多台塔式起重机倒料，则工效非常低，另外即使外围有喂料口的塔式起重机，受到场地的限制，也不具备每台塔式起重机覆盖钢筋、模板及周转料的料场，航站楼核心区工程的材料运输是困扰工程施工的一个难题。

经反复论证，现场采取了利用结构后浇带空间，设置东西向贯穿结构的2座栈桥，将材料由两侧施工场区直接运抵中间塔式起重机的覆盖区，解决中间塔式起重机无喂料口的问题（图12-33）。

12.5.1.2 钢栈桥的应用

通过栈桥的使用有效地解决了中心区材料倒运的问题：结构中间部位所需的构件及材料可以通过栈桥运输车直接运输至施工区域附近位置，由该区域塔式起重机一次吊装到位，节省塔式起重机占用率、人工、机械等；钢结构构件、隔震支座等重量大的构件可通过栈桥将构件运输至塔式起重机覆盖区域内距离最短的位置，直接一次吊装到位。

1. 中心区域材料运输

本工程平面面积较大，东西方向565m，南北方向437m，结构中心区域所需构件及材料的水平运输困难极大，如需要利用现场塔式起重机经过多次倒运才能到达施工位置，费工、费时，严重占用人工和机械，影响工期，钢栈桥建成通车后只需将所用材料装在轨道运输车上，直接运至所需位置，由该区域内塔式起重机一次吊运到位，省时省工，极大地加快了施工进度（图12-34）。

2. 隔震工程构件运输

本工程设置了目前世界最大的减隔震系统，核心区共设置了1152个隔震支座，本工程隔震支座行程大、直径大，单个支座重量达5.6t，再加之本工程平面面积大、隔震层设置在结构柱顶的特点，施工过程中存在支座吊装困难的问题，通过修建钢栈桥较好地解决了这个施工难题，只需要采用汽车式起重机将支座装上运输车，运至塔式起重机可以吊起的部位，直接吊至施工位置，彻底解放了现场塔式起重机，为混凝土结构施工提供了极大的帮助，保证了核心区混凝土结构顺利完成正负零封顶目标（图12-35）。

图12-35　隔震支座的运输　　　　　　　　　　　图12-36　临时栈桥利用格构柱

图12-37　扶手栏杆用于临边防护　　　　　　　　图12-38　用于制作转换梁

12.5.1.3 栈桥材料回收利用

结构后浇带封闭之前，需拆除两条钢栈桥，此时混凝土结构施工基本完成，现场全面展开钢结构施工。为提高钢结构网架拼装过程中的材料运输效率，本工程利用栈桥拆下来的格构柱、钢梁、扶手栏杆等，又修建了三条从结构外到结构F2、F3层的临时栈桥，使钢栈桥构件再利用，也延长了使用寿命（图12-36、图12-37）。

钢结构网架在施工过程中，需要制作大量的拼装胎架、支撑架、提升架，栈桥拆下来的钢管和钢梁都用于制作竖向支撑及水平转换梁（图12-38）。

12.5.1.4 应用成果

通过栈桥的使用，核心区施工过程中节省了大量的人力物力，加快施工进度，产生了巨大的经济效益。本工程钢栈桥运输系统的成功应用，为今后类似工程施工的材料垂直运输提供了新的思路，可以更好地保证施工工期、施工质量，使施工高效安全，有较强的借鉴意义和推广价值。经过工程的不断总结和实践，必将对推动行业技术进步产生积极的作用，应用前景广泛。相关成果形成北京市工法一项《超大平面混凝土结构施工物料水平运输系统施工工法》BJGF19-078-952、实用新型专利一项《一种超大平面结构施工物料运输系统》ZL201721066529.9，发表论文一篇《北京大兴国际机场航站楼核心区工程钢栈桥轨道运输系统在建筑工程中的应用》。

12.5.2 混凝土桩头综合处理

混凝土桩头综合处理适用于桩基础工程的基础桩施工阶段。混凝土桩头综合处理是根据混凝土基础桩施工的特点，结合工程总体的施工需求对人工剔凿的混凝土桩头钢筋进行了处理，降低了桩头剔凿的劳动强度，提高了施工效率；对静载检测桩桩头加固施工方法进行了优化，显著缩短了静载桩成桩至检测的作业周期；对桩头剔凿的混凝土进行了综合利用，既节约了自然资源，又取得了一定的经济收益，取得了很好的经济、社会效益。

混凝土桩头综合处理的桩头锚固段钢筋在打桩时增加套管，在剔凿桩头混凝土时可显著降低劳动强度、提高工作效率，取得的效益显著大于投入；静载检测桩桩端加固一体化施工技术是工艺的优化，无额外的技术应用投入；桩头剔凿混凝土再生利用对于施工现场无技术应用投入，而且取得了一定的经济收益，对专业的混凝土搅拌站取得了廉价的原材料，是双赢的措施。

混凝土桩头综合处理在国内属于领先水平。

12.5.2.1 混凝土桩头综合处理应用工程概况

北京大兴国际机场旅客航站楼及综合换乘中心（核心区）工程轨道区的基础形式为桩筏基础，筏板厚度2.5m，柱下设抗压A型桩，桩径1.0m，有效桩长不小于40.0m；柱间布置抗压兼抗拔B型桩，桩径0.8m，有效桩长不小于21.0m；非轨道区的基础形式为独立承台+抗水板基础，承台厚度1.5~2.5m，柱下布桩，有C、D两种桩型，有效桩长为32.0~39.0m。所有基础桩均为混凝土灌注桩，采用旋挖钻孔灌注施工工艺，并进行桩端、桩侧复式注浆。基础桩的混凝土强度等级为C40，其主要参数如表12-1所示。

基础桩主要参数　　　　　　　　表12-1

| 序号 | 桩型 | 桩径（m） | 有效桩长不小于（m） | 超灌高度（m） | 单桩承载力特征值（kN） | | 数量 |
					抗压	抗拔	
1	A	1	40	1.0	7500		4167
2	B	0.8	21	1.0	3000	1600	1816
3	C	1	32	1.0	5000		78
4	D	1	36~39	1.0	5500		2214

航站楼核心区轨道区与浅区之间采用"护坡桩+锚杆"支护，护坡桩采用长螺旋钻孔压灌混凝土后插钢筋笼施工技术。护坡桩根据不同的部位选用了不同的桩长，护坡桩的混凝土强度等级为C25，其主要参数参见表12-2。

护坡桩主要参数   表12-2

序号	支护剖面	桩径（m）	有效桩长（m）	超灌高度（m）	数量
1	1-1	0.8	18	2.9	335
2	2-1	0.8	22	1.8	253
3	3-1	0.8	25	0.8	496
4	4-1	0.8	15	4.8	208
5	5-1	0.8	18	2.9	37

12.5.2.2 剔凿桩头的钢筋处理

航站楼核心区工程的基础桩为旋挖成孔灌注混凝土桩，混凝土灌注桩上端的钢筋锚固在基础底板内，在基础桩灌注时，按照设计要求灌注桩实际灌注高度不小于设计标高以上1.0m，灌注桩的充盈率在1.05~1.30之间，则桩头设计标高以上部分的混凝土在养护至设计强度后需要全部剔凿（图12-39）。

目前的混凝土桩头剔凿仍是以人工剔凿为主，市场上应用的一些液压剔凿的设备使用于素混凝土桩，对钢筋配筋率较大的钢筋混凝土

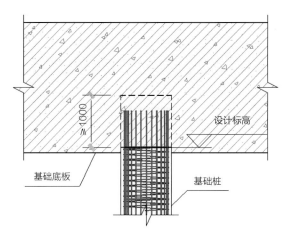

图12-39　基础桩与底板的关系图

桩不适用。人工剔凿混凝土桩头的，常规做法是先剔凿钢筋外侧的保护层，然后再剔凿钢筋周边混凝土，剥离出钢筋，再将钢筋笼内的混凝土芯剔凿掉，最后将断面剔凿平整（图12-40）。

混凝土桩的桩身钢筋与混凝土之间的握裹非常密实，在人工剔凿桩头剥离钢筋的工序上劳动强度非常大、功效较低，为降低基础桩超灌部位桩头剔凿的劳动强度、提高工作效率，在基础桩钢筋笼绑扎时，在钢筋锚固段长度内套PVC塑料管，并将两端封堵严密，在桩身混凝土浇筑时，将钢筋锚固段增加的套管浇筑在超灌范围的混凝土内。在桩头剔凿时，先按照设计标高进行环切，然后沿周边打孔，利用混凝土的脆性炸开混凝土，因钢筋锚固段使用套管的隔离，桩头的混凝土剔凿会降低桩头剔凿的劳动强度，提高劳动效率（图12-41~图12-43）。

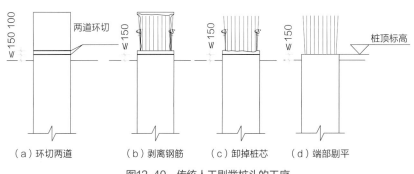

（a）环切两道　　　（b）剥离钢筋　　　（c）卸掉桩芯　　　（d）端部剔平

图12-40　传统人工剔凿桩头的工序

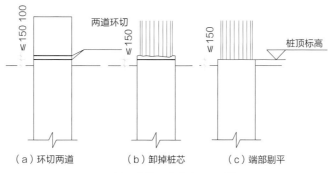

≤150 100	两道环切		桩顶标高

（a）环切两道   （b）卸掉桩芯   （c）端部剔平

图12-41　使用套管后的桩头人工剔凿的工序

图12-42　钢筋笼套管安装

图12-43　桩头环切及破除

12.5.2.3 静载检测桩桩端加固一体化施工

北京大兴国际机场航站楼及综合换乘中心（核心区）工程合同工期为2015年9月15日～2016年2月26日，要在165日历天内完成240多万立方米的土方开挖、超过18m深的基坑支护、350多口降水井以及8000多根基础桩的施工及桩基的检测工作，各工序安排非常紧凑。按照设计要求，基础桩要按照1%的比例进行静载检测，考虑工程基础桩的承载力较大，基础桩的静载试验使用锚桩法，并对检测桩基锚桩进行了单独配筋。航站楼核心区单桩竖向承载力检测桩共113根，其中抗压静载检测桩共94根，深槽轨道区65根，浅区29根（图12-44）。

基础桩工程的检测处于冬期施工阶段，按照第三方检测方案的要求，基础桩的静载检测需要在桩身混凝土强度养护至设计强度后，开挖检测桩及锚桩的桩间土，将超灌部分的混凝土剔凿后再进行桩头的加固，加固桩头的混凝土达到设计强度后方可进行静载检测。静载检测桩的桩头加固方式为在加固的桩端增设圆形钢护筒，锚固段的钢筋增设箍筋，并在加固段上端设钢筋网片，并浇筑高一强度等级的混凝土。

12.5.2.4 第三方检测要求的桩头加固做法

按第三方检测单位的要求，静载检测基础桩自施工完毕至开始检测的时间周期需要约4～5周，在施工安排上非常困难。为保证在要求的时间内完成工作任务，一方面优先安排静载桩及其反力桩的施工，另一方面施工过程中应用了静载检测桩头加固与工程桩同时施工的一体化技术：

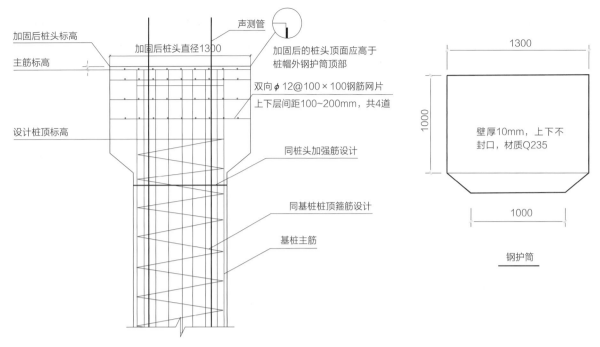

图12-44 静载检测桩桩端加固示意图

（1）在钢筋笼绑扎阶段，增设锚固段钢筋的箍筋；

（2）在钢筋笼加工后，将桩头加固护筒同加强筋的钢筋焊接在桩端的加强钢筋上，随基础桩整体浇筑，考虑基础桩施工期间成孔作业护筒直径，与桩头固定的护筒按照桩径+100mm加工；

图12-45 桩头一体化的模型及实物

（3）基础桩浇筑时按照加固段进行超灌；

（4）桩身混凝土养护至设计强度后，将加固段上超灌的部分剔凿后即可开始静载检测。

静载检测桩头一体化施工技术精简了静载检测桩桩头在检测前的剔凿、加固工序，检测桩在桩身混凝土养护到设计强度后，剔凿护筒上超灌的素混凝土后即可开始静载检测，可缩短基础桩桩头剔凿、加固、混凝土浇筑、桩头养护至设计强度的施工周期，节约2周的时间，显著提高了工程的施工效率（图12-45）。

12.5.2.5 桩头剔凿混凝土再生利用

1. 桩头混凝土垃圾量

北京大兴国际机场航站楼及综合换乘中心（核心区）工程基础桩，按照设计要求实际灌注高度不小于设计标高以上1.0m。直径1.0m的基础桩，桩头超灌部分在基础桩的护筒范围内，护筒直径为"桩径+0.2m"，则每根桩桩头剔凿的混凝土理论体积1.13m³；直径0.8m的基础桩，每根桩剔凿的混凝土量大约0.79m³；基础桩的桩头剔凿产生的混凝土垃圾8727m³，另设计要求基础桩的灌注充盈率在1.05～1.30之间，基础桩剔凿的混凝土垃圾超过9100m³。护坡桩采用长螺旋钻孔压灌混凝土后插钢筋笼施工技术，混凝土灌注需要达到基础桩作业面高度，然后剔凿掉设计标高以上的部分。护坡桩的桩头剔凿产生的混凝土垃圾理论量为1470m³。

2. 桩头混凝土垃圾的再生利用

航站楼核心区工程对基础桩剔凿产生的建筑垃圾进行了回收利用。在桩头剔凿前，与专业的混凝土搅拌站签订了桩头剔凿混凝土回收协议，现场剔凿的混凝土经初步破碎后运抵专用场地进行再次破碎、分选，筛分为不同粒径的粗细骨料，用于拌制再生混凝土（图12-46、图12-47）。

图12-46 桩头现场破碎、倒运

图12-47 二次破碎、筛分

12.5.3 复杂劲性结构梁柱节点钢筋快速连接

快速连接节点技术适用于主体结构施工阶段的劲性结构的钢筋连接。

12.5.3.1 劲性结构概况

本工程由于单体工程跨度大、结构受力大、造型新颖等特点而设计了大量的劲性结构。本工程的轴线均为斜交轴线及弧形轴线，每个梁柱节点位置均为多道梁斜向交叉或弧形交叉（最多位置有6道梁相交），而且梁、柱配筋总量多，层数多。劲性结构内型钢截面大，钢板厚，横向及竖向加劲肋钢板较多。钢筋基本全部要与型钢交叉，而钢筋安装空间非常小。钢筋与劲性钢骨结构的连接节点成为劲性钢结构施工的主要难点。

12.5.3.2 快速连接节点现场施工

快速连接节点的U形槽钢板在钢结构加工厂随钢骨构件进行加工、焊接。劲性结构现场施工

图12-48　快速连接节点的模型及现场安装

时，先行安装劲性钢骨构件，再进行钢筋安装。

梁钢筋安装顺序：

（1）按照先安装内层钢筋，后安装外层钢筋的顺序，将梁钢筋放入U形槽钢板的U槽内部，并露出钢筋端头的丝头。

（2）将套筒套入钢筋端头并拧紧，使钢筋两端均有效固定。

（3）各层钢筋全部安装完毕后，将盖板点焊在U形槽钢板顶部，保证钢筋不会脱离U槽钢板顶部。

快速连接节点能够基本解决每道梁上下两层梁钢筋与钢骨构件连接问题，并充分解决了梁柱劲性结构梁柱节点钢筋排布困难、节点连接结构质量差、现场连接操作复杂以及梁柱节点位置多向非正交状态下钢筋多层排布及密集交叉的技术问题（图12-48）。

12.5.3.3　快速连接节点优点

快速连接节点具有以下优点：

（1）U形卡槽钢板在钢结构加工厂焊接在劲性钢骨结构上，相对于搭筋板（牛腿）焊接节点，此节点减少了大量现场焊接工作量，容易保证质量，缩短现场施工工期。

（2）相对于套筒连接节点，此节点可以根据梁柱钢筋方向确定U形卡槽钢板方向，从而有效地解决了多向非正交节点的问题。

（3）连接节点构造中所有构件都是常规材料，施工简便，速度快，从而节约了施工工期。

（4）快速连接节点使梁钢筋不进入柱内锚固，减少梁钢筋交叉、堆叠现象，节省了钢筋锚固长度。

<table>
<tr><td colspan="4" align="center">普通节点与快速连接节点区别　　　　　　　　　　　　　　　　　表12-3</td></tr>
<tr><td align="center">序号</td><td align="center">项目</td><td align="center">普通连接节点</td><td align="center">快速连接节点</td></tr>
<tr><td align="center">1</td><td>锚入柱内钢筋长度</td><td align="center">1800mm</td><td align="center">0</td></tr>
<tr><td align="center">2</td><td>每个节点专业焊工焊接时间</td><td align="center">9.4工日</td><td align="center">0.5工日</td></tr>
<tr><td align="center">3</td><td>每个节点普通工人安装时间</td><td align="center">3工日</td><td align="center">0.5工日</td></tr>
</table>

快速连接节点相较于常规连接方式，仅改变了钢板焊接位置，无额外投入（表12-3）。此节点可广泛运用在钢筋与劲性结构连接节点领域，能够适用于各类复杂的劲性梁柱节点，处于国内领先水平。

12.5.4 污水处理系统

北京大兴国际机场航站楼核心区工程总工期共计1218d，工程总造价64亿元，其中劳动密集型施工阶段在混凝土结构浇筑期，计划投入劳动力及管理人员总计8000人/d。根据人员食宿需求，项目部首先建设了2处工人生活区和2处管理人员办公住宿区，占地面积约7万m²。其中用、排水高峰期出现在7~9月，供水按120L/（人·d）考虑，排水按100L/（人·d）考虑，届时，每日的生活污废水排水量在800m³左右。

工程所在地给水排水条件：本工程位于永定河北岸，北京大兴与河北廊坊市之间，工程开工前此处是以农田和村落为主，市政基础设施不完善，没有市政排水管道，最近的排水接入点距离工程所在地18km，且沿途地理环境复杂，不具备管道连通条件（图12-49）。

根据本工程建设特点，积极响应国家和北京市环保政策，进行了排水方案经济效益对比分析，现场建立污水处理中心，对生活办公区污废水进行就地处理，处理后的水质需达到北京市回用水标准。

在项目建设前期，对项目配套工程（生活办公区）进行了详细策划，建立了完善的地下排水系统，将处于不同地段的4个区块地下排水管网进行连通，并采用了污废水和雨水分流措施，一是为了减轻雨季期间污水处理负荷，二是便于对雨水进行收集，经沉淀后进行回收处理。

污水处理系统适用于项目的整个建设阶段。

根据工程特点，将污水处理系统设在工人生活区的化粪池和污废水收集池附近，实现了环保措施与生活办公区同时设计、同时施工、同时投入使用的三同时原则（图12-50）。

在污水处理厂附近设有中水回用点，将处理后的水100%用于绿化场地、抑制扬尘、冲厕，环境效益明显（图12-51~图12-53）。

图12-49　市政排水管道位置示意图

图12-50　污水处理中心

图12-51 污水处理前后对比　　　　　　　　图12-52 第三方检测合格

使用中水冲厕　　　　　绿化灌溉　　　　　雾炮车取中水　　　　使用中水喷洒路面降尘

图12-53 污水处理后再利用

12.5.5 空气源热泵系统

北京大兴国际机场四个办公生活区总占地面积约7万m²，四个地块位置较为分散，高峰期施工人员超8000人。单个办公生活区地块人员密集，生活热水使用量庞大，四个地块集中供冷供暖不易实现，管理难度大，且总体能耗较高。办公生活区共设置75台空气源热泵机组，其中热水机组12台；监理区设置一套2t的生活热水系统；办公区设置一套8t的生活热水系统，以此来解决办公生活区供冷供暖和生活热水的使用问题。

为解决冬夏切换冷暖供应问题，引进"空气源空调一体机+风机盘管"技术。工人生活区风机盘管采用卧式暗装方式，安装在吊顶内，每两个房间一台风机盘管，风机盘管出风口安装静压箱，通过柔性保温软管将每个房间的风口和静压箱连接。办公区的风机盘管采用卧式明装风机盘管，由于办公区采用成品屋，安装在吊顶内不好恢复吊顶，所以采用该形式，电线也是明设，每个房间安装液晶面板。风机盘管的支路坡向主管路，风机盘管支路为最高点；风机盘管的支管标高以设计标高为准；所有支吊架必须横平竖直。空调供回水管末端与风机盘管为弹性连接，采用不锈钢软管进行连接。风机盘管冷凝水管采用软连接，材质为透明加筋软管，长度为200mm，透明加筋软管两端采用喉箍进行连接，坡度≥3%，并坡向主干管；冷凝水管一定要注意管道安装坡度正确，严禁出现倒坡现象；在安装不锈钢金属软管时，要用扳手夹住风机盘管的铜管，防止

图12-54　生活区吊顶风口、办公室风机盘管　　　　图12-55　控制柜与蓄热水水箱、生活区热水机组

用力过猛损坏风机盘管；风机盘管的供回水管、冷凝水管及阀件都要保温，防止能量耗损，影响制冷制热效果（图12-54）。

为解决生活热水供应和地板采暖问题，引进"空气源热水机组+蓄水箱"技术，利用水蓄热解决现场峰谷用电，有效降低发电能耗。大会议室利用空气源热泵与蓄水箱解决采暖问题，保证会议室冬季供暖。采用空气源热泵热水机提供生活热水，工人生活区每套系统采用一台额定制热量为80kW的空气源热泵热水机，总包和监理办公区各采用一台额定制热量为19kW的空气源热泵热水机。监理区设置一套2t的生活热水系统；办公区设置一套8t的生活热水系统，监理和办公区生活热水完全由空气源热泵提供（图12-55）。

根据临建分散布局的特点合理设置新能源系统主机位置，解决传统能源中心固定设置的弊端，避免较长路由导致的管路能源损失。空气源热泵虽然自身性能优越，但有时会因为管道路径过长，影响使用效果，所以空气源热泵布置、管道路径需要综合考量。减少管道延米，拉近空气源热泵与使用房间的距离。冷热水管水平安装时，热水管应安装在冷水管的上方；冷热水管垂直安装时，热水管应安装在冷水管的左侧；冷热水管应隔离。热水管道穿过墙体或楼面时，应用大于该管的镀锌管或PVC塑料管做护套管，其外露长度为10cm，安装后护套管两侧应用水泥密封，防止漏水。管道固定要求牢固、美观，前后支撑架间不得超过3200mm，支撑点应置于裸管上，下部要有底座支撑。内外的水管应紧贴墙面，固定牢靠（图12-56）。各类管道要在适当位置安装阀门及活结头以便维修。阀门手柄要端正，不得倾斜，要保证操作灵活、方便。

图12-56　办公室就近设置、管道沿墙敷设

末端风机盘管按使用区域采用集中和分散控制两种模式，按需供应，满足需求。工人生活区按作息时间集中控制开启，节省能耗。

空气源热泵组合集成优点：

（1）集成箱体占地小，可因地制宜，合理布局，解决建筑工地临建地块小等问题。

（2）室外露天安放，无须另设机房，节省机房建筑和设备基础费用。

（3）集成箱体按照用户负荷需求分散设置，减少高能低效情况，提高使用效率。

（4）箱体设计易于存放，便于搬运，重点考虑二次搬运和仓储存放，为重复利用提供便利。

（5）解决了施工现场人员波动、进出场时间不一等导致的资源、能源浪费问题。

（6）新能源系统集成后即形成整体，仅需进行供回水和电源接驳，减少现场安装时间。

（7）设备与管道采用法兰或软连接，便于安装、拆卸和二次整体搬运，避免反复安装。

生活热水储备供应优点：

（1）将正式工程生活热水蓄水箱引入临建工程，确保高峰热水量。

（2）利用用电平值、谷值制热储热，错峰供热，充分利用谷值能源。

（3）根据工人作息时间，限时供热，节约能源。

12.5.6　BIM技术应用

（1）BIM建模技术主要用于本工程的主体结构、装饰装修及机电安装等阶段，通过提前对各阶段、各专业工况的建模，可以预判出所选用的施工方法、施工部署是否切实可行、高效科学，并能够提前预判出各专业之间是否存在较多碰撞的情况，提前进行处理，避免造成返工、浪费。已经完成60万m²的结构工程信息模型和钢结构信息模型，建立了劲性混凝土结构节点模型，解决复杂节点钢筋与钢结构的连接及排布问题；并完成18万m²的复杂金属屋面、幕墙及不规则曲面的钢结构网架的模型深化设计和专业对接，实现国内首次最大单体建筑物的多专业整体模型化深化设计工作。

（2）直接应用BIM技术完成机电三维深化设计工作。本工程机电安装工程有5000多张图纸，100多个专业系统，并涉及世界范围内体量最大、技术最复杂的机电抗震技术，集团公司组建了20多人组成的科研创新技术团队，包括国内一流的BIM专家、机电专家，已经逐步攻克难题。目前已经完成30万m²的地下室和首层的管线深化设计，查找碰撞点8500多个，出具和提交了近千张三维化的综合图、施工详图、土建协调图、二次结构预留预埋图等，为实现机电工程虚拟安装和工厂预制化加工等创造了有利条件。

（3）积极应用BIM 5D平台，与商务工作紧密结合，组织科研力量攻关，打通了BIM信息模型和广联达算量模型同步信息技术，努力实现同步生成各专业工程量清单、工程量统计、材料分配有效数据，避免材料浪费和紧缺。基于BIM的流水段管理，对现场施工进度、各类构件完成情况进行精确管理。根据不同阶段各专业的施工范围、管理内容及管理细度等需求，为项目解决工程监管和每个月的工程款支付等工作提供及时的信息数据支持，基于BIM技术实现项目进度和资源动态链接管理的每日模拟和实际对比。通过BIM 5D管理平台实现三维空间的质量安全管理，发现问题实时反馈跟踪，问题责任单位和整改期限清晰明确，保证了质量安全管理的实时高效。为不同参与方直观掌控工程项目情况提供便利。加深了总包管理创新各层面的深度和细度。参见图12-57～图12-60。

（4）施工前期采用BIM技术在施工前对现场平面布置进行模拟，使现场规划井井有条（图12-61）。

图12-57　流水段管理

图12-58　资金曲线分析

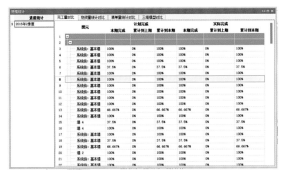

图12-59　按进度提取物资

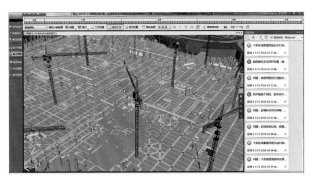

图12-60　质量安全管理

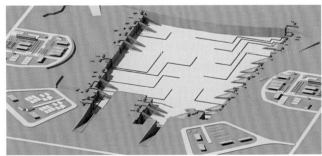

图12-61　现场BIM模拟

12.6 绿色施工科技创新

12.6.1　钢筋自动化加工设备应用

钢筋加工在现场设置集中的加工场，给各施工区段配送钢筋；现场引进了多套钢筋自动化加工设备（图12-62）。

图12-62　钢筋自动化加工设备

图12-63　劳务实名制管理系统

12.6.2　劳务实名制管理系统

现场设置由门禁闸机、监控摄像、对比电视、控制台构成的劳务实名制管理系统（图12-63）。

可通过大数据进行动态劳动力分析，包括总人数、籍贯、工种、性别、年龄层次，为现场管理提供数据支撑。

12.6.3　扬尘、噪声自动监控系统

本工程在施工现场布设了6套扬尘、噪声采集设备，定制开发了信息推送、管理系统，可以实现扬尘、噪声等在线监测、实时推送、报表输出等（图12-64）。

图12-64　扬尘、噪声自动监控系统

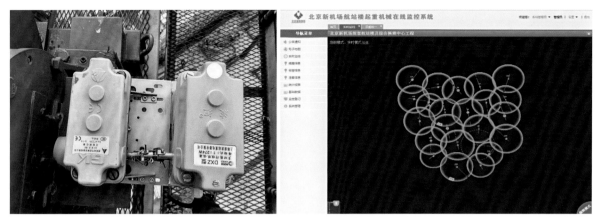

图12-65　塔式起重机防碰撞系统

12.6.4　塔式起重机防碰撞系统

在塔式起重机上安装高度、吊重、变幅传感器，可实现各种监控报警，进行安全提示，现场合计提醒35630次，为安全施工做出了突出贡献（图12-65）。

12.6.5　施工场区一卡通系统

劳务实名制一卡通，是依托智能卡对施工现场工作人员进行精细化管理，精确掌握人员考勤、各工种上岗情况、安全专项教育落实、违规操作、工资发放、洗浴用水、食宿管理等情况。对项目施工过程中的大量作业人员进行管理，通过对人员发放一卡通形式，卡片中详细记录人员的身份信息、专业信息、班组信息等相关详细信息，依托闸机、售饭机、手持机等硬件设备，实现持卡进场、考勤、就餐、洗浴、参加安全会议等功能，同时在BIM-GIS平台可以实时查询、分析相关数据，实现对施工现场工作人员全方位管理（图12-66）。

12.6.6　可视化安防监控系统

可视化安防监控系统以互联网、云计算、移动宽带互联网技术为基础，通过工地部署的无线网络组建的远程视频监控系统，实现对建筑施工现场的实时监控（图12-67）。可视化安防监控系统可同时实现对建筑工地的安全施工监管、施工质量监管、文明施工监管。可随时掌握建筑工地施工现场的施工进度，远程监控现场生产操作过程、人员和财产的安全；实现在远端项目部就可以实时掌握施工进度、施工质量，实时了解施工现场的基本情况、安全动态及重大危险源控制等，提升自身的管理水平。

图12-66　施工场区一卡通系统

图12-67　可视化安防监控系统

12.7 北京大兴国际机场绿色施工总结

　　北京大兴国际机场核心区工程通过绿色施工技术的应用，取得了较好的经济效益、环境效益和社会效益。工程施工阶段顺利通过了"北京市绿色安全样板工地"验收、"全国建筑业绿色施工示范工程"验收、住房和城乡建设部"绿色施工科技示范工程"等奖项评比工作。同时，受到国内各行各业乃至其他国家各个领域各界人士的一致好评，为北京城建集团施工现场绿色施工管理树立标杆，也为北京市乃至全国建筑行业施工现场绿色施工管理留下了宝贵的经验。

　　绿色施工是可持续发展思想在工程施工中的重要体现，它是以环保为原则、以资源的高效利用为核心，追求低耗、高效、环保兼顾，实现经济、社会、环保、生态综合效益最大化的先进理念，这种全新的理念也将给建筑业带来经济、环保、社会等多重效益。绿色施工的投入虽然增加了项目成本，但是绿色施工所创造的效益远大于所投入的。因此，推行绿色施工势在必行。